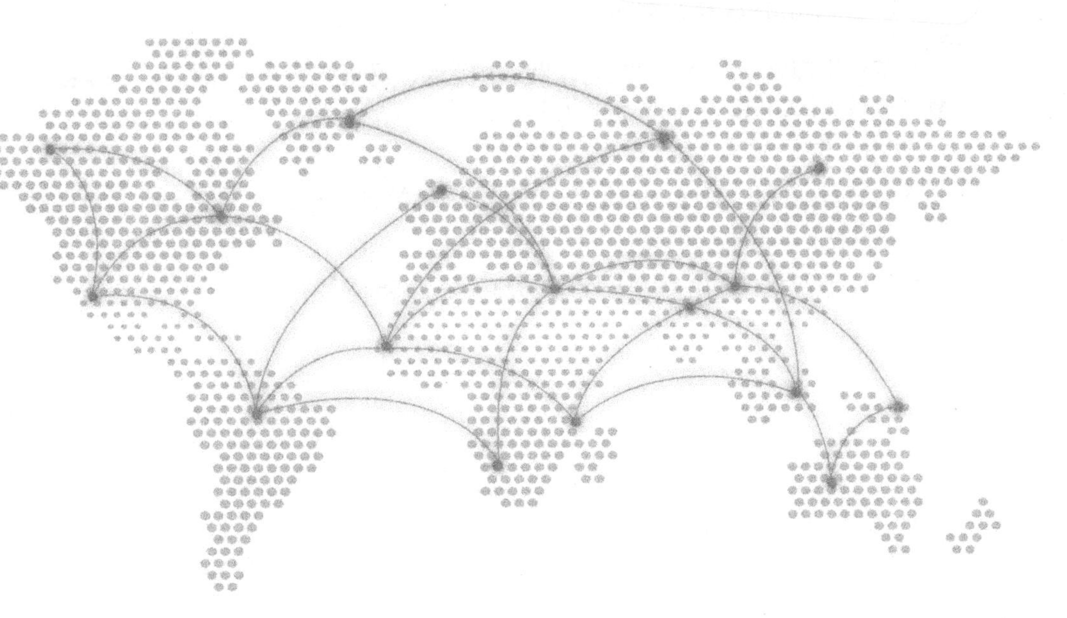

# 国际技术预测
## 理论、方法与实践

玄兆辉　吕永波◎编著

·北京·

**图书在版编目（CIP）数据**

国际技术预测：理论、方法与实践 / 玄兆辉，吕永波编著. —北京：科学技术文献出版社，2023. 12（2025. 1 重印）
ISBN 978-7-5235-0366-9

Ⅰ. ①国…　Ⅱ. ①玄…　②吕…　Ⅲ. ①科学技术—技术发展—研究—世界
Ⅳ. ① N11

中国国家版本馆 CIP 数据核字（2023）第 113624 号

**国际技术预测：理论、方法与实践**

策划编辑：张　闫　　责任编辑：王　培　　责任校对：张永霞　　责任出版：张志平

出　版　者　科学技术文献出版社
地　　　址　北京市复兴路15号　邮编 100038
编　务　部　(010) 58882938，58882087（传真）
发　行　部　(010) 58882868，58882870（传真）
邮　购　部　(010) 58882873
官 方 网 址　www.stdp.com.cn
发　行　者　科学技术文献出版社发行　全国各地新华书店经销
印　刷　者　北京虎彩文化传播有限公司
版　　　次　2023 年 12 月第 1 版　2025 年 1 月第 3 次印刷
开　　　本　787×1092　1/16
字　　　数　531千
印　　　张　23
书　　　号　ISBN 978-7-5235-0366-9
定　　　价　89.00元

# 引 言

民族国家是现代世界的基本政治单元，作为一个“想象的共同体”，共同的苦难和辉煌是其形成的基础，对未来美好生活的想象——社会愿景，既是国家的题中之意，更是国家繁荣昌盛的强大动力。技术正在广泛而深刻地塑造着社会生活的方方面面。个人、企业都需要在国家意志的统领下，随着技术的节奏起舞，方能钩织出未来的美好蓝图。

近几十年来，西方主要发达国家和一些高端智库相继实施了一系列的技术预测活动，积极探索中长期科学技术发展方向，为政府制定科技发展战略和科技政策提供依据，为产业界和社会公众提供未来科技发展信息。技术预测首先出现在第二次世界大战期间的美国，日本从20世纪70年代开始持续对未来的技术发展进行预测，中国、韩国及欧洲部分国家于20世纪90年代先后开始进行技术预测实践，进入21世纪以后，更多国家加入技术预测行列。经过半个多世纪的不断探索，一些主要国家的技术预测活动逐渐形成体制化、周期性的特点。德尔菲法、技术路线图、情景分析法、地平线扫描、文献计量法等定性定量预测方法与当代信息技术相结合，使技术预测的科学性和综合性不断提升。所以，对技术预测基本理论、国际技术预测实践与方法体系进行系统研究就显得非常必要。

本书共分为7个部分。①国际技术预测活动概况与特征：梳理了技术预测活动的兴起和技术预测活动的意义，对各国技术预测活动的基本情况和特点进行了总结。②技术预测基础理论：探讨了技术预测的基本内涵与主要特征，技术预测的哲学、经济学、政治学理论基础及技术预测发展的动力模式，梳理归纳了技术预测基本内容与展开过程，提出了技术预测的保障条件。③技术预测方法体系：技术预测是一个涉及多因素、多环节的复杂系统性过程，需要集成多种方法。本部分对技术预测方法论和方法体系的演变过程进行了归纳和总结，对各国技术预测活动所采用的主要技术方法的原理与应用进行了分析和梳理，为开展技术预测活动提供了方法论的引导和预测技术选择的依据。④典型国家和地区技术预测活动：自20世纪90年代开始，一些国家根据自己国情和科技发展状况，相继开展了技术预测活动和技术预测研究。该部分主要对美国、日本、韩国、英国、德国、俄罗斯和欧盟技术预测活动的组织、周期、过程、方法、结果等方面进行了梳理和总结。⑤典型智库技术预测活动：世界主要智库根据各国的国情和科技发展状况，相继开展了技术预测活动，并发布了未来技术的趋势预测。该部分主要介绍了世界经济论坛十大新兴技术系列，美国《麻省理工技术评论》十大突破性技术系列，英国国家科学、技术与艺术基金会年度预测系列，麦肯锡公司、兰德公司和高德纳咨询公司技术预测等方面的内容。⑥国际技术预测的经验、趋势与启示：通过对世界典型国家和地区的技术预测活动进行全景式经验解析，立足国情、兼收并蓄，为我国技术预测活动的开展提供支持和借鉴。⑦附录：技术预测关键技术清单。技术清单是一组供咨询专家进行评价的技术项目，是技术预测活动的重要成果。通常情况下，技术清单按照预测领域分层次建立，但不同国家的技术分类体系有所区别。本书列出了近年来美国、日本、韩国、英国、德国、俄罗斯和欧盟的关键技术清单。

随着中国特色社会主义进入新时代，人民日益增长的美好生活需要和不平衡不充分的发展成为我国社会主要矛盾。对于步入创新型国家的中国来说，包括主要矛盾在内的诸多社会问题的解决，更需要依靠技术进步，准确把握技术的未来走势，总结发达国家的经验教训，以中国式现代化创造人类文明新形态。

本书在撰写过程中得到许多专家、同事的支持和帮助，北京交通大学刘建生老师、任远老师、张涵博士，中国传媒大学任锦鸾老师，中国人民大学钟卫老师，中国科学技术发展战略研究院袁立科老师、孙云杰博士、胡月博士、马艺方博士、郑君健博士、肖新宇博士、陈培博士、王冠祎博士均提供了许多建议和资料，在此表示衷心感谢。

# 目　录

# 1

# 国际技术预测活动概况与特征

近年来，西方主要发达国家相继开展技术预测活动，从国家需要出发，探索中长期科学技术发展的方向，为政府制定科技发展战略和科技政策提供依据，为产业界和社会公众提供未来科技发展信息。与此同时，部分新兴工业化国家和发展中国家从本国的实际情况和经济社会发展需求出发开展技术预测工作，通过把握未来科学技术发展趋势，综合分析自身的优势和劣势，在具有比较优势及经济社会发展的重点领域加强科研力量，集中投入科技资源，以寻求在某个或某些领域实现局部突破和社会生产力的跨越式发展。中国作为一个发展中国家，无论从实现中华民族伟大复兴的愿景、顺应世界发展潮流的时代要求，还是从转变经济增长方式的客观现实等方面，成功的技术预测为创新型国家建设和发展提供了重要的路径与方向。

## 1.1 技术预测活动的背景与意义

### 1.1.1 技术预测活动的兴起

技术正在广泛而深刻地塑造着社会生活的方方面面。个人实现价值、企业获得利润、国家赢得竞争优势，无不需要顺应和引领技术发展的潮流。

人类未来的发展和国家的繁荣比以往任何时候都更加依赖于科技创新能力的提升，科技创新能力作为衡量综合国力的一项指标，已经成为国际竞争的焦点。科技创新能力的提升需要面向国家经济社会发展和国家安全的战略需要，正确分析未来科技的发展趋势，准确把握新一轮科技与产业革命带来的发展机遇，不断探索科技创新与发展的机会。随着高技术及其产业的迅猛发展，战略性高新科技日益成为经济社会发展的决定性力量。面对新的机遇和挑战，世界各主要国家从本国经济社会发展的需求出发，通过开展技术预测和国家关键技术选择研究，探索未来技术发展方向，确定优先发展的重点战略领域和技术，为国家科技管理提供依据，为社会各界把握未来提供科技发展信息。

从技术自身的发展来看，研发费用日益昂贵，为提高技术创新成功的概率并使其尽快地应用于更广阔的领域，以取得更好的经济效益和社会效益，需要准确把握关键技术的未来走势。同时，技术自身发展的综合性和渗透性趋势凸显，技术未来走势的不确定性日益增加，技术突破需要公众的广泛参与以使利益相关者之间达成共识。技术发展的这些新特点增加了科技规划的难度，更加依赖于可靠的技术预测为其提供支撑。

作为一种自发的研究活动，技术预测最早产生于20世纪30年代的美国，此后作为政府制定科技政策、使科技最大化作用于经济及社会发展的一种尝试出现于20世纪70年代的日本。截至20世纪90年代，技术预测作为世界发达国家普遍采用的、以政府为主导的体制化研究模式迅速崛起，并逐步发展成为世界性潮流。技术预测之所以能在全球范围内呈燎原之势，主要反映了世界发展的大背景。21世纪综合国力的竞争已经转化为经济可持续增长的竞争，经济可持续增长的竞争又转化为科学技术的竞争。科学技术已经成为国家或地区发展的“第一要素”，高科技领域是综合国力竞争的制高点，国家科技安全负载了重要的战略价值。

从发展历程来看，技术预测经历了“始于美国→日本改进→欧洲跟进→多国加入”的发展历程，如图 1-1 所示。

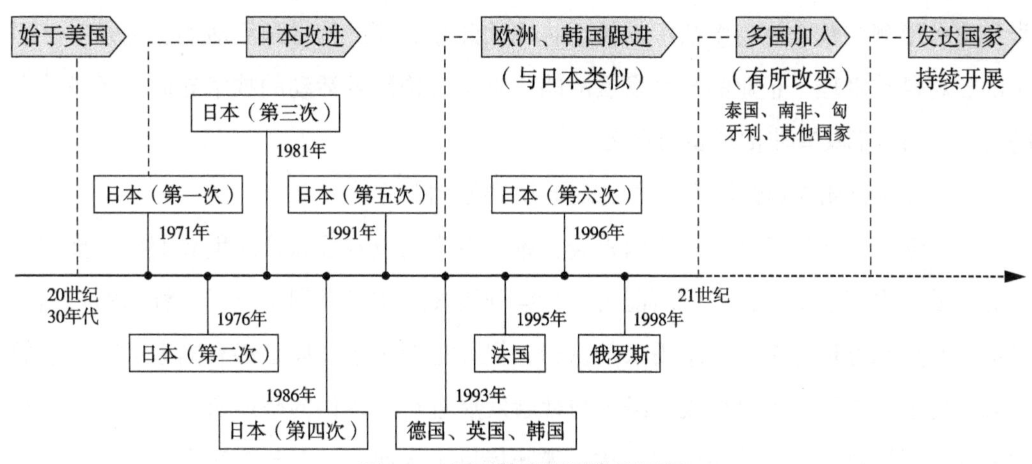


**图 1-1　国际技术预测发展历程**

迄今为止，技术预测活动的发展经历了 3 次高潮。第一次高潮是在第二次世界大战期间，美国军方编制了一份名为《走向新视野》(*Toward New Horizons*) 的报告，报告调查了技术发展情况，并讨论了未来研究的重要性。该报告标志着现代技术预测的开始。20 世纪 50—60 年代，由于人们对战时技术的利用，许多新兴学科和交叉学科纷纷涌现。同时，由兰德公司创始实行的德尔菲法广泛应用于对未来的评估，这是技术预测历史上的一个转折点。航天、电子、信息、生物等技术的发展和预测方法的突破带来了技术预测的第二次高潮。进入 20 世纪 90 年代，科学技术发展日新月异，科技经济一体化趋势不断加强，科技成为经济和社会发展的主导力量，尤其是发展高技术日益成为变革经济结构的强大动力，成为各国必争的制高点。进入 21 世纪，信息技术突飞猛进，材料技术日趋活跃，生物技术日趋非凡。为了正确把握未来科技发展趋势、选择优先发展的重点领域和关键技术、加强战略管理、提高科学决策水平、减少失误，许多国家将技术预测纳入科技发展规划和政策制定，为加强国家宏观科技管理、提高科技战略规划能力、优化创新资源配置提供支撑，从而掀起技术预测的第三次高潮。

### 1.1.2 技术预测活动的意义

技术预测对我们未来生活方式的影响涉及每一位社会成员和所有的社会组织。综合各个国家技术预测活动的实践，可以看到未来经济和社会发展将更多地依赖技术进步，技术预测在整个社会生活中的作用将更加凸显。开展技术预测活动无论是对于国家的宏观科技管理、企业的未来发展战略、学术机构研发活动的技术导向，还是社会的公众认同，都具有非常重要的意义。

（1）技术预测为提升国家自主创新能力提供支撑

进入创新型国家行列后，我国将会在越来越多的技术领域位居世界前沿，推动发展的力量将更多地来自自主创新能力。持续开展技术预测有利于形成一种新的机制，以不断调整和修正对未来技术需求的认识，提高把握技术发展趋势和国家战略需求的能力。技术预测致力于对科技、经济与社会发展进行系统化的整体研究，为各方利益相关者共同探讨未来、选择未来、建设未来提供了沟通、协商与交流平台，有利于学科交叉与官产学研的结合，有利于国家创新体系的建设和发展。技术预测在构建社会发展愿景、识别科学技术需求、凝聚社会各界共识、协调创新主体行为等方面，发挥着重要的支撑作用。

（2）技术预测助力提升国家创新体系的运行效率

技术预测在国家或区域创新体系内部促进了知识创新、知识传播和知识应用，加强了系统内参与者之间的互动，增强了政府研究机构、企业和大学之间的沟通能力。通过大规模的官产学研相结合的技术预测活动，对管理机构、研究机构和企业中的人员可以产生积极的影响，从而形成技术创新网络和有利于知识在创新主体间流动的制度安排。通过技术预测过程，可在参与者之间建立起广泛的联系和协作，这是一般计划管理手段不可比拟的。一方面，它有利于研发机构的研发人员向市场需求靠拢；另一方面，企业研发人员也可以积极参与到与自身有关的研发活动之中，有效地促进以企业为主体的技术创新体系的运行效率。

（3）技术预测是科技管理工作的系统工具

技术预测与政府的科技管理工作密切相关，尤其是在科技规划和计划的制订中发挥着十分重要的作用。在科技和经济紧密配合、技术优势日益成为竞争焦点的今天，科技管理工作强调合理配置资源、突出发展重点、提高创新效率。在制订科技规划和计划时，要求综合考虑未来技术的发展趋势、社会经济发展对科技的需求、本国或本地区科技发展的实力和水平等，这一切都需要以技术预测为依据。因此，将技术预测和科技规划与计划的制订有机地结合在一起，制订出目标更加明确与合理的战略规划，可以尽可能减少研发工作在技术路径选择上的失误，降低风险和成本，这是世界各国技术预测工作普遍关注的内容和奋斗的目标。

（4）技术预测能够指引研发工作的努力方向

技术预测能够引导大学和研究机构的研发活动，利用技术预测的结果，研究人员可把握各自研究领域的技术发展趋势，进一步明确研究工作的方向。技术预测还可为企业制订战略计划提供信息，企业围绕自己的战略目标，利用技术预测结果分析市场需求的变化情况，从中找到有关产品开发的技术信息。为了适应市场竞争的需要，国际上的一些大企业充分利用政府所组织的技术预测的研究成果，或自己组织力量进行与本企业发展有关的专项技术预测研究，用于制定或调整企业的发展战略，这些措施已经成为提升竞争力的重要手段。

（5）技术预测是公众了解技术发展趋势的重要渠道

政府发布的技术预测报告可为公众和社会提供未来科技发展趋势信息。一方面，可以引导民间科技投资方向，吸引社会各方资源为实现国家科技发展总体目标服务；另一方面，可以让更多的社会主体参与到政府决策过程之中，从而使科技管理和决策更加科学化和民主化。现代技术是一把双刃剑，在给人类创造财富的同时，也带来了一系列意想不到和不想得到的后果。政府组织的技术预测有利于引导社会各界认识技术发展可能带来的伦理、生态及社会问题，从而起到一定的预警作用。

## 1.2 主要国家和地区技术预测活动概况

世界主要国家不断加强对技术发展趋势的预测工作，通过实施国家技术预测行动计划和制定科技发展规划，不断调整科技发展战略与政策，提高资源配置效率，取得了显著成效。

### 1.2.1 主要国家和地区技术预测活动开展周期

美国、日本、韩国、英国、德国、俄罗斯和欧盟等国家与地区根据不同的国情和科技发展状况，相继开展了技术预测活动，技术预测活动的时间周期情况如表 1–1 所示。

表 1–1 部分国家和地区的技术预测活动开展情况

| 国家和地区 | 活动次数 | 活动年份（轮次）和报告成果 |
|---|---|---|
| 美国 | 未明确 | 1991—1998 年发布 4 份《国家关键技术报告》，2009—2010 年发布 3 份《持续性预测颠覆性技术》，2016 年发布《2016—2045 年新兴科技趋势——领先预测综合报告》 |
| 日本 | 11 次 | 1971 年、1976 年、1981 年、1986 年、1992 年、1997 年、2001 年、2005 年、2010 年、2015 年、2019 年分别发布《科技预测调查综合报告》 |
| 韩国 | 6 次 | 1993 年、1999 年、2004 年、2011 年、2015 年、2022 年分别发布《科学技术预测调查报告》 |
| 英国 | 3 次 | 1993 年开展第 1 次技术预测，1998 年开展第 2 次技术预测，2009—2017 年陆续开展 3 轮技术预测并发布《技术和创新的未来：面向 2020 年英国的增长机会》 |
| 德国 | 4 个阶段 | 20 世纪 80 年代开展重点领域技术预测，1992 年、1994 年、1996 年德日合作分别开展德尔菲调查，2001 年发起“Futur 计划”，2007—2023 年开展 3 轮面向 2030 年技术预测活动 |
| 俄罗斯 | 2 次 | 1998—2004 年开展第 1 次技术预测研究， 2007—2013 年开展第 2 次技术预测活动“俄罗斯 2030：科学和技术预测” |
| 欧盟 | 9 次 | 1984年、1987年、1991年、1995 年、1999年、2003年、2007年、2014年、2021 年分别开展 9 次欧盟研发框架计划。另有欧洲议会科学技术选择和评估委员会（STOA）、欧洲议会技术评估网络（EPTA）等组织开展了相关活动 |

由表 1–1 可以看出，国际技术预测活动呈现出制度化、系统化发展特征。很多国家以 3 ~ 5 年作为一个调查周期开展技术预测工作。日本是最早由政府组织实施大规模技术预测的国家。1971—2023 年，已开展了 11 轮次的活动，经过 50 余年的探索和积累，日本已成为世界上开展技术预测最为规范的国家，是许多国家和地区开展技术预测活动的样板。1993 年，韩国参照日本经验，开展了第一次国家技术预测活动，至

今已开展了6次。英国、德国等很多国家也逐渐建立起周期性开展技术预测工作的相关制度，以期研判科技发展态势，预测科技发展趋势，掌握科技发展主动权。

### 1.2.2 有代表性的国家和地区主要技术预测活动

（1）美国技术预测活动概况

1990年，美国科技政策办公室成立国家关键技术委员会，从1991年开始向总统和国会提交双年度的《国家关键技术报告》。1992年，美国国会决定创建关键技术研究所，由国家科学基金会主持，兰德公司管理，参与制定《国家关键技术报告》。1998年，该研究所更名为科技政策研究所，主要任务调整为协助美国政府改进公共政策。1991—1998年，美国共发布过4份《国家关键技术报告》，对美国科技界产生了巨大影响。

美国国家研究委员会（NRC）在2009年成立了未来颠覆性技术预测委员会。通过多次研讨分析，在2009年、2010年先后发布了3份《持续性预测颠覆性技术》的报告。美国陆军2016年发布了《2016—2045年新兴科技趋势——领先预测综合报告》，帮助美国了解未来30年可能影响国家力量的核心科技，掌握提升未来30年美国陆军能力的科学技术趋势。

（2）日本技术预测活动概况

日本是开展国家层面技术预测最为系统和成功的国家之一。1971年，日本科学技术厅（Science and Technology Agency）组织实施了第一次基于德尔菲法的技术预测，并确定每5年实施一次基于德尔菲调查的、对特定目标领域30年技术发展情况的预测，自第7次预测起，该项活动由日本科学技术政策研究所（National Institute of Science and Technology Policy，NISTEP）组织实施，目前，共完成了11次技术预测。

日本前6次技术预测均以德尔菲调查为主，第7次技术预测在德尔菲调查的基础上增加了经济社会需求分析，第8次技术预测又新增了情景分析和用于分析新兴技术的文献计量方法，第9次技术预测采用德尔菲调查、情景分析和区域愿景方法，第10次技术预测综合采用在线德尔菲调查、情景分析、愿景分析等方法，第11次技术预测又引入了地平线扫描方法。

日本的技术预测结果直接支撑了相应时期的“科学技术基本计划”制订，直接服务于日本科技创新政策制定和科技创新战略研究。

（3）韩国技术预测活动概况

韩国于 1993 年启动第 1 次技术预测（面向 2015 年），1998—1999 年启动第 2 次技术预测（面向 2025 年），2003 年启动第 3 次技术预测（面向 2030 年），2010 年启动第 4 次技术预测（面向 2035 年），2015 年启动第 5 次技术预测（面向 2040 年），2020 年启动第 6 次技术预测（面向 2045 年）。前 2 次技术预测运用德尔菲法和头脑风暴，第 3 次和第 4 次技术预测采用情景分析、地平线扫描、德尔菲调查等方法，第 5 次和第 6 次技术预测采用地平线扫描、德尔菲调查、网络调查、大数据网络分析和临界点分析等方法。

韩国技术预测以应对社会挑战为出发点，优先发展能够应对韩国社会挑战的关键技术，第 3 次、第 4 次、第 5 次和第 6 次技术预测成果分别应用于第 1 期、第 3 期、第 4 期和第 5 期“科学技术基本计划”的制订工作。目前，韩国技术预测已经形成了一个较为规范的应用和管理流程，技术预测的结果用以直接支撑国家中长期科技发展战略中核心技术和战略路线图的制定，在分析技术对社会和环境影响评估的基础上，进一步支撑国家科技基本计划和科技发展战略。

（4）英国技术预测活动概况

1993 年，英国政府科学技术白皮书《了解我们的潜力：科学、工程和技术战略》宣布启动英国技术预测计划。由英国科学技术办公室组织实施了第 1 次技术预测，采用德尔菲法对 16 个领域 1207 项技术课题开展调查，同时关注了技术的负面影响和预测结果的扩散及应用。1998 年，英国启动第 2 次技术预测，相较第 1 次技术预测活动，其方法和组织形式有很大改变，并将重点转移到“实现技术与经济社会全面整合”。

自 2002 年起，英国开始采用主题滚动项目的形式进行预测工作，其重点转变为支撑公共政策的制定，各项目主题分别有所聚焦。2009 年启动的“技术与创新未来”项目可以看作是第 3 次技术预测，采用了情景分析、德尔菲调查、专家访谈等方法。英国科学技术办公室后更名为英国政府科学办公室，其在前 3 次技术预测活动中担当重要角色，主要负责支持和推动公共领域的科学技术研究。2010 年，英国政府科学办公室发布了第 3 次技术预测第一轮技术预测报告，提出了面向 2020 年的材料和纳米技术、能源和低碳技术、生物和制药技术及数字和网络技术四大领域的 53 项关键技术。2012 年年底发布了第二轮技术预测报告，更新了上一轮 53 项关键技术。2017 年，英国发布了第三轮技术预测报告，采用情景分析、德尔菲调查、专家访谈等方法展望未来产业融合的数字世界，提出了未来健康、食品、生活、交通能源领域的场景，认为已有技术和新兴技术之间的交互是未来发展的重要方向。

（5）德国技术预测活动概况

1992 年，德国启动了“预测 21 世纪初的技术”项目，弗劳恩霍夫系统与创新研究所统筹整个技术预测工作。同年，德国联邦研究与技术部和日本科学技术政策研究所联合开展第一次技术预测德尔菲调查。1994 年，德国与日本进一步合作开展了小型德尔菲调查。1996 年，启动新一轮德尔菲调查，针对 12 个技术领域 1070 项技术课题进行了大规模德尔菲调查。2001 年，德国联邦教育与研究部（BMBF）发起了“Futur 计划”，采用德尔菲调查、情景分析和专家访谈等方法，通过社会各界广泛对话来识别未来技术需求和优先领域。

2007 年，德国联邦教育与研究部启动着眼于 2030 年的技术预测“Foresight Process”，分两个阶段实施。2007—2009 年实施技术预测阶段Ⅰ（Cycle Ⅰ），通过调研传统技术领域，结合未来技术需求得出了未来研究关键领域。2012—2014 年实施技术预测阶段Ⅱ（Cycle Ⅱ），由德国工程师联合会技术中心协会和 Fraunhofer ISI 共同实施，并且聘请了国际顾问小组参与。识别出 2030 年前的 60 个社会发展趋势和七大挑战及 9 个创新萌芽，形成“来自未来的故事”影像视频。2019—2023 年，实施第三轮技术预测（Cycle Ⅲ），由欧洲经济研究咨询公司 Prognos AG 和 Z-PUNKT 管理咨询公司共同实施。研究 2030 年后的德国 6 种社会价值观模式，凝练出描述德国未来技术和社会发展的 130 个议题清单，形成 3 个情景发展分析报告，并对重点领域进行项目支持。

（6）俄罗斯技术预测活动概况

1998 年的德尔菲调查被认为是俄罗斯系统性开展的第 1 次技术预测研究，调查结果用来评估科学技术长期发展前景，确定政府优先支持的技术领域。2004 年，俄罗斯联邦科学与高等教育部开展了新一轮的关键技术选择，结果支撑了“2007—2012 年俄罗斯按照科学技术综合优先发展方向研究与开发”计划的制订。

2007 年，俄罗斯联邦教育与科学部启动了新一轮的国家层面技术预测活动。第一轮预测时间至2025年，通过大规模德尔菲调查，选择出10个领域的800多项技术课题。2008—2009年，启动第二轮技术预测，预测时间至2030年。本轮技术预测采用德尔菲调查、情景分析和专家研讨等方法展开。识别了250个关键技术集群，遴选出25个重要的技术子领域。2011—2013年，启动第三轮技术预测，预测时间至2030年，与前两轮技术预测相比，第三轮技术预测研究的结构更为复杂和全面，由16个组织机构合作完成。采用专利和文献计量、情景分析、技术路线图、全球挑战分析、地平线扫描、弱信号等多种方法，对200多个组织的2000余名专家开展了大规模德尔菲调查。“俄罗斯2030：科学和技术预测”结果支撑了俄罗斯“2030年社会经济长期发展预测”“2020年科技发展”“2035年俄罗斯能源战略”等多项规划的制定。

（7）欧盟技术预测活动概况

欧洲议会科学技术选择和评估委员会（Scientific and Technological Options Assessment，STOA）成立于1987年，其主要职能是开展科学和技术研究，将研究结果提供给欧洲议会的立法机构，为欧洲议会政策和决策的制定提供科学依据。STOA的工作内容由STOA执行委员会来决定，该执行委员会由25名欧洲议会现任议员组成。STOA从2014年开始开展科学和技术预测工作，并将其作为今后STOA的日常工作。

1990年，在欧洲议会主席的倡议下，欧洲议会技术评估网络（European Parliamentary Technology Assessment network，EPTA）正式成立。EPTA是个松散型组织，各会员单位接受EPTA委员会和成员机构负责人的指导。EPTA界定的技术评估是科学的、互动的、交流的过程，主要目的是使科技活动在社会层面达成公众和政治共识。其既涵盖面向未来的技术预测，也兼顾回溯过往的技术监测，还包括立足现实的技术洞察。

欧盟研发框架计划（FP）于1984年开始启动实施，是由欧盟委员会具体管理的欧盟实施其科技战略和行动最主要的科研资助计划。欧盟研发框架计划从1984年的第一研发框架计划（FP1）发展到于2020年截止的第八研发框架计划（FP8），再到欧盟第九研发框架计划——“地平线欧洲”计划（2021—2027年），共计经历9个轮次，可以分为3个阶段：初步形成阶段（FP1 ~ FP3），确立了欧洲合作模式和法律地位；逐步强化阶段（FP4 ~ FP6），大幅增加了经费，改革了计划管理制度，落实并建立了欧洲研究区；战略提升阶段（FP7 ~ FP9），重新设计了框架计划，强调了开放和欧洲伙伴关系。

## 1.3　国际技术预测活动特征

通过对不同国家技术预测活动的过程、成果、应用等方面的归纳比较，可以发现这些国家技术预测活动呈现诸多特点，具体包括预测活动的周期性、参与者的广泛性、模型方法的集成性、预测技术的智能性、技术清单的独特性、科技规划的相关性、信息传播方式的多样性等。

### 1.3.1　预测制度广泛建立，参与主体不断拓展

国际技术预测活动呈现出周期化、制度化、系统化发展特征。参与技术预测活动的专家学科领域不断扩大，既拓展了技术预测的研究视野，又扩大了技术预测的研究边界。

（1）周期性开展技术预测已成为各国一项制度性安排

技术预测是一项复杂的系统工程，涉及大量的研究、组织和协调工作，有许多知识诀窍只有通过实践才能真正掌握。与此同时，世界科技发展日新月异，技术演变速度不断加快，对未来技术走势的准确判断需要一支稳定的专业队伍和一套科学的方法体系。因此，很多国家逐渐建立起周期性开展技术预测工作的相关制度，以期研判科技发展态势、预测科技发展趋势、掌握科技发展主动权。

日本是最早由政府组织实施大规模技术预测的国家，1971 年，日本开始在全国范围内组织开展首次大规模技术预测活动，至今日本技术预测活动已开展 11 轮次，每次预测均以未来 30 年或 35 年为时间跨度。经过 50 余年探索和积累，日本已成为世界上开展技术预测最为规范的国家，是许多国家和地区开展技术预测活动的样板。1994 年，韩国参照日本经验，开展了第一次国家技术预测活动。《韩国科学技术基本法》规定，国家技术预测每 5 年进行一次，至今已开展 6 次。2004 年，俄罗斯首次开展技术预测和关键技术选择研究活动，2007 年启动了第 2 次技术预测活动，并将其划分为 3 个阶段（2007 年、2009 年、2013 年）实施，由此，持续化的技术预测工作机制正式建立。与韩国、俄罗斯类似，英国、德国等国家也都参照日本经验，于 20 世纪 90 年代陆续开始将技术预测作为国家常规性重要工作。

（2）利益相关方广泛参与已成为各国技术预测共同特征

科技日益成为社会生产的核心要素，未来技术走向与运用已涉及越来越多的利益相关方。为了更加准确地把握未来，也为了更好地发挥技术预测影响力，各国普遍建立了涵盖各技术领域、各社会群体的专家库，打造高素质人才队伍。

日本2015年第10次技术预测活动参与者达到4309人，其中国家科学技术政策研究所（NISTEP）专家网的专业调查员约2000人，其他相关学科协会、相关研究机构及各领域委员会推荐专家合计占一半以上。从人员组成结构来看，来自公立研究机构人员占14%、企业人员占36%、学术机构人员占49%，确保调查人员具有较高的专业性。韩国2015年第5次技术预测活动参与专家来自产学研各界，以未来技术调查环节为例，专家队伍中产业界专家占27.9%、大学专家占35.8%、科研院所专家占30.4%、其他专家占5.9%。俄罗斯在第2次技术预测活动中建立了覆盖200多个组织的专家网络，涵盖创新型企业、工程中心、营销组织、消费者组织等有关群体，同时还邀请OECD、UNIDO和全球主要预测中心的100多位专家组成方法论研究组。英国2009年启动的第3次技术预测活动共进行了3个轮次，2010年第1轮参与者由来自产业界、学术界、国际组织和社会团体的专家组成；2012年第2轮参与者在第1轮专家基础上增加了来自15家领先学术机构的专家；2017年第3轮参与者涵盖了学术界、产业界、投资界人士及工业技术专家。

### 1.3.2　预测方法更加综合，智能技术广泛应用

随着技术领域日益细分与交叉融合趋势愈加明显，技术预测研究范围不断拓展，任何领域的专家都难以掌握全面信息。技术预测既要保证对技术发展趋势做出准确判断，又要分析经济社会发展对科技研发走向的影响。面对迅速变化的世界、不断涌现的海量信息，必须在预测方法和技术手段上持续更新与突破。

（1）预测方法的创新与集成为系统化开展技术预测工作提供了保障

德尔菲法是开展技术预测的经典方法，从各国实践经验来看，在技术清单凝练、未来技术预判环节，至今这一方法仍然被广泛采用。随着技术预测外延的扩展，技术预测涉及的因素、覆盖的范围等方面都有了质的变化，单纯借助德尔菲调查加数理统计分析已经难以满足需求。因此，各国在技术预测工作的不同阶段，为满足不同需求

逐渐引入和集成了各种方法，以实现工作目标。

日本从第7次技术预测起，在德尔菲调查的基础上引入需求分析法，开始从社会需求侧研判未来技术走向。第8～10次技术预测进一步引入情景分析法，利用高性能计算机模拟大量未来情景，协助专家识别未来社会发展需求，推演技术发展变化。韩国第5次技术预测采用一个涵盖社会、技术、经济、环境、政治/法律方面的"STEEP"全视角框架，结合环境扫描、网络调查、情景预测、趋势分析等方法，对未来技术发展进行展望。俄罗斯2007—2013年共进行3轮技术预测活动，第1轮技术预测开展了大规模德尔菲调查；第2轮采用德尔菲调查、情景分析和专家研讨等方法；第3轮采用专利和文献计量、情景分析、技术路线图、弱信号等多种方法。2009年，英国采用主题滚动项目的形式，在德尔菲调查基础上，结合水平扫描、专利分析、文献计量、情景分析、专家访谈等方法开展技术预测。2019—2023年，德国技术预测工作综合运用了社会调查、情景分析、地平线扫描、文献计量、系统分析、未来之轮趋势分析等方法，同时集成了PESTEL法（政治、经济、社会文化、技术、生态地理和法律因素）、技术网络爬虫等方法，从专家学者、各个行业热心民众的角度综合研判未来创新趋势（表1–2）。

**表1–2　部分国家技术预测活动综合化方法运用情况**

| 国家 | 活动年份 | 实施方法 |
|---|---|---|
| 日本 | 2019—2021年 | 调查研讨类（德尔菲法、研讨会法、专家小组法等）、未来社会分析类（趋势扫描法、情景写作法、愿景分析法等）、人工智能类（文献计量法、地平线扫描法、自然语言处理法、聚类和可视化手段等） |
| 韩国 | 2015—2017年 | 德尔菲法、地平线扫描法、网络调查法、情景预测法、趋势分析法、环境分析法等 |
| 俄罗斯 | 2007—2013年 | 德尔菲法、专利分析法、专家研讨、文献计量法、情景分析法、技术路线图法、全球挑战分析法、地平线扫描法、弱信号法 |
| 英国 | 2009—2017年 | 德尔菲调查、专家访谈法、情景分析法、地平线扫描法、专利分析法、文献计量法等 |
| 德国 | 2007—2012年 | 德尔菲法、研讨会和专家访谈法、在线调查法、文献计量法、地平线扫描法等 |

（2）现代智能技术的应用提升了信息采集的全面性和准确性

研究领域从科技小系统迈向社会大系统，才能使技术预测研究更有生机与活力。然而，社会发展涉及科学、技术、政治、经济、环境、文化、伦理等各个方面，各国技术预测专家都在分析和把握社会大系统的方法与路径。首要任务是尽可能获取更加全面和准确的信息，现代智能技术的发展为实现这个目标提供了可能。

日本第 11 次技术预测引入了以机器学习和自然语言处理为中心的现代智能技术，主要表现为：采用自然语言处理、聚类和可视化手段等现代智能技术，对海量技术预测话题数据进行自动化分析，提升一些“分子级”话题之间的联系性，为专家定性评估做准备。专家们在德尔菲法中，通过对利用现代智能技术提取的科技话题进行测算，捕捉关键研究话题，最终提取出特写式科技领域。韩国第 5 次技术预测活动对于韩国媒体报道的 2600 万条信息进行关键词与时间序列的大数据社会网络分析，将未来社会需求进行问题化，并通过网络调查平台邀请全体社会公众参与投票。欧盟在进行技术预测研究活动中运用大数据分析等现代智能技术，对拟开展技术预测研究的主题进行全景扫描。首先，根据技术专家的定义识别每个主题内具有最高相关性的关键字，通过跟踪工具完成主题搜索；其次，将跟踪查询到的数据集（新闻和推特）进行趋势主题算法分析，确定趋势主题子集；再次，分析每个数据子集最频繁出现的短语，根据主题相似性将其聚类；最后，提供交互式图表可视化成果及其内容解析。

### 1.3.3 预测结果反映国家科技发展特征，政策与社会影响广泛形成

在一项具体的技术预测工作中，没有任何国家会把所有技术领域都纳入技术预测的研究范畴，总是体现出“共同且有区别”的特征，这不仅受制于预测成本，更与每个国家的发展阶段和发展战略密切相关。从成果产出端来看，政府和社会是技术预测工作两个重要的服务对象，成功的技术预测工作一方面会对政府制定科技创新战略和配置资源产生影响；另一方面也会对塑造社会预期和引导社会发展产生重要作用。

（1）发展阶段的特征决定各国技术领域与技术清单选择

因文化背景差异，各国对技术预测工作成果的表述方式有所区别，但“技术领域 + 技术清单”是其核心表现形式。各国经济发展阶段、科技创新水平、资源禀赋条件和国家发展战略不同，技术发展优先顺序各有侧重，技术领域分类存在差异。纵观

各国技术预测分类，能源、健康、信息这三大技术领域是被普遍关注的，其余技术领域则各不相同，反映了各国科技发展的差异化特征（图 1–2）。

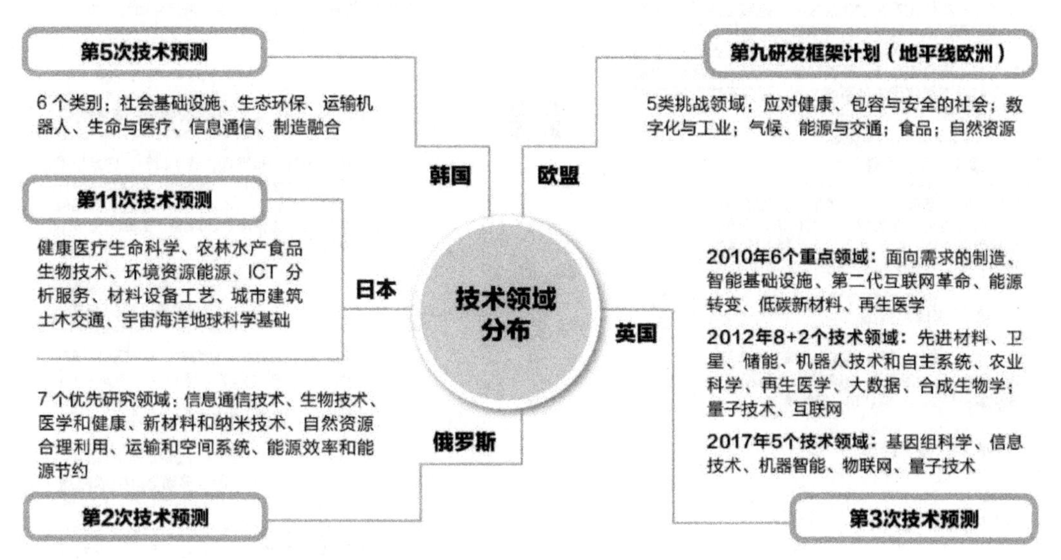


图 1–2 主要国家（地区）技术预测的技术领域分布

通常情况下，技术清单是按照技术领域分层次建立起来的，即使在相同技术领域下，各国关注的重点不同，不同国家选择的技术方向也存在较大差异。以普遍关注的能源技术领域为例，日本、韩国、英国、俄罗斯、欧盟等在技术方向和分类颗粒度上存在较大不同（图 1–3）。

（2）支撑科技管理与服务社会公众使技术预测核心价值得以实现

技术预测活动通过系统研究科技、经济和社会未来发展趋势，识别并选择有可能给经济社会带来最大效益的技术领域及技术清单，在科技规划制定中发挥着重要支撑作用。世界各主要国家已先后把技术预测纳入科技规划和政策制定过程，以减少在技术路径选择上的失误，提高创新资源配置效率。

日本从第 8 次技术预测开始便为日本政府“科学技术基本计划”的制定提供服务；第 9 次和第 10 次技术预测直接支撑了日本第 4 期和第 5 期“科学技术基本计划”的制定；第 11 次技术预测的重要目的之一便是为日本科技创新政策的制定和科技创新战略的研究提供信息。韩国从第 3 次技术预测起，其预测成果指导了韩国每 5 年一次的“科学技术基本计划”制定工作。“俄罗斯 2030：科学和技术预测”结果有效支撑了俄罗斯

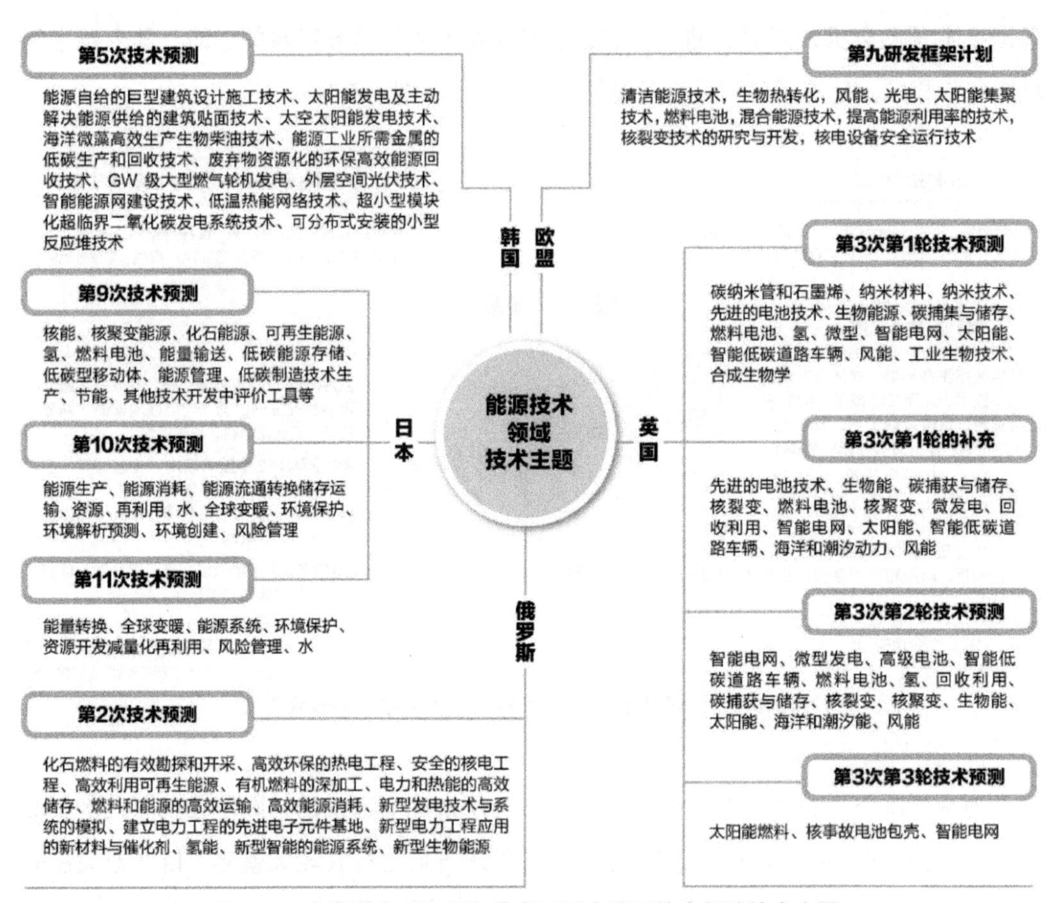


图 1–3　主要国家（地区）技术预测中能源技术领域技术主题

“2030 年社会经济长期发展预测”和“2035 年俄罗斯能源战略”等多项重要文件的制定。

技术预测越来越强调预测过程所产生的外溢效应，通过将预测结果的信息公开与推广应用，唤起公众意识，架起科学技术与社会生活之间的沟通桥梁，使社会公众更好地了解技术预测。这是其焕发持久生命力的保障，各国在这一方面的努力如表 1–3 所示。

**表 1-3　主要国家（地区）技术预测成果的信息公开方式**

| 国家或组织 | 信息公开方式 |
| --- | --- |
| 日本 | 通过文部科学省和国家科学技术政策研究所网站公开调查报告和数据报告，并通过网站收集公众意见 |
| 韩国 | 将技术预测结果报告发至产学研等各领域，编制成可读性强的手册（采用日常生活空间场景，辅以卡通风格插图）向全社会发行 |
| 俄罗斯 | 研究结果在国内外论坛上进行讨论，为学术界的预测研究工作建立交流沟通平台 |
| 英国 | 举办新闻发布会宣传技术预测报告内容，采取措施吸引媒体、企业、研究机构、政府部门参与预测成果的应用和反馈，并根据反馈提出修正报告 |
| 欧盟 | 向欧洲议会成员面对面解释技术预测结果，向相关议会委员会和成员提供有关研究成果，开展有关科学技术趋势社会影响的宣传活动，通过出版《科学趋势》、组织相关讲座和研讨会等传达各种技术趋势信息 |

## 参考文献

[1]《技术预见与国家关键技术选择》研究组 . 从预见到选择：技术预测的理论与实践[M]. 北京：北京出版社，2001：7.

[2] 郭卫东 . 从预见到选择：技术预见理论方法及关键技术创新模式选择研究[M]. 北京：北京大学出版社，2013：4.

[3]《技术预见与国家关键技术选择》研究组 . 从预见到选择：技术预测的理论与实践[M]. 北京：北京出版社，2001：120.

[4] 穆荣平，陈凯华 . 科技政策研究之技术预见方法[M]. 北京：科学出版社，2021：321.

[5] 韩秋明，王革，袁立科 . 韩国第五次国家技术预测工作的创新及启示[J]. 科技管理研究，2018（18）：16-20.

[6] 孟弘，许晔，李振兴 . 英国面向 2030 年的技术预见及其对中国的启示[J]. 中国科技论坛，2013（12）：155-160.

[7] 郭卫东 . 技术预见理论方法及关键技术创新模式研究[D]. 北京：北京邮电大学，2007.

[8] 高红阳 . 外在技术预见与国家科技发展战略研究[D]. 长春：吉林大学，2005.

[9] 杨捷，陈凯华 . 技术预见国际经验、趋势与启示研究[J]. 科学学与科学技术管理，2021，42（3）：48-63.

[10] 玄兆辉，吕永波，任远，等 . 国际技术预测活动特征及对中国的启示[J]. 科技中国，2023（9）：28-32.

# 2

# 技术预测基础理论

本部分研究探索了技术预测的内涵与特征、技术预测的哲学、经济学和政治学理论基础及动力模式，归纳了技术预测的基本内容与活动过程，提出了技术预测的保障条件。

## 2.1 技术预测的内涵与特征

### 2.1.1 基本内涵

技术预测是对未来较长时期的科学、技术、经济和社会发展进行的系统研究，具有如下作用与意义：①明确技术发展方向。在制订科技计划和政策等方面提供广泛指导。②确定技术优先领域。这是技术预测最重要的目标，确定技术优先领域实际上是从更广泛的范围为未来研究确定和选择有前途的方案，并使技术预测与新的科技计划和政策的制定同时进行。③预期信息。向广大公众和决策者提供未来科技发展趋势的有关信息，包括潜在的研究机遇、未来研究面临的威胁和困难，如公众对有关领域研究的社会价值判断，以及一些具有重大意义或可能造成破坏的技术等。④形成一致意见。最大限度使科学家、政府管理部门、组织机构和用户在确定需求和机遇时达成一致意见。⑤倡导。通过积极倡导来广泛集中社会各方面的人力和资金，从而加强对有潜在前途技术项目的支持力度。⑥交流与教育。促进学术界内部的交流与合作，强化学术界与产业界、社会公众、政策制定者的外部沟通能力。

（1）技术预测的定义

技术预测这一概念的提出应当归功于美国的林茨（R. Lenz）。1959年，他在一篇关于技术进步定量测量的论文中，首次提出了技术预测的概念，其内涵包括如下几个方面。①必须对未来科学和技术进行系统研究；②预测的时间跨度应该是长期的，可能为5 ~ 30年，通常为10 ~ 15年。

技术预测的作用包括以下几个方面。①为政府职能部门制定国家科技政策和发展战略、选择优先发展领域、确定研发资金投入等方面提供依据；②为产业技术升级和企业发展战略提供技术信息；③指导本国的研究开发活动，广泛吸引社会各方面的人力和资金，加大对有潜在前途技术项目的研发力度；④大力促进社会各方面的合作与交流，加强政府、研究机构、企业和大学之间的沟通能力，从而形成充满活力的技术创新网络。

20世纪60年代，为应对创新乏力和经济增长缓慢问题，英国一些大学成立了创新研究中心，萨塞克斯大学（Sussex）大学的科学政策研究所（Science Policy Research

Unit ，SPRU）即是其中较为著名的一个。1983 年，SPRU 的 John Irvine 和 Ben Martin 受应用研究与发展咨询委员会的委托开展一项研究工作，目标是研究各国政府部门、资助机构、以科学为基础的大公司和技术咨询组织在调查科学的未来、确认长期的优先领域活动中所使用的方法。这项研究涵盖了法国、德国、美国和日本等 4 个国家，研究结果以“科学中的预见：挑选胜利者”为题于 1984 年成书出版。1987—1988 年，受荷兰政府委托，John Irvine 和 Ben Martin 根据最近的发展对这个方向做了进一步研究，并把研究的国家扩展到 8 个（新增添了澳大利亚、加拿大、挪威和瑞典），该研究报告以“研究预见：创造未来”为题由荷兰教育和科学部出版，并以“研究预见：优先领域的设置”为题成书出版。报告对技术预见给出如下定义：技术预见是对未来较长时期的科学、技术、经济和社会发展的系统研究，其目标是确定具有战略性的研究领域，选择那些对经济和社会利益具有最大贡献的技术群。

经济合作与发展组织（OECD）认为，技术预见是系统研究科学、技术、经济和社会在未来的长期发展状况，以选择那些能给经济和社会带来最大化利益的通用技术。

亚太经合组织技术预见中心（APEC CTF）认为，技术预见是系统研究科学、技术、经济、环境和社会在未来的长期发展状况，以选择那些能给经济和社会带来最大化利益的通用技术和战略基础研究领域。

相继出现的技术预测与技术预见分别对应“technology forecasting”和“technology foresight”两个英文词汇。其含义有一定的差异，这种差异主要与应用角度、场景和研究阶段有关。通常“technology forecasting”以历史数据为基础，通过一定的数学模型，对未来进行推测和演绎。“technology foresight”以人们的创造性思维为基础，通过集成各方面专家意见，全面展望未来，所涉及的范围已不局限于技术本身，还要分析与估量技术未来发展的背景及可能的效应，涉及科学、技术、经济、社会、环境和政治等多个领域，并与政府和企业制定规划有着密切关系，是制订科技计划的基础性工作。

根据上述不同角度给出技术预测和技术预见的定义，可以看到相关学者和国际组织是在“技术预测”的基础上扩展提出了“技术预见”的概念，这一概念实质上没有脱离技术预测的范畴，可以看作是对技术预测的内涵做了进一步丰富和拓展。本书在结合各国技术预测活动的实践经验基础上对技术预见和技术预测给出了综合描述，对技术预测和技术预见概念的使用不做区分，均视为广义的技术预测活动。

综合上述分析，可以将技术预测内涵描述如下：技术预测是通过研究者、用户和政策制定者之间相互影响，系统研究科学、技术、经济、环境和社会在未来的长期发展状况，以选择对未来经济和社会利益具有最大贡献的技术群及具有战略性的研究领域。

（2）技术预测的时间跨度与研究范围

对未来的研究若是以某一时限为前提的，一般用“时间跨度”这个术语来表述，通常分为 3 种：①短期预测，时间跨度为 5 年左右；②中期预测，时间跨度为 10 ~ 15 年；③长期预测，时间跨度为 20 ~ 30 年。

从目前的技术发展速度来看，技术正在以几十年前还无法想象的速度重塑着我们的世界，为了满足消费者不断增长的期望而展开的竞争，大大加快了技术进步的速度，使未来技术的发展具有更大的不确定性。研究表明，15 年以上的技术预测很难准确，结果不具有很好的实用性。其中，未来 15 ~ 30 年的技术是最难预测的，因为未来 15 ~ 30 年处于另一轮新科技的开拓时期，未知的因素较多。因此，一般认为技术预测的合理时间跨度为 15 年。从世界上主要从事技术预测的国家来看，预测周期包含短期、中期和长期，不同的技术领域和关键技术预测的周期会有不同。美国、英国、欧盟等国家和地区重点考虑未来 10 年之内能够实现的技术，主要是竞争前技术；而日本、韩国、德国、俄罗斯等国家对未来 30 年技术预测关注度较高，考虑的是长期技术发展。

技术预测依其涉及的范围，可分为国家、行业、企业多个层次，即宏观、中观和微观预测。①宏观层面，涉及整个科学技术领域的技术预测，主要为制定国家科技政策提供未来科技发展趋势，确定优先发展的技术领域。这一层次的预测活动主要由国家来组织。②中观层面，涉及行业发展或学科领域的技术预测，通常用来确定哪些技术领域具有较高的科学价值和社会经济潜力，主要用于行业和学科领域科技发展战略的制定。该层次的预测主要由行业来组织。③微观层面，涉及企业发展或科研项目的技术预测，主要为企业制定发展战略、确定新的业务领域、提高企业的创新能力及选择科研项目服务。该层次的预测主要由企业或科研单位来组织。

### 2.1.2 主要特征

技术预测是系统性地对未来社会科技发展方向的预测。因为未来面对的环境因素具有多变性和不确定性，所以技术预测活动具有复杂性、前瞻性、或然性、过程性等特征。

（1）复杂性

技术预测的中心目标是技术和工业创新，除技术本身的发展外，还涉及影响技术发展的社会、经济和文化背景等诸多方面，如政策、法律、制度、金融、经济、科技、社会伦理和传统文化等。因此，技术预测是一个开放的复杂巨系统。技术预测强调科学、技术、经济、社会、环境发展的"一体化"，科技、活动、资源、成果与标准等的"全球化"，以及科技效应的两面性。科学技术是一把"双刃剑"，必须坚持发展与规范的统一。技术预测是对未来社会的塑造，没有人能置身其影响之外。决策的民主化要求利益相关者的广泛参与，所以，技术预测是政府部门、产业界、学术界及社会公众的复杂互动和合作过程。

（2）前瞻性

技术预测超越了现实事物和当前实践的界限，使认识走在某种事物或某项实践的前头，具有一定的前瞻性。这种超前性决定了它的创造性。创造性来源于人们思维的创造力，人的思维不仅能够对现有的事物和条件进行描述，而且能够在现有资料的基础上进行想象，加以构思，形成创造性的新形象。技术预测正是人们在掌握客观规律的基础上，运用逻辑推理和想象力去创造性地描述事物未来发展前景的过程。

技术预测具有明显的导向功能。高层次的技术预测往往是国家制定技术政策与科技发展战略、编制科技计划的依据和基础，对研发投入具有重大的影响。科技的未来是可以通过现有的知识和人类的聪明智慧及需要进行预测和选择的。技术预测强调一个社会不断了解、应对新变化的能力，认为未来是需要从现在开始进行准备的，机遇只偏向有准备的国家、地区和人群。技术预测实际上是一个与国家技术政策、产业政策及政策的贯彻实施联系在一起的开放式系统。

（3）或然性

技术预测这一巨系统由于子系统很多，相互之间关系复杂，有的子系统还受非还原论的自然法则所支配，因此它不可能具有很确定的、绝对唯一的最优解。只能对各子系统进行全面“调节”和“协商”，得出相对“优化目标”。技术预测对未来的认识具有不确定性特征，这是由我们的知识有限所决定的。技术预测不是对未来某项技术的预报，而是勾勒出的未来技术发展的总体画面。技术预测一般只能从大体上推断出事物发展的基本过程和大致趋势，而不可能周密地预测它的具体细节和未来发展的具体形式。技术预测只是反映目前以萌芽状态存在于现实中的东西，其本质和内部联系尚未得到展开，因此，人们对未来事物的认识也只能是大致的、非精确的。

技术预测并不是说它本身已经得到实践的确认，而是说它所依据的前提是科学的，这个前提就是对客观事物的认识，但依此做出的技术预测仍然是未经检验的，具有一定的或然性。

（4）过程性

技术预测是一个过程，而不仅是一套优先技术发展方案。在这个过程中，政府部门、产业界、学术界和社会公众相互协作，交流意见和想法，共同制定战略发展目标，为政产学研之间的信息传播和反馈提供了一个有效的渠道。

由于技术预测的决策导向性和过程性，因而需要利益相关者多方研讨、参与和综合，同时还要考虑社会多因素的影响和多方面需求，这样才能起到引导未来的作用。技术预测参与者必须具备一定的人员规模，并充分考虑人员组成的多样性。按照国际技术预测的做法，一次技术预测活动参加人数达几千人，甚至上万人。从人员结构来看，有科技、经济、企业和政府管理部门的专家，还有新闻和文化工作者。技术预测一方面将各类专家的意见纳入决策体系之中；另一方面使不同领域的专家相互沟通、交流信息、交换思想、相互学习、取长补短、达成共识，从而形成具有战略性和导向性的技术群。

## 2.2 技术预测的理论基础

技术预测活动的实施必然蕴含着相应的理论预设。从哲学层面来看，我们必须相信事物的运动存在着可以认识的规律性，舍此，预测无异于占卜。技术是我们生存和发展的必要条件，是所有文明形态的公约数，所以我们必须关注技术及其未来。从经济学的角度来看，资源的稀缺性是一切经济理论存在的前提，决定了经济研究的核心是如何对有限资源进行合理配置从而实现收益最大化并最终推动经济发展的。技术预测结果将会引导有限资源投入到对经济和社会收益具有最大贡献的领域。从政治学的角度来看，为科学技术活动提供支持是现代政府的职能之一，基础研究具有较强的外溢性，理应得到政府资助；为降低社会成本和投资风险，政府作为技术预测主体而为社会提供公共物品，是其开展技术预测的合理性所在。

### 2.2.1 技术预测的哲学基础

（1）客观世界的可知性

思维能否正确地反映存在、我们能否认识或彻底认识世界？对这一问题的不同回答，便产生了可知论和不可知论的理论分野。古希腊智者派的高尔吉亚在反驳巴门尼德的存在时论证："第一，无物存在；第二，如果有某物存在，人也无法认识它；第三，即便可以认识它，也无法把它告诉别人。"中国古代的庄惠之辩、心理学上的鱼牛悖论、奎因翻译的不确定性原理等，都是不同时代不可知论的具体表现。

世界的可知性是辩证唯物主义的基本观点。恩格斯指出："对不可知论及其他一切哲学怪论的最令人信服的驳斥是实践，即实验和工业。既然我们自己能够制造出来某一自然过程，使它按照它的条件生产出来，并使它为我们的目的服务，从而证明我们对这一过程的理解是正确的，那么康德的不可捉摸的'自在之物'就完结了。"

任何事物的产生、发展和灭亡都不是无缘无故的，而是在特定的因果链条中展开的。不存在没有原因的结果和没有结果的原因。表象之下存在结构，变化之上存在因果。因果关系影响事物的发生发展，从而形成了对世界的科学认知的核心。未来由因果关系组成，所以未来可知可解。因果过程在过去发挥了作用，也将催生未来。通过分析因果过程，我们可以把握并塑造未来社会。

科学是人们对自然界本质和规律的探索活动及其成果；技术是人们借助自身的经验和知识对自然界的控制、改造活动。不承认客观世界的可知性，科学和技术将是不可想象的事情，更遑论技术预测。况且，历史的经验也在不断地验证着人们的预测，"18 世纪末 19 世纪初，法国思想家迈希尔对未来几百年的发展进行了预测，到 1950

年，他的预测有36%已经实现，有28%接近实现。1910年沙杰尔莱特在《20世纪的发明》一书中所做的预测，到20世纪中叶已有64%得到证实。统计研究显示，20世纪初的25年中，主要预测研究的应验率为75%，在1950—1958年实现的57项重大科技成就中，有48项是事先预测过的。对20世纪70年代进行的预测，约有80%可以实现。”

（2）事物运动的规律性

规律就是事物运动发展过程中本身所固有的、本质的、必然的和稳定的联系，是事物运动变化的必然趋势。预测能否实现，取决于事物的演化是否存在客观规律、人们能否通过预测分析并找出事物发展的规律，这是预测之所以可能实现的前提。对此，哲学家们有两种截然不同的看法。一种认为世界上一切事物的变化根本无规律可循，对未来的预测是不可能的；另一种则认为物质世界不仅具有客观实在性，而且具有内在规律性，人们完全可以认识这个世界和这些规律，因此预测是完全可能的。虽然技术的发展如同其他事物的发展一样，不可避免地要受到各种社会因素和自然因素的影响，常常表现出偶然性，但是“在表面上是偶然性起作用的地方，这种偶然性始终是受内部的隐蔽着的规律支配的，而问题只是在于发现这些规律”。人们能够认识和掌握技术发展的客观规律性，也就可以对技术的发展前景进行预判，并可能取得较好的效果。这是哲学层面上技术预测能够实现的理论依据。

随机性和约束性的关系是预测中的一对基本矛盾。预测者从预测对象表现出来的千变万化的实际现象中得到大量离散的或连续的数据。每一个现象的出现完全是随机的，然而所有现象的出现同时又受到一定的约束。约束性指的是事物运动、变化和发展过程中表现出来的相对不变性，是系统本质的必然表现。如何从大量离散的或连续的随机变量分析中找出系统运动、变化和发展中固有的稳定的本质属性，是预测方法所要解决的根本问题。各种预测方法的实质，就是从大量随机现象中抓住预测对象变化所固有的、必然的、稳定的因素，即事物内在的规律。如果没有随机性和约束性的统一，进行预测将是不可能的。

系统具有稳定的结构，是能够预测系统演化趋势的前提条件。如果系统的结构不稳定，就难以有效地找到预测事物的预测规律。例如，当系统的自适应、自控制能力不能克服突变因素的影响时，事物的未来就不会永远按照原来的关系发展下去，就会出现某种转折，即出现突然向上或突然向下的变化。因此，预测科学不仅需要研究反映历史发展过程的规律，而且要研究可能出现的转折点，把它控制在尽可能小的预测区间。所以，预测的技巧主要是如何处理好预测的区间和转折点，使之更好地反映事物演化的规律，从而取得最佳的预测效果。

可检验性也是预测的基本特点之一。所谓预测的可检验性包含两层含义：第一，预测的结果必须是明确的而非模棱两可的，是可以被检验的；第二，预测的方法也必须是可以检验的。如果预测方法本身不能被检验，即使后来的事实被言中，它也不是科学的预测。技术预测以科技、经济和社会发展规律及其相互作用为基础，通过揭示技术发展趋势，尽早发现未来技术的苗头，能动地影响或控制其发展，使其为社会和人类进步服务。

例如，通常情况下一项技术都存在从基础研究开始，经历共性技术研发，形成产品进入市场，逐渐成熟，随后衰退，最终被下一代新技术替代的生命周期；一般一个技术群存在 50 ~ 60 年的长波，如工厂体系（1780—1840 年）、蒸汽动力与铁路运输（1840—1890 年）、电气与钢铁（1890—1940 年）、汽车与合成材料的大批量生产（1940—1990 年）、微电子学和网络技术（1990—？）。了解和认识这些规律性现象可以有效地帮助我们进行技术预测。

（3）技术与人的根本关系

马克思在《德意志意识形态》中指出："全部人类历史的第一个前提无疑是有生命的个人的存在。因此，第一个需要确认的事实就是这些个人的肉体组织及由此产生的个人对其他自然的关系"。那么，不同于动物的"人的肉体组织"有何特点呢？人类学家认为是动物的特定化（Specialization）和人的未特定化（Unspecialization）。

所谓特定化，就是物种适应于某一单独的环境并形成局部器官过于发达的一种特异适应。动物与其生存环境是一种先天化、本能化、固定化和封闭化的关系，这种关系的存在基础就在于动物各有其特化器官及按照基因预制的程序对外部刺激进行反应。不仅类人猿而且一般的动物在其总的构造上都比人更专门化。动物的器官适应特定的生活条件，每一个物种的必需器官犹如一把钥匙适合于一把锁。动物的感觉器官也同样如此。这种专门化的效力和范围也就是动物的本能。而本能规定了动物在每一种场合中的行为。然而，人的器官并不片面地指向某些行为，而是原初就非专门化的。因此，他在本能方面也是贫乏的：自然没有规定他应做什么和不应做什么。

人的未特定化意味着人无特化器官去完美地适应特定的自然环境。自然界不是因为人而存在，没有为人类的降临而专设生态位。为了生存下去，人必须创造异于动物的生存方式——技术，以弥补自身的本能“缺陷”和“匮乏”。“技术起源根植于生物性。”“人类通过改变环境来适应自己的基因，而不再是改变自身的基因去适应环境。”可以说，“人是从技术开始的地方开始的。”

从发生学的角度来看，人类的起源和技术的起源是一回事。“技术和人类自身同样古老，因为在我们研究化石遗迹时，只有当我们遇到使用过制造工具的痕迹时，我们才能肯定我们是在研究人类。”而“所有关于起源的陈述都带有神话的色彩”。赫西俄德的《神谱》、埃斯库罗斯的《被缚的普罗米修斯》、柏拉图的《普罗泰戈拉》都讲过一个类似的创世神话，将技术视为人类的天性：诸神用泥土创造了“会死的族类”，厄琵米修斯负责为它们分配生存技能，动物们各得其所。轮到人的时候各种技能已分配完毕，这时的人“赤条条没鞋、没被褥，连武器也没有……普罗米修斯从赫菲斯托斯和雅典娜那里偷来带火的含技艺的智慧送给人做礼物”。于是，“人”才成为人。

我们对人类历史的阶段性划分，也常借技术手段加以标识，如石器时代、金属时代、工业社会、信息社会等。马克思说：“各种经济时代的区别，不在于生产什么，而在于怎样生产，用什么劳动资料生产。劳动资料不仅是人类劳动力发展的测量器，也是劳动借以进行的社会关系的指示器。”“随着新生产力的获得，人们改变自己的生产方式，随着生产方式即谋生的方式的改变，人们也就会改变自己的一切社会关系。手推磨产生的是封建主的社会，蒸汽磨产生的是工业资本家的社会。”

人类与技术的同源性和技术在人类社会演化过程中的基础作用表明，技术是人的存在方式，抛弃技术就意味着抛弃做人的资格。从这个意义上说，关注技术就是关注我们自身，预测技术就是建构我们未来的生活方式。

### 2.2.2 技术预测的经济学基础

（1）资源稀缺论

资源的稀缺性是指相对于人类无限增长的需求而言，在一定时间与空间范围内资源总是有限的。一方面，人类生存发展的需要是多样的，如生存需要、享受需要、发展需要，或者经济需要、政治需要、精神文化需要等，这些需要形成一个复杂的需求结构，这一结构随着人们生活的社会环境条件变化而变化，不断地从低级向高级发展，不断扩充其规模，旧的需求满足了，新的需求又产生了。另一方面，资源具有有限性和不平衡性的特点。资源的有限性也叫稀缺性，是指相对于人们的无穷欲望而言，经济资源或者生产满足人们需求的物品和劳务的资源总是不足的。不平衡性有两层含义：一是相对于人们不断变化的需求结构和多样化的需求而言是不平衡的，人们不得不做出选择，分出轻重缓急，分出先后顺序；二是资源在不同地区、不同国家、不同的社会群体中的分布是不平衡的。结构和分布失衡导致每一个个体和群体都面临资源稀缺性难题。人类必须在有限的资源条件下，将资源有效地运用于满足人类最重要的目标上，通过科学预测和规划实现资源的合理配置，或者通过技术创新提高资源的利用效率。

由于资源稀缺性的存在，人类的一切活动都面临选择问题。如果没有这个前提，资源优化配置及作为资源配置机制而存在的市场就会变得毫无意义。同样，如果没有这个前提，技术预测的探讨也将失去研究基础。技术的飞速发展并不能完全解决稀缺问题，因为发展本身就是一个资源配置问题，需要市场机制发挥作用。现实中的资源普遍是稀缺的，任何国家和地区在发展自己的科学技术事业时总要受到资源稀缺性的制约，不可能发展所有的科学技术领域，只能本着“有所为有所不为”的原则有选择地发展对本国和本地区经济与社会发展最具价值的那些科学技术领域。因此，哪些重点领域、关键技术应该得到优先选择与发展，哪些技术可以催生一些新产业，哪些技术可以用于改造和提升传统产业，哪些技术可以充当新的经济资源，哪些技术可以用来改善人们的生活质量等，这些都需要从社会总资源配置的视角进行全面合理规划，以选择对未来经济和社会利益具有最大贡献的技术群与战略性的研究领域。

（2）经济增长理论

伴随着第一次工业革命的推进，英国等欧洲国家的经济快速增长，经济增长理论也开始在欧洲发达国家应运而生。经济增长理论的研究主要涉及两个方面：一是探究经济增长的背后原因；二是探究为什么不同国家出现不同的增长速度。自亚当·斯密发现资本积累、生产率的改进对经济增长有直接作用以来，经济增长理论经历了从古典经济增长理论、新古典经济增长理论向内生经济增长理论的演变。

古典经济增长理论认为，资本、劳动和土地是产出的重要影响因素，但在缺乏技术进步的情况下生产要素的边际报酬递减可能导致一国经济增长的停滞。对此，新古典经济增长理论认为，创新是一种对生产要素和生产条件的新组合，可以推动经济不断发展。从多国长期各主导部门的先后衰退进程来看，技术变化是经济增长的决定性因素。然而，新古典经济增长理论虽然认同发明、创新和技术的重要性，但对经济增长的探讨始终停留在技术外生的假设前提之下，无法对劳动力增长率和技术进步参数做出解释，研究结论与世界经济的现实进程偏差较大。内生增长理论实现了技术进步的内生化处理，通过强调知识的收益递增效应及经济个体为追逐利润的创新行为，尝试解决边际收益递减与长期经济可持续增长之间的矛盾，探讨一国经济长期可持续增长如何被经济系统内生决定。

内生增长理论的贡献体现在以下 3 点：一是强调了知识、创新等带有外部性特征的生产要素可以形成规模收益递增的总体生产函数，使得经济增长可以长期持续；二是探讨了如何将收益递增和市场完全竞争在一般均衡模型中进行统一，知识与创新的正外部性的引入成为实现技术进步内生化的关键；三是阐明了在此情形下市场竞争机制将导致次优结果，因此政府应当通过征税和补贴等组合手段对市场进行干预，从而将外部性内生化，重新达至社会最优。

纵观经济增长理论的演变过程可以发现，知识、技术、创新等概念在增长模型中的地位和作用不断提升。21 世纪以来，内生增长理论进一步发展，知识、技术及制度等要素对经济增长的影响逐步被解析。国家开展技术预测工作是把握经济增长规律，选择优先发展领域，增强创新能力的重要途径。

（3）公共物品理论

所有社会产品可分为公共物品（Public Goods）、准公共物品（Quasi-Public Goods）和私人物品（Private Goods）三大类别。准公共物品又可分为公共资源和俱乐部物品（图 2-1）。技术知识作为具有经济性的公共物品，具有外部性、非排他性等特征，容易造成市场失灵，这为我们合理界定政府在科学技术活动中的角色提供了有效视角。

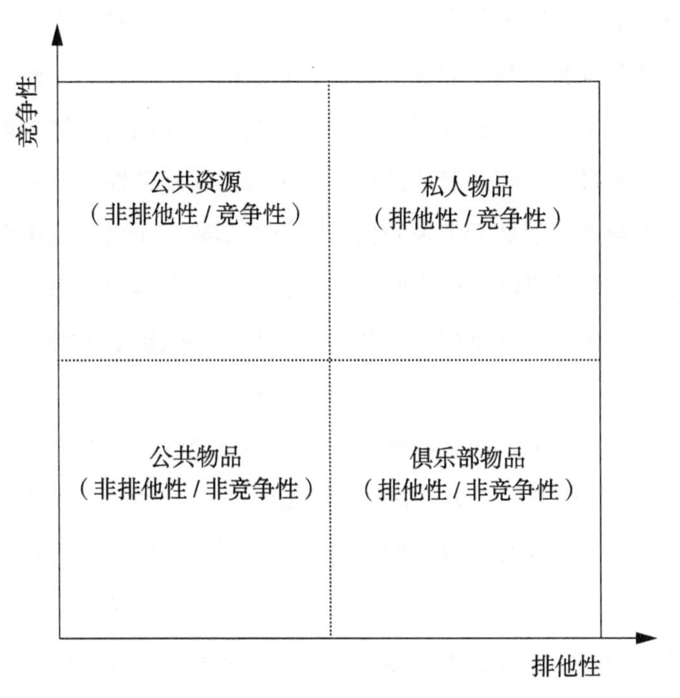


**图 2-1 社会产品及其分类**

公共物品是指将该商品的效用扩展于他人的边际成本为零，因而也无法排除他人享用的一类商品。这就使公共物品对公众有好处，但提供者却无利可图。公共物品的供给无法通过市场解决，而需要通过非市场的机制来提供。政府正是依据这样的公共需要而产生的，其基本职能就是组织和执行公共物品的供给。例如，政府为其社会成员提供的“安全”“公正”就是最重要的无形的公共物品（服务），它们是通过政府花费巨资设置军队、警察、法院及社会保障体系来实现的。又如城市建设、环境保护、公共教育、公共设施等也都是典型的公共物品。

公共物品具有下列主要特征：①受益的非排他性。技术上没有办法将拒绝为之付款的厂商或个人排除在公共物品的受益范围之外，或者是由于排除成本高于排除带来的收益而造成不经济。同时，任何人也不能通过拒绝付款的办法将其不喜欢的公共物品排除在其享用范围之外。该特征取决于技术因素，技术决定产权确定的成本和难度，公共物品的消费非排他性特征来自确定产权是不可行的，或者是成本太高，或者是技术上不可能。②消费的非竞争性。只要有人提供了公共物品，则该物品效应覆盖范围大小和区域内的消费者人数多寡，与该公共物品的数量和成本的变化无关。该特征主要取决于消费品本身的消费容量。消费容量取决于消费品的规模和特性，公共物品具有“消费的非竞争性”特性是因为其消费容量对共同消费群体来说充分大，以致每个消费者的消费并没有影响到其他消费者的消费。③外部性。公共物品的供给和消费会对其他的非供给者或消费者带来积极或消极的影响。④财政依赖性。公共物品的非排他性决定了公共物品供给的成本收回困难，导致私人部门不愿意或很少投资，所以公共物品供给主要由政府来承担，尤其是纯公共物品供给必须要依靠财政支持方可实现。

技术作为一种具有经济性的公共物品，通过共享能够在整个或多个产业内普遍应用，因而极易产生“搭便车”行为，导致“市场失灵”。一方面，技术的正外部性使溢出效应的获得者能够快速提高自身的创新能力，加快技术扩散，从而为市场提供更多质优价廉的创新产品，增加社会财富；另一方面，技术的非排他性使创新者无法独享全部的创新收益，当边际收益小于边际成本时，创新者的研发动机下降，而等待他人创新的“搭便车”动机加强，从而抑制了整个市场的创新水平，降低了社会福利。这种私人与社会技术效率的不匹配需要以政府干预的方式进行有效调节。政府凭借强大的技术预测和科技规划能力，对重点技术领域的研发周期、产品生命周期、创新溢出强度等进行深入研究，制定合理的补贴力度和保护范围，通过创新补贴与知识产权保护等政策，更好地引领创新发展，实现创新产品的有效供给。

（4）国际竞争力理论

竞争力理论的演变经历了从静态到动态、从强调要素禀赋到强调产业发展能力的演变过程。从概念来看，国际竞争力逐渐从微观层次向中观层次乃至宏观层次发展，逐渐成为一个多层次和综合性的概念。经济合作与发展组织（OECD）将国际竞争力划分为宏观竞争力、微观竞争力和结构竞争力。宏观竞争力指国家法规、教育、技术层次的竞争力，微观竞争力指与企业取得市场和增加利润相关的竞争力，结构竞争力指与技术基础设施、投资结构、生产类型、外部性等相关的竞争力。

对于国际竞争力问题的研究最早开始于 18 世纪的国际贸易理论。亚当・斯密的绝对优势理论认为，一国相对于另一国在某种商品生产上具有生产效率的绝对优势，则参与国家交换有利可图。大卫・李嘉图的比较优势理论认为，即使某个国家的产业不具有生产效率的绝对优势，也并不是无法参与国际竞争，国际竞争力的来源是比较优势而不是绝对优势。从传统竞争力理论可以看出，国际竞争力来源于本国在生产能力或资源方面的绝对优势或相对比较优势，这种优势是先天具有而非后天形成的，因此属于静态竞争力理论。

20 世纪 60 年代后，发达国家水平分工及产业内贸易现象大量出现，要素禀赋相同或相近的国家同样形成了密切的贸易往来，传统竞争力理论无法对此做出解释。在此基础上，技术差距、产品生命周期及外贸优势转移假说等新贸易理论从动态角度展开研究。新贸易理论认为，一国的国际竞争力不是一成不变的，而是变化和发展的。随着产品生命周期、技术周期的不断变化，起初不具有比较优势的国家有可能会逐渐获得比较优势。这一理论为发展中国家参与国际分工及引导产业演进和经济发展提供了理论支持。波特的竞争优势理论提出，一国经济地位上升的过程就是其竞争优势加强的过程。国家竞争优势的发展可分为 4 个阶段，即要素驱动阶段、投资驱动阶段、创新驱动阶段和财富驱动阶段。在创新驱动阶段，竞争优势主要来源于企业的创新，具有竞争优势的产业一般是技术密集型产业。

在现代商品经济条件下，经济实体获取经济利益的主要途径是开展提高劳动生产率的竞争，而新技术、新工艺在生产过程中的优先采用，显然成了衡量竞争能力的重要手段。当代新技术革命具有应用和普及迅速、效率空前提高、开拓出广阔的新市场、产品生命周期明显缩短等特征。随着新技术革命浪潮的兴起，能否合理运用政府职能、能否进行科学准确的技术预测、能否有效地促技术创新将成为检验各国政府能力的重要内容。因此，各国应综合分析自身的优势和劣势，通过提高技术预测能力、健全优化国家科技预测机制、加强科技前沿突破方向研判，从而有效设定科技与创新资源投入的优先顺序，不断优化创新体系结构，引导资源合理化分配，增强具有比较优势及重点发展领域的科研力量，只有这样才能实现国家核心竞争力持续提升。

### 2.2.3 技术预测的政治学基础

（1）科学技术与社会契约论

技术预测产生和发展于第二次世界大战结束后的冷战时期。在此阶段，美国和苏联两个超级大国控制了世界上的主要资源，它们认为只要对科技大力投入，就一定会有产出。这一认识的依据是美国前科学研究与开发办公室主任布什（Vannevar Bush）于1945年提出的科技–社会契约论。布什认为，只要不断投入基础研究，它就会不断为国家的防卫、经济及社会输出繁荣与财富。这就好比在科学与社会之间达成了某种契约，科学以其长期形成的良好信誉向社会做出承诺，社会则以这一承诺为前提对科学投资。

1945年，布什提交的《科学——无尽的前沿》奠定了战后美国的科研体制。布什关于研发活动的模型理论指出，基础研究是应用研究的先导，“在线性进程的一端投入金钱，有用的结果就必定会在另一端出现”，并不断对美国的国防、经济等输出繁荣和财富。“联邦政府应该支持最前沿科学的开拓性研究，这是美国的一项基本国策”；“科学活动是一项最值得投资的活动，是一项最能获得高收益的长期投资工程，尤其是基础研究”；“一个在新基础科学知识上依赖于其他国家的国家，它的工业进步将是缓慢的，它在世界贸易中的竞争地位将是虚弱的，不管它的机械技艺多么高明”；“只要我们敢于对科学做长期投资，它总有一天会给我们的国家、经济、社会及国民带来安全、稳定、繁荣和财富”；“无论是来自新知识、新产业发展的需求，还是来自更多的科学家和工程师们的就业需求，均要求他们继续探索自然规律，生产关于这些领域的客观知识或经验知识，并将这些知识运用到特定的经济、社会目标中去。这些新知识最核心、最精华的部分将从基础研究中获取，而且也只能从基础研究中获取。”

进入21世纪，美国政府仍在不断地重申着布什的观念：“技术进步是经济增长的发动机”，“技术在战场上可以成为决定性的优势”，“新技术也在改善着所有美国人的生活质量”。

美国在基础研究领域的大规模投资在不太长的时间内就获得了巨大的回报，积极投资基础科学研究不仅成了美国的一项基本国策，也成了其他一些国家的仿效模板。世界各国相继认识到，在战后的和平发展年代里，要想实现国家安全、社会稳定、经济繁荣、国民健康，以及国民财富增长，在很大程度上就取决于能否把握科学技术在未来一段时间内的发展脉络，能否制定出有针对性的科技政策和科技长期发展规划，能否对认准了的基础学科进行重点投入，这大大激发了人们对技术预测的兴趣。

（2）技术进步的社会建构论

在技术与社会关系问题上，存在“技术决定论”和“社会建构论”两种不同的观点。

前者把技术视为塑型社会与引起社会变迁的独立变量和决定性因素，是社会进步的指示器；后者则是对前者的反拨。

社会建构论认为，技术贯穿于人的活动之中，其发展也总是在特定的社会场景中展开。技术活动始终受技术主体的实际利益、文化传统、价值取向和权力格局等社会因素的制约，日本人将其称之为“技术风土”。社会在技术的选择及技术发展的方向、速度与规模方面扮演着十分重要的角色。因而，不同社会的技术体系往往具有不同的区域、文化特点，同一技术形态在不同的社会文化情景中也会产生不同的效应。技术创新并不是一个从理论到应用的线性过程，而是在各个层面、各个环节都受到文化选择的复杂影响。所以，技术并非独立于社会之外，而是社会建构的产物。如果“将认识的一般过程与技术认识的特殊性结合起来，可以将技术认识过程中的观念活动分为3个主要的阶段：技术任务提出、技术设计进行、技术后果评价。而这一系列认识活动都是由社会触发、推进和约束的，与特定社会语境相关，即都是在社会建构过程中进行”

社会建构论有一个共性观点，即某些领域的知识是社会实践和社会制度的产物，或是相关社会群体互动协商的结果。在技术的发展过程中，社会因素起到了至关重要的作用，应当把技术作为一个社会系统的子系统，从其内部来理解技术。技术是在人类的活动中形成的，是人类创造出来的文化形式；无论是技术方案的构思设计，还是制造加工，乃至产品的应用扩散，都是人类的事务，技术应被理解为一个社会过程。在技术发展过程中，社会因素全面渗入技术内部，从而打破了技术与社会的边界，形成了技术与社会的“无缝之网”；技术本身由此成为社会的组成部分。因此，技术是社会的技术，是人类创造出来的文化形式，技术可以被界定为社会行动，是一种特定的社会文化实践。

“中国技术状况的不理想很大程度上是源于塑造这种技术的社会状况不理想，因此改革或发展社会的任务极其重要”，“必须有思维范式的转换，认识到技术的社会环境比技术本身更重要：没有合适的社会环境，不可能生长出相应的技术，甚至引进了别人的技术也不可能有效地使用。发展技术，有时候主要功夫是在技术之外，尤其是在发展技术的过程中技术本身问题的解决已经明朗化，即获得更先进技术的可能途径已经现实化，但因人的或制度的因素又不能实现技术发展的情况下就更是如此。所以不利性社会制约或者说社会能力低下是我国技术发展不理想的主要原因，这是因为我们的制度安排、管理理论和实践、价值观念和思维方式等还远远落后于技术与社会协调发展所要求的水平。”

（3）科技发展的政府职能论

无论是信奉自由市场的国家，还是坚持中央计划的国家都在支持科学技术的发展，但在支持的领域、支持的方式和支持的力度方面存在很大差异，这与各个国家的历史传统、政治体制及对科学技术本质属性的理解密切相关。

市场无疑是配置资源的有效手段，古典经济学家均对市场机制推崇备至而仅将政府视作“守夜人”。但由于公共物品、信息不对称、外部性及垄断的存在，这只“看不见的手”也时会失灵，从而为政府的介入提供了正当性。

科学技术从来就不是同质的铁板一块。研发活动包括基础研究、应用研究和试验发展 3 种类型，各自具有不同的经济属性，并依序而逐渐贴近市场，政府的干预也应渐次减弱。

基础研究的成果以科学论文和科学著作为主要形式。每个人都可以得到基础科学知识而不降低他人消费它们的可能性，所以基础科学具有非竞争性。人们很难或者不可能对使用基础科学知识的人收取费用，故而基础科学具有非排他性。非竞争性和非排他性决定了基础科学的公共物品属性，那么基础研究就应该以政府资助为主。

应用研究的目的是为解决实用问题而提供方法和途径，其中包含了多种特征完全不同、具有迥异经济学属性的成分。对于竞争前科学原理的研究，政府部门应发挥更多的作用；对于市场目标明确的科学知识的探究，私营部门应当成为主体。以新产品、新工艺、新材料、新方法等开发为主要内容的试验发展活动，显然更属于私人投资范畴。

政府技术预测活动的结果是将在未来发挥巨大作用的一系列技术领域和技术清单，并将之公之于众或用于支撑政府决策，故而具有公共物品属性，这是政府作为技术预测活动主体的合理性之所在。

战后美国科学技术的迅速发展即是基于上述思想：①基础研究是公共物品。投资基础科学并与高等教育相结合，带来创造新技术的创新过程，随后又孵化出新产业。②为了完成政府的防卫、空间探索和其他法定责任，联邦机构应该追求新技术的发展以完成这些使命。使命导向驱动的高技术将会在不增加成本的情况下产生溢出效应，进一步刺激工业创新。③政府不是为了创造用于商业开发的新技术而直接投资研究，而是让私营企业去“捕获”政府的科学源泉和溢出的技术并进行投资，依靠市场的力量刺激工业竞争。④把科学技术看作一项资产并在国际上部署，用于支持增加军事同盟，以对抗苏联。

## 2.3 技术预测的动力模式

技术是在自身的矛盾运动及社会需求推动中产生和发展起来的，技术的进步由于其内部的微观机制而在外部行为上表现出它的规律性；而技术作为社会现象而言，它同样受到社会环境因素的制约，社会环境因素对技术进步的作用是技术发展宏观动力外在规律的表现。技术在微观和宏观动力的作用下获得发展，表现出空间分布和时间序列的规律性。

技术进步的动力来自技术系统与技术环境的矛盾运动，即人类为了获得生存的必要条件，以及为满足人类日益增长的生产和消费的需要，必须借助技术来实现。但人类的需求在一定程度上通过将其转化为一定的技术目的，并用一定的技术手段来实现。而新技术的出现反过来又促进社会新的需求、新的技术目的的产生，又在新的基础上开始了技术目的与技术手段的矛盾运动。这种矛盾运动实际上反映了技术系统与技术环境，即技术与经济、政治、教育、科学和文化之间的因果联系和相互作用。所以在技术进步动力模型中，技术系统和技术环境的因果联系具有正反馈的循环机制，从而使技术进步获得了持续不断的发展动力。

从技术进步与经济增长的关系来看，一方面，随着技术进步，技术越来越成为经济增长的杠杆。增加劳动力、增加投资和采用新技术已成为现代经济增长的三大要素，其中技术的作用在经济增长中日益显示出它的重要性。尤其是在新经济时代，经济增长模式与传统经济增长模式相比发生了很大变化，越来越多的人认识到，知识的增长是今天的生活水平比之前高出很多的基本原因。另一方面，经济的繁荣也为技术的发展创造了必要条件。因为经济的增长、财力的雄厚，使增加技术的投资成为可能，从而又推动了技术的进步。

根据技术预测发展过程中预测内容、主要驱动力、参与者及预测部门的不同，技术预测的动力模式可以大致分为供给推动模式、需求拉动模式和多元共振模式。

### 2.3.1 供给推动模式

以技术供给为导向的模式主要基于科学技术自身的成长能力、发展潜力、各种可能的发展方向等进行技术预测，一般采用以技术专家为导向的德尔菲法，在资源配置方面积极引导和扶持这些技术的发展，从而使之获得快速增长的机会。一般考虑的因素是：技术的长期发展趋势；技术发展所需要的资源；技术在国际上的影响力度；技术发展的限制因素；决定其发展潜力的相关领域发展态势；对经济、社会与环境的重要程度等。如早期在韩国、美国、英国等开展的一些基于国家层面的技术预测就采用了这种类型。

供给推动的技术预测起源于20世纪50年代的美国。技术预测的行动者主要是政府、科技专家，理论基础来源于社会契约论。专家通过美国开发的经典德尔菲法与科技进行互动，构建一个行动者网络。科技作为网络中的行动者，仅通过科技专家这一代理者和政府这一主导者进行磋商，技术预测构建的网络联盟并不稳固，效果也不理想。

在技术发展方面，美国强调以市场导向为主，重视原始性技术创新对社会经济发展的推动作用。这一技术发展模式使美国创造出源源不断的科技成果，技术的发展为经济的高速增长奠定了坚实基础，使美国在许多技术领域处于世界领先地位。在进行国家关键技术选择时，美国主要从技术供给能力来考虑。他们以未来5 ~ 10年的竞争前技术为研究对象，从产业需求出发，由关键技术委员会的专家提出关键技术清单。委员会审查具体的技术研发活动趋势，并据此选出在未来5 ~ 10年可行并可能实现的对经济繁荣和国家安全具有重要作用的技术。在1998年进行的第4次关键技术研究中，主要通过对精心选择的38家企业进行面访，从而形成关键技术研究报告。由此可见，美国早期技术预测活动采取的是供给推动模型。

### 2.3.2 需求拉动模式

如果说冷战时代为技术预测提供了强大背景支撑，由此使得基础研究获得了前所未有的发展资源的话，日本围绕着关键技术选择所开展的活动却在朝着另外一个方向发展，而且日本在冷战时代的迅速崛起似乎说明了专注于技术发展，专注于投资那些能够推动本国经济与社会发展的技术，专注于解决本国经济及社会发展中的技术问题的“技术立国”的技术预测模式具有更强的诱惑力。

日本在战败后被剥夺了拥有正规军队的权利，实际上就等于宣告退出了争夺世界政治霸权和军事霸权的舞台。战败后的日本首先面临的是经济资源短缺，根本无力组织和调动必备资源用于优先发展基础科学。对它来说，要解决的问题实在太多，只能将可以调动的有限资源优先用于恢复战后经济，缓解失业压力。因此，它要解决的技术问题首先是服务于经济与社会发展的技术问题，而不是其他。

日本模式的成功自然引起了美国预测专家的高度关注，他们不得不反思这样一个问题，日本因存在着资源短缺现象而迫使其在进行技术选择时倾向于解决当前的和那些可以预期的现实问题是值得他们借鉴的，美国并不拥有满足“布什菜单”的足够资源，甚至连关心美国科技政策的资深科学家也发表了“基础科学到底要多少才算够了”的疑问。美国同样存在着资源短缺问题，如果基础科学继续优先抢占，甚至掠夺其他领域的资源，势必会引起社会总资源配置的不合理。

事实上，所有国家都存在着资源短缺的问题，在给定经济和智力总资源条件下，在科技与其他投资领域、当前与未来相互争夺资源的情况下，所有国家均面临资源合理配置问题。这就需要通过技术预测来合理配置资源，任何一种过度投资行为都将带来不经济现象。

正是资源稀缺事实的存在，才迫使人们在投资科技时不得不本着“有所不为，才能有所为”的原则有选择地重点投资那些最值得投资的领域。在资源稀缺对科技的制约与经济发展对科技的需求之间存在着巨大反差的压力下，加强对科技未来发展趋势的主动引导，依据市场需求，参照预期实现时间及收益等一系列标准有条件地选择一些关键性技术和通用技术进行投资，以需求拉动的技术预测活动也就应运而生了。

首先，它来自市场经济的竞争压力。经济全球化的一个直接结果就是造成了竞争者的大量增加，任何一个国家不得不与那些具有不同生产成本的竞争者进行市场博弈，政府可借助于制定与之相适应的科技政策与产业政策，并通过具体的投资活动应对这种压力。其次，工业化国家所面临的政府开支日益加大，原因是随着人口的老龄化增长趋势的日益显现，人们对社会福利的需求日益增加，政府每支出一笔经费均要向一些制约政府支出行为的国家权力机构或社会公众详细说明其理由并给出投资价值评估。再次，科学与技术的研发成本日益增高，没有一个国家能有足够的财力追求所有的科学与技术的发展机会。

需求拉动的技术预测兴起于20世纪70年代的日本，其理论基础为资源稀缺论。市场作为行动者加入网络之中，行动者网络中有政府、市场、科学技术及专家等，使用的主要预测方法为市场德尔菲法。专家的外延已经扩大，包括科技专家、相关产业界技术专家和管理专家等，产业界人士成为网络市场的代理者，他们的选择代表市场的选择，使技术预测能够适应产业发展及市场的需求。通过市场德尔菲法的不断磋商，达到联盟内部共识，进而形成一个较为稳固的网络。在这一网络中，市场与政府的地位相对对称和平等，市场通过产业界人士等代理者发出自己的声音，获得对未来关键技术的选择权利。市场的加入，使得政府完全主导的局面被打破，经济效益得以提升。1994年，日本国家科技政策研究所对此前技术预测的实现率进行了评估，发现有28%的技术预测结果已完全实现，另有36%的技术预测结果部分实现。

### 2.3.3 多元共振模式

随着科技与社会的联系日益紧密，政府作为行动者网络的首倡者，在进行技术预测的过程中，将更多的利益相关方——公众和社会包含进网络中。公众作为网络中的行动者，同时也是社会的代理者。在公众参与科技决策的理论研究中，存在一个民主问题。英国公众理解科学专家约翰·杜兰特提出了一个民主模型，该模型强调公众通过参与科技决策，与科学家、政府进行平等对话。由于此模型更加注重公众需求，因此对一些相应的关键技术的选择开始考虑公众意见及社会效益与风险。通过综合德尔菲法（包含公众参与方法的设置），与其他已经存在的行动者共同构建一个稳健的行动者网络。综合德尔菲法对供给与需求共同定位，对技术供给与需求进行了分析。在这一网络中，公众与专家、科技和社会的地位是平等的、对称的，它们在技术预测过程中通过综合德尔菲法等进行磋商，相互之间的关系是合作的而非竞争的、是和谐的而非冲突的。

适应21世纪经济社会发展方向的技术预测活动追求经济效益、社会效益和环境效益的有机统一和动态平衡。由于唯GDP论的负面作用不断凸现，联合国及一些国家已经开始采用一种新的衡量指标——人类发展指数（Human Development Index，HDI）。HDI是经济增长、社会进步及环境和谐的系统集成，它强调在人类从传统社会向现代社会的跨越过程中，应该包括经济、社会和环境3个现代化，联合国已把其称为新的发展三角形。这里的环境包含生态、资源等概念，强调可持续发展理念。新的发展三角形作为一种整体发展观，是经济、社会和环境之间相互作用、相互制约、相互依赖的协调发展过程。经济效益与社会效益、环境效益之间是一种辩证关系。只讲经济效益而忽视新技术应用对社会、环境可能造成的风险，最终会阻碍国家和社会的可持续发展。在市场经济条件下，仅强调社会效益、环境效益而不讲经济效益，技术创新就失去了内在动力，就有可能导致整个社会创新的萎缩，最终无法实现社会效益、环境效益。因此，维持经济效益、社会效益和环境效益之间的适当张力，达到三者之间的动态平衡，是新世纪技术预测理应实现的目标。

多元共振的技术预测要对技术供给与需求进行综合分析，一般采用"综合德尔菲法"或"社会德尔菲法"。主要评价因素包括：技术的重要度（包括知识基础的拓展、经济与社会发展问题的解决、环境问题的解决、对劳动力市场和就业的影响、既存和有潜力的市场、对外贸的影响、社会和文化对它的接受程度、产业依赖程度、与本土产业的关联程度、在产业界的扩散潜力、竞争力的综合评估等）；技术可能实现的时间；科技的突破能力；未来的市场需求及市场竞争能力；现行研发能力（包括产品创新与产品开发能力）；技术实现的外在条件限制（包括企业的介入程度、政策规范、政府支持、国际合作、公众对技术的了解、研发的基础环境、研发人力的充裕程度、创新活动初期的支持环境等）；有助于技术实现的政策手段（包括人才培育、人才交流、中介机构等）；技术冲击评估（包括对环境的影响、对人身安全的影响、对社会文化的影响等）。

### 2.3.4 动力模式比较

在行动者网络理论视角下，政府、公众、广义的专家等各参与方通过STEEP分析法（社会环境、技术环境、经济环境、生态环境、政治/法律环境）和综合德尔菲法等进行合作与协商。在这一行动者网络中，合作得出的关键技术需要维持经济效益、社会效益和生态效益之间的适当张力，达到三者之间的动态平衡，需要符合新的发展三角形所要达到的目标。日本、英国等国已经开展了生态环境技术预测活动，尤其关注资源开发和防灾防害。

“供给推动技术预测”主要考虑了技术的内在推动力，“需求拉动技术预测”在上述基础上加入了对“市场”因素的关注；“多元共振技术预测”也就是目前正在进行的活动，它不但关注市场，而且将整个社会纳入了考察范围，越来越多的“相关利益者”加入到预测活动中，预测结果将包含解决一系列社会经济生态问题的政策建议（图 2–2）。

| | 供给推动 | 需求拉动 | 多元共振 |
| --- | --- | --- | --- |
| 模型 | 科技、政府、专家 | 科技、政府、专家、市场 | 政府、科技、市场、专家、生态、社会、公众 |
| 时间 | 20世纪50—80年代后期 | 20 世纪 90 年代初期 | 20 世纪 90 年代后期至今 |
| 内容 | 探索科学发展的领域，预测未来研发的重点技术 | 依据市场需求，参照预期实现时间及收益等，选择一些关键性技术和通用技术进行投资 | 技术、社会、经济、生态发展需求 |
| 驱动力 | 科学技术的成长能力、发展潜力、各种可能的发展方向等自身内在驱动力 | 重点技术发展推动市场扩张；市场需求拉动技术发展。实现技术与市场互动 | 经济效益、社会效益和生态效益的有机统一和动态平衡 |
| 参与者 | 政府部门、技术专家和一些未来学家 | 政府部门、技术专家、学术界专家和产业界专家等 | 政府部门、技术专家、学术界专家、产业界专家和社会公众 |
| 领域 | 按技术领域构成划分 | 按产业、服务部门适应于经济需求的结构展开 | 按社会经济发展需求分主题结构展开 |
| 理论 | 社会契约论 | 资源稀缺论 | 强调技术是在人类的活动中形成的，是人类创造出来的文化形式的社会建构论 |
| 方法 | 技术德尔菲法<br>专家德尔菲法 | 市场德尔菲法 | 综合德尔菲法等 |

**图 2–2　技术预测动力模式演进过程**

20 世纪 50 — 80 年代后期，技术预测主要是为了探索科学发展的领域，预测未来研发的重点技术，预测领域的划分以技术领域分类为标准，主要参与者是技术专家。比如，1987 年英国科学技术咨询委员会（ACOST）受政府委托就总体科学研究的优先领域进行预测，确认了 17 个主题作为技术优先发展领域。

20 世纪 90 年代初期，能否有效地满足市场，为潜在的市场机遇提供技术支持成为竞争制胜的关键。一方面，重点技术发展不断推动市场扩张；另一方面，市场需求拉动着技术发展。为了实现技术与市场的良性互动，日本 1992 年开展的第 5 次技术预测活动属于需求拉动技术预测模式，其参与者主要是产业界和学术界专家，预测领域的划分根据国民经济各行业来划分。

从 20 世纪 90 年代后期开始，全球经济一体化进程加快，世界各国社会和经济问题交织在一起，竞争全方位展开。以需求为驱动力的技术预测已不能满足社会经济发展的需要。为此，英国 1999 年开展的第二次技术预测已发展到多元共振模式，这次技术预测首先根据未来发展情景构造出三个主题——人口老龄化、预防犯罪和 2020 年的制造业，然后根据主题确定具体的预测领域。多元共振技术预测强调社会成员的广泛参与和政府强有力的协调作用，预测所涉及的范围日益扩大，社会参与度更加广泛，与经济社会发展的结合日趋密切，使之成为解决国家社会经济发展重大问题的一项重要前瞻性研究。

## 2.4 技术预测的基本内容与活动过程

### 2.4.1 技术预测的基本内容

尽管各个国家和地区具体情况有别，技术预测的研究内容呈现出丰富多样的特点，但主要内容一般集中在以下 5 个方面：①当前技术水平、技术研发投入与产出的考量及国家和地区之间的比较；②明确社会经济发展趋势对未来技术的需求，分析技术更新对经济增长、市场竞争力、社会变革及综合国力与各国实力平衡关系的影响；③集成各方面的创造性思维，全面把握未来技术发展态势，这是各国和各地区研究的重点；④发现、认清市场机遇，但这要受到各国各地区技术、经济和自然资源情况等诸多因素的影响；⑤提出政策建议，一般包括研发资金、研发领域和技术推广的具体途径方法等。

（1）技术发展现状

这是技术预测的前期研究，主要内容包括：当前各项技术研发状况，包括对基础研究理论掌握的程度和已经达到的开发水平；各项技术研发的费效比；与其他国家研发水平比较，从而明确本国的强项与弱项等。

（2）社会经济需求

从经济发展来看，近年来，经济全球化和知识经济初见端倪，人类正从工业社会进入一个以知识为主体的新经济时代。从社会发展来看，人口增长过快、人口老龄化问题对社会发展产生的巨大压力，人类缺乏对重大自然灾害的抗御能力，经济发展对环境的影响，发展中国家环境保护滞后与保护全球生态系统安全等诸多问题凸显，必须加强可持续发展。因此，社会经济的发展对未来技术提出了更高的要求。

（3）未来技术发展

这是技术预测研究的重点，通过集成各方面专家的创造性思维，全面把握未来技术发展趋势。一方面，对那些处于萌芽状态的技术进行系统分析和研究，如各项技术对本国的重要程度，对技术可能实现时间的预期，影响技术实现的相关因素和可能遇到的困难，发展技术的途径（如自主研发、联合开发、引进等），以及与发达国家的比较等；另一方面，对目前未曾出现过的技术进行探索。

（4）市场机遇分析

技术预测结果为社会各界提供了机遇，尤其是企业。对国家或企业来说，要充分考虑本国的自然资源、经济体制、经济政策及世界经济与政治形势的影响等多方面因素，在考虑技术进步带来市场机遇，甚至开创新产业的同时，还要考虑新技术可能会威胁已成熟的技术和传统产业。例如，新能源的开发、利用显然极有利于环境保护，但新能源开发的昂贵成本及新能源可能造成对传统石油产业的冲击，将阻止新能源的开发。此外，社会发展也会影响技术市场化，如城市化必然会推动运输技术和运输产业的发展。

（5）提出政策建议

根据技术预测研究成果对政府政策的制定提出建议，以及在全社会范围内通过积极倡导来推动技术预测结果的实施是重要而艰巨的任务。各国技术预测研究报告所提的政策性建议一般包括以下内容。一是研发资金方面，如 R&D 经费占 GDP 的比重、公共与私营部门所占比例和各自投资的重点领域；二是研发领域方面，即优先发展的技术领域，有的还提出资金筹措方案和研发方式；三是技术推广方面，许多国家把技术推广作为建议的重要组成部分，因为它关系到国家的技术与经济竞争力，并强调这是发挥新技术潜力的重要机制。有的还进一步提出技术推广的具体途径与方法，从政策与法规上为研发和技术推广创造必要条件，包括教育、财税、知识产权等；有的还就基础设施建设、政产学研协同、辅助中小企业、开展国际科技合作等方面的问题提出建议。

### 2.4.2 技术预测的基本步骤

由于地位重要、涉及范围广、决策层次高、影响面大，国家级技术预测的组织和实施形式更加严密，程序更加科学，过程更加复杂。一般情况下，国家级技术预测由政府科技主管部门直接组织，委托具有一定权威的研究机构具体实施。技术预测活动可以大致分为6个步骤：构建社会发展愿景、明确未来技术需求、把握科技发展趋势、构建技术领域框架、形成关键技术清单、形成预测结果报告（图2–3）。

（1）构建社会发展愿景

综合分析未来经济社会和国家安全重大需求，系统分析国家创新能力和创新发展水平在世界主要国家及地区的相对地位，基于国家科技创新发展规划中对未来发展愿景的构建与目标的设定，系统描绘未来社会发展愿景。

（2）明确未来技术需求

综合采用情景分析、专家研讨等方法，分析未来经济、社会发展和国家安全重大需求，提出未来经济、社会发展面临的若干重大科技问题，明确相应的未来技术需求。

（3）把握科技发展趋势

为全面掌握科技发展全球态势、提高技术预测的精准性，开展主要学科领域文献计量分析等工作，梳理和总结世界主要国家及地区的有关技术预测的课题清单，了解未来国际科技发展趋势。

（4）构建技术领域框架

由于各国技术水平、经济能力、社会政治背景不同，所考虑的技术领域重点也不同。从本国的实际情况出发，选择适合自身发展的技术领域，构建技术领域框架是实现技术预测的重要基础。

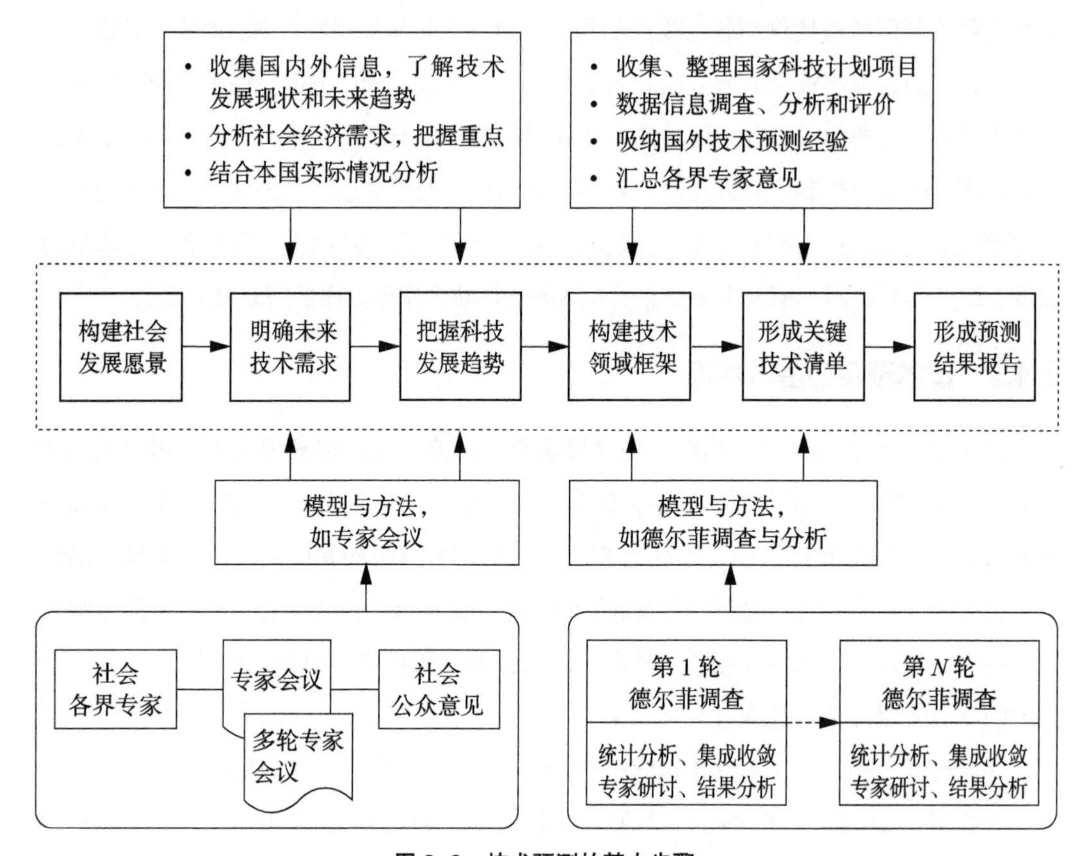


**图 2–3 技术预测的基本步骤**

（5）形成关键技术清单

在技术领域框架的基础上，综合本国的社会经济需求，提出分领域备选技术列表，形成初步的技术预测清单，通过现代智能技术与综合技术预测方法，组织专家进行充分论证，确定关键技术清单。

（6）形成预测结果报告

将技术预测结果与科技政策和计划的制订相结合，使之成为目标更加明确的科技发展战略计划的基础。通过广泛宣传，使技术预测活动的结果为科技政策的制定和“科学技术计划”的实施等提供决策参考与支持，让公众能够对未来科技走向有更好的认知，提升公众的认同度和参与感。

### 2.4.3 预测活动阶段、参与者与模型方法的关系

将上述技术预测活动的 6 个步骤划分为 3 个阶段：预测准备阶段（愿景需求与趋势）、实施预测阶段（领域框架与技术清单）、预测成果应用阶段（成果与应用）。对每个阶段的活动过程和步骤、活动参与者、模型与方法进行梳理和归纳，将对应关系列于图 2–4 中。

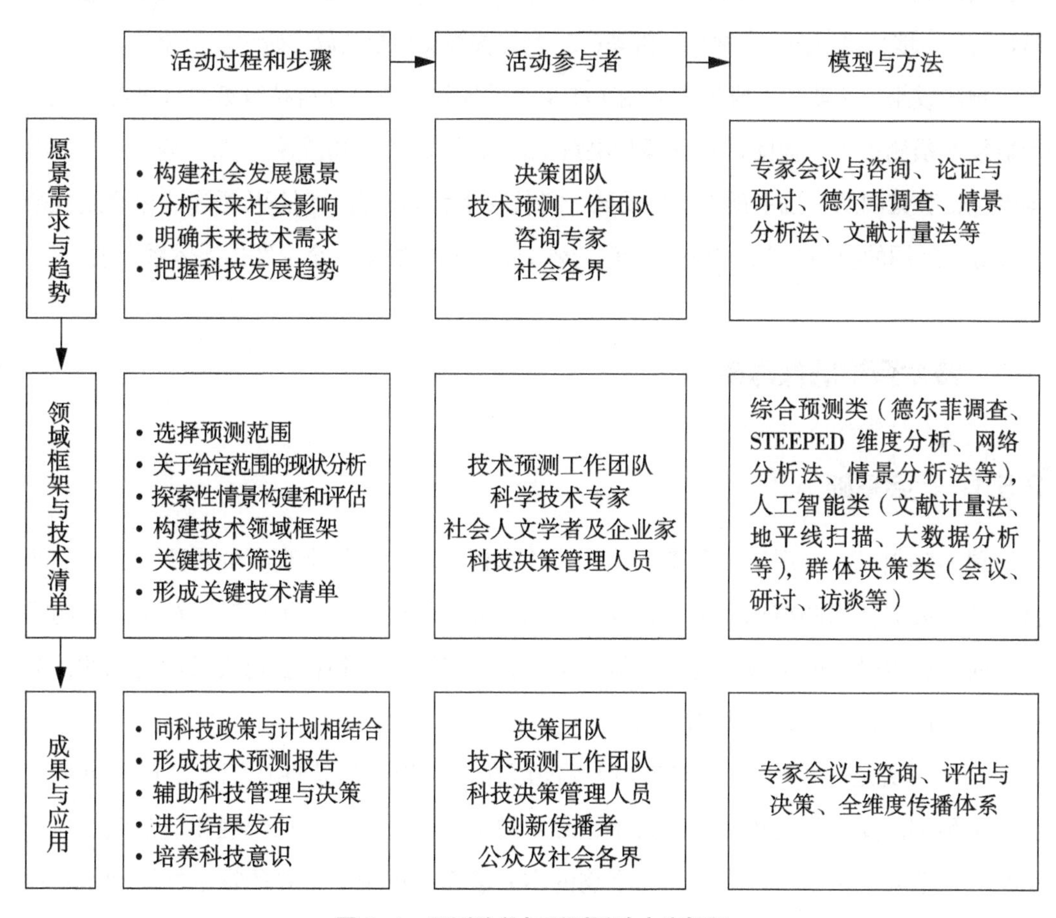


**图 2–4 预测阶段与预测活动内容框架**

预测准备阶段（愿景需求与趋势）涉及的过程和步骤为构建社会发展愿景、分析未来社会影响、明确未来技术需求、把握科技发展趋势等。该阶段参与者包括决策团队、技术预测工作团队、咨询专家、社会各界等。运用的模型与方法以专家会议与咨

询、论证与研讨、德尔菲调查、情景分析法、文献计量法等为主。

实施预测阶段（领域框架与技术清单）涉及的过程和步骤为选择预测范围、关于给定范围的现状分析、探索性情景构建和评估、构建技术领域框架、关键技术筛选、形成关键技术清单等。该阶段参与者包括技术预测工作团队、科学技术专家、社会人文学者及企业家、科技决策管理人员等。运用的模型与方法主要分为3类：①综合预测类包括德尔菲调查、STEEPED分析、网络分析法、情景分析法等；②人工智能类包括文献计量法、地平线扫描、大数据分析等；③群体决策类包括会议、研讨、访谈等。

预测成果应用阶段（成果与应用）涉及的过程和步骤为同科技政策与计划相结合、形成技术预测报告、辅助科技管理与决策、进行结果发布和培养科技意识等。该阶段参与者包括决策团队、技术预测工作团队、科技决策管理人员、创新传播者、公众及社会各界等。运用的模型与方法以专家会议与咨询、评估与决策、全维度传播体系为主。

## 2.5 技术预测的保障条件

### 2.5.1 社会基础

预测必须以社会现实为基础。第一，技术预测产生于社会现实的需要，尤其是经济社会发展对技术的需求；第二，技术预测来源于社会现实，不仅满足社会现实的需要，而且还以过去的实践经验为依据；第三，技术预测受到社会现实条件的制约；第四，技术预测必须经受实践的检验。

社会现实是技术预测的基础，但仅停留在社会现实的感性认识上，还不可能产生技术预测。要科学地预测未来技术，必须遵从客观规律，在认识规律的基础上预测未来，创造未来。第一，规律作为事物的本质联系，体现了事物的根本性质和发展过程，人们认识它，就能预测事物发展的各个阶段和可能产生的结果；第二，规律作为事物的必然联系，体现了事物前后发展的连续性，前一个事物包含着后一个事物的某些因素，人们认识了事物的发展规律，就有可能对未来事物的发展趋势、基本途径、主要特点和可能结果做出预测；第三，规律作为事物之间稳定的联系，在同类事物中普遍地起作用，人们认识了它，就能运用它去预测未来的事物。

技术预测虽然是对未来的认识，但它是以当前的事实为根据的，只不过这些事实在目前是少量的，且在萌芽状态而已。我们要对事物的未来前景做出科学的预测，除了认识事物的发展规律外，还要收集、整理、加工、分析和研究事物当前的变化情况，了解影响其发展的各种因素，因此，有关资料和情报信息的采集是十分重要的。预测所需的情报资料可以分为两种：一种是与预测对象的历史和现在的发展状况有关的信息，称为内部信息；另一种是与影响预测对象发展过程各种因素有关的信息，又称外部信息。在收集外部信息时，应当注意收集那些能对预测对象的未来发展起重大影响的背景资料，尤其是经济社会对未来技术的需求。此外，信息资料的收集一定要注意广泛性、适用性，对于收集的信息资料要进行鉴别和整理加工，判别其真实性和可用程度，去掉那些不真实和与预测对象关系不密切、不能说明问题的资料。

### 2.5.2 专家队伍

技术预测虽然不能完全依赖于已建立的理论来规定一系列的因果联系，但这也并不意味着其研究不具有一定的内在理论性。在现实的实践活动中，技术预测已经建立起了坚实的理论基础和严格的方法论。技术预测以人们的创造性思维为基础，依靠专家的远见卓识，通过信息交流和反馈、集思广益与综合集成，对未来各种可能的技术发展趋势、潜在机会和挑战，以及适合本国情况的技术方向取得基本一致认识。

技术预测利用人们的创造性思维，将各种“分散智力”综合起来，从而形成“战略性智力”。在这个智力群中，有来自各级政府部门、大学、研究机构、企业、媒体和社会团体的人员，这些人有的是战略家、未来学家、管理者，有的是从事科学研究的大学教授和研究人员，还有科技成果的传播者和使用者，通过相互协商与合作，共同描绘科技发展的未来。

对“分散智力”进行综合的方法有许多种，其中一种有效的途径就是建立技术预测网站，通过网站，公众可以了解相关信息，发表评论意见，建立相互联系。这种方法不仅涉及面广，而且成本低。其他途径包括通过报纸、杂志、电视等多种媒体，让公众关注技术预测，并对社会、经济、政治和科技等多个方面进行深入细致的了解。让更多的人参与到技术预测活动之中，可以形成一个充满活力和积极向上的社会群体。但需要指出的是，要把各方面的人聚集在一起是一件十分困难的事，原因之一是不同的社会群体具有不同的利益诉求，另外还有信息障碍，如公众常常不明白科学家特定的词汇，不同学科的科学家相互之间难以理解等。面对这样的情况，技术预测活动的组织者可以通过一些创新的方法鼓励各方参与者去充分交流与沟通，继而相互理解和取得共识。

### 2.5.3 分析方法

技术预测应该综合利用各种不同的科学方法，具体体现在以下 4 个方面。

（1）定性分析与定量分析相结合

定性分析指通过判断和推理，从观察和调查等方法得到的数据中获得对某一系统的性质及其发展规律的认识。定量分析则指通过计算与数学推导，从实验或实践得到的数据中获得对某一系统的结构及其变化规律的认识。在技术预测中，主要采取定性分析方法。之所以采取这种方法，一方面是由于难以对研究的问题做出定量描述；另一方面是主要依靠专家的智慧来分析和解决问题。但是，需要进一步促进定性分析和定量分析的结合，通过定性判断、建立系统总体及各子系统的概念模型，并尽可能转化为逻辑模型，得出定量结论，然后再对结论进行定性归纳，以取得认识上的飞跃，形成解决问题的建议。

（2）微观分析和宏观综合相结合

微观分析的目的是了解一个已有系统的单元、结构和功能，而宏观综合的目的是了解系统的整体功能结构及其形成过程。技术预测既要对各个领域的各项技术进行分析，又要判断这些技术对社会经济发展的综合影响，了解各领域之间的相互交叉和相互作用。因此，在技术预测中，微观分析和宏观综合相辅相成，交替使用。

（3）不同领域专家知识的集成融合

技术预测通常需要多学科领域的专家参加，这就需要有一个将各领域专家的知识进行集成的方法，而且这一集成过程应当贯彻研究的全过程。各领域的专家不仅为了一个共同的目标在一起工作，还要相互了解、相互尊重。各领域专家一定要树立总体观念和全局观念，不能只顾追求自己领域内的局部最优。决策者应尽可能参加总体框架的制定和方案选择的讨论，在研究过程中与专家交换意见，尽量使各方面专家的意见得到集成，形成知识与智力的融合。集成专家知识的方法有情景分析法、德尔菲法、专家会议等，在实施过程中，还需要根据不同的情况选择不同的分析方法，并重视把各种分析方法与严谨的系统分析方法及政策分析结合在一起。此外，还强调方法选择与组织过程之间的密切联系。

（4）科学推理和哲学思维相结合

科学理论是具有某种逻辑结构并经过一定检验的规律，科学家在表述科学理论时总是力求达到符号化和形式化，使之成为严密的公理化体系。但是科学的发展往往证明任何理论都不是天衣无缝的，总有一些“例外”。这时就必须运用哲学思维方法，如从个别到一般、必然性和偶然性、对立统一、否定之否定等规律来加以解释。

## 参考文献

[1] 郭卫东. 从预见到选择：技术预见理论方法及关键技术创新模式选择研究 [M]. 北京：北京大学出版社，2013：8.

[2]《技术预见与国家关键技术选择》研究组. 从预见到选择：技术预测的理论与实践 [M]. 北京：北京出版社，2001：13.

[3] 布什. 科学——没有止境的前沿 [M]. 范岱年，解道华，译. 北京：商务印书馆，2004.

[4] 克林顿，戈尔. 科学与国家利益 [M]. 曾国平，王蒲生，译. 北京：科学技术文献出版社，1999.

[5] 美国国家科学技术委员会. 技术与国家利益 [M]. 李正风，译. 北京：科学技术文献出版社，1999.

[6] 弗里曼，苏特. 工业创新经济学 [M]. 华宏勋，华宏慈，译. 北京：北京大学出版社，2004.

[7] 埃茨科威兹. 三螺旋：大学・产业・政府三元一体的创新战略 [M]. 周春彦，译. 北京：东方出版社，2005.

[8] 埃茨科威兹. 国家创新模式：大学、产业、政府“三螺旋”创新战略 [M]. 周春彦，译. 北京：东方出版社，2014.

[9] 埃茨科维兹. 三螺旋创新模式：亨利・埃茨科维兹文选 [M]. 陈劲，译. 北京：清华大学出版社，2016.

[10] 查米纳德，伦德瓦尔，哈尼夫. 国家创新体系概论 [M]. 上海市科学学研究所，译. 上海：上海交通大学出版社，2019.

[11] 克罗. 美国国家创新体系中的研究与开发实验室 [M]. 高云鹏，译. 北京：科学技术文献出版社，2005.

[12] 里德利. 创新的起源：一部科学技术进步史 [M]. 王大鹏，张智慧，译. 北京：机械工业出版社，2021.

［13］朱马．创新进化史［M］．孙红贵，杨泓，译．广州：广东人民出版社，2019.
［14］里夫金．第三次工业革命——新经济模式如何改变世界［M］．张体伟，孙豫宁，译．北京：中信出版社，2012.
［15］樊春良．全球化时代的科学政策［M］．北京：北京理工大学出版社，2005.
［16］麦克劳．现代资本主义：三次工业革命中的成功者［M］．赵文书，肖锁章，译．南京：江苏人民出版社，2006.
［17］仓桥重史．技术社会学［M］．王秋菊，陈凡，译．沈阳：辽宁人民出版社，2012.
［18］基莱．科学研究的经济定律［M］．王耀德，宋景堂，李国山，译．石家庄：河北科学技术出版社，2002.
［19］泰奇，苏竣．研究与开发政策的经济学［M］．柏杰，译．北京：清华大学出版社，2002.
［20］柯武刚，史漫飞．制度经济学——社会秩序与公共政策［M］．韩朝华，译．北京：商务印书馆，2000.
［21］萨缪尔森，诺德豪斯．经济学［M］．萧琛，译．北京：华夏出版社，1999.
［22］浦根祥，孙中峰，万劲波．技术预见的定义及其与技术预测的关系［J］．科技导报，2002（7）：15-18.
［23］王瑞祥，穆荣平．从技术预测到技术预见：理论与方法［J］．世界科学，2003（4）：49-51.
［24］方伟，曹学伟，高晓巍．技术预测与技术预见：内涵、方法及实践［J］．全球科技经济瞭望，2017，32（3）：46-53.
［25］浦根祥，孙中峰，万劲波．试论技术预见理论的基本假设［J］．自然辩证法研究，2002，18（7）：40-43.
［26］王一鸣，曾国屏．行动者网络理论视角下的技术预见模型演进与展望［J］．科技进步与对策，2013，30（9）：156-160.
［27］王颖，孙成权．技术预见的典型模式分析［J］．图书与情报，2008（2）：63-66.
［28］弗里曼，苏特．工业创新经济学［M］．华宏勋，华宏慈，译．北京：北京大学出版社，2004：25.
［29］穆荣平，陈凯华．科技政策研究之技术预见方法［M］．北京：科学出版社，2021.
［30］北京大学哲学系．西方哲学原著选读（上卷）［M］．北京：商务印书馆，1981：56-57.
［31］中共中央马克思恩格斯列宁斯大林著作编译局．马克思恩格斯选集（第4卷）［M］．北京：人民出版社，2012：225.
［32］奎因．语词和对象［M］．北京：中国人民大学出版社，2012.
［33］中共中央马克思恩格斯列宁斯大林著作编译局．马克思恩格斯选集（第1卷）［M］．北京：人民出版社，2012：146.
［34］兰德曼．哲学人类学［M］．张乐天，译．上海：上海译文出版社，1988：172.
［35］麦克莱伦第三，多恩．世界史上的科学技术［M］．王鸣阳，译．上海：上海科技教育

出版社，2003：8.

［36］斯塔夫里阿诺斯．全球通史：从史前史到21世纪［M］．吴象婴，译．北京：北京大学出版社，2006：5.

［37］吴国盛．技术哲学经典读本［M］．上海：上海交通大学出版社，2008：275.

［38］盖伦．技术时代的人类心灵：工业社会的社会心理问题［M］．何兆武，何冰，译．上海：上海科技教育出版社，2008：2.

［39］刘小枫．柏拉图四书［M］．北京：生活·读书·新知三联书店，2017：69.

［40］马克思．资本论（第一卷）［M］．北京：人民出版社，2004：210.

［41］远德玉，陈昌曙．论技术［M］．沈阳：辽宁科学技术出版社，1986：145.

［42］肖峰．技术认识过程的社会建构［J］．自然辩证法研究，2003，19（2）：90-92.

［43］肖峰．技术发展的社会形成———一种关联中国实践的SST研究［M］．北京：人民出版社，1992：39，50-51.

［44］贝尔纳．科学的社会功能［M］．陈体芳，译．桂林：广西师范大学出版社，2003：378.

［45］樊春良．美国技术政策的演变［J］．中国科学院院刊，2020，35（8）：1008-1017.

［46］波特．国家竞争优势［M］．李明轩，邱如美，译．北京：华夏出版社，2002.

［47］ ROMER P M. Increasing returns and long-run growth［J］. Journal of political economy，1986，94（5）：1002-1037.

［48］ LUCAS J R E. On the mechanics of economic development［J］. Journal of monetary economics，1988，22（1）：3-42.

［49］杨耀武．技术预见：科技管理新的战略工具［J］．科技进步与对策，2003，20（6）：19-21.

［50］孙晓，张少杰．产业国际竞争力理论的源流与演化探析［J］．社会科学战线，2015（4）：263-266.

［51］陆晓芳．吉林省主导产业技术发展预见研究［D］．长春：吉林大学，2007.

［52］崔志明，万劲波，孙中峰，等．技术预见的主体、基本原则及活动类型［J］．科技导报，2003（6）：32-35，14.

［53］姜红．基于技术关联性视角的产业创新模式与技术选择理论研究［D］．长春：吉林大学，2008.

# 3

# 技术预测方法体系

技术预测是一项多因素互动、多环节交叉的复杂过程，需要综合多种方法形成体系才能顺利完成。本部分对技术预测方法论和方法体系演变进行了归纳和总结，对德尔菲法、技术路线图、情景分析法、地平线扫描和文献计量法等主要技术方法的原理与应用进行了分析和梳理，为开展技术预测活动提供了方法论的引导和预测技术的选择。

## 3.1 技术预测方法论与体系演变

### 3.1.1 技术预测方法论

技术预测方法是用来探索创新性想法、获取信息和数据、阐明情况和协调解决方案的手段，技术预测方法论则是关于预测过程中常用的一般方法及其特点的理论，是一切技术预测工作的基础，它不仅关系到技术预测活动的成败，而且会影响到国家关键技术选择、科技政策和国家科技发展规划的制定。

（1）类比预测法

如果在两个技术系统之间具有相同或相似的特征，已知其中一个技术系统的发展变化过程，根据类推原则，就可以推出另一技术系统的发展趋势。前者是类比的对象，称为先导事件；后者即从类比推理所得出的结论，就是类比预测。在技术预测中，人们常以历史上发展较成熟的相似技术为先导事件，叫作先导技术。例如，以军用飞机技术作为先导事件，类推民用飞机技术的发展等。应用类推法获得较为正确的预测结果的关键，是选择合适的先导事件进行类比。类比推理是类比预测方法的逻辑基础，其推理方向是从个别到个别，或从一般到一般。实际上，即使同一技术在不同国家和不同社会条件下，其发展状况也不可能完全相同；至于不同技术在不同国家和不同时期的发展，其差异就会更大。

（2）归纳预测法

利用若干个别的预测判断和陈述，概括出关于未来的普遍的判断和陈述。归纳推理是从个别到一般的过程。由于个别判断和陈述中包含着某种一般性，因此，归纳推理的结论有其一定的可靠性；然而，由于技术预测往往属于不完全归纳推理，特别是作为归纳基础的个别判断和陈述本身也是一种预测，因此，由归纳推理得出的结论也具有或然性。例如，德尔菲法就是一种典型的归纳推理预测法。为了使归纳预测法取得正确的预测结果，需要有限度地增加征询和搜集专家意见的轮次，并认真筛选被征询的对象，以及增加材料的全面性和可靠性。

（3）演绎预测法

根据有关预测对象的历史和现状的资料和数据，选取一个恰当的数学模型，运用数学方法求解所选预测模型的待定系数，从而得到一条表示预测对象发展趋势的曲线。据此进行外推就可以得到预测对象未来发展的技术特性。常用的演绎性预测方法有趋势分析法、计算机模拟法等。这类方法都是根据一定的规则、原理或数理逻辑而进行的演绎推理过程。为了使演绎推理预测法能取得正确的结果，首先要求选定的前提正确，其次要求注意外推的边界。超过极限边界，就会使预测失去可靠性。

（4）综合预测法

对过去预测的研究表明，人们在开展预测活动时，往往选择了某一预测方法，就会忽略了其他预测方法，这也是预测结果出错的常见原因之一。此外，预测问题的对象处于不同的发展状态、不同的时间和空间位置，对预测方法会有不同的适用性要求，否则会导致预测结果产生不准确和不可靠的情况，从而做出错误的判断和错误的决策。鉴于上述问题，通常需要将不同技术预测方法结合起来进行预测，这样可以让预测者更深入地了解工作过程和预测对象，对预测结果的解析和理解也更加全面和深刻。与单一预测方法相比，综合方法的运用往往可以减少预测误差。

### 3.1.2 技术预测方法体系演变

影响技术预测最终结果的因素有很多，包括时间跨度、涉及的范围、国家的规模、经济结构、最终的优先目标等。技术预测方法也是影响技术预测结果的一个非常重要的因素，它必须适合技术预测活动的目标和预测应用的场合。

（1）人们对科技与经济社会发展认识的变化

进入 20 世纪 90 年代以来，技术预测已成为世界潮流。随着人们对科技与经济社会发展认识的不断深化，人们的认识从最初的“技术系统内在因素决定技术发展轨迹”，到“技术与经济社会发展相互作用决定技术发展轨迹”，再到“技术发展轨迹具有多种可能性，未来技术发展轨迹是可以通过今天的政策而加以选择的”。

从各国的技术预测实践来看，德尔菲法、情景分析法和相关树法是进行长期预测的主要方法。专利统计分析也是一种非常有效和容易操作的方法，但预测时间较短（5 年内），适用于短期预测；基于网络的“虚拟研讨会”、交叉影响矩阵及模型模拟方法，其应用程度较差；而形态模仿法、技术投资组合法和趋势分析法操作性不够高。

（2）技术预测方法分类及演变

早在20世纪50年代，美国国防部及兰德公司的研究员已开始技术预测方法的研究，经过60多年的发展，更多技术预测方法被开发并日趋完善，逐渐成为一个重要的研究领域。从研究目的来说，技术预测方法主要分为3类：探索性技术预测方法、规范性技术预测方法及二者相结合的方法。虽然3类方法都为技术预测所用，但各类方法的定义和特征存在一定差异。图3–1列举了3类方法按时间顺序的演进历程。

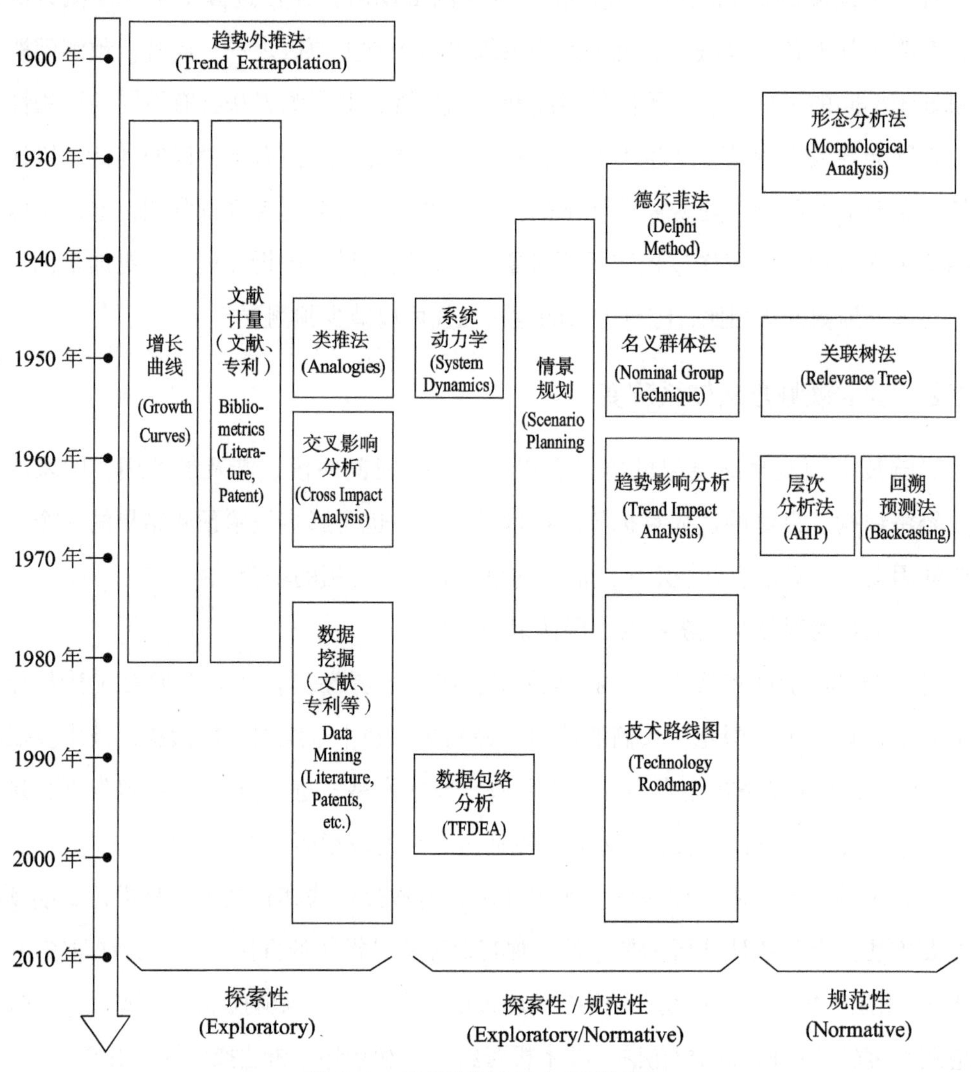


**图3–1 技术预测方法分类及演变**

探索性技术预测方法致力于对未来可能出现的先进技术进行预测。其主要特征是基于既往和现今的知识和方法的积累，对未来事件进行预测，更侧重于预测新的技术如何基于某个预设的曲线（如S曲线）进行演进。从某种意义上说，探索性技术预测方法强调对必然发生的未来趋势的客观描述，因此，几乎不能通过规划来影响或者改变未来趋势。

规范性技术预测方法首先对未来的目标、需求及任务等做出评估，继而在此基础上对当下的相关事件进行分析，找出有利于实现未来目标的必要步骤及实现的概率。规范性技术预测方法旨在为实现组织目标涉及的技术投资、人力资源投入等方面提供相应的指导。

除了探索性和规范性技术预测方法之外，还存在着将两种方法相结合、充分发挥两种方法的特长和优势来进行技术预测的方法。

目前国际上逐步形成了以大规模德尔菲调查、专家会议和情景分析等方法为核心，与文献计量、专利分析、地平线扫描、技术路线图、STEEP分析、头脑风暴法等相结合的综合方法体系。

## 3.2 德尔菲法

### 3.2.1 德尔菲法的基本原理

德尔菲法（Delphi Method）是一种结构化的沟通方法，德尔菲法始于1946年成立的兰德公司（RAND），当时开发德尔菲法的原因是美国国防部开发新武器系统的一个需要——在许多且不同专业背景专家的看法中捕捉或发现可靠共识的方法，希望能为不确定条件下的决策提供一个分析工具。德尔菲法是指邀请一批专家背对背地对拟研究技术实现的可能性和预计开发时间等问题发表意见，信息反馈回来以后，再把集中起来的意见反馈给各位专家，让专家再次发表意见，这样经过多轮反复，就可能得出一个具有一致性的预测结果。

（1）德尔菲法的基本假设

德尔菲法假设集体判断比个人判断更有效，结构化群体的预测比非结构化群体的预测更准确。专家们分两轮或两轮以上回答问卷。在每一轮之后，组织者提供上一轮专家预测的匿名摘要，以及他们做出判断的原因。因此，鼓励专家根据专家组其他成员的答案修改其先前的答案。人们相信在这个过程中，答案的范围将缩小，小组将向“正确”答案靠拢，在达到预先设定的停止标准（如轮数、达成共识、结果的稳定性）后停止该过程，由最后一轮的平均分或中位数决定结果。

（2）德尔菲法的基本特点

①匿名性：匿名性是德尔菲法极其重要的特点。从事预测的专家彼此互不知道其他有哪些人参加预测，他们是在完全匿名的情况下交流思想的。通常所有参与者都是不直接见面，只是通过函件交流。这避免了面对面小组讨论的负面影响，解决了群体动力学的常见问题。即使在完成最终报告之后，他们的身份也没有透露。这可以防止某些参与者的权威、个性或声誉在过程中影响和支配其他参与者。可以说，它还使参与者（在某种程度上）摆脱了个人偏见，最小化了“随波逐流效应”或“光环效应”，允许自由表达观点，鼓励公开批评，并有助于在修改早期判断时承认错误。后来改进的德尔菲法允许专家开会进行专题讨论。

②反馈性：德尔菲法需要经过 3 ~ 4 轮的信息反馈，在每次反馈中使调查组和专家组都可以进行深入研究，使得最终结果基本能够反映专家的基本想法和对信息的认识，所以结果较为客观、可信。德尔菲法允许参与者评论其他人的反应、整个小组的进展，并实时修改自己的预测和意见。专家们的意见以问卷答案和他们对这些答案的评论的形式收集。小组负责人通过处理信息和过滤无关内容来控制参与者之间的互动。小组成员的交流是通过回答组织者的问题来实现的，一般要经过若干轮反馈才能完成预测。

③统计性：最典型的小组预测结果是反映多数人的观点，少数派的观点至多概括地提及一下，但是这并没有表示出小组不同意见的状况。而统计回答却不是这样，它报告 1 个中位数和 2 个四分点，其中一半落在 2 个四分点之内，一半落在 2 个四分点之外。这样，每种观点都包括在这样的统计中，避免了专家会议法只反映多数人观点的缺点，这样反映的信息更加充分和全面。

### 3.2.2 德尔菲法的应用

德尔菲法大致流程是在对所要预测的问题征得专家的意见之后，进行整理、归纳、统计，再匿名反馈给各专家，再次征求意见，再集中，再反馈，直至得到一致意见。

（1）德尔菲法的基本程序

①发函咨询。答询专家之间互不接触，从而使专家有较多的时间充分独立思考，对所提出的问题可以畅所欲言，自由地发表意见或评论，避免了专家会议的会场气氛、心理因素等条件的影响。②多轮答询和反馈。反馈是德尔菲法的核心，对每一轮专家答询的反馈结果，组织者都要进行认真汇总和整理，从而进一步提出问题，再反馈给每一位专家，以便专家据此结果做出进一步判断。专家通过数轮反馈，意见会相对地收敛、集中，从而形成综合意见。③定性评估定量化。专家的意见表达要经过表格化、符号化和数字化的科学处理，因此得出的结论便于统计分析。由于各项指标经过专家多次反馈，又经组织者科学的数据处理，因而使最后的结论具有较强的可靠性。所咨询的专家是由组织者决定的。选定的专家中许多高级专家往往参与国家重大决策的咨询或有关政策的制定，经验丰富。

德尔菲法预测的具体流程如图 3–2 所示。

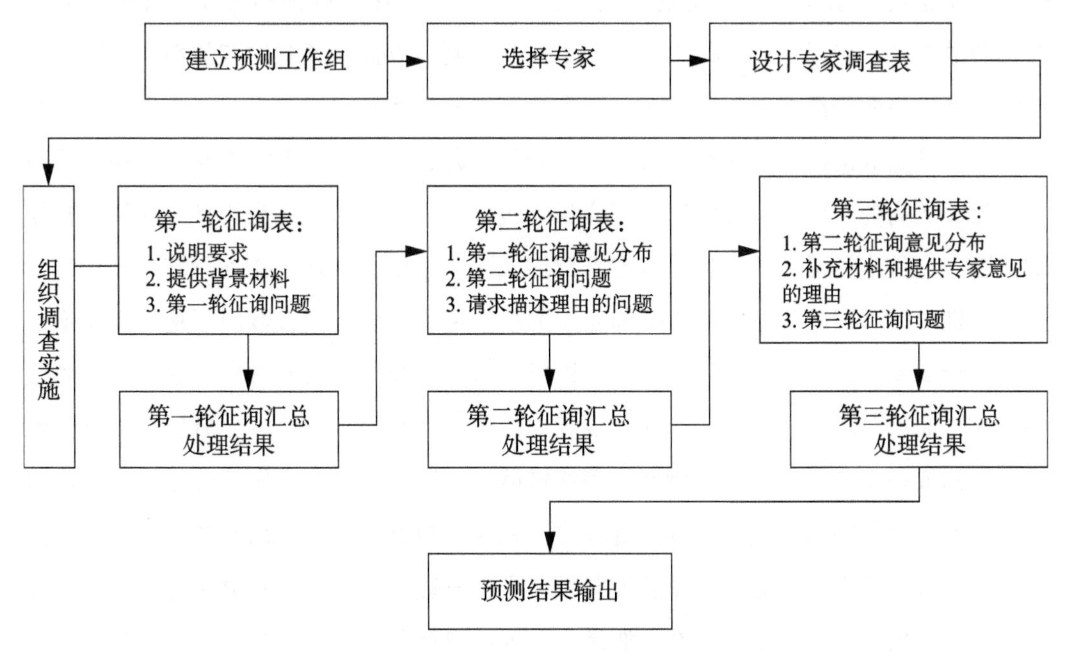


**图 3–2 德尔菲法预测的具体流程**

（2）德尔菲法的优势

①专家对问题的回答需要一定的时间准备，能使回答比较成熟，并可以集各种专家之长。②在征询意见的几轮反复中，专家能了解不同的意见，而经过不同的分析后提出的看法较为完善。③征询规程中用匿名方式进行，有利于各位专家敞开思想，独立思考，不为少数权威意见所左右。④对专家意见的汇总整理采用数理统计方法，使定性的调查有了定量的说明，所得结论更为科学。

（3）德尔菲法的不足

①预测结果取决于专家对预测对象的主观看法，受专家学识、评价尺度、生理状态及兴趣程度等主观因素的制约。②专家在日常工作中一般专业方向比较明确，容易在有限范围内进行习惯思维，往往不具备了解问题全局所必需的思想方法。③专家对问题的评价往往建立在直观的基础上，缺乏严格的考证，因此，专家的预测结论往往是不稳定的。④专家对发展趋势的预测用直观外推方法，对大大超前于现实的思想是难以估计的。

（4）德尔菲法应用时的注意事项

①挑选的专家应具有一定的代表性、权威性。②在进行预测之前，首先应取得参加者的支持，确保他们能认真地进行每一次预测，以提高预测的有效性。同时也要向组织高层说明预测的意义和作用，取得决策层和其他高级管理人员的支持。③问题表设计应该措辞准确，不能引起歧义，征询的问题一次不宜太多，不要问那些与预测目的无关的问题，列入征询的问题不应相互包含；所提的问题应是所有专家都能答复的问题，而且应尽可能地保证所有专家都能从同一角度去理解。④进行统计分析时，应该区别对待不同的问题，对于不同专家的权威性应给予不同权数而不是一概而论。⑤提供给专家的信息应该尽可能充分，以便其做出判断。⑥只要求专家做出粗略的数字估计，而不要求十分精确。⑦问题要集中、要有针对性，不要过分分散，以便使各个事件构成一个有机整体，问题要按等级排队，先简单后复杂、先综合后局部。这样易引起专家回答问题的兴趣。⑧调查单位或领导小组意见不应强加于调查意见之中，要防止出现诱导现象，避免专家意见向领导小组靠拢，以致得出专家迎合领导小组观点的预测结果。⑨避免组合事件。如果一个事件包括专家同意的和专家不同意的两个方面，专家将难以做出回答。

## 3.3　技术路线图

### 3.3.1　技术路线图的基本原理

技术路线图（Technology Roadmap）是通过对未来社会、经济和技术发展的系统研究，提出应该优先发展的关键技术群、主导产品或产业及其相互关系，最早出现于美国汽车行业，在20世纪七八十年代被摩托罗拉和康宁（Corning）用于公司管理。20世纪90年代末开始用于政府规划。

（1）基本定义

技术路线图是指应用简洁的图形、表格、文字等形式描述技术变化的步骤或技术相关环节之间的逻辑关系。它能够帮助使用者明确该领域的发展方向和实现目标所需要的关键技术，梳理产品和技术之间的关系，包括最终结果和制定的过程。技术路线图具有高度概括、高度综合和前瞻性的基本特征。技术路线图的横坐标是时间，纵坐标是资源、研发项目、技术、产品和市场等，适用于企业产品研发、产业发展规划和区域或国家战略规划。

（2）基本方法

技术路线图是一种结构化的规划方法，可以从3个方面归纳：①作为一个过程，可以综合各种利益相关者的观点，并将其统一到预期目标上来；②作为一种产品，纵向上有力地将目标、资源及市场有机结合起来，并明确它们之间的关系和属性；③作为一种方法，可以广泛应用于技术规划管理、行业未来预测、国家宏观管理等方面。

（3）基本理念

技术路线图与已往规划和分析工具方法理念上的不同：①因为技术创新须满足进入未来市场的需求，所以技术路线图理念不是以“技术推动”为动因，而是以“市场拉动”为动因；②技术路线图是基于产业或国家的愿景视野来明确未来的技术需求；③技术路线图提供了一个到达愿景目标的路径，从今天指向明天，可以帮助识别、选择和开发正确的技术，提高在未来市场中的竞争力。

### 3.3.2 技术路线图的应用

（1）应用范围

技术路线图可以分为 3 个层次：企业层面、行业层面和国家层面（有时是相互合作的）。企业层面：主要涉及特定的技术和新产品，常常由企业来制定；行业层面：由行业协会制定，或者由多客户的咨询公司制定；国家层面：主要描述发展大趋势，由政府机构制定。经济的全球化意味着没有单个公司或一个行业拥有技术所需的全部资源，通过技术路线图能推动企业、研究机构、政府多方合作，形成新的伙伴关系，加强知识共享，减少技术投资风险。

（2）实施步骤

技术路线图实施主要包括 7 个步骤：①确定技术路线图的主要产品。在这一步骤中所有的市场需求都必须明确并同时得到团队成员的一致认可。②确定系统关键需求与目标。一旦关键系统需求被确定且明确，一个技术路线图的整体框架将会建立。③确定主要技术方向。这些方向可以帮助实现系统的关键要求，找到相应技术方向的若干具体技术。④确定技术驱动力。在这一步骤中关键系统需求在特定技术方向从步骤②转化为技术驱动力。这些驱动力将决定哪些替代性技术会被选出。⑤确定替代性技术与时间表。确定能够满足这些目标的替代性技术。对于每一种替代性技术都必须确定其是如何满足技术驱动目标及时间表的。⑥确定需要进一步推进的替代性技术。由于不同的替代技术、不同的目标及所需要的成本甚至子目标与全局目标的关系不同，因此，必须权衡利弊做出最终决定。⑦建立技术路线图报告。在这一阶段技术路线图已经完成，其包括 4 个部分：对每个技术方向的定义与描述、技术路线图的决定性因素、实施建议与技术建议、其他相关注意事项。

## 3.4 情景分析法

### 3.4.1 情景分析法的基本原理

情景分析法（Scenario Analysis）又称前景描述法、脚本法，是假定某种现象或某种趋势将持续到未来的前提下，对预测对象可能出现的情况或引起的后果做出推断的方法。通常用来对预测对象的未来发展做出种种设想或预计，是一种直观的定性预测方法。情景分析法适用于资金密集、产品 / 技术开发的前导期长、战略调整所需投入大、风险高、不确定因素多的领域。

（1）情景的表现方式

情景分析法从当前的情况出发，把将来发展的可能性以电影脚本的形式进行综合描述。这种方法以各种特定的预测结果为前提，再把可能出现的偶然变化因素考虑进去，从而描述可能性较高的未来情景。应用这种方法不是只描绘出一种发展途径，而是把各种可能发展的途径，用彼此交替的形式进行描绘。另外，此方法所描述的不是未来某一时刻静止的图景，而是动态的发展图景。由于情景分析法采用一种类似故事描述的方法对未来进行分析，它比图表或者模型更能吸引人，因而情景分析法能够赢得更加广泛的人群参与到预测活动中来。

（2）情景分析法的特点和优点

情景分析法提出了未来技术发展的不同情景，每种情景的提出都是建立在一组事先确定好的假设基础上的。每种情景都代表了在某种假设下未来技术的某种特征，预测者要评价假设的正确性，从而确定哪种情况最有可能实现。情景分析法具有以下几项特点：①充分了解内部环境；②定性分析加定量分析；③超强的主观想象力；④承认结果的多样性。

情景分析法的主要优点：①能够对未来前途做出长期的和多种可能性的描绘，而且能够强调出其中的特征性现象；②同时还考虑心理、社会、经济、政治等方面的状况，易于全面理解相互间的联系，因而有助于拟定解决问题的具体方案。

### 3.4.2 情景分析法的应用

（1）情景构建的注意事项

情景分析是通过考虑其他可能结果（有时称为“替代世界”）来分析未来事件的过程。①作为投影的主要形式之一的情景分析并不试图展示未来的一幅精确画面。相反，它提出了一些未来的替代发展。因此，可以观察到未来可能的结果范围。不仅可以观察到结果，还可以看到导致结果的发展路径。②与一般预测方法相反，情景分析不是基于过去的外推或过去趋势的延伸。它不依赖历史数据，也不期望过去的观测结果在未来仍然有效。相反，它试图考虑可能的发展和转折点，这些转折点可能只与过去联系在一起。简言之，在场景分析中对几个场景进行了充实，以显示未来可能的结果。③每种情况通常都包含乐观、悲观和最大可能性的发展。然而，场景的所有方面都应该是合理的。虽然经过讨论，但经验表明，一般选择适当数量的情景做进一步讨论，场景过多会使分析变得过于复杂。

（2）情景构建的逻辑流程

情景构建的逻辑流程一般包括 3 个阶段：情景描述（情景条件设定）、模型运行（综合计算）、结果分析。模型运行阶段重点在于通过模型计算对不同情景进行量化及敏感性分析，以修正情景故事或选择最有可能的愿景。具体如图 3–3 所示。

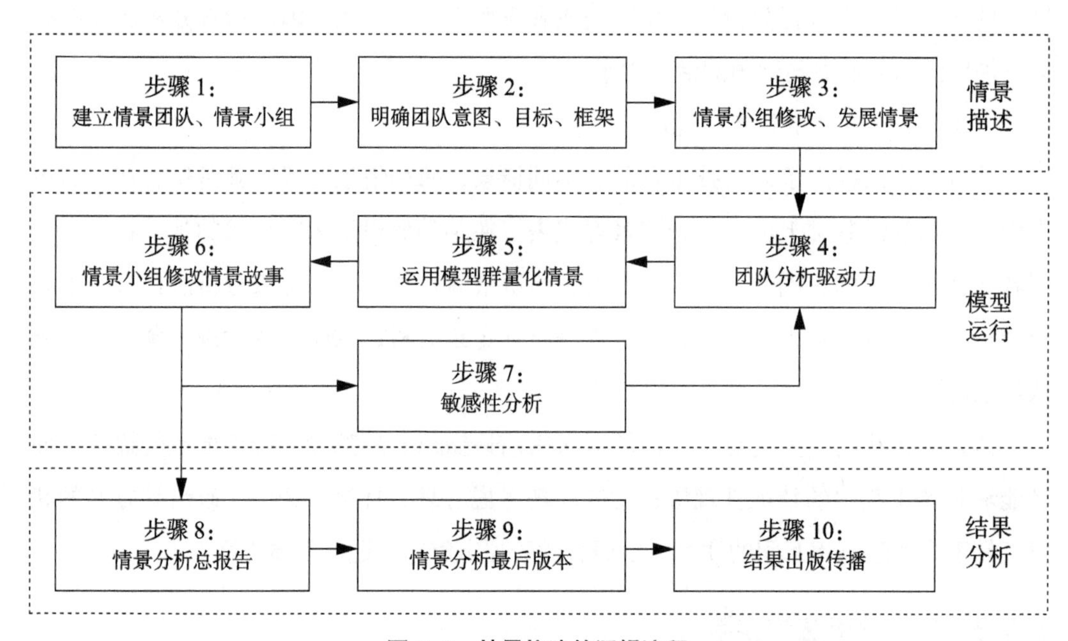


**图 3–3 情景构建的逻辑流程**

（3）情景分析中的环境分析方法

情景分析中对环境的分析可以运用多种分析工具：① PEST 分析：政治（Political）、经济（Economical）、社会（Social）、技术（Technological），其中政治环境分析涉及法律环境、政府管制、产业政策等，经济环境分析涉及要素市场与供给水平、劳动力市场、价格水平、财政与税收政策、顾客因素、资本市场（利率、汇率与融资）、WTO 等，社会环境分析涉及社会信念与价值观、人口的年龄结构与教育程度、绿色化等，技术环境分析涉及技术变革、技术替代等。②基于 SWOT 的分析矩阵：优势（Strength）、劣势（Weakness）、外部机会（Opportunity）、外部威胁（Threat）。③利益相关性分析：相关的利益群体是哪些？各利益群体有什么样的利益诉求？这些利益需求的变化趋势是怎样的？

## 3.5 地平线扫描

### 3.5.1 地平线扫描的基本原理

地平线扫描也叫水平扫描或环境扫描，最早由美国哈佛商学院教授阿吉拉尔（Francis Aguilar）于 1967 年提出，对企业水平扫描行为模式进行的研究。地平线扫描是指获取和利用企业外部环境中有关事件信息、趋势信息及组织与环境关系信息的行为，以有助于企业高层管理者制订其未来行动的计划。从 20 世纪 90 年代开始，一些政府机构、研究学者开始进行非商业领域地平线扫描的研究。

（1）地平线扫描的内涵及分类

英国政府最早开始对政府地平线扫描进行研究和实践，其对地平线扫描的定义是：地平线扫描是一种独特的方法，通过地平线扫描研究可以找出那些目前未考虑到，但却将影响未来生活的关键趋势，这些趋势和驱动因素是彼此相互联系的，影响着所制定的创新环境及未来的政策和战略。通过这些趋势和驱动因素的分析，可战略性地进行发现探索，有助于充实政府做决策时所依据的证据。

有学者在研究荷兰政府地平线扫描活动时，认为地平线扫描可以分为狭义和广义两类。狭义的地平线扫描是一种政策工具，目的是系统地收集组织的政治、经济、社会、技术和生态环境中的各种信息和有关未来问题、趋势、发展、思想和事件的证据；广义的地平线扫描是一个众人所称的提高组织处理复杂和不确定问题能力“预测行动”的集合名词。

（2）地平线扫描的功能

地平线扫描一般利用了大数据分析方法。具体包括：①由技术专家对于选定的主题进行分析定义，识别每个主题内具有最高相关性的关键字 / 标签，通过专用的跟踪工具来完成主题的相关搜索查询。②将跟踪查询到的数据集进行趋势主题算法分析，将数据源和各种文本文档根据它们的相似性输出最常出现的相关短语，确定趋势主题子集。③分析每个数据子集最频繁出现的短语或 n-gram（在原始文本标记化处理之后剩余的 N 个单词的连续序列），基于特定的规则进行短语提取。④根据频率和相关性选择短语，再根据主题相似性将其聚类。最后是交互式图表的可视化输出和提供上下文（推文、文本片段）的内容解析（图 3–4）。

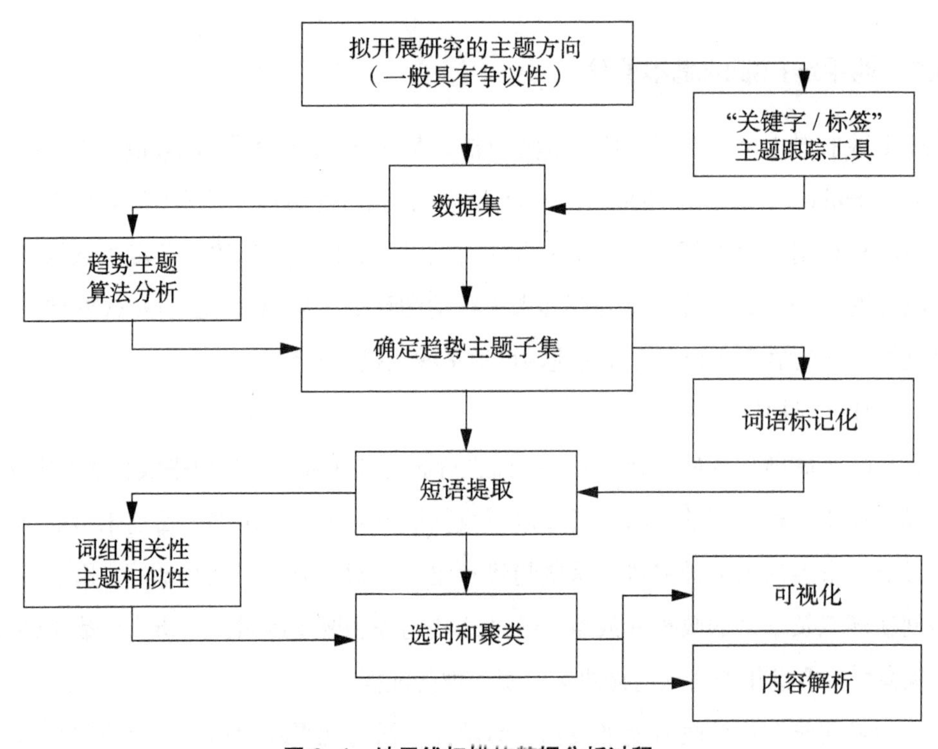


**图 3–4　地平线扫描的数据分析过程**

（3）地平线扫描的特点

地平线扫描主要有以下几个特点：①具有不同扫描模式，包括被动的信息查看模式和主动的信息搜索模式；②涉及组织外部的各种环境；③通常是一个长期持续的过程；④充分利用广泛的信息来源；⑤系统地收集和归档所发现的证据。

### 3.5.2 地平线扫描的应用

（1）地平线扫描在技术预测中的应用

地平线扫描是早期识别和监测可能出现问题的方法，旨在提高组织机构对不确定的、复杂未来的应对能力。预测过程大致可分为 3 个阶段，地平线扫描的作用及所处阶段如表 3–1 所示。

**表 3–1 地平线扫描的作用及所处阶段**

| 阶段 | 早期监测（阶段 1） | 政治评估（阶段 2） | 构建新政策体系（阶段 3） |
| --- | --- | --- | --- |
| 描述 | 识别和监测问题发展趋势和变化 | 评估并理解政策变化 | 预设未来并制定政策 |
| 过程链 | 信息→知识→预测→行动 | | |
| 政策工具 | 地平线扫描 | 未来规划 | 情景分析 |

技术预测的早期监测阶段，可以通过地平线扫描进行识别和监测可能出现的问题、发展趋势及变化；在政策评估阶段，通过未来规划，评估并了解政策的变化；在构建新政策体系阶段，可以借助情景分析法预设未来发展并制定与未来发展相关的政策，以实现机构或组织的健康长远发展。在整个预测活动过程中，信息转化为知识，基于知识产生预测性成果，最终将这些预测性成果应用到科学决策的行动中。

（2）应用地平线扫描的注意事项

应用地平线扫描应该注意以下问题：①不断拓展地平线扫描的应用领域。目前有关地平线扫描的科技应用主要集中在特定行业领域，如医疗卫生领域新兴技术的前瞻、特殊组织机构对未来的前瞻性预测等，对地平线扫描进行跨主题、跨学科的综合性应用还较少。②地平线扫描的实现需要广泛的合作。地平线扫描需要不同领域专家的广泛参与，同时需要跨部门、跨地区的广泛合作。地平线扫描团队既需要地平线扫描专家，又需要相关领域专家的参与。由于扫描过程中会涉及复杂的学科领域知识、政策等问题，一般组织或机构实施扫描较为困难，这就需要有外部专家的积极参与才能实现。地平线扫描中数据、信息的广泛性及数据处理的复杂性也需要不同机构、部门和地区之间的广泛合作。③地平线扫描应与其他方法进行结合。在预测研究中只有将地平线扫描与其他结合起来才能保障前瞻性研究的科学性和可靠性。④地平线扫描应用需要良好的保障机制。地平线扫描的顺利进行需要有较为完整的周期性计划，保证监测的持续性和周期性。地平线扫描的顺利进行还需要有财政支持、人力支持等各方面保障。

## 3.6 文献计量法

### 3.6.1 文献计量法的基本原理

文献计量法是一种以文献信息为研究对象、以文献计量学为理论基础的研究方法。它是集数学、统计学、文献学为一体，注重量化的综合性知识体系。文献计量法最初是应用于图书情报领域，主要研究文献情报的分布结构、数量关系、变化规律和定量管理，进而探讨科学技术的某些结构、特征和规律。

（1）基本构成

文献计量法主要由以下几个方面组成。①文献计量对象。文献是承载与表达信息的主要形式，由一系列表达外部信息与内容信息构成，这些信息之间相互关联，表示或者揭示事物的各种现象与变化。从计量单元来说，文献计量法已不仅仅停留在篇、册、本为单位的文献单元的计量上，并深入文献的内部对知识单元和文献相关信息进行计量研究，如题名、主题词、关键词、知识项、引文信息、著者、合作者、出版者、日期、语言、同被引、引文耦合、共词、词频、部门、国家等。②文献统计分析方法。主要包括数据收集方法、分组方法、数据组织方法、模型建立方法等。在文献计量统计分析方法中，常用的是简单随机抽样、类型抽样、等距抽样、整群抽样、书目统计、引文统计、流通统计、时序组织、图表组织、经验方法、数学分析等方法。③文献计量规律。主要由文献分布规律、量变规律、引文规律三大部分组成。其中，引文规律中的引文分析更是得到了广泛的重视和应用。引文分析通过利用各种数学及统计学的方法和比较、归纳、抽象、概括等逻辑方法，对科学期刊、论文、著者等各种分析对象的引用与被引用现象进行分析，揭示其数量特征和内在规律，预测、评价科学发展趋势。对计量规律进行分析，使不同论文客观地被联系起来，从而揭示了一种科技文献之间错综复杂的结构关系。

（2）文献计量法的特点

文献计量法以数学、统计学为基础，是一种定量分析方法，具有客观、量化、系统、直观的特点。①客观性。用事实和数据说话，是文献计量法客观性的主要体现。其对象是文献，其结果依赖于实体形态的科学出版物而产生，不是凭空分析对象背后可能的含义。②量化性。文献计量法通过将文献特征表示成一些数量指标来进行统计和推测，涉及某些定量化过程。以几个经验定律为核心，直接对一个个的文献外部特征等予以计数，所使用的数学模型略微复杂。③系统性。一般而言，文献计量的对象是大量的、系统化的、具有一定历时性的文献。系统化调查取样是进行数据统计的基本前提，必须有足够的数据来克服可能出现的随机偏差。④直观性。最后用直观的数据来表述分析的结果，看起来一目了然。

### 3.6.2　文献计量法的应用

人们对文献定量化的研究，可以追溯到 20 世纪初。1917 年 F.J. 科尔和 N.B. 伊尔斯首先采用定量的方法，研究了 1543—1860 年所发表的比较解剖学文献，对有关图书和期刊文章进行统计，并按国别加以分类。目前，文献计量法已成为情报学和文献学的一个重要学科分支，同时也展现出重要的方法论价值，成为情报学的一个特殊研究方法。

（1）在科学技术领域的应用

随着文献计量法的不断创新和发展，其应用途径不断出现，应用范围不断扩大，解决问题的深度也在加大。例如，在科学技术领域，文献计量法有着广泛的应用：①研究科学发展的特点、科技史、科学结构、科学政策；②评价杰出科学家和某学科优秀人才；③预测未来获奖者和学术带头人；④预测学科发展趋势；⑤预测产品开发、应用前景等。

（2）应用的前提基础

文献计量法在技术预测中的应用，表现为设计更经济的情报系统和网络、提高情报处理效率、寻找情报服务中的弊端与缺陷、预测技术发展方向、发展并完善情报基础理论等。然而，任何事物都不是十全十美的，科学研究方法尤为如此。文献计量法虽然是一种定量方法，应用非常广泛，但由于其研究对象的特点使得任何实际应用都必须要有一定规模的资料支持，所以必须建立系统化、规范化的资料来源工具和原始资料的获取渠道。

由于存在影响文献情报流的人为因素，很多文献问题尚难以定量化。特别是由于文献系统高度的复杂性和不稳定性，不可能获得足够有效的信息来揭示文献的宏观规律。文献计量学的发展有赖于数学工具和统计学技术的支持，移植或利用更有效的数学工具和统计学方法，将是其重要的发展方向。

（3）具体应用方法

①词频分析法：是利用能够揭示或表达文献核心内容的关键词或主题词在某一研究领域文献中出现的频次高低，来确定该领域研究热点和发展动向的文献计量方法，是文献计量学传统方法之一。由于一篇文献的关键词或主题词是文章核心内容的浓缩和提炼，如果某一关键词或主题词在其所在领域的文献中反复出现，则可反映出该关键词或主题词所表征的研究主题是该领域的研究热点。因此，词频分析方法也被国内外的许多科学计量学研究者应用于学科前沿的研究，以提炼并预测未来领域的研究方向，为技术预测工作提供数据支持。

②引文分析法：是利用各种数学及统计学的方法和比较、归纳、抽象、概括等逻辑方法，采用计算机数据处理技术，将科学期刊、论文、著作、专利、会议记录等各种分析对象的引用现象进行分析研究，以便揭示其数量特征和内在规律，达到评价、预测科学和技术发展趋势及两者之间关系的目的。专利可以看作技术发展的纪录，其后面所附的参考文献则是技术继承和发展的标志。专利引文指标向决策者提供了非常有用的预测工具，这一预测工具对于研发规划、竞争分析、识别热点研究领域和新兴技术、技术的成熟度、技术消亡分析是非常有帮助的。一般来说，在应用研究的开发试验阶段，可以运用引文分析法找到快速发展的前沿技术领域，实现技术预测的目标，同时预测未来有希望的关键产业。

③科学知识图谱法：是一种旨在将知识和信息中令人注目的最前沿领域或学科制高点，以可视化的图像直观地展现出来的研究手段。它把复杂的科学学科知识领域通过数据挖掘、信息处理、知识计量和图形绘制显示出来，使人们得以了解某个学科或研究领域在科学知识版图上的位置。绘制知识图谱一般运用以下方法：引文分析、共引分析、多维尺度分析、社会网络分析及词频分析等。

## 3.7 其他常用方法

除了上述德尔菲法、技术路线图、情景分析法、地平线扫描和文献计量法等方法之外，技术预测方法还有很多种，如趋势分析法、相关矩阵法、决策树、交叉影响分析法、相关树法、STEEP 分析、未来社会分析、头脑风暴法、网络调查法、系统动力学、混沌理论等。这些方法是随着技术预测的发展而不断建立和完善的。在实践中，每种方法适用于不同的预测对象，在不同的预测过程中应用，如趋势分析法主要适应于基于时间周期的短期预测和渐进式技术发展。在从事战略性的技术预测中，可以采取以定性为主的头脑风暴法及各种方法的综合应用。在解决复杂系统问题时，系统动力学和混沌理论等系统分析方法不断得到重视。常用的技术预测方法情况介绍，如表 3-2 所示。

**表 3-2 常用的技术预测方法情况介绍**

| 分类 | 方法 | 内涵及特点 | 时间跨度与空间覆盖 | 主要应用范围及案例 |
|---|---|---|---|---|
| 定量为主 | 趋势分析法 | 是一种时间序列预测法，主要采用数学模型来拟合系统的运行轨迹，然后用它来推断系统的未来状态 | 时间上偏重于短期预测；空间上覆盖宏观国家、中观行业、微观企业预测 | 主要用于持续性发展、时间较短、变化较小事件的预测。如对未来世界能源消费量、微电子技术发展的预测等 |
| | 相关矩阵法 | 通过对两种要素关联度的计算，评价分析不同技术之间或技术与其发展目标之间的相关关系 | 可以用于多个时间跨度与空间覆盖 | 主要用于某一项技术开发对其他技术、产品开发的影响分析；促进技术转移的研究；发掘和评价支持多种产品的共性关键技术，揭示共性关键技术对产品的支持作用；优先发展领域排序，揭示技术领域之间的相互关系 |
| | 决策树 | 在决策规程中采用决策树法有助于把预测和决策合为一体，把定量分析和定性分析合为一体，把数学模型和专家的直观判断合为一体 | 主要用于短期、微观预测 | 最成功的案例是美国国防部于 1961 年开始执行的“规划—计划—预算系统”。第一个采用定量计算的例子是阿波罗宇宙飞船的决策树分析 |

续表

| 分类 | 方法 | 内涵及特点 | 时间跨度与空间覆盖 | 主要应用范围及案例 |
|---|---|---|---|---|
| 定量为主 | 交叉影响分析法 | 准确地估计各个预测事件发生的概率，以及这些事件与其他事件相互影响的概率，以作为制订计划、做出决策的可靠依据 | 时间上偏重于短期预测；空间上覆盖宏观国家、中观行业、微观企业预测 | 20世纪60年代，由美国加利福尼亚大学首创，后来经美国未来研究所推广发展，其目的是要研究各个预测事件的发生，以及它们之间的相互关系对事件发生的影响 |
| | 人工智能方法 | 研究、开发用于模拟、延伸和扩展人的智能的理论、方法、技术及应用系统的一门新的技术科学 | 可以灵活地与其他方法相结合，从而涉及多个时间跨度与空间覆盖 | 使机器能够胜任一些通常需要人类智能才能完成的复杂工作，辅助科技政治决策、自然语言处理和专家系统等 |
| 定性为主 | 层次分析法 | 首先找出问题所牵涉的主要因素，将这些因素按其关联隶属关系构造成递阶层次模型，通过对层次结构中各因素之间的相对重要性判断及简单的排序计算来解决问题。其特点是将复杂问题分析化为在层次结构中进行单一目标的两两比较分析 | 可以用于多个时间跨度与空间覆盖 | 用于确定评价指标及其权重及方案比较的评价 |
| | 相关树法 | 一种典型的规范性预测方法，是根据技术系统的子系统或各级发展趋势的综合去预测技术系统的发展 | 可以用于多个时间跨度与空间覆盖 | 提供了未来目标与现时决策相关联的桥梁，适用于那些按因果关系、复杂程度和从属关系分成的预测系统，对未来预测对象可能出现的某种发展趋势做出预测 |
| | STEEP分析 | 通过对所处的社会、技术、经济、环境和政治/法律5个环境的分析和扫描，从这些环境发展变化来预测和判断市场发展带来的机会和威胁，为进一步的战略发展提供有力的依据 | 时间上偏重于研究社会的中、长期未来；空间上偏重于宏观国家、中观行业的预测 | 在技术发展的历史认知、现状分析和未来预测的基础上，判断技术发展对STEEP（社会、技术、经济、环境、政治/法律）所造成的影响，识别出趋势，并对趋势进行相关性分析与聚类分析 |

续表

| 分类 | 方法 | 内涵及特点 | 时间跨度与空间覆盖 | 主要应用范围及案例 |
| --- | --- | --- | --- | --- |
| 定性为主 | 未来社会分析 | 研究社会未来性质、特点、趋势的社会学分支 | 时间上偏重于研究社会中、长期未来；空间上偏重于宏观国家、中观行业预测 | 关注社会现象、社会问题、社会过程的发展变化，为特定的社会发展规划提供依据和预测 |
|  | 头脑风暴法 | 由美国BBDO广告公司的亚历克斯·奥斯本首创，该方法主要是人们在正常融洽和不受任何限制的气氛中以会议形式进行讨论、座谈，打破常规，积极思考，畅所欲言，充分发表看法 | 时间上偏重于研究社会中、长期未来；空间上偏重于宏观国家、中观行业预测 | 对所讨论问题通过客观、连续的分析，找到一组切实可行的方案，因而在军事决策和民用决策中得到了较为广泛的应用。例如，在美国国防部制定长远科技规划中，曾邀请专家采取头脑风暴法开了两周会议 |
| 定性和定量相结合 | 网络调查法 | 泛指在网络上发布调研信息，并在互联网上收集、记录、整理、分析和公布网民反馈信息的调查方法 | 可以用于多个时间跨度与空间覆盖 | 网络调查法的大规模发展源于20世纪90年代。韩国、日本、英国等在技术预测中经常使用 |
|  | 系统动力学 | 对整体运作本质的思考方式，把结构的方法、功能的方法和历史的方法融为一个整体，其目的在于提升人类组织的“群体智力” | 可以用于多个时间跨度与空间覆盖 | 福瑞斯特教授于1958年为分析生产管理及库存管理等企业问题而提出的系统仿真方法，是一门分析研究信息反馈系统的学科，也是一门认识系统问题和解决系统问题的交叉综合学科 |
|  | 混沌理论 | 一种兼具质性思考与量化分析的方法，用来探讨动态系统中必须用整体、连续的而不是单一的数据关系才能加以解释和预测的行为 | 可以用于多个时间跨度与空间覆盖 | 在人口移动、化学反应、气象变化、社会行为等领域中都有着广泛的应用前景 |

## 参考文献

［1］张硕，汪雪锋，乔亚丽，等．技术预测研究现状、趋势及未来思考：数据分析视角［J］．图书情报工作，2022，66（10）：4–18.

［2］王翠波，熊坤，刘文俊．基于 CiteSpace 的技术预测研究的可视化分析［J］．技术经济，2020，39（6）：147–154.

［3］韩秋明，王革，袁立科．韩国第五次国家技术预测工作的创新及启示［J］．科技管理研究，2018，38（18）：16–20.

［4］孙棕檀，李云，李浩悦，等．美国联邦政府机构技术预测工具应用态势分析［J］．中国工程科学，2017，19（5）：92–96.

［5］王兴旺．战略性新兴产业技术预测机制研究［J］．科技管理研究，2017，37（18）：89–93.

［6］袁立科，王书华．走向系统性预测：中国的技术预测历程及实践［J］．科学学与科学技术管理，2021，42（3）：3–15.

［7］王兴旺，汤琰洁．基于专利地图的技术预测体系构建及其实证研究［J］．情报理论与实践，2013，36（3）：51–55.

［8］郑国雄，李伟，刘溉，等．基于德尔菲法和层次分析法的“卡脖子”关键技术甄选研究：以生物医药领域为例［J］．世界科技研究与发展，2021，43（3）：331–343.

［9］杨捷，陈凯华．技术预见国际经验、趋势与启示研究［J］．科学学与科学技术管理，2021，42（3）：48–63.

［10］安达，李梦男，许守任，等．中国工程科技信息与电子领域 2035 技术预见研究［J］．中国工程科学，2017，19（1）：50–56.

［11］张峰，邝岩．日本第十次国家技术预见的实施和启示［J］．情报杂志，2016，35（12）：12–15，11.

［12］沙振江，张蓉，刘桂锋．国内技术预见方法研究述评［J］．情报理论与实践，2015，38（6）：140–144，120.

［13］黄立业．基于专利分析的技术预见模型构建及其实证研究［J］．图书馆杂志，2017，36（5）：72–77.

［14］梁帅，纪晓彤，李杨．科学计量学在技术预见中的应用研究：以新能源汽车产业为例［J］．情报杂志，2015，34（2）：73–78.

［15］徐磊．技术预见方法的探索与实践思考：基于德尔菲法和技术路线图的对接［J］．科学学与科学技术管理，2011，32（11）：37–41，48.

［16］袁勤俭，宗乾进，沈洪洲．德尔菲法在我国的发展及应用研究：南京大学知识图谱研究组系列论文［J］．现代情报，2011，31（5）：3–7.

［17］王伟军，王金鹏．科学知识图谱在技术预见中的应用探析［J］．情报科学，2010，28（8）：1127–1131.

［18］崔毅．德尔菲调查方法在科技重点领域技术预见中的应用研究［J］．云南科技管理，2007（1）：29–31.

［19］袁志彬，任中保．德尔菲法在技术预见中的应用与思考［J］．科技管理研究，2006（10）：217–219.

［20］许彦卿，周晓纪，黄廷锋，等．日本第 11 次技术预见：基于趋势与微小变化的蓝图描绘［J］．情报探索，2020（10）：69–76.

［21］臧冀原，刘宇飞，王柏村，等．面向 2035 的智能制造技术预见和路线图研究［J］．机械工程学报，2022，58（4）：285–308.

［22］陈旭，施国良．基于情景分析和专利地图的企业技术预见模式［J］．情报杂志，2016，35（5）：102–107，132.

［23］李国秋，龙怡．预测市场应用于技术预见的优势分析：对 13 种常用技术预见方法的 20 个维度的实证研究［J］．图书馆杂志，2014，33（8）：11–28.

［24］娄伟．情景分析法在技术经济中的应用［J］．工业技术经济，2012，31（10）：6–12.

［25］李远远．基于技术预见的行业关键性技术选择方法研究［J］．科技管理研究，2010，30（3）：119–121.

［26］穆荣平，任中保，袁思达，等．中国未来 20 年技术预见德尔菲调查方法研究［J］．科研管理，2006（1）：1–7.

［27］刘宇飞，周源，褚恒，等．工程科技知识图谱驱动的专家交互技术路线图方法［J］．科学学与科学技术管理，2021，42（3）：29–47.

［28］曾宪奎．创新驱动目标下的技术路线图应用研究［J］．福建论坛（人文社会科学版），2019（10）：33–39.

［29］孙永福，王礼恒，陆春华，等．国内外颠覆性技术研究进展跟踪与研究方法总结［J］．中国工程科学，2018，20（6）：14–23.

［30］王倩，李天柱．大数据产业共性技术路线图研究［J］．中国科技论坛，2018（4）：73–82，111.

［31］孟凡生，李晓涵．中国新能源装备智造化发展技术路线图研究［J］．中国软科学，2017（9）：30–37.

［32］白光祖，郑玉荣，吴新年，等．基于文献知识关联的颠覆性技术预见方法研究与实证［J］．情报杂志，2017，36（9）：38–44.

［33］周源，刘怀兰，廖岭，等．基于主题模型的技术预见定量方法综述［J］．科技管理研究，2017，37（11）：185–196.

［34］王志玲，管泉，蓝洁．国内技术预见研究的文献计量分析［J］．现代情报，2015，35（4）：98–101，107.

［35］张哲，冯宗宪．产业技术路线图的多级模糊综合评价研究［J］．科技进步与对策，2012，29（4）：105–109.

［36］姚毅，刘玲．基于技术预见和路线图的科技规划［J］．科技管理研究，2010，30（11）：42–44.

［37］周贺来．论技术竞争情报在技术预见活动中的应用［J］．情报理论与实践，2009，32（11）：61–64，45.

［38］李万．上海区域产业技术路线图的实践与推进思考［J］．中国软科学，2009（S2）：145-149.

［39］蒋玉涛，招富刚，苏植权．基于技术预见和技术路线图的重大科技专项选择方法研究［J］．科技管理研究，2009，29（3）：274-276，286.

［40］谢学军，周贺来，陈婧．面向技术预见的专利情报分析方法研究［J］．情报科学，2009，27（1）：132-136，160.

［41］叶继涛．基于路线图的技术预见方法探讨［J］．科技与经济，2008（2）：3-6.

［42］仪德刚，齐中英．从技术竞争情报、技术预见到技术路线图：构建企业自主创新的内生模型［J］．科技管理研究，2007（3）：13-14，18.

［43］张志娟，刘萍萍，王开阳，等．国外科技创新治理的典型政策工具运用实践及启示［J］．科技导报，2020，38（5）：26-35.

［44］刘爱琴．技术路线图绘制中的竞争情报支持研究［J］．科技进步与对策，2012，29（3）：19-22.

［45］陈美华，王延飞．科技管理决策中的地平线扫描方法应用评析［J］．情报理论与实践，2017，40（12）：63-68.

［46］葛慧丽，潘杏梅，吕琼芳．融合科学计量和知识可视化方法的技术预见模型研究［J］．现代情报，2014，34（6）：56-60.

［47］陈庆，严海琳．基于文献计量法的新工科研究热点预测［J］．南京师大学报（自然科学版），2018，41（4）：147-152.

［48］朱亮，孟宪学．文献计量法与内容分析法比较研究［J］．图书馆工作与研究，2013（6）：64-66.

［49］王曰芬．文献计量法与内容分析法综合研究的方法论来源与依据［J］．情报理论与实践，2009，32（2）：21-26.

［50］孙志茹，张志强．文献计量法在战略情报研究中的应用分析［J］．情报理论与实践，2008（5）：706-710.

［51］王伟．文献计量法在技术预见中的应用［D］．大连：大连理工大学，2008.

［52］安源，张玲．文献计量学在我国图书情报领域的应用研究进展综述［J］．图书馆，2014（5）：63-68.

［53］方伟，曹学伟，高晓巍．技术预测与技术预见：内涵、方法及实践［J］．全球科技经济瞭望，2017，32（3）：46-53.

［54］穆荣平，陈凯华．科技政策研究之技术预见方法［M］．北京：科学出版社，2021：22.

［55］方伟，曹学伟，高晓巍．技术预测与技术预见：内涵、方法及实践［J］．全球科技经济瞭望，2017，32（3）：46-53.

［56］李延梅，曲建升，张丽华．国外政府水平扫描典型案例分析及其对我国的启示［J］．图书情报工作，2012，56（8）：65-68，17.

# 4

# 典型国家和地区技术预测活动

世界各国根据自己不同的国情和科技发展状况，相继开展了技术预测活动。该部分主要对美国、日本、韩国、英国、德国、俄罗斯和欧盟从技术预测活动的组织、周期、过程、方法、结果等方面进行了梳理和总结。

## 4.1 美国

从技术预测的背景、活动组织、工作过程、方法与结果等方面对美国技术预测活动进行了梳理和归纳。

### 4.1.1 技术预测背景

#### 4.1.1.1 美国历史上技术预测活动介绍

（1）美国国家科学基金会（NSF）

第二次世界大战期间，由于科学技术在战争中发挥了重要作用，美国政府开始重视对科学技术活动的支持。1945 年，布什提交了《科学——无尽的前沿》这份堪称科技政策史上第一部里程碑式的报告，其中明确提出“基础研究是科学的资本”，政府有责任资助基础研究，并建议联邦政府出资成立促进基础研究的国家机构。1947 年，美国总统科学研究理事会（President's Scientific Research Board）发布《科学和公共政策》报告，指出基础科学研究是国家的宝贵资源，并强调注重国家科技政策的综合性和对各种研究活动的统筹。基于这两份报告的建议，1950 年美国通过《国家科学基金会法案》，设立了美国国家科学基金会（National Science Foundation，NSF），将推动科学研究和教育作为一个独立的国家政策目标。

根据《国家科学基金会法案》的规定，NSF 的宗旨是：推动科学进步，提升国家健康、繁荣与福祉，保障国防及其他目的。NSF 的主要目标是提供推动知识前沿进步的综合战略，培育世界级、覆盖广泛的科学与工程劳动力，增强全民的科学素养，投入先进仪器和设备构建国家研究能力，并通过反应迅速和富有效率的组织为优秀的科学与工程研究和教育提供支持。

（2）美国先进技术计划（ATP）

美国先进技术计划（Advanced Technology Program，ATP），是政府、产业部门和学术界合作的联邦研发计划，由美国国家标准与技术研究院（National Institute of Standards and Technology，NIST）管理，于 1990 年开始实施，2007 年结束。该计划的宗旨是通过政府与工业界分担研发成本，资助私营部门开展难以独立承担的高风险性研发项目，加速技术的开发和商业化，增加美国的高收入就业，带动美国经济增长和产业界竞争力提升。截至2007年，该计划共支持了824个项目，资助总额达24亿美元，直接和间接参与单位1581家，是实现美国技术发展战略转型的一项重要计划。在ATP之前，美国的军事科技和基础研究主要由联邦政府的科研经费资助，产业界仅负责开发民用技术。这一做法一直持续到克林顿政府时期提出ATP这一新的技术战略和政策，强调让产业界参与对国民经济增长有重大影响的技术开发计划，并分担研发费用。ATP的评估实践在美国乃至世界范围的科技评估发展历程中具有重要意义，值得其他科技计划借鉴，尤其对于政府和产业界共同实施的科技计划更具参考价值。

#### 4.1.1.2 近年来美国开展技术预测活动介绍

（1）2009—2010年：《持续性预测颠覆性技术》

美国国家研究委员会（National Research Council，NRC）在2009年成立了一个未来颠覆性技术预测委员会。该委员会认为，智库和咨询机构发布的颠覆性技术主要来自问卷调查和研讨会，在很大程度上受限于专家意见，这样的预测方法可能会产生许多偏见。因此，该委员会致力于寻求一种更好的颠覆性技术预测方法。通过多次研讨、分析，在2009年、2010年先后发布了3份《持续性预测颠覆性技术》报告。这几份报告系统分析了颠覆性技术的属性，探讨了现有预测方法存在的问题，并提出了构建一个理想的颠覆性技术持续性预测系统的思路和框架。

在NRC的报告中，颠覆性技术被定义为："能够极大影响全球力量平衡的技术及技术应用。"这可以从以下两个角度来理解。首先，该定义中的颠覆性技术并非指一种新技术，而是强调技术的新应用，因为新兴技术很少立即变成颠覆性的，只有经过一系列的创新应用之后，才有可能变成颠覆性技术。其次，颠覆性技术强调的是技术的影响，是能够在技术的生命周期中引起不连续和非线性变化，进而对现有技术、商业模式、国家经济与安全产生颠覆性影响的技术。

（2）2009年、2011年和2015年：《美国创新战略》

2008年全球金融危机爆发后，美国对过去以房地产和金融驱动的经济增长进行了深刻反思。2009年，美国总统行政办公室、国家经济委员会和科技政策办公室联合发布《美国创新战略》，旨在提高科技和创新对经济增长的作用，以应对美国经济的衰退，促进美国经济长期可持续增长，推动高质量就业。2011年，在原有内容基础上又增加了维持创新生态系统的新政策。在创新战略指引下，美国企业创造了更多的就业机会，刺激了美国进一步优化创新战略的意愿；世界各国研发投入的增长引发了美国的危机感，希望更新和优化《美国创新战略》以保持创新领导地位；再考虑到创新战略需要与时俱进才能发挥最佳效果，2015年，美国再次发布新版《美国创新战略》。新版本通过继续投资于美国的创新基础、刺激私营部门创新、鼓励个人创新等三大创新要素，推动创造高质量就业及持久的经济增长、刺激国家优先领域取得突破、提供创新型政府等三大战略计划来促进美国创新经济发展。

（3）2016年：《2016—2045年新兴科技趋势——领先预测综合报告》

美国陆军部2016年6月16日公布了《2016—2045年新兴科技趋势——领先预测综合报告》（*Emerging Science and Technology Trends: 2016-2045—A Synthesis of Leading Forecasts Report*）。报告长达35页、图文并茂，是未来侦察战略与分析公司（FutureScout，LLC.）为陆军副部长助理（DASA R&T）撰写的第3份年报，帮助陆军理解新兴技术趋势，应对未来的不确定性。

该报告的发布，一是为了帮助美国陆军及其利益相关的国内国际投资人、投资企业，了解未来30年可能影响美国国家力量的核心科技，掌握塑造未来30年美国陆军能力的科学技术趋势。二是指明了科技战略投资的方向，以确保美国军队在未来世界中保持优势。这份报告是美国国防部Wargaming项目中的一部分，其目的是推动国防部内部创新，应对动态安全环境。

报告的目的是确定未来30年可能影响陆军能力和未来作战环境的主要科技趋势。识别这些趋势的方法涉及对美国和国外政府机构、行业分析师、智库和学术组织发布的开源预测进行全面审查和整合。这些机构提供的文件，展现了科技对社会、政治、经济、环境和防务的一些共性问题。这份报告没有重复美国国家情报委员会、英国国防部、麦肯锡全球研究所和其他主要机构进行的众多与科技有关的预测，而是试图利用他们的集体见解来确定将会影响美国陆军的趋势。

（4）2020年：《关于加强美国未来产业领导地位的建议》

2020年6月，美国总统科技顾问委员会（President's Council of Advisors on Science and Technology, PCAST）发布报告《关于加强美国未来产业领导地位的建议》，旨在确保美国持续在未来产业领域保持领导地位。发展未来产业，保持美国的科学发现处于世界前沿，是美国发展的重中之重。新冠肺炎大流行表明，未来产业在增强国家应对全球卫生危机能力方面发挥着不可或缺的重要作用。报告提出了使美国保持未来产业领导地位的行动建议，包括通过借助人工智能、量子信息科学和高性能计算来加快科学发现，培养各类劳动力为人工智能和量子信息科学发展做好准备等具体措施。

（5）2021 年：《掌舵：迎接中国挑战的国家技术战略》

2021 年 1 月 13 日，美国智库新美国安全中心（CNAS）发布《掌舵：迎接中国挑战的国家技术战略》（*Taking the Helm:A National Technology Strategy to Meet the China Challenge*）报告。该报告是新美国安全中心（CNAS）"美国国家技术战略项目"的部分研究成果，是旨在为美国国家技术战略制定知识框架系列报告的首篇报告。

报告指出，在当今这个多领域战略竞争的时代，技术是最重要的竞争要素。崛起的中国对美国及其盟友构成了直接挑战，而美国的响应措施迟缓滞后、缺乏组织、支离破碎、效果不佳。美国政府必须制定一项国家技术战略，以保持其在创新和技术领域的领导地位。为此，报告分析了美国技术政策的历史成功经验，为美国制定国家技术战略、开展技术竞争绘制了路线图，包括用于指导政府资源分配的技术优先级模式、技术战略应遵循的基本原则，以及制定和实施该战略的一系列政策建议。

### 4.1.2 技术预测活动组织

#### 4.1.2.1 美国技术预测活动的基本类型

美国技术预测活动体系庞大、种类繁杂、规模不一，技术预测活动的含义、体系和管理与我国均有较大差别。

（1）3 种技术预测活动简述

从组织管理和项目规模上，美国技术预测活动可大致分为以下 3 类。

一是通过国会立法或总统行政令开展的跨部门技术预测活动，往往聚焦热点领域，旨在重点推进该领域研发突破，具有长期性、综合性、战略性特点。与技术预测活动有关的典型计划有国家纳米技术计划、网络与信息技术研发计划、国家制造业创新网络计划、材料基因组计划、脑研究计划、国家量子倡议、美国人工智能计划等。此类活动一般由国家科学技术委员会（National Science and Technology Council，NSTC）建立跨部门协调机制，相关联邦部门按照职责范围负责对应领域研发活动的实施和监督。此类活动的资金来源多样，有国会专门立法提供预算支持，有通过现有计划筹措或追加预算，有公私合作民营企业提供部分资金等。

二是由单个联邦政府部门结合自身领域开展的技术预测活动。此类活动数量众多，与此有关的典型计划如能源部支持太阳能研发的射日计划、国立卫生研究院的药物滥用与成瘾研究计划、国家海洋大气局的气候和大气研究计划等。此类活动由各部门自行设计、实施和监督，在提交国会的年度预算申请中明确计划目的、方案和预算，得到批准后实施。

三是其他非政府部门开展的预测活动，主要是以各种智库为组织方开展的。

上述技术预测活动有关科技计划中，第一类一般可以理解为重大科技计划，具有更高的显示度和战略意义。在重大科技计划管理中，由于美国科技管理体制的分散性特点，国家科学技术委员会（NSTC）建立的跨部门协调机制主要在战略规划、确定研究领域、部门间合作、绩效评估等方面发挥作用，在具体实施上仍以各联邦部门为主。重大科技计划下设的众多子项目按照各联邦部门已有规则进行项目申报、过程管理、结题和监督，一般不会为重大科技计划搭建新的项目管理体系和制度，也不做计划的整体验收。联邦政府为了监督公共资金利用效率，会定期对重大科技计划进行绩效评估，以发现计划执行中的技术、资金和管理问题，从而进行针对性调整。

（2）美国先进技术计划（ATP ）活动情况

美国先进技术计划（ATP）的评估需求是多方面的，包括国会议员、国会委员会、国家审计总署（GAO）、总统执行委员会、管理和预算办公室（OMB）、监察长办公室、媒体、智库、工业界等都有提出。这些评估需求主要源于各方对政府支持的争议和质疑，即对于 ATP 这种具有技术风险的项目和计划，政府是否应该使用纳税人的资金对其进行支持，政府支持是否影响了企业公平公开的竞争过程，又是否能够增加商业研发的利润。对此，1991 年《美国技术卓越法案》（*American Technology Preeminence Act*）明确要求 ATP 在 1996 年以前开展深入评估并将评估结果提交给国会的每个部门及总统。同时，ATP 也需服从《政府绩效与结果法案》（*Government Performance Results Act*，GPRA）的要求，提交战略计划、年度绩效计划和年度绩效报告。根据 ATP 经济评估办公室（Economic Assessment Office，EAO）主任的描述，ATP 是美国同类预算计划中评估和审查最为严格的计划。

#### 4.1.2.2　技术预测活动的一般组织架构

美国技术预测活动实行“分散分权式”管理，没有设立专门机构负责全国技术预测活动的规划、组织与协调，参与管理的主要有白宫及各联邦部门、国会及其他科技咨询与管理机构，技术预测活动的组织和实施按照领域进行权责划分。其中，美国白宫及国会负责制定全国性的技术预测活动，各联邦部门专门机构根据承担的使命进行不同领域的技术预测活动；美国还会将技术预测活动委托给其他科技咨询与管理机构（简称“智库”）进行。

（1）总统的顶层科技管理组织

通常将总统科技助理（科学顾问）、科技政策办公室（OSTP）、国家科学技术委员会（NSTC）、总统科技顾问委员会（PCAST）称为美国科技管理体制中的“四驾马车”。OSTP 是美国政府中唯一以科技管理为主要职责的部门。NSTC 是美国重大科技政策、战略和计划的协调机构，由总统担任主席，成员分别是副总统、内阁成员和部分主要官员。PCAST 是美国重大科技政策、战略和计划的咨询机构，由 OSTP 主任和另外一名专家共同担任主席，成员为来自科技界、教育界和企业界的专家，主要是向总统提供决策建议（图 4–1）。

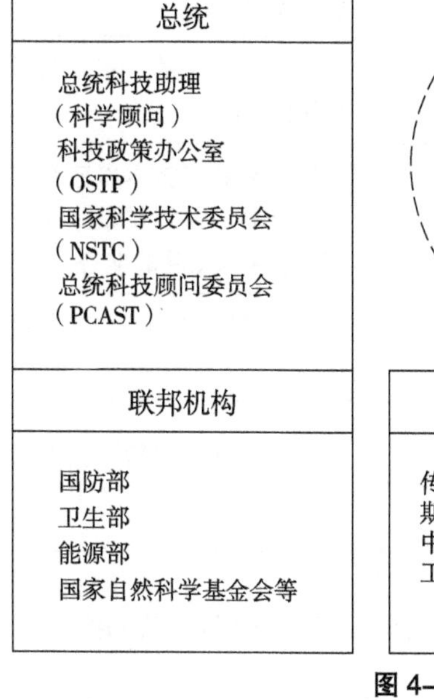


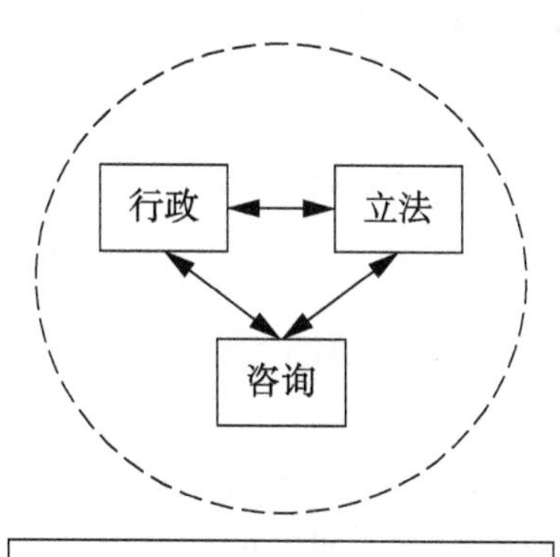


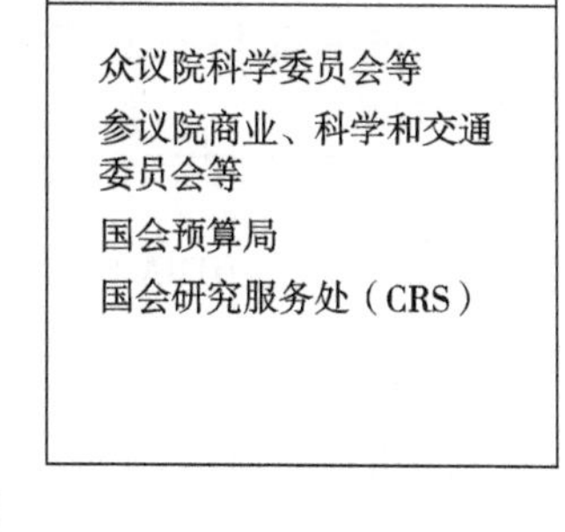


**图 4–1　美国技术预测活动的组织形式**

（2）相关的联邦政府机构

美国国防分析研究所发布的《美国联邦政府技术预测工具应用现状与潜在应用》研究报告对与技术预测有关的联邦政府机构进行了梳理，具体如表 4-1 所示。

表 4-1 美国联邦政府机构与技术预测需求

| 联邦政府机构 | 目标 | 技术预测需求 |
| --- | --- | --- |
| 中央情报局科学技术理事会（DS&T） | 研究、开发和应用先进技术，为国家提供大量的情报优势 | 需要了解新技术，以保持显著的情报优势 |
| 美国科学空军研究办公室（AFOSR） | 资助实现空中、航天和网络空间最大化控制和利用目标的项目 | 需要认知新兴研究领域 |
| 商务部工业与安全管理局新兴技术研究咨询委员会和技术评估办公室（ETRAC-OTE） | 对军民两用技术或是同时与民用、军事、恐怖主义及大规模杀伤性武器相关的技术，进行出口控制 | 对军民两用技术进行识别 |
| 国防部技术情报办公室（OTI） | 分析全球科技活动，通告研究投资 | 开展技术监测与地平线扫描工作，也在寻求以自动化的形式开展这项工作 |
| 卫生与人类服务部医疗保健研究和质量局（AHRQ） | 通告以患者为中心的研究投资结果 | 开发了“医疗地平线扫描”系统，扫描新型、兴医疗保健技术 |
| 海军作战部海军作战战略研究组（SSG） | 产生革命性海战概念 | 需要了解未来的技术及其对海军的影响 |
| 国防威胁降低局（DTRA） | 资助和执行威胁降低研发项目 | 需要了解新兴技术以应对现有的威胁，并需要做好应对新兴和未来威胁的准备 |
| 能源信息管理局（EIA） | 对能源产生、最终用途和能源流进行短期预测和长期预测 | 对能源和经济的影响进行建模 |
| 国家审计总署（GAO） | 准备对当前新兴技术进行技术评估，以了解技术的内涵与潜在的社会影响，以及联邦政府面临的挑战和机会 | 需要意识到当前新兴技术的社会影响 |
| 国家卫生研究院国家生物医学成像和生物工程研究所（NIBIB） | 资助新的生物医学成像和生物工程技术及设备的研发，以改善疾病检测、预防和治疗 | 需要了解新兴研究和技术 |

续表

| 联邦政府机构 | 目标 | 技术预测需求 |
| --- | --- | --- |
| 国家情报总监办公室采办、技术与设施处（ODNI.ATF） | 通告研发投资，解决当前和未来面临的情报挑战 | 需要意识到新兴技术及可能为情报界所带来的未来能力 |

（3）其他科技咨询与管理机构

其他科技咨询与管理机构一般分为两类：一类为隶属于政府的研究机构和大学院系的机构；另一类为独立于政府和企业（甚至大学）之外、从事公共政策研究的非营利性学术机构，它们在性质上属于私营部门和公共部门之外的所谓“第三部门”，在法律上属于独立社团法人，在功能上是社会公共议题的“知识掮客”或者“大脑”，专门为企业、政府和其他社会部门提供思路、对策和建议。

美国智库存在着诸多差异点。有的智库意识形态色彩强烈，如传统基金会、美国进步中心等，都具有明显的政党偏好和意识形态色彩。有的智库更强调政治中立，如布鲁金斯学会，始终强调开展客观中立的研究，以科学精神进行政治和政策研究。有的智库强调社会影响力，如美国新世纪计划，不仅强调对美国政治和政策的影响，更强调对美国政治思潮和社会思潮的影响。有的智库偏重知识和思想研究，如普林斯顿大学威尔逊中心，特别强调制定指导战略和政策规划的思想。有的智库强调战略和对策研究，如美国智库新美国安全中心（CNAS）、传统基金会等，非常强调政策规划和设计，其主要目标就是对政府政策产生实际影响。

#### 4.1.2.3 一种新型的组织架构

美国智库新美国安全中心（CNAS）发布的《信任流程：国家技术战略的制定、实施、监测和评估》（*Trust the Process*：*National Technology Strategy Development*，*Implementation*， *and Monitoring and Evaluation*）报告，设计了有效实施国家技术战略所需的、政府领导层能够信任并可以验证的、透明清晰且可问责的政策组织框架与完整流程。

（1）目前美国联邦政府的组织架构

报告指出，美国现行政府组织制度中经济治国手段与国家安全机构分散割裂，阻碍了国家优先事项的制定，不利于总统就技术创新、经济治国及其他事关美国经济与安全的事项进行决策。目前，承担美国国家安全、经济治理和科学技术政策相关管理职责的机构和委员会包括：①国家安全委员会（NSC）。负责监督美国国家安全和外交政策，是美国执行层最成熟的决策机构，在危机局势和稳定局势下都有权召集决策者、协调战略和监督政策执行。但其成员构成、人员配备、行政因素等方面过于强调治国方略中的军事与外交手段，而忽略技术、经济与贸易元素。②国家经济委员会（NEC）。负责整合国内外经济政策，包含众多经济和贸易竞争所必需的工具包。但其更新与迭代政策流程、有效监督决策执行情况的能力不成熟，且历来支持自由市场主义经济、反对产业政策指导的全国性竞争方法。③科技政策办公室（OSTP）。负责就经济与国家安全事务中科学、工程和技术问题提供建议，并协调联邦科技研发企业的优先事项和资金。但其不行使召集权，更注重研发而非日常政策协调，偏向扮演技术顾问的角色而未能发挥战略领导作用。报告提出，国家技术战略需要协同部署安全、贸易、经济、科技等各要素，联邦政府官僚组织结构的改革将是有效执行国家技术战略的第一步。

报告提出，国家技术战略有效实施需坚持制定、实施、监测和评估国家技术战略的 6 项原则：①透明度与问责制相结合的民主价值观；②明确战略愿景、优先事项与政策；③政策过程必须可理解和可执行；④构建正式沟通渠道；⑤从流程伊始即注重领域交叉；⑥流程创新与技术创新保持同步。

（2）新型的联邦政府组织架构设计

为成功执行美国国家技术战略，报告提出了联邦政府官僚组织架构方面的重要改革建议，并绘制了组织架构图（图 4-2）。

任命一名国家安全副顾问（DNSA）专职负责技术竞争事务。该顾问应身兼三职，分别向科技政策办公室（OSTP）主任国家安全委员会（NSC）顾问、国家经济委员会（NEC）主任汇报工作，并负责监督上述机构的理事会和员工，领导战略制定过程，建立监督政策执行所需新的政策与分析机构。

成立常设的国家技术评估分析中心。制定技术竞争趋势的通用分析标准，建立跨部门的技术竞争分析共同体，为重新设置情报优先事项提供流程支撑，开展地平线扫描工作，促成学界及私营部门之间的信息协同合作。

成立常设的跨部门技术竞争协调办公室。下设聚焦国家技术战略中三大支柱行动

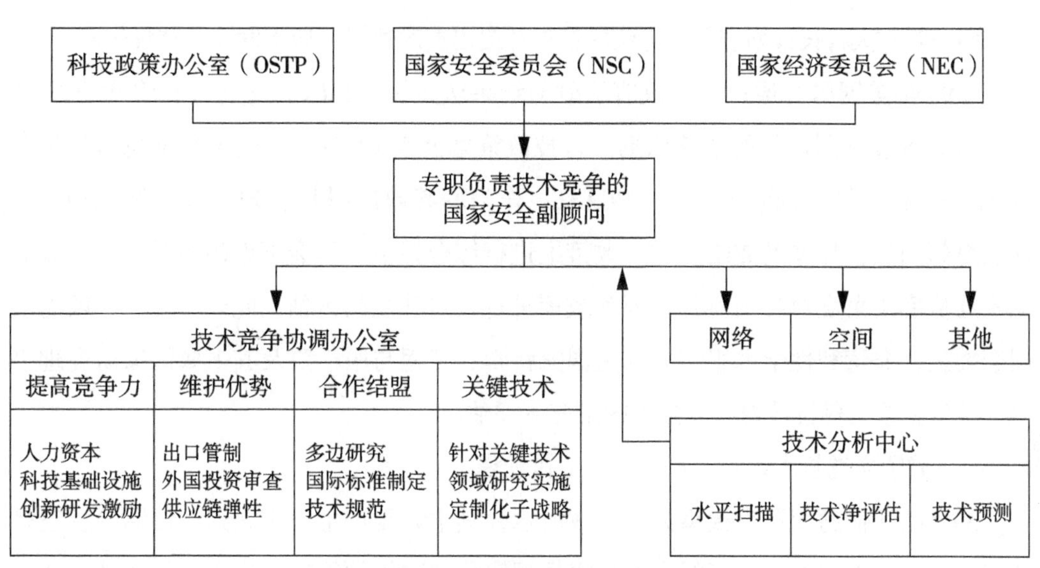


图 4–2 美国新型国家技术战略组织架构

（提高美国的竞争力、维护美国的关键技术优势、与盟友合作）的理事会，以及负责执行具体技术领域相关战略执行的关键技术理事会。负责为战略各支柱行动推出跨领域实施指南、制定国家技术战略年度预算规划指南、评估技术战略投资、建立年度预算审查程序。

## 4.1.3 技术预测工作过程

### 4.1.3.1 与技术预测活动相关的科技计划的工作过程

（1）科技计划的工作阶段

一是提出酝酿阶段：源于竞争态势、经济需求、突破性技术引领；二是策划布局阶段：吸纳公众意见与试点计划经验，正式出台实施方案，并持续调整；三是产出转化阶段：未来的战略投资效应，对经济社会的辐射引领与渗透。

（2）科技计划的验收与绩效评估

美国联邦政府对研发项目结题环节的管理相对宽松，但这并不代表对科技计划的事后管理放任自流。为了监督公共资金利用效率，联邦政府会定期对重大科技计划进行整体和全方位的绩效评估。相较于在结题环节项目官员只做基本的任务完成情况核查，绩效评估从技术进步性、管理有效性、技术转让、跨学科研究、经济社会影响等多个方面，对重大科技计划进行全方位的核查并提出整改建议，切实发挥了监督作用。

1993 年美国国会通过的《政府绩效与结果法案》(GPRA) 及其 2010 年修正案是进行重大科技计划评估的法律依据。科技政策办公室 (OSTP)、国家科学技术委员会 (NSTC)、总统科技顾问委员会 (PCAST) 作为联邦政府科技管理综合协调机构，在涉及跨部门的科技发展战略及重大政策上进行综合评估。国会下设的各委员会与政府问责局从客观角度对各项科技计划和政策进行相对独立的评估。此外，受联邦政府或国会委托，非营利性学术组织尤其是国家科学、工程与医学院及其下属国家研究理事会，经常就重大科技计划开展独立的第三方评估。

#### 4.1.3.2 美国先进技术计划 (ATP) 的工作过程

ATP 的评估通用逻辑模型如图 4–3 所示，其中计划产生、实施到评估结果反馈呈闭环状态。从设定的社会目标出发，根据国家公共政策的策略产生了计划的动议和任务，进而设计计划实施的机制，并达到预期结果。评估环节在计划实施过程中介入，涵盖计划的投入、产出、成效和影响，评估结果反馈给计划管理者和政策制定者。该模型是科技计划设计与评估中使用的一项经典工具，有助于各利益相关方形成有关计

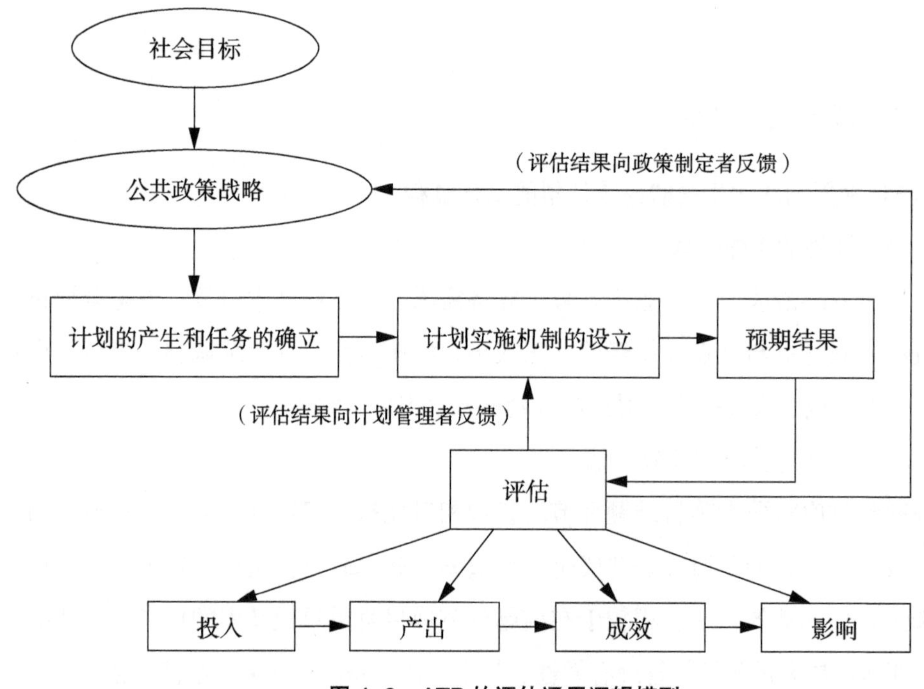


图 4–3 ATP 的评估通用逻辑模型

划评估的共识，也是计划监测和评估框架设计的基础。

#### 4.1.3.3 美国国家科学基金会（NSF）的工作过程

（1）NSF 的经费来源和使用情况

NSF 的经费主要来自联邦政府预算。预算中，管理费用约占 5%；委托项目费用约占 3%，主要为咨询性政策研究和战略研究的指令性项目；预算的 90% 以上都通过以质量为基础的竞争性评审机制，以确定资助对象。

以 2014 财年为例，NSF 获得 71.72 亿美元的预算。其中，用于研究相关活动的预算约 58.08 亿美元，用于教育与人力资源的预算约 8.47 亿美元，用于重大研究设备与设施建设的预算约 2 亿美元。此外，还包括 2.98 亿美元的机构运行管理费用，用于国家科学委员会（NSB）430 万美元费用，用于总监察长的 1420 万美元费用，这部分费用约占 NSF2014 财年预算的 4.4%。

（2）NSF 项目管理

NSF 对项目的管理主要通过其项目主管来实现。项目主管在 NSF 与项目负责人之间起着桥梁作用，负责对 NSF 设立的研究项目的遴选与管理，具体包括：组织项目专家评议组对所有的项目申请书进行评议；根据经费预算向上一级提出资助推荐意见；依照权责范围对所有项目申请书做出处理；对有价值的项目提供支持与继续支持、延伸支持、补充支持的决定；监督多年资助项目的负责人做出各类各时段的研究报告和财务报告；协调 NSF 政策与项目实施之间的矛盾与冲突，以此对所负责项目进行科学有效的管理。

NSF 半数以上的项目主管是非终身职员，通常为依据《政府间职员法案》（*Intergovernmental Personnel Act*）临时雇用的来访科学家、工程师和教育家。NSF 还为项目主管配备助手，帮助项目主管处理具体事务。此外，还聘请市场分析专家承担与项目决策有关的调研活动。项目主管管理的研究项目数量相差很大，有的项目主管负责的项目达上百个，有的则只有一个。

（3）NSF 的价值评议

采用价值评议的方式遴选项目是 NSF 最重要的项目管理方法，也被誉为开展科学评价的“黄金标准”。97% 的 NSF 项目申请都必须接受外部专家和 NSF 工作人员的评议，只有 3% 的项目（如 EAGER 项目、RAPID 项目、小型会议等项目类型）无须进行外部评议。

1998 年，NSF 的决策部门国家科学委员会（NSB）批准了 NSF 开展价值评议的两项准则，即“学术价值”与“广泛影响”。2007 年，NSB 又修改了此准则，以促进具有潜在变革性意义的研究。目前，NSF 采用的评议准则是：

学术价值：申请人拟开展活动的学术价值是什么？其对于促进本领域或其他领域知识发现和理解力提升有什么重要意义？申请人（个人或团队）开展该项目活动的资格条件如何（若有可能，请评价以往工作的水平）？申请人拟开展的活动在提出和探索具有创造性的、原创性的或具有潜在变革性的概念方面程度如何？申请人拟开展活动的清晰性和条理性怎样？是否具有开展活动所需的足够资源？

广泛影响：申请人拟开展活动的广泛影响有哪些？拟开展活动在促进教学、培训和学习的同时，是否能够很好地推动知识发现和理解力提升？拟开展的活动能否很好地扩大弱势群体（如女性、少数族裔、残疾人、边远地区人群等）的参与度？拟开展活动在提升研究与教育基础设施（如仪器设备、网络和伙伴关系等）建设方面程度如何？其结果的广泛传播能否增进人们对科学技术的理解？拟开展的活动对社会带来的益处可能是什么？

此外，评议专家在项目评议中还要考虑两个方面的因素：一是科研与教育的结合；二是 NSF 资助计划、项目和活动的多样性。一些资助计划或学科还针对具体的目的与目标制定了额外的评议准则，但所有的评议准则必须在项目指南或类似文件中加以明确。

#### 4.1.3.4 新型美国国家技术战略的工作过程

美国智库新美国安全中心（CNAS）发布的《信任流程：国家技术战略的制定、实施、监测和评估》报告将国家技术战略的工作过程分为战略制定、战略实施、战略监测和评估 3 个阶段，并分别提出核心目标和方法建议。

（1）战略制定阶段

战略的制定需权衡决策的灵活性与利益相关方的参与度，领导与决策层应就战略设计深思熟虑，充分了解战略内容和战略实施的影响。报告指出，战略制定过程的关键要素包括：①自我能力评估：对现有工具、政府机构及其之间的分歧进行清晰的自我评估；②与战略愿景相一致的领导：符合战略愿景目标的领导及贯彻执行；③招募人才：招募合适的人才来评估和权衡优先事项；④搭建信息与分析基础设施：支持趋势、挑战、威胁和机会分析的可靠信息；⑤履行实际责任：明确的战略责任委派。美国国家技术战略的制定要素与建议如表 4–2 所示。

**表 4–2　美国国家技术战略的制定要素与建议**

| 战略制定要素 | 建议 |
| --- | --- |
| 自我能力评估 | 1. NSC 和 OSTP 应牵头对政策工具、能力、政府机构及分歧、资源投入等进行基础的自我评估。<br>2. 管理和预算办公室（OMB）、财政部、小企业管理局（SBA）应评估研发投资及创新激励和补贴的影响 |
| 与战略愿景相一致的领导 | 1. 制定共同愿景，公开发表承诺。如提前发表总统演讲、发布“总统研究指令”指导战略所需评估与分析。<br>2. 推出通用语言和作战蓝图。如举办系列桌面演习、为高层领导推出定制化技术竞争分析产品。<br>3. 任命一名国家安全副顾问（DNSA）专职负责技术竞争事务。<br>4. 组织信息和决策论坛。NSC、NEC 和 OSTP 牵头建设分级决策与召集流程，监督、指导战略的制定，并可作为长期技术与战略决策过程 |
| 招募人才 | 联邦政府应招募 4 类人才：<br>1. 制定战略的可信赖的领导人才。指派可信赖的 DNSA，负责制定战略、实施政策、协调配合、筹集资金、领导战略制定过程。<br>2. 有安全、技术、经济等领域丰富经验的公务员担任政府关键职务。<br>3. 技术与市场、用例、未来趋势和竞争动态等专业领域专家。成立临时技术竞争工作组与常设技术分析中心，以支持战略发展人才需求。<br>4. 有国防、外交、经济和技术等跨学科经验和知识的政府政策人员。设置激励措施，以招募、提升和培养跨学科人才队伍 |
| 搭建信息与分析基础设施 | 1. 明确制定战略所需的分析和技术信息初始需求、范围和时间周期等。<br>2. 建立常设技术分析中心 |
| 履行实际责任 | 密切审查战略的执行计划，并对其予以支持 |

（2）战略实施阶段

报告指出，在制定全面的国家技术战略后，美国政府需汇集政府内外的所有利益相关方、人才和资源，目的明确、资源充足、协作配合地实施这一战略。报告提出了实施战略的建议：①赋予管理机构行政权力；②组织中立的跨学科政策协调平台；

③发布战略实施指南；④推动能力建设和共同体建设；⑤吸引外部利益相关方参与、统一有关实施的激励机制；⑥统筹协调战略资源。美国国家技术战略的实施要素与建议如表 4–3 所示。

表 4–3 美国国家技术战略的实施要素与建议

| 战略实施要素 | 建议 |
|---|---|
| 赋予管理机构行政权力 | 将国家技术战略作为一项内阁常规议程，明确传达已授权国家安全副顾问负责战略实施过程 |
| 组织中立的跨学科政策协调平台 | 建立常设的跨部门技术竞争协调办公室 |
| 发布战略实施指南 | 1. 技术竞争协调办公室为战略各支柱行动推出跨领域实施指南。<br>2. 规划小组应定期监测和复查指南，确保实施进度 |
| 培育能力、建设共同体 | 1. 建设专门的职业领域。<br>2. 为已有的职业领域提供职业培训和认证。<br>3. 开发涉及共同利益的资源 |
| 吸引外部利益相关方参与、统一有关实施的激励机制 | 1. 重新授权总统科技顾问委员会（PCAST），以支持技术竞争专职 DNSA。<br>2. 重建国家安全高等教育顾问委员会，汇集人力资本和反情报专家。<br>3. 设立旨在协调统一各战略目标的、多利益相关方参与的流程和计划，如特定技术论坛或“美国创新人力资本委员会 + 合作” |
| 协调统筹战略资源 | 技术竞争协调办公室与 OMB、OSTP 合作协调战略资源 |

（3）战略监测和评估阶段

国家技术战略应有健全、可重复、更透明的监测和评估程序，以掌握战略方法和框架范围是否适当、何时或应如何调整，适应技术进步的速度和趋势。这一程序应遵循传统的监测与评估逻辑模型。①输入：美国政府决策者如何制定战略 / 战略流程？②过程评估：美国政府机构是否在实施战略？③产出评估：实施的战略是否撬动了正确的政策工具？④结果评估：战略是否达到预期效果？对关键技术的监测与评估应与技术水平扫描、净评估和预测过程相结合，2 年进行一次；报告周期应与政策领导者的需求、利益相关方、监管和预算周期相一致。

报告总结，美国这一全国性国家技术战略要想成功，既离不开其目标愿景，又离不开其组织流程。通过制定、实施、监测和评估等一系列可信程序，这一战略将跨越学科与机构、将运用新的手段进行政策干预、将目标明确地协调政府的巨大政策杠杆，从而加强美国技术、创新和经济实力，应对外部战略竞争威胁。

### 4.1.4　技术预测方法

#### 4.1.4.1　颠覆性技术预测与评估方法

美国国家研究委员会（NRC）发布的《颠覆性技术持续性预测》（*Persistent Forecasting of Disruptive Technologies*）研究报告对颠覆性技术预测的关键问题进行了分析，提出了理想化的颠覆性技术持续预测系统模型。

（1）构建颠覆性技术预测系统

开发一种新的预测方法对实现颠覆性技术的有效预测至关重要，但新的预测方法并非重新创建一种全新的方法，而是在系统考虑颠覆性技术预测需求和目标的基础上，对现有技术预测方法进行组合应用，从而提高预测的准确性和实用性。NRC 在系统分析颠覆性技术的性质及其预测的挑战的基础上，提出建立一套颠覆性技术持续性预测系统，该系统能够持续、开放、稳定地对颠覆性技术进行预测，并最大限度地减少传统预测方法所造成的偏差，被定义为“理想化的持续性预测系统”，如图 4–4 所示。

理想化的持续性预测系统首先考虑的一个最重要的标准就是持续性，其目标是能够根据新数据、信号和参与者的输入不断更新预测，以持续地为决策者或客户提供最新的预测结论。由于没有任何一个单独团队有人力、资本或智力资源能够想象每一个可能的颠覆场景，捕获每一个信号或获得所有的关键数据，因此，持续性预测系统必须尽量开放、友好，这样可以建立信任和激励机制，吸引各种群体的参与者持续广泛地参与。而广泛的公众参与对系统提出了要求，即系统应当尽量保证使用简单、直观，支持持续访问且全球可用。

除此之外，系统最关键的是要尽量减少由于数据源、使用的预测方法的限制带来的偏差。解决的办法唯有广泛收集来自各个国家、各种语言、不同文化背景、年龄、技术领域、多层次受教育程度和专业知识的专家、公众的各类信息，特别是年轻的研究人员、技术专家、企业家和科学家。颠覆性技术的预测和评估需要将各种定性、定

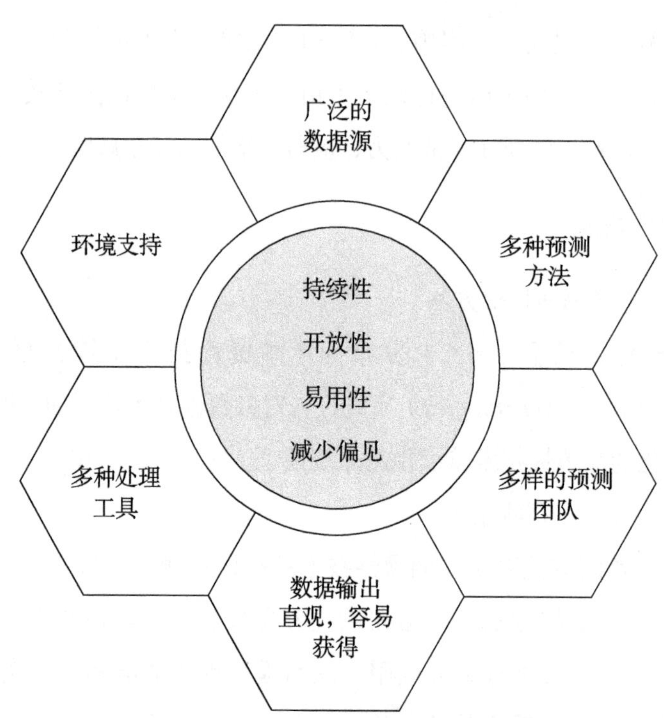


图 4–4　理想化的持续性预测系统的属性

量及新预测方法和工具组合使用，以可视化的直观方式呈现预测结果，并通过定期反馈、审查，不断改进和更新，以保证系统长期持续有效。

（2）颠覆性技术持续预测系统模型

在分析了理想化的持续性预测系统的属性和关键问题之后，NRC 提出了理想化的颠覆性技术持续预测系统模型的框架，如图 4–5 所示。

该模型定义了持续预测系统应该包含的 6 个重要功能。①定义需求：提供一种定义需求的机制；②数据收集：提供广泛的数据收集工具；③数据预处理：提供非结构化数据预处理工具；④数据处理：跟踪、监测和处理出现颠覆的预警及微弱信号；⑤数据分析：提供决策者、利益相关者及公众参与的数据分析和可视化工具；⑥反馈与更新：建立反馈机制，允许系统进行迭代开发。具体功能如表 4–4 所示。

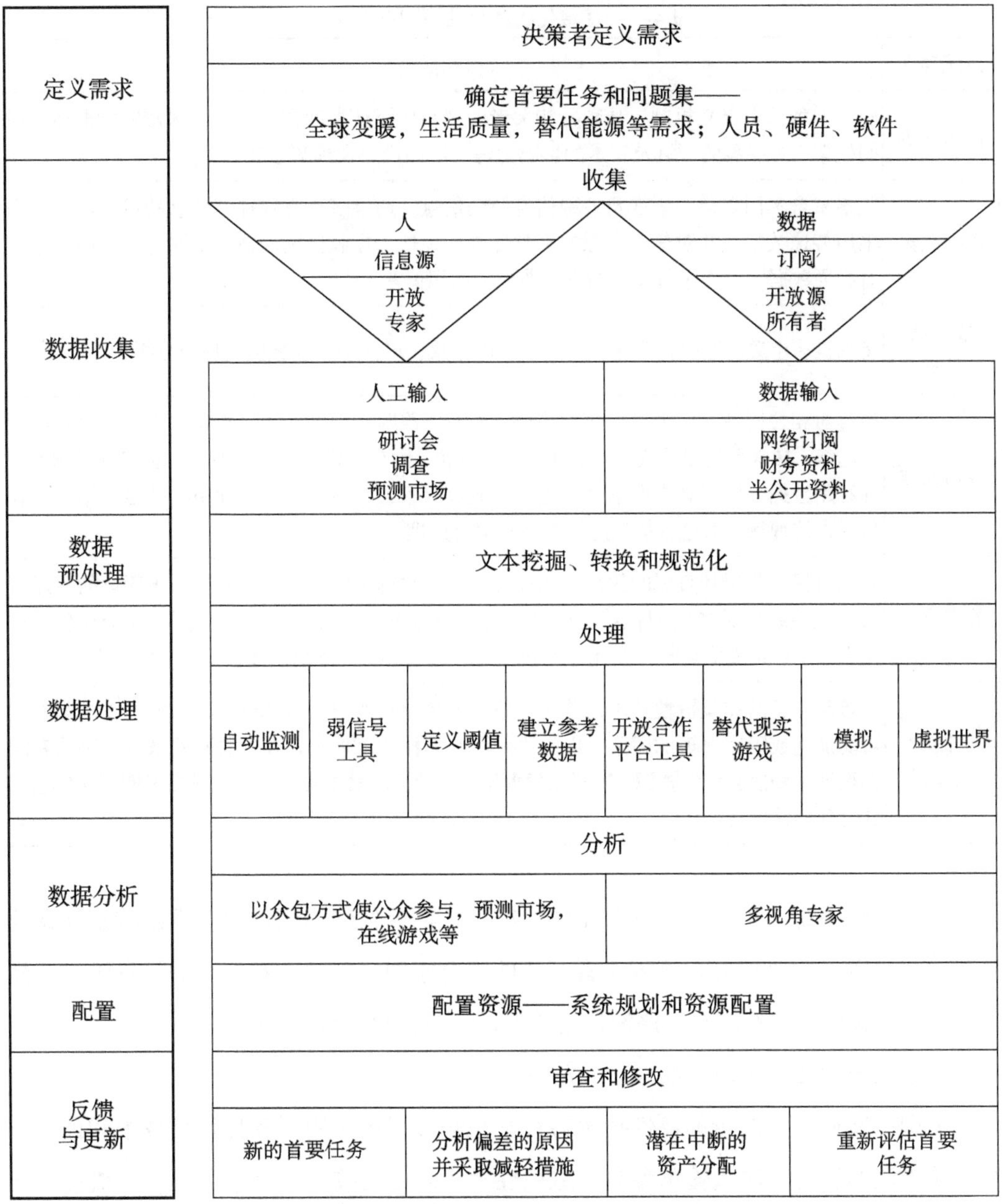

定义需求

决策者定义需求

确定首要任务和问题集——
全球变暖，生活质量，替代能源等需求；人员、硬件、软件

数据收集

收集

人
信息源
开放
专家

数据
订阅
开放源
所有者

| 人工输入 | 数据输入 |
| --- | --- |
| 研讨会<br>调查<br>预测市场 | 网络订阅<br>财务资料<br>半公开资料 |

数据
预处理

文本挖掘、转换和规范化

数据处理

处理

| 自动监测 | 弱信号工具 | 定义阈值 | 建立参考数据 | 开放合作平台工具 | 替代现实游戏 | 模拟 | 虚拟世界 |
| --- | --- | --- | --- | --- | --- | --- | --- |

数据分析

分析

| 以众包方式使公众参与，预测市场，在线游戏等 | 多视角专家 |
| --- | --- |

配置

配置资源——系统规划和资源配置

反馈
与更新

审查和修改

| 新的首要任务 | 分析偏差的原因并采取减轻措施 | 潜在中断的资产分配 | 重新评估首要任务 |
| --- | --- | --- | --- |

**图 4–5 理想化的颠覆性技术持续预测系统模型的框架**

表 4-4 理想化的持续性预测系统功能

| 系统功能 | 功能描述 |
| --- | --- |
| 定义需求 | 建立一种需求定义机制，从利益相关者的视角广泛征集问题，包括技术影响的群体、时间框架、感兴趣的领域及技术的影响力等，明确用户及预测任务 |
| 数据收集 | 收集来自不同文化、语言及各种信息源的信息，通过多种方式提高信息的可及性或考虑采用替代数据，并对信息来源的可靠性进行评估，克服传统的在一个固定期限内收集所有必要数据之后再进行预测的方法造成的认识偏差 |
| 数据预处理 | 将来自多个源的数据标准化，形成统一的格式，以便于后期数据处理与分析 |
| 数据处理 | 通过对相关网站、博客、出版物等进行监测，跟踪出现的各种科学技术发现、自然和社会趋势、异常行为或促成技术。通过趋势分析、因果建模、路线图等方法设定颠覆阈值，并利用数据分析工具提取信号，也可以通过专家或其他参与者手动检测信号，结合计算机和人的智慧，对这些信号进行判断和综合处理 |
| 数据分析 | 利用可视化分析和直观的用户界面设计对复杂数据结构进行交互式、易于阅读的概述。可视化系统应具备的属性：①能够处理大量数据；②可改变时间范围；③全局显示；④宏和用户定义的警报；⑤允许搜索和实时过滤；⑥支持用户社区 |
| 反馈与更新 | 一旦确定了潜在颠覆性技术，关键决策者就会评估颠覆的可能性、其可能产生的影响、可能加速或阻碍颠覆的因素，以及可能引起颠覆的事件中存在的关联关系等。决策者需要根据这些信息配置资源，以便在颠覆发生时改变颠覆的影响。系统需要定期更新信息，并创建评估报告 |

持续预测系统必须是一个学习系统，需要长期评估和不断优化。系统特别强调收集各种信息源，并对现有预测方法进行新的组合应用。因此，对广泛的信息源进行甄别及对现有预测方法的遴选与评价，是实现系统功能的关键考虑因素。

（3）颠覆性技术识别技术与评价方法

美国一些机构在进行颠覆性技术持续性预测过程中采用了多种识别技术和评价方法，从方法的属性、输入输出参数、适用性及所运用的技术工具角度进行了梳理和归纳，具体如表 4-5 所示。

表 4–5 典型颠覆性技术预测方法分析预评价

| 方法 | 定性 / 定量 | 输入 | 输出 | 适用性 | 技术工具 |
|---|---|---|---|---|---|
| 文献分析法（专利分析、文献计量） | 定量 | 技术搜索项和参考文献、专利数据库 | 经数据抽取、分析和专家筛选后的关键技术领域 | 用于定量、可视化地反映技术发展的热点领域和趋势 | 知识图谱、聚类分析 |
| 技术定义法 | 定性、定量相结合 | 技术选择标准 | 经筛选后的关键技术领域 | 用于识别具有确定标准的技术 | 专家咨询与评估 |
| 问卷调查法 | 定性 | 专家调查表与专家意见 | 专家集体判断的结果 | 用于具有指向性的技术，更加全面、灵活 | 网络问卷与专家访谈 |
| 技术路线图 | 定性 | 对未来社会、经济和技术发展的系统研究 | 某领域技术发展的优先顺序、实现时间、发展路径 | 适用于某个领域的技术 | 专家咨询与评估 |
| 技术成熟度曲线法 | 定量 | 媒体报道、技术性能的成熟水平 | 对技术发展现状的评估 | 主要用于评价技术的可见度和发展成熟度 | 专家咨询与评估 |
| 技术成熟度评价法 | 定量 | 技术成熟度评价准则、技术性能成熟水平 | 已确定技术的发展程度 | 用于评价确定的关键技术本身成熟的程度 | 专家咨询与评估 |
| 质量功能展开法 | 定性、定量相结合 | 由技术目标和技术选项组成的矩阵、评价标准及权重 | 不同技术选项的优先级次 | 主要用于建立和评估技术与需求之间的映射关系，并对满足重要需求的技术赋予较高的权重 | 质量屋、专家打分 |
| 情景分析法 | 定性 | 未来场景涉及的关键影响因素 | 未来场景的详细阐述，技术实现的相对障碍、途径 | 对具有多种发展可能的情景进行评估预测 | 专家咨询与评估 |
| 社会趋势聚焦法 | 定性 | 社会趋势 | 机遇挑战与技术领域 | 中长期的技术预测 | 专家咨询与评估 |

#### 4.1.4.2 美国联邦政府技术预测工具应用现状

美国国防分析研究所发布的《美国联邦政府技术预测工具应用现状与潜在应用》研究报告对美国联邦政府机构技术预测工作开展现状进行了梳理，对联邦政府机构技术预测工具的应用态势进行了总结。

受访的联邦政府机构希望技术预测工具可以具备一定的自动化能力，这种自动化能力可以概括为3类：预测能力、警报能力、追踪与汇总能力，如表4–6所示。

**表4–6 美国联邦政府机构技术预测工具自动化能力情况**

| 自动化能力 | 工具的核心本质 | 目标 | 与潜在的未来应用的关系 | 希望/已经拥有该能力的政府机构 |
|---|---|---|---|---|
| 预测能力 | 基于历史数据或以当前数据为基础的外推法、趋势分析、概率计算和市场预测等 | 提供关于未来状态的定性信息 | 预测未来状态 | DTRA，GAO，ETRAC–OTE，AHRQ，NIBIB |
| 警报能力 | 将技术的未来状态用特定指标定量化表示，达到指标阈值时发出警示 | 通知用户一个预先确定的潜在的未来状态可能发生的信息（具有预先制定的概率） | 预先确定的指标与特定的未来状态有关 | ETRAC–OTE |
| 追踪与汇总能力 | 对技术名称术语、重点人名的追踪，并对相关信息进行结构化直观显示 | 提供有关当前状态的信息 | 不要提供潜在的未来状态的信息 | AFOSR，NIBIB |

具备预测能力的技术预测工具，可实现技术中期与长期预测（外推和趋势分析工具）、技术短期预测（预测市场），甚至还可以计算并预测某项技术在军用和民用领域应用的可能性。当指标通过预先确定的阈值时，具备警报能力的技术预测工具就通知研究人员，将调查集中在特定的问题上，帮助研究人员了解技术潜在的威胁和机会。具备追踪与汇总能力的技术预测工具可以协助开展信息摘要和态势感知，概括研究领域、技术或人际网络状态。

（1）预测能力

部分联邦政府机构对获取技术未来状态的定性信息、识别当前技术趋势感兴趣，并为预测技术的未来特点和技术的未来应用提供基础，具体包括外推和趋势分析工具、军民两用技术概率计算工具、市场预测工具。

①外推和趋势分析工具：外推和趋势分析根据过去和当前信息来预测未来的状态，该工具适用于预测技术中长期的发展，但对未来 20 ~ 30 年的技术或技术应用进行预测时可能缺乏足够的建立外推趋势的数据。

②军民两用技术概率计算工具：军民两用技术概率计算通过推断历史趋势数据，预测技术的未来状态，若给定驱动技术的不同因素，则可推测出可能的技术轨迹。该技术预测工具可预测技术在早期研发阶段成为军民两用技术的概率。

③市场预测工具：市场预测利用专家集体判断生成对某一事件或参数的预测，预测准确度高于单个专家。市场预测工具非常适合对缺乏可追踪指标的技术进行预测，因为这些技术往往处于快速发展的时期。

（2）警报能力

受访者表示，在技术达到预先确定的门槛时，可以开发出一种警示工具，提醒联邦政府机构的数据分析师进行深入分析。一般来说，技术警报工具首先需输入数据分析师关心的技术未来状态，然后数据分析师需确定哪些指标可以指示技术的未来状态，并设定警报响起时这些指标的阈值。

技术警报工具可调整输入数据和阈值的类型，从而开展一系列的分析工作。例如，在基础研究应用中，在提取特定科学期刊或论文时，阈值可以是单独的关键词或作者，还可以是关键词与作者同时出现；在对技术未来发展阶段进行分析时，可将阈值设置为专利申请或贸易期刊中出现的关键词。技术警报工具具备可定制性，因此，可支持短期、中期或长期的技术预测工作。

（3）追踪与汇总能力

具备追踪与汇总能力的技术预测工具可细分为技术更名跟踪工具、研究领域关键人物识别与追踪工具、组织与信息可视化工具。

①技术更名跟踪工具。技术生命周期中相关名称与术语的变化，为长期技术跟踪带来挑战。因此，采用技术更名跟踪工具可以有效地自动跟踪此类技术。

②研究领域关键人物识别与追踪工具。对新兴研究领域领先科学家的识别不仅是了解该领域前沿研究状态的方法，而且还有助于在关键人物身上进行早期投资。同

时，对学术界与产业界关键人物的多人识别与追踪，将有助于实现关键人物间的合作，加快技术商业化进程。

③组织与信息可视化工具。该工具具有可视化功能，能以结构化形式直观显示信息，可允许用户选择特定数据来源，同时不断从这些数据源接收信息更新。该工具具有分析功能，可通过主题建模或单词云生成对数据源的信息进行总结，查看特定术语随时间或主题的变化，高亮显示新术语或主题，检查数据的协同变化等。

#### 4.1.4.3 技术预测方法在美国的具体应用

（1）美国国防部（DoD）："技术监视 / 地平线扫描（TW/HS）"项目的文献分析法

美国国防部（DoD）为避免全球范围内颠覆性技术可能带来的技术突袭，2011年起开展了"技术监视 / 地平线扫描（TW/HS）"项目，目的是通过对专利申报文献、大学学报、相关研究杂志、军事记录资料和访谈节目等加以挖掘和跟踪，进行聚类分析，密切监视全球范围内萌发的新兴技术及趋势，包括改良型技术和颠覆性技术。

（2）美国麻省理工学院：《MIT 技术评论》的技术定义法

麻省理工学院主办的科技期刊《MIT 技术评论》自 2001 年开始，每年遴选 10 项将对经济和人们的工作生活产生深远影响的突破性技术（2002 年未发布）。

技术识别过程如下：①确定技术选择标准。每年入选的技术需反映近年来世界科技发展的新特点和新趋势，体现超前性、基础性、交叉性和应用性等鲜明特点。在确定技术是否入选时，重点考量技术的商业应用潜力，以及对人类生活和社会的重大影响。②滚动发布。每年评选十大突破性技术时，《MIT 技术评论》的编辑与撰稿人都会按照具体的选择标准遴选、推荐候选技术，并经过与主编、副主编、高级编辑、编辑、设计师、研发人员及技术专家的研讨，确定最终入选的 10 项技术。

（3）美国麦肯锡公司：《12 项颠覆性技术引领全球经济变革》的技术定义法

麦肯锡是全球最著名的管理咨询公司之一，为高层管理人员提供咨询服务，并预测今后发展中可能出现的新问题和各种机会，制定及时且务实的对策。2013 年，麦肯锡全球研究所（McKinsey Global Institute）发布了《12 项颠覆性技术引领全球经济变革》报告，报告中公布了到 2025 年将引领生活、商业和全球经济变革的 12 项颠覆性技术。这些技术在未来十几年将推动全球经济增长，带来商业模式创新和产品服务创新，切实改善生活、健康和环境质量，有助于发达国家完成产品升级，为发展中国家实现成本节约。

技术识别过程如下：①广泛调研、问卷调查、采访和访谈。与超过 100 个来自学术期刊、商业和技术出版社的候选人联系，分析公布的风险投资组合，对数百个相关专家和思想领袖进行采访。②确定技术选择标准。给出颠覆性技术的选择标准，需满足技术进展迅速、技术潜在影响范围广、经济价值重大、在经济上有潜在的颠覆性影响 4 个标准。③进一步筛选。根据技术选择标准评估每个候选人提交的技术选项，消除一些过于狭窄和其他一些不太可能在未来 10 年内产生显著经济影响的颠覆性技术。

（4）高盛集团有限公司：总结八大颠覆性技术的技术定义法

高盛集团有限公司（简称“高盛”）是一家国际领先的投资银行，向全球提供广泛的投资、咨询和金融服务。2013 年，高盛总结了八大颠覆性创新，涵盖领域非常广泛，从电子香烟到大数据，从制造业到医疗业都有涉及。

技术识别方法如下：①定义颠覆性技术。高盛对颠覆性技术的理解是技术类别可能重塑，并在未来几年获得投资者更大关注的技术。②高盛对颠覆过程有深刻的理解在创造性破坏 / 颠覆的过程中主要是技术推动了产品或商业模式创新，为消费者提供更卓越的价值、更高的性能、更大的便利和更低的成本。产品或商业模式自身价值的提升是创新企业经济利益的来源，为企业带来用户流量，并随着时间的推移逐渐遍及消费者和竞争对手。随后，新的产品或商业模式逐渐扩散，形成新的范例，直至出现新的技术创新，威胁该产品或商业模式的统治地位。

（5）美国智库新美国安全中心（CNAS）的《游戏规则改变者：颠覆性技术与美国国防战略》的场景模拟法

新美国安全中心（CNAS）是一家帮助美国制定有效、务实的国家安全与国防战略的美国知名智库，2014 年发布了《游戏规则改变者：颠覆性技术与美国国防战略》研究报告。该报告在多方调研的基础上明确了 5 项颠覆性技术，重点探讨了这些技术对美国未来作战的影响，呼吁美国国防决策层采取措施，确保美国的技术优势。

技术识别方法如下：①明确技术内涵并开展调查。项目前期开展了一系列的调查，与超过 60 名的未来主义者、实验室主任、科学家、投资者和风险资本家进行访谈，以确定什么是改变游戏规则的技术。同时，项目组成员需告知被调查者技术内涵——已产生但尚未被世界注意到的正在改造世界的技术，类似于1980年出现的计算机技术或《2001四年防务评估：安全驱动的战略选择》中提及的“捕食者”无人机。这些技术变化的途径具有压倒性的优势。②开展“战争游戏”模拟与“道德游戏”辩论。项目中期进行了一系列的“战争游戏”模拟，探索技术实现的相对障碍、技术如何使用；同时探索该技术被美军/友军和敌军使用时的情况。项目还进行了独特的“道德游戏”辩论，通过组织防御政策专家、军事和民事律师、人权组织代表和哲学家及伦理学家探讨颠覆性技术及其在应用中对法律、伦理和政策的影响。③确定颠覆性技术。在技术调查与“战争游戏”模拟的基础上，最终确定与美国国防战略相关的颠覆性技术。

（6）美国国家航空航天局（NASA）开展的未来航天发展技术路线图法

NASA在2010年由首席技术专家办公室牵头实施技术领域路线图的研究工作，共形成了由15个技术领域、300多项技术组成的综合技术路线图。NASA技术路线图开发的总流程包括七大步骤：搜集各任务委员会和各中心的输入信息，作为技术领域选择的依据；成立技术领域组；统一技术领域组的研究方法；形成技术领域路线图的起点，提出将技术提升至技术成熟度6级水平的10年计划；制定各技术领域路线图草案；开展技术路线图草案的内外部评审；技术路线图更新和技术优先级排序。

### 4.1.5 技术预测结果

#### 4.1.5.1 美国国策中提到的与技术预测有关的发展方向

（1）奥巴马执政时期的发展方向

奥巴马政府执政期间，考虑将政府作用与市场力量巧妙对接，对科技发展的战略性规划进一步增强。2011年提出“赢在未来”；2013年提出“现在是太空竞赛以来，美国的研发水平达到新高度的时候了”；2014年提出“行动年”口号。在此引领下，奥巴马政府相继提出了“能源计划”“先进制造业创新”“脑计划”三大国家级典型专项。

（2）《美国创新战略》规划的发展方向

美国是创新引领型国家，一般不做中长期创新规划，但奥巴马总统就任后，决定制定5年期的美国创新战略规划，编制工作由国家经济委员会和科技政策办公室负责。

2009 年，美国政府首次发布了《美国创新战略》规划。之后每隔 5 年修订一次，先后于 2011 年、2015 年发布了两个修订本。

为了修订 2011 年版的《美国创新战略》，形成 2015 年版的《美国创新战略》，美国政府于 2014 年发布了联邦公告，向全国征求意见，提前开展战略研究。这个公告提出 9 个战略预研方向，供政策研究单位和公众提建议时参考，如表 4–7 所示。

**表 4–7 《美国创新战略》中的 9 个战略预研方向**

| 序号 | 战略预研方向 |
|---|---|
| 1 | 核心问题：实际是总体战略问题，或者说是综合战略问题 |
| 2 | 创新趋势 |
| 3 | 科学、技术和研发优先方向 |
| 4 | 熟练劳动力的开发 |
| 5 | 制造业和创业 |
| 6 | 区域创新生态系统 |
| 7 | 知识产权和反垄断 |
| 8 | 用以促进创新的新型政府工具 |
| 9 | 国家优先领域 |

（3）《关于加强美国未来产业领导地位的建议》

2020 年 6 月，美国总统科技顾问委员会（PCAST）发布报告《关于加强美国未来产业领导地位的建议》，旨在确保美国持续在未来产业领域保持领导地位。

发展未来产业（即人工智能、量子信息科学、先进制造、先进通信和生物技术），保持美国的科学发现处于世界前沿，是美国发展的重中之重。

（4）《全球趋势报告 2040：一个竞争更为激烈的世界》

2021 年 3 月，美国国家情报委员会（NIC）发布《全球趋势报告 2040：一个竞争更为激烈的世界》，主要采用情景分析方法对 2040 年前可能出现的世界性趋势进行综合预测，为拜登政府提供未来全球战略的评估框架和决策基础。

报告分析了未来 20 年全球科技领域不断融合、创新竞争日益激烈的发展态势，预测了人工智能、智能材料和制造、生物技术、空间技术及超级互联五大主要领域的创新发展趋势，并讨论了技术发展有可能对经济、社会、政治等带来的方方面面的影响，以及潜在的风险和问题。

#### 4.1.5.2 与技术预测相关的研究报告

（1）《美国国家关键和新兴技术战略》

2020 年 10 月 15 日，美国白宫国家安全委员会发布《美国国家关键和新兴技术战略》（*National Strategy for Critical and Emerging Technology*）。文中详细介绍了美国为保持全球领导力而强调发展“关键和新兴技术”，并提出两大战略支柱，明确了 20 个优先技术领域。

2022 年 2 月发布新版《关键和新兴技术清单》，为美国技术竞争力和国家安全战略提供信息支撑。

（2）《2016—2045 年新兴科技趋势报告》

《2016—2045 年新兴科技趋势报告》是在过去 5 年美国政府机构、咨询机构、智囊团、科研机构等发表的 32 份科技趋势相关研究调查报告的基础上提炼形成的。

通过对近 700 项科技趋势的综合比对分析，最终明确了物联网等 20 项最值得关注的科技发展趋势。

（3）《国防 2045：为国防政策制定者评估未来的安全环境及影响》

2015 年 11 月，美国战略与国际问题研究中心（CSIS）发布了《国防 2045：为国防政策制定者评估未来的安全环境及影响》评估报告。这篇报告是 CSIS 国际安全项目的研究成果，报告从人口、经济和国家力量、权力扩散、新兴技术和颠覆性技术、连通性、地缘政治 6 个方面，对未来安全环境进行评估。

## 4.2 日本

日本是迄今实施技术预测最系统、最成功的国家之一。本部分从实施阶段、组织结构、预测方法与预测结果等方面对日本技术预测活动进行了梳理和归纳。

## 4.2.1 技术预测阶段划分

日本自1970年起连续50年开展国家技术预测工作，是世界上持续时间最长、周期性最明显的国家。日本每5年实施一次基于德尔菲法调查的、对特定目标领域20 ~ 30年的技术发展情况预测，截至2019年，共完成了11次技术预测。将日本的11次预测活动按其发展轨迹可分为4个阶段：启蒙期、成熟期、完备期、人工智能转型期。

### 4.2.1.1 传统技术预测启蒙期

日本专家从兰德公司引入德尔菲法并作为主要预测方法应用在第1 ~ 4次技术预测工作中（1970—1990年），可称为日本技术预测的启蒙期。

### 4.2.1.2 传统技术预测成熟期

1990年，日本专门成立了国家科学技术政策研究所，在第5 ~ 7次技术预测调查中反复调整调查领域，创新地将技术规划和社会需求纳入德尔菲法技术预测分析，提升方法应用成熟度。这一时期开始建立专业化机构，并仍以德尔菲法为主。

### 4.2.1.3 传统技术预测完备期

日本第2个技术预测时代：从单一方法到多种预测方法的联合并用。完备期的特征是信息通信技术的快速普及，以复杂性科学和多层次视角为基础理论的新预测工具的出现。这些新特征主要体现在第8 ~ 10次日本技术预测调查中，从单一德尔菲法到多种方法并用，尤其是邀请了具备卓越能力的情景创造者探讨了未来发展情景。在此阶段，一方面，日本仍在不断改进德尔菲法的应用过程；另一方面加入了情景写作法、区域愿景法、愿景分析法等。具体方法如表4-8所示。更具价值的是，技术预测调查不再局限于技术预测，已经发展为“社会–技术–规划”三位一体的前瞻性国家技术战略，不仅分析技术在未来场景中的应用趋势，而且通过规划引导技术走向。

表 4-8 日本技术预测完备期的主要预测方法

| 项目 | 第 8 次 | 第 9 次 | 第 10 次 |
| --- | --- | --- | --- |
| 技术预测方法 | 资料整理法<br>聚类分析法<br>层次分析法<br>小组访谈法<br>共引用论文分组化法<br>德尔菲法<br>引用论文特征法<br>研究领域内容分析法<br>情景主题分析法<br>情景写作法 | 论文共引用法<br>德尔菲法<br>团队合作情景撰写法<br>基于德尔菲调查的未来情景分析<br>青年专家未来社会探讨法<br>区域愿景法 | 趋势扫描法<br>研讨会法<br>小组讨论法<br>愿景分析法<br>专家问卷法<br>文献调查法<br>主题情景分析法<br>德尔菲法 |

#### 4.2.1.4 人工智能预测转型期

日本第 3 个技术预测时代：人工智能式转型的开启。该阶段特征是随着分子、纳米和材料科学的快速兴起，计算机、人工智能和生物出现的融合，基于技术和科学的预测方法，尤其是基因算法、神经网络和分子编程工具的不断涌现，推动技术预测应用从“基于预测式的规划”发展为“从大型计算得到未来远景后提出的稳健性策略”。这些特征在日本第 11 次技术预测调查中已经有所显现。从第 11 次的研究报告来看，主要有以下重大变化。

第一，采用了人工智能相关方法，是客观量化方法在技术预测调查中的一次全新升级，采用自然语言处理、聚类和可视化手段分析了科技话题，极具划时代意义。人工智能算法的开发和应用主要是应对海量技术预测话题的数据，单纯靠个人很难读懂大量数据，人工智能相关方法可以自动判别相似度，提升了一些最低等级话题之间的联系性，将大量话题语句分散和聚类正是第 3 个技术预测时代“分子性”的体现。

第二，从定量技术预测方法起步，再采用定性方法斟酌定量方法研究成果的妥当性，并进而提出了特写式科技领域（Close-up Science and Technology Areas），整个过程正如相机特写镜头，不断缩小至合适的范围，重点捕捉关键研究话题。定性方法贯穿于调查的始终，在德尔菲法中通过对地平线扫描、上次调查的科技话题的反思，最终筛选出初始话题；在人工智能技术中提取的科技话题聚类，仍然是通过专家评论后命名，最终提取出特写式科技领域。定性方法在本轮技术预测中完美地充当了定量方法的优化方法。

第三，分步骤地层层缩进式聚焦，形成特写式科技领域，并成为科技创新政策的重点对象。特写式科技领域筛选过程，深刻地反映了本次调查的内在逻辑。初始话题首先继承了上次调查的成果，又结合了最新的地平线扫描，保证了研究的前沿性和稳定性；缩进方法也极具独特性，此前的调查中都是通过专家来划定科技话题的领域，而本次的人工智能方法能破除专家个体的判断局限，推动科技话题遴选符合科技领域实际的发展态势；最终的聚焦点仍然是通过专家讨论形成，避免了人工智能技术不完善而可能产生的失误。

日本第 11 次技术预测最终目标是形成一套稳健的技术策略，这是对第 10 次技术预测规划的突破。人工智能式转型和特写式科技领域的提出，说明日本正在进入第 3 个技术预测时代，从信息化向智能化和无人化方向迈进。

## 4.2.2 组织结构

成立于 1988 年的日本科学技术政策研究所（National Institute of Science and Technology Policy，NISTEP）是日本科学技术政策制定的核心机构。NISTEP 的职责主要包括 3 个方面：一是预测将来会发生的政策课题，进行自发、深入的调查研究；二是根据行政部门的要求，进行机动的调查研究；三是作为科学技术、学术政策研究的核心机构，与其他研究机构或研究者联合开展研究活动，并提供各种基础数据。NISTEP 从事的调查研究活动主要涉及科学技术创新、产学联合与区域创新、科学技术创新人才 / 科学技术与社会、科学技术指标 / 科学计量学、科学技术预见 / 动向调查、科学政策学 / 科学技术状况的民意调查等方面。

## 4.2.3 预测方法

### 4.2.3.1 调查方法：以第 10 次技术预测为例

（1）调查概况

第 10 次技术预测活动预测起步时间为 2013 年，结束时间为 2016 年，预测年限为 30 年，目标年为 2035 年，展望 2045 年。第 10 次科学技术预测调查采取“领域—细分领域—科学技术主题”的层次结构，将调查对象划分为 ICT、解析学，健康、医疗、生命科学，农林水产、食品、生物工程学，宇宙、海洋、地球、科学基础，环境、资源、能源，材料、设备、程序学，社会基础和服务型社会八大领域，每一领域下设7 ~ 17个细分领域，每个细分领域10 ~ 20个主题。八大领域共计84个细分领域，932个科学技术主题。第10次科学技术预测调查与以前相比，在领域划分上更加注重数据科学在各领域的作用，另外为吻合现阶段服务化、信息化潮流，以及以“工业4.0”为代表的新的生产制造潮流，设立了以服务型社会为主题的新领域。

调查人员由科学技术政策研究所专家网的专业调查员（约2000人）、相关学科协会会员、相关研究机构的研究者，以及各领域委员会推荐的专家构成，本次调查人员共计4309人，其中，来自公立研究机构的人员占15%、来自企业的人员占36%、来自学术机构的人员占49%。采用网上问卷调查方法，对于专业调查员和推荐的专家，直接进入问卷网页作答；对于相关机构的研究者，通过该机构的负责人组织机构内研究人员配合调查；对于相关学科协会会员，开放募集调查者，确保调查人员具有较高的专业性。

（2）调查问卷结构

针对每一个需要预测调查的科学技术主题，设置6个调查问题，每一细分领域中选择一个重要性最高的主题，设置有关实现该技术必需的技术要素及技术实现后社会应用效果的问题。

①调查人员的专业程度。关于调查人员的专业程度，设置了高、中、低、无4个档次：高，现在正在从事与该主题相关的研究或业务（包含通过文献进行的调查研究），具有该主题相关的专业知识；中，过去从事过该主题相关的研究或业务，或正在从事相邻领域的研究和业务，在一定程度上具有该主题相关的专业知识；低，读过该主题相关的书和文献，或是听过专家的讲解等；无，完全不掌握相关的专业知识。

②科学技术主题的研究开发特性。主题的研究开发特性分为重要性、国际竞争力、不确定性、非连续性和伦理性5个方面，每个方面分为5个选项，每个选项有相应的分值：非常高（4分）、高（3分）、低（2分）、非常低（1分）、不清楚（0分）。

③实现技术的可能性及实现的预计时间。对于该领域在世界上（含日本）实现技术的可能性，在能否实现的选项中选择一个作答。选择“能实现”时，需要对实现年份进行预测，选择从现在到2050年的其中一个年份作答（最长时间设定到

2050 年）。

④实现技术的重点措施。关于为实现该主题最应采取的重点措施，可从以下 6 个方面选择：人才战略、资源配比、国内外的合作、协力、环境整合、其他。

⑤技术在社会上推广的可能性及推广预测时间。调查者要回答关于该主题在日本社会应用的可能性，可能实现的将进一步回答实现的年份（2015—2050 年）。

⑥技术在社会上推广的重点措施。为该主题的社会推广最应重点采取的措施，从以下 6 个方面选择：人才战略、资源配比、国内外的合作、协力、环境整合、其他。

#### 4.2.3.2　基于人工智能的预测方法：以第 11 次技术预测为例

第 11 次技术预测活动从 2016 年开始准备，2019 年发布预测报告，预测年限为 30 年，目标年为 2040 年，展望 2050 年。第 11 次技术预测的目标是为制定科技创新相关的国家战略和下一期科学技术创新基本计划做出贡献。本次技术预测的实施包括 4 个步骤，如图 4–6 所示。

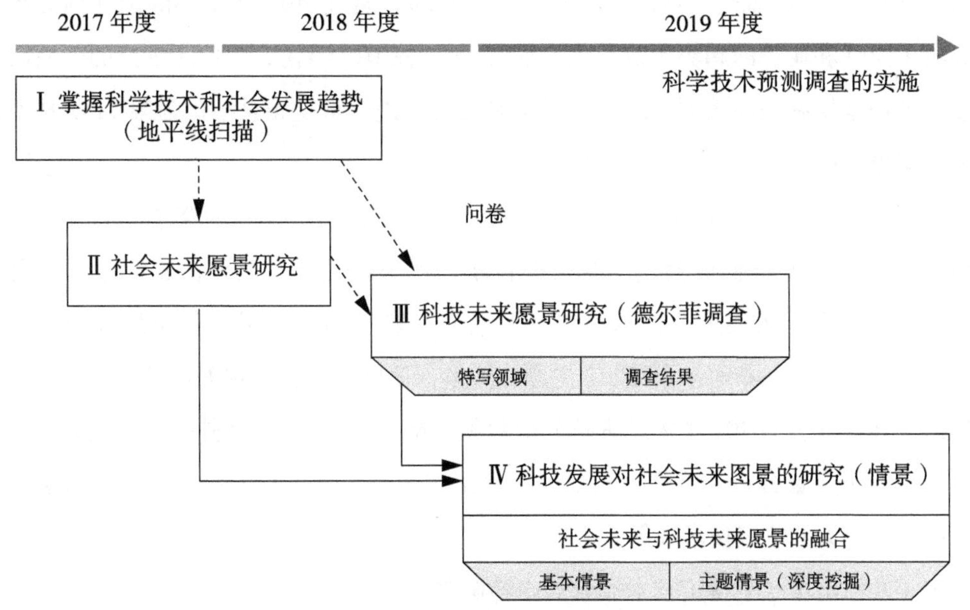


图 4–6　日本第 11 次技术预测活动的实施步骤

第一，使用地平线扫描，掌握科学技术和社会发展趋势。主要通过文献研究、数据库检索、网页爬虫、专家咨询等方法，收集报告 287 件，为下一步研究奠定基础。

自 2007 年以来，日本科学技术政策研究所一直在开发和运营 KIDSASHI（Knowledge Integration through Detecting Signals by Assessing/Scanning the Horizon for Innovation），该系统每天采集全球范围内 300 多个大学和机构发布的报告，使用 AI 机器学习系统分析并编写文章，在 KIDSASHI 网站公开发布，从中可以获得更多的反馈信息。

第二，社会未来愿景研究。创造是描绘"未来社会图景"（未来愿景）的过程，主要以专家研讨会的形式进行讨论，同时让许多利益相关者参与其中。日本科学技术政策研究所公布了"2040 年愿景与方案研讨会"的结果，对 2040 年的社会蓝图进行了预测。首先，愿景研讨会就未来社会的目标方向进行讨论，提出了 50 个未来社会的构想，总结为人文（Humanity）、包容（Inclusive）、可持续（Sustainability）和求知（Curiosity）4 个关键词，作为未来社会蓝图基础上的价值观，提供了科学技术发展的方向。其次，方案研讨会以"展望研讨"为起点，提出了未来社会蓝图的补充、方案、相关科学技术和系统，并预测了科学技术发展的方向。国家的未来图景与更宏观的"世界和亚洲的未来图景"、更微观的"地区的未来图景"联动。通过 2017 年举办的国际预测研讨会收集了全球和亚洲的趋势预测数据，通过 2016—2017 年在 5 个地区举办的区域研讨会收集了当地发展趋势数据，最终在愿景研讨会上进行审查和总结，为第 11 次技术预测提供支撑。

第三，使用德尔菲法进行科技未来愿景研究（特定技术）。调查中，调查组设立专门的技术预测调查委员会，主要把握技术预测整体情况。此外，还针对每个研究领域设立了 7 个小组委员会，每个领域下设 7 ~ 17 个细分领域，每个细分领域包含 10 ~ 20 个主题，一共确定了 702 个主题。然后，使用人工智能相关技术（机器学习和自然语言处理等）对 702 个主题进行分层聚类分析，建立了 32 个科技专题集群，对专题集群进行了定量分析和定性分析。最终将上述成果与专家判断相结合，提取了 8 个跨学科、强交叉的特定技术场景。

表 4–9 给出了 8 个特定技术场景的内容概要。

表 4–9 8 个特定技术场景的内容概要

| 序号 | 场景名称 | 概要 |
| --- | --- | --- |
| 1 | 社会、经济的市场变化适应社会课题解决技术 | 面向社会基础设施、城市建筑空间、教育、医疗、金融等多种社会公共资本服务解决方案的 AI、IoT、量子计算、ELSI（伦理、法律、社会课题）对应、认知科学、经济学等复杂社会现象解决问题的科学技术领域 |
| 2 | 以医疗为目标的下一代生物监测与生物工程 | 通过完全侵蚀、高灵敏度、高清晰度、实时监控，在人的个体中捕捉到组织、器官、细胞、分泌物水平上的寄生现象，通过生物工程再寄生、细胞医疗和下一代基因组编辑技术进行遗传、治疗等高强度医疗技术开发的科学技术领域 |
| 3 | 利用前端测量技术和信息科学工具的原子分子水平的解析技术 | 利用光束应用等尖端测量、模拟、信息学、AI 等信息科学工具，结构、功能材料、高分子；寄生体结构和状态的解析、解明、预测、农作物和医药品的开发、品质管理相关的科学技术领域 |
| 4 | 创造新结构、功能的材料和制造系统 | 材料、构造物、环境、相关医疗等有助于提高寄生环境的要素技术，用于材料和设备的实际应用的先进制造、流通和成本降低系统等相关的科学技术领域 |
| 5 | 革新 ICT 量子装置 | 高速度、高密度、低消耗的有助于 ICT 革新的电气信息设备、高效率功率器件和高相干量子设备（量子计算感测）等相关的科学技术领域 |
| 6 | 利用卫生对地球环境和资源的监测、评价、预测技术 | 对人类活动所带来的地球环境变化和自然灾害应对，以及能源、地下、海洋和农林产品等，利用卫星进行综合监测、评估和预测等相关的科学技术领域 |
| 7 | 面向推进循环经济的科学技术 | 面向资源的循环和可持续生产，$CO_2$ 和废弃物的再资源化技术、生物利用技术、高水平放射性废弃物处理技术、稀有金属的回收利用技术、环境循环中的有害化学物质等管理技术相关的科学技术领域 |
| 8 | 自动灾害相关的先进观测和预测技术 | 暴雨、地震、火山等灾难带来的先进观测、预测技术和防灾、减灾技术，以及根据山地和海岸线变化预估国土保护长期性环境保护管理的河道设计等相关科学技术领域 |

第四，科技发展对社会未来图景的情景研究。NISTEP 以“社会 5.0”为基础，构建社会未来发展的基本情形，识别支撑日本社会未来发展的科学技术并提出创新发展政策。NISTEP 设定了两个轴，从技术与社会、技术与人性的角度构造了“无形—个人”、“无形—社会”、“有形—个人”和“有形—社会”4 个维度未来发展情景的“社会 5.0”。上述“无形”是指虚拟空间，“有形”是指现实空间。

### 4.2.4 技术预测结果

#### 4.2.4.1 调查领域与调查项目概述

为客观全面地了解日本技术调查与预测结果的演变情况，整理了日本科学技术预测完备期（2005 年第 8 次技术预测—2021 年第 11 次技术预测）的调查领域和调查主题分布情况。表 4–10 列出了第 8 ～ 11 次技术预测调查结果的基本概况。

表 4–10 第 8 ～ 11 次技术预测调查结果的基本概况

单位：个

| 调查报告 | 领域数 | 专题数 | 主题数 |
|---|---|---|---|
| 第 8 次技术预测 | 13 | 130 | 858 |
| 第 9 次技术预测 | 12 | 94 | 832 |
| 第 10 次技术预测 | 8 | 84 | 932 |
| 第 11 次技术预测 | 7 | 59 | 702 |

#### 4.2.4.2 第 10 次调查结论

（1）ICT 和分析领域与空间、海洋、地球和科学基础设施领域可能是日本未来 30 年科学技术发展的重点领域

调查中要求被调查人员从科学技术发展和社会应用两个方面综合考虑每个主题的重要性并打分，按照重要性得分情况，排名前 100 位的主题中，ICT 和分析领域及空间、海洋、地球、科学基础设施领域主题占了将近一半，ICT 和分析领域有 24 个，其中关于安全和个人隐私的主题较多；空间、海洋、地球、科学基础设施领域有 22 个；健康、医疗和生命科学领域有 19 个；农林渔业水产、食品和生物技术领域有 13 个。另外，也有与灾害、再生医疗、老龄化相关的主题；环境、资源和能源领域中，与气候变化和温室效应带来的对农林渔业资源的影响相关的主题排在前面。调查的同时给出了重要性排名前 100 位主题的技术实现和应用于社会的预测时间表。排在第 1 位的是城市、建筑、土木工程和交通领域的“100 万 kW 级的原子核反应堆的废堆技术、放射性废弃物处理技术的确立”主题，技术实现和社会推广的时间分别是 2029 年和 2035 年；排在第 2 位的是 ICT 和分析领域的“超过 100 万节点的超大规模计算机及大数据

IDC 系统中，性能电力比提高到现在的 100 倍的技术”，技术实现和社会推广的时间分别是 2021 年和 2025 年；排在第 3 位的是健康、医疗和生命科学领域的“低价且容易导入的认知症护理辅助系统”，技术实现和社会推广的时间分别是 2022 年和 2025 年。

（2）日本具有国际竞争力的科学技术方向是空间、海洋、地球和科学基础设施领域

在国际竞争力方面，排名前 100 位的科学技术主题主要聚集在空间、海洋、地球和科学基础设施领域，在日本科技界学者的认知中，ICT 和分析领域，健康、医疗和生命科学领域及社会服务领域在国际上具有竞争力的方向并不多。国际竞争力排名前 100 位的主题具体包括：空间、海洋、地球和科学基础设施领域有 38 个，健康、医疗和生命科学领域有 18 个，农林渔业、食品和生物技术领域有 13 个，环境、资源和能源领域有 10 个，城市、建筑、土木和交通领域有 8 个，材料、设备和工艺领域有 7 个，ICT 和分析领域有 4 个，社会服务领域有 2 个。调查显示，在学者中，认为日本在“由黑体辐射转移抑制等实现高度精确，可应用于大地水准面测量的精度 10–18 的光格子时钟”研究中最具有国际竞争力，这项技术可能会在 2026 年应用于社会；“大量培养鳗鱼人工育苗待其成熟后上市的生产体系技术”也被认为具有较高的国际竞争力，其技术实现和社会推广时间分别为 2023 年和 2025 年；在国际竞争力方面排在第 3 位的主题是“由超低辐射度储存环而形成的新一代节约成本型超高亮度放射光源”，技术实现和社会推广的时间为 2020 年和 2022 年。

（3）材料、设备和工艺，ICT 和分析，健康、医疗和生命科学等领域科学技术的实现存在较高的不确定性

调查考虑到科学技术的开发和实现过程中受偶然因素影响较多，需要允许失败，因此具有一定的不确定性。不确定性排名前 100 位的科学技术主题中，ICT 和分析领域有 21 个，健康、医疗和生命科学领域及社会服务领域各 17 个，材料、设备和工艺领域有 16 个，空间、海洋、地球和科学基础设施领域有 14 个，农林渔业、食品和生物技术领域及环境、资源和能源领域各 6 个，城市、建筑、土木和交通领域有 3 个。调查显示，不确定性最高的 3 个主题分别为：“后冯・诺依曼 HPC：超导单磁通量子（SFQ）电路、碳纳米管、自旋电子器件、记忆电阻等后硅装置的实现，以及使用这些装置的处理器架构技术、量子计算机的（以分子轨道计算、组合优化为对象）HPC 计

算的应用，利用模拟脑机能的神经元模型的计算技术的确立”、“M7 以上地震的发生时间（一年之内）、规模、发生区域、危害的预测技术”及“历来难解的 10 K 量子位间的相关性问题得以高速处理的模型量子计算机”。

（4）22 个主题被认为技术实现可能性低于 50%

技术实现可能性比例未满 50% 的主题（22 个）中，健康、医疗和生命科学领域有 6 个，材料、设备和工艺领域有 4 个，空间、海洋、地球和科学基础设施领域有 3 个。

（5）科学技术将推动社会由高度知识型和高度信息化社会进入超级知识型和超级信息化社会

由于 ICT 的飞速发展及知识数据基础和数据科学的应用，将推动社会由高度知识型和高度信息化社会进入超级知识型和超级信息化社会。在高度知识型和高度信息化社会，从庞大的数据中导出的有用信息在各个领域被充分利用。例如，在气象预测和防灾减灾方面，通过庞大观测数据的建设及非定型数据的充分利用，能够保证从事件预测一直到发生后状况的把握、救助、生活支援等全部环节有效进行；在健康医疗方面，将在庞大的个人数据收集与分析的基础之上，就新的预防医学和治疗进行探讨等。随着脑科学和人工智能的进一步发展，等待人们的将是一个机械的能力与人类越来越接近的超级知识型社会、超级信息化社会。在这个过程中，会不断出现针对伦理、法律、社会及电子安全方面的问题。

#### 4.2.4.3 第 11 次调查结论

2019 年 2—6 月，日本科学技术政策研究所对专家问卷调查结果进行总结，听取了 5352 名专家意见，从科学技术领域方向的重要性、国际竞争力、实现周期和政策措施角度进行了详细的分析。关于科学技术 7 个领域，经过分领域分方向讨论，设定预计到 2050 年实现的 702 个科学技术话题，主要结果如下。

（1）重要性

重要性相对较高的是健康、医疗和生命科学领域，ICT 和分析领域，材料、设备和工艺领域，城市、建筑、土木工程和交通领域，空间、海洋、地球和科学基础设施领域。

（2）国际竞争力

国际竞争力相对较高的是材料、设备和工艺领域，城市、建筑、土木工程和交通领域，空间、海洋、地球和科学基础设施领域；国际竞争力相对较低的是健康、医疗和生命科学领域，ICT 和分析领域。

（3）实现周期

2035—2050 年，约九成科学技术主题将被用于社会。其中，健康、医疗和生命科学领域，环境、资源和能源领域，材料、设备和工艺领域，科学技术的实现和社会的实现周期较长。

（4）政策措施

无论是科学技术的实现还是社会的实现，在面向实现的政策步骤中，制定法律法规的必要性较高的是信息与通信技术领域，接着是城市、建筑、土木、交通等领域。应对伦理、法律、社会课题（ELLS）的必要性较高的是健康、医疗、生命科学领域，以及信息与通信技术领域。

## 4.3 韩国

韩国的技术预测从 20 世纪 80 年代后期着手准备，由韩国科学技术政策研究所和韩国科学技术评价与规划研究院的研究小组主持，较为系统地开展了技术预测工作。本节从背景目的、预测过程、预测方法与预测结果等方面对韩国技术预测进行了梳理和归纳。

### 4.3.1 技术预测概述

1993 年，韩国以日本的国家技术预测结果为基准，进行了第 1 次国家技术预测。此次技术预测由韩国科学技术政策研究所（STEPI）管理，通过对技术专家进行调查，以发现可能在 2015 年之前出现的未来技术，第 1 次国家技术预测共确定 1174 项未来技术，到 2010 年其中有 470 项技术得到充分实现，331 项部分实现。1999 年完成第 2 次国家技术预测，最初由 STEPI 管理，然后由韩国科学技术评价与规划研究院（KISTEP）管理，此次预测周期从第 1 次的 20 年拓展为 25 年，预测期到 2025 年，预测未来技术数量为 1155 项，第 2 次国家技术预测中增加了开发未来技术所需的政策措施。韩国的《科学技术框架法》于 2001 年开始生效，2004 年的第 3 次国家技术预测就是根据该法而开展的。第4次国家技术预测由KISTEP在2010—2011年完成，目的是发现可能在2035年之前开发的未来技术，为制定国家科技政策提供基础数据。第4次国家技术预测的最终结果于2012年4月报告给韩国科学技术委员会。2015年启动面向2040年的第5次国家技术预测。根据韩国《科学技术框架法》的规定，国家技术预测每5年进行一次，预测结果应反映在《科学技术基本计划》中。与之相对应，政府也是每5年制定一次《科学技术基本计划》，主要是制定与科技发展有关的政策目标。

#### 4.3.1.1 实施背景

韩国技术预测的实施背景主要有以下几点。

①随着全球化和信息化的发展，未来社会环境的不确定性增加，对未来社会环境进行提前预测并制定和执行相应的科学技术政策变得十分重要。考虑到未来社会环境和需求的变化，需要开展能合理展望科学技术发展速度和方向的科学技术预测。

②为利用有限资源实现科学技术的发展，有必要站在战略的高度开展科学技术规划。为此，世界各国纷纷进行国家层面的科学技术预测。科学技术预测为需求分析的提出、技术战略的规划和研究开发活动方向的设定等提供有用的信息，以应对未来变化，因此世界主要国家都积极支持国家层面的预测活动。

③展望具有韩国特色的未来社会环境变化，并据此提出未来可能实现的科学技术，就要求奠定科学技术计划这个基础。以大趋势和未来需求为依据提出未来技术，并通过提出未来技术，为国家科学技术的未来规划指明方向，提高公众的关注。

未来社会的展望成果，以及韩国的经济、社会热点问题和需求数据，不仅是设定科学技术发展方向的根基，而且能够对为今后的研究开发提供决策支持等的R&D规划赋予战略概念。

④分析近期的社会环境变化，展望中长期韩国社会变化，明确社会需求，并通过设定科学技术发展方向等措施为制定相关政策提供依据。

#### 4.3.1.2 前5次技术预测发展过程

韩国技术预测起步较晚，却取得了较好的进展。1993—2015年，韩国共完成了5次技术预测活动，在工作过程、实施方法和推进体系上都有了长足进步，呈现出技术预测注重调查体系的完整性、研究成果的应用、发挥领域专家与年轻人的作用等特点（表4-11）。

表 4-11 韩国 5 次技术预测活动的概况

| 项目 | 第 1 次 | 第 2 次 | 第 3 次 | 第 4 次 | 第 5 次 |
|---|---|---|---|---|---|
| 时间 | 1993 年 | 1999 年 | 2004 年 | 2011 年 | 2015 年 |
| 预测时长 | 20 年 | 25 年 | 25 年 | 25 年 | 25 年 |
| 未来技术 | 1174 项 | 1155 项 | 761 项 | 652 项 | 267 项 |
| 实施方法 | 头脑风暴法、德尔菲法 | 头脑风暴法、德尔菲法 | 地平线扫描法、德尔菲法、情景分析法 | 地平线扫描法、网络分析法、德尔菲法、情景分析法 | 德尔菲法、地平线扫描法、网络分析法、情景分析法、STEEP 方法 |
| 实施主体 | 技术预测委员会、12 个分委会 | 技术预测委员会、15 个领域分委会 | 技术预测委员会、技术分析委员会、8 个技术分委会、2 个情景预测分委会 | 总委员会、3 个未来前瞻委员会、8 个分委会、8 个评估委员会 | 韩国国家科学技术审议会主管，未来创造科学部直接领导 |
| 工作过程及主要特征 | 在专家集体自由讨论的基础上推出未来技术；<br>科学技术专家为中心 | 技术预测委员会考虑研究开发领域、目的、韩国实情方面，推出未来技术；<br>科学技术专家为中心 | 推出未来技术时，考虑未来社会的前景和需求；<br>导入情景预测技术示范；<br>包括人文社会学专家在内 | 导入趋势分析和韩国特色的未来需求分析；<br>调查产生负面影响的可能性；<br>拟定构思、插图、技术简介；<br>包含人文社会学专家；<br>评估现有预测调查能否实现 | 逐渐将技术点聚焦、待预测的技术数量缩减；<br>在凝练未来经济社会主要问题时广泛吸纳了产学研各界的观点，以及社会大众的基本看法 |

#### 4.3.1.3 第 6 次技术预测简述

2020 年韩国正式启动第 6 次技术预测工作，主要包括未来社会展望、未来技术分析与德尔菲调查 3 个阶段。2022 年 9 月 27 日，韩国发布《第六次技术预测报告（2021—2045 年）》，指明了 2045 年的未来社会需求和科学技术趋势，遴选出 241 项未来技术，其中包括 73 项高不确定性、高创新性且需要政府支持的技术，并给出了实现及应用不同主题技术的时间表。

与前 5 次技术预测相比，韩国第 6 次技术预测工作具有以下特点：第一，通过与研究机构、政府管理部门、工业界和学术界等多领域专家合作的方式确定未来技术，旨在预测中长期未来社会将要解决的重大问题。第二，纳入了更多不同领域的未来技术，改进了技术命名和呈现方式，使预测结果能获得更广泛的应用，同时加强了与政府政策的联系。第三，引入科学方法论，扩展了通过科学论文、社会需求和定量分析推导未来技术的方法；通过对预测阶段进行分类，提高未来技术实现的识别能力；对未来技术名称进行标准化，增强对衍生技术的理解和应用。

## 4.3.2 技术预测组织与实施

### 4.3.2.1 第 5 次技术预测

（1）实施目的

随着全球化、信息化进程的不断推进，未来社会的不确定性随之增加。韩国政府通过预测未来社会环境的变化及其可能带来的影响，提前制定相应科学技术政策，应对未来变化。韩国第 5 次技术预测体现了以下几个目的。

扫描国际与韩国国内科技环境变化，从中长期视角预测韩国未来的社会需求、变化前景、科技发展方向等，将预测结果用于制定相关科技政策，力争实现科技基本计划的顺利制订。

综合考虑国际与韩国国内科技环境的变化与未来社会需求，在科学技术全领域范围内挖掘未来可能出现的技术。

揭示未来技术发展可能带来的各种影响，描绘未来科技与社会发展的情景，提高韩国国民对科技重要性与作用的认识程度，引导民众对科技的关注。

在展望过程中，充分考虑到国内外社会环境的变化，对将会出现在科学技术所有领域的未来技术进行预测和分析。根据未来社会需求变化和科学技术的发展，推出将在 2040 年之前出现的未来技术。

作为对未来社会、经济需求和科学技术发展前景的反映，对制定针对未来竞争力有所增强的科学技术规划和政策做出贡献。主要是为制定技术开发、普及时期、重要度和政府投资必要性等政策提供基础资料，提供制定《第四期科学技术基本计划（2018—2022）》所需的未来技术信息。

预测主要未来技术的技术扩散点，推出在应对技术扩散时期到来时需做的准备工作，并应用到未来的准备中，提出伴随科学技术发展变化出现的未来社会蓝图并进行扩散，从而提高社会的广泛关注。

（2）组织架构

韩国第 5 次技术预测由韩国国家科学技术审议会主管，未来创造科学部直接领导。韩国国家科学技术审议会是审议国家主要科技政策的最高决策机构。审议会主要有 3 项职能：审议韩国的主要科技政策和计划；分配和协调国家层面的科研预算；对科研活动做总体评估与分析。

第 5 次技术预测活动参与方主要有以下几个组织。

①预测调查总管委员会：总管委员会负责预测调查的设计、研究。

组成：科学技术及社会科学专家，未来预测委员会 / 未来技术委员会分科科长直属总管委员会。

作用：对整个技术预测活动的关键问题进行调整、研究；审查未来社会的展望结果；选定技术扩散点，分析对象技术，审查未来技术列表中推出的结果；审查第 5 次技术预测结果等。

②未来技术委员会：未来技术委员会负责未来技术的推导。

组成：科学技术专家（6 个分科，每个分科 12 人左右）。

作用：根据未来需求和科学技术趋势，展望未来技术；根据主要热点问题和需求及科学技术发展，推出未来技术候选技术群；通过对未来技术候选技术群加工、提炼，确定未来技术。

③未来预测委员会：未来预测委员会负责未来社会的分析和展望。

组成：科学技术及社会科学专家（3 个分科，每个分科 12 人左右）。

作用：展望未来社会热点问题和需求；审查、分析趋势结果及推出各趋势的热点问题；审查、分析主要热点问题及推出社会、经济需求。

④ KISTEP：负责整个预测过程和各个阶段的服务。

推进体系中牵头单位及各执行委员会的工作各自独立又相互关联，促进了预测调查工作的有序进行。通过精简推进体系，第 5 次技术预测活动促进了各分工之间的合作与沟通，大力推动了交叉技术领域的技术预测（图 4–7）。

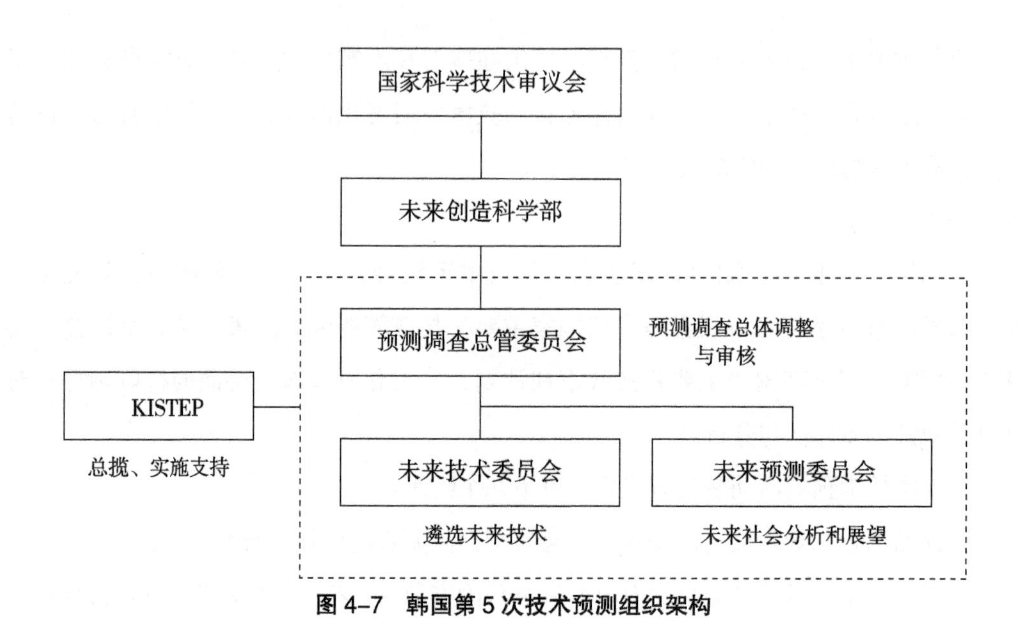


图 4–7 韩国第 5 次技术预测组织架构

（3）技术预测工作周期和期限

第 5 次技术预测的起步时间是 2015 年 6 月，结束时间是 2017 年 3 月。

如图 4–8 所示，第 5 次技术预测自 2015 年开始，技术预测时间跨度同样为 25 年，预测到 2040 年可以在技术上实现或在社会上接受的技术，以及可能对科技、社会或经济产生重大影响的技术。

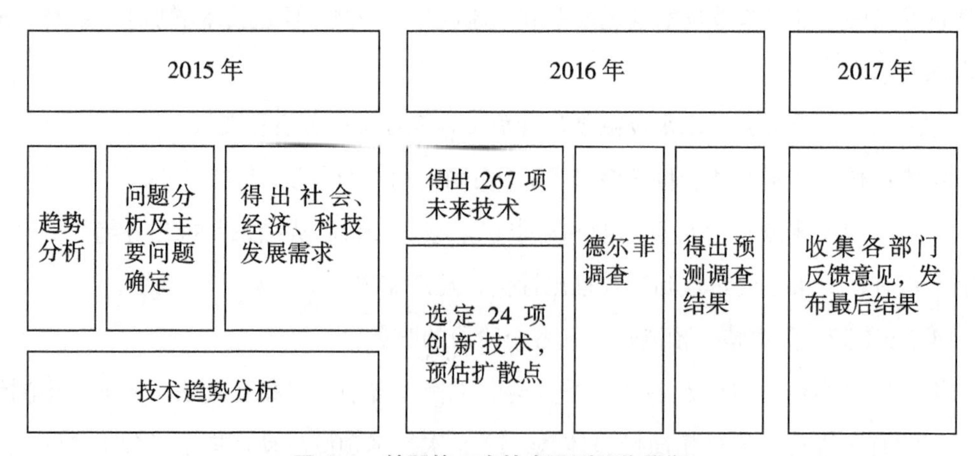


图 4–8 韩国第 5 次技术预测工作周期

（4）实施步骤

第5次技术预测在第一年度（2015年）完成了未来社会展望部分的工作。该任务是未来社会展望，主要包含趋势分析、主要问题选定和经济社会发展需求分析等。①通过书面分析、环境分析等方法对全球趋势进行解读，得出技术发展总体方向。②根据总体方向和趋势、研究得出未来问题，围绕影响程度、发生时间、发生可能性及韩国国内形势开展普通民众问卷调查和专家评审，选出主要问题。③得出能够解决主要问题的社会、经济、科学技术方面的需求。④在以上工作的基础上，进行技术趋势分析，运用科学技术知识地图等大数据进行定量分析，推导出先导研究领域和迅速崛起的技术。

在第二年度（2016年）完成了技术扩散点分析、德尔菲调查和分析阶段的工作。该任务是确定技术扩散点和能够满足未来经济社会发展需要的技术讨论清单。①进行技术扩散点定义、分析，在国内外未来朝阳技术中，采用专家评议、问卷调查等方式，选定技术扩散点，分析对象技术，按照技术分类，对技术扩散点进行定义，对技术动向、发展过程、未来变化等加以分析。②推出未来技术结论，利用知识地图分析，掌握未来技术所在领域，得出候选的需求满足型或技术主导型未来技术，对候选未来技术进行加工或提炼，由专家委员会进行确定。③进行大规模德尔菲调查，首先确定德尔菲调查方法和调查项目，实施以科学技术专家为对象的调查，然后分析未来技术的特性、技术扩散点时间及未来技术实现时期，对未来技术实现方案等进行分析。

在第三年度（2017年）完成了收集各部门反馈意见，进行最后结果发布的工作（图4-9）。

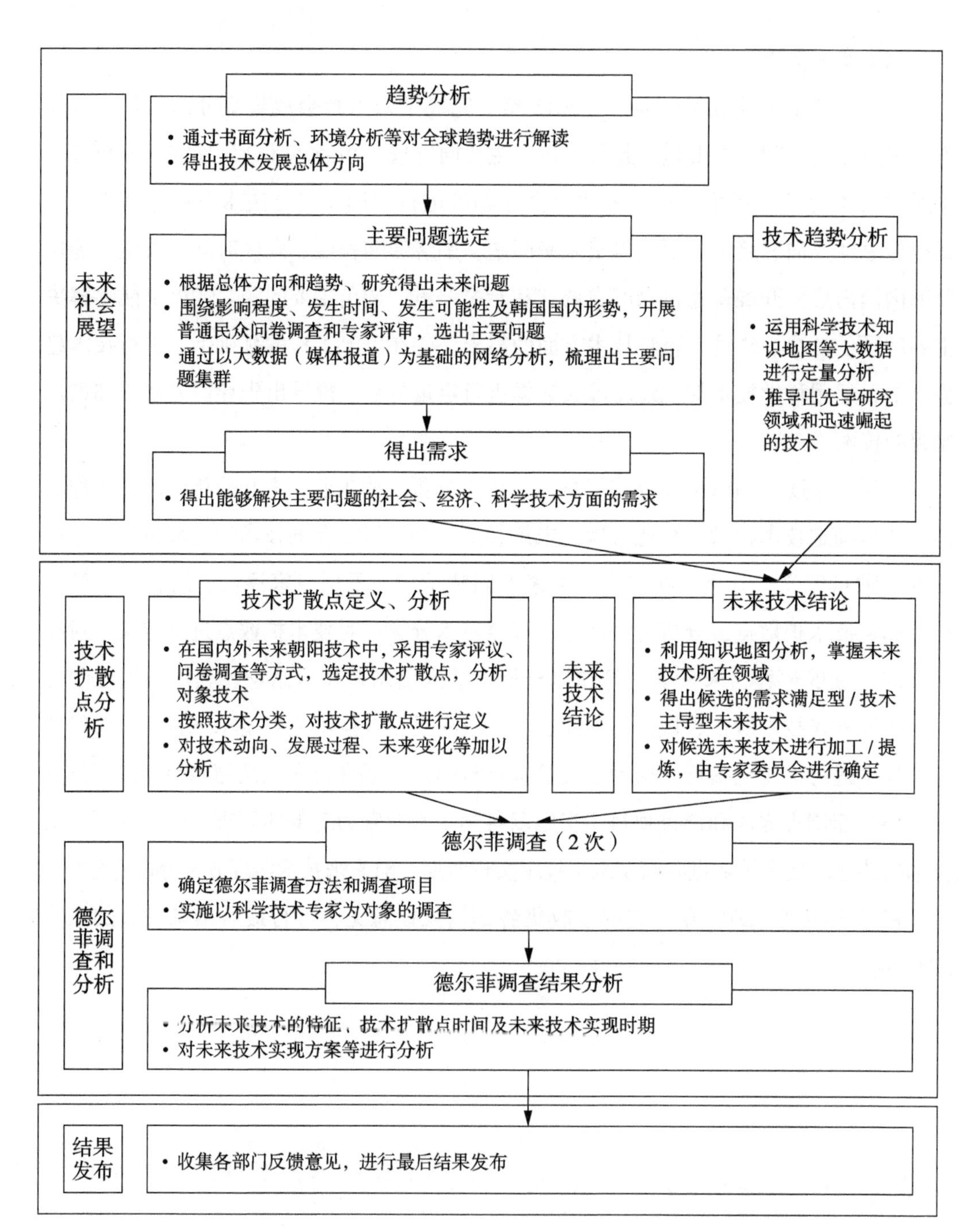


**图 4–9　韩国第 5 次技术预测实施步骤**

#### 4.3.2.2　第 6 次技术预测

（1）实施目的

韩国第 6 次技术预测的目的包含 3 个方面：一是考虑内外部环境变化，预测社会需求和未来技术。二是为国家科技规划和政策制定提供参考，可提供技术实现时间、未来技术的重要程度和实现途径等信息。三是预测技术在社会传播领域的影响，重点关注与公众现实生活相关的重大创新技术。

（2）组织架构

韩国在开展技术预测的实践中，逐渐形成了系统完备的组织架构。第 6 次技术预测调查中，国家科学技术咨询委员会负责技术预测的动员工作；科学技术信息通信部发挥组织协调功能，监督 KISTEP 工作进展；KISTEP 承担整个技术预测的具体组织实施及汇总服务工作；未来社会展望委员会、未来技术委员会 2 个执行委员会分别负责推进第一年度和第二年度的调查工作实施。

其中，未来社会展望委员会由科技领域专家、社会领域专家共同组成，主要负责审核趋势分析、未来社会需求和科技应对方案。未来技术委员会负责制定未来技术选择标准，遴选和分析未来技术。总体而言，KISTEP 作为组织架构中的牵头单位，与 2 个执行委员会职能分工明确、相互监督，共同促进和保障了韩国技术预测工作的有序进行（图 4–10）。

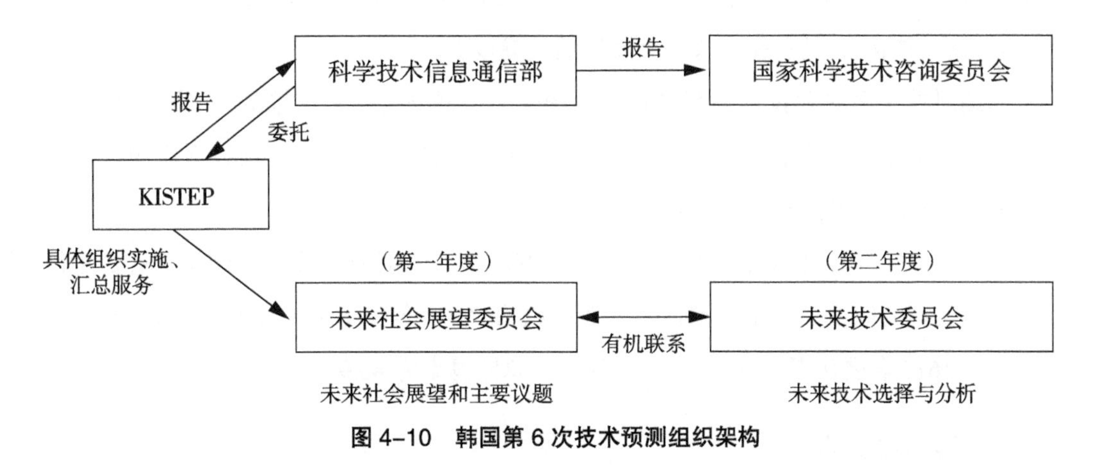


**图 4–10　韩国第 6 次技术预测组织架构**

（3）实施步骤

随着组织架构的完善，韩国技术预测的实施步骤也不断调整优化。韩国第 6 次技术预测于 2020 年启动，在 2 年内完成，预测工作主要包括未来社会展望、未来技术分析与德尔菲调查分析 3 个阶段。其中，未来社会展望是第一年度的工作任务，包括趋势分析、热点问题确定及社会经济需求推导；未来技术分析与德尔菲调查分析在第二年度推进，主要包括确定未来技术候选群，遴选未来技术及未来技术实现时间、实现方案分析等内容（表 4–12）。

**表 4–12　韩国第 6 次技术预测实施步骤**

| 时间 | 阶段 | 工作内容 |
|---|---|---|
| 第一年度 | 未来社会展望 | 趋势及热点分析，推导主要社会经济需求及科技应对方案 |
| 第二年度 | 未来技术分析 | 推导得出未来技术候选群；未来技术选择 |
| | 德尔菲调查分析 | 2 次德尔菲调查，得出结果后分析各领域未来技术的实现时间、实现方案等 |

未来技术是指在 2045 年之前实现，并会对韩国科技、社会和经济产生重大影响的特定技术（包括成品、零件、材料、源技术、服务等）。这些技术代表了对未来社会重大问题需求的响应，是引领未来社会发展的关键核心。

韩国对技术名称和技术解释进行了标准化，以提高公众对结果的理解和使用。未来技术名称被进一步简化并集中为关键词，同时辅以详细描述以增强技术应用。未来技术被分为 6 组，根据各组重大问题的需求进行遴选。

韩国对 241 项未来技术进行了 2 次德尔菲调查，分别分析其技术特征、重要性程度、技术实现时间及所需的政府政策。第一次有 2147 名受访者（共 5149 名）回复，第二次有 1617 名受访者（共 4044 名）回复，总回复率为 40.9%。

### 4.3.3　技术预测方法

韩国第 5 次和第 6 次技术预测在沿用了之前主要预测方法的同时，还尝试了一些新的方法，主要表现为面向不同目标的定性、定量方法的结合。过程如下：在网络调查获得社会公众未来需求的基础上，通过文献计量、新闻内容分析，获得技术群样本；通过国内外未来新兴技术的案例分析，得出对未来社会、经济方面有较强影响力和波及效果的候选技术，再进行德尔菲调查，结果经预测管理委员会讨论，明确候选技术的名称、范围。

#### 4.3.3.1 运用搜索引擎和知识地图发现新问题

为了预测未来社会的变化，专家委员会成员查找了许多出版物并分析了从网站检索到的各种相关文件，通过对这些出版物、网站和文档进行优化分析，确定了技术发展的趋势方向。预测使用了 Google 搜索引擎来寻找技术预测中出现的问题，事先准备了符合本研究条件的关键字列表，通过使用 Google 搜索引擎中的关键字找到与趋势相关的文档，然后进一步判断分析，提高了趋势分析可靠性。

在原有专利分析、文献分析方法的基础上，加强了知识地图方法的使用。在几千万件新闻组成的大数据基础上，使用定量化网络分析，描绘各种主要问题间科学性的关系，从而推导出主要问题集群，利用知识地图分析得出解决这些问题的未来技术，以及这些技术的发展趋势。

#### 4.3.3.2 构建未来需求框架，识别与科技发展相关的未来技术

韩国的技术预测构建了一个发现未来需求的框架，得出一系列未来社会的前景，发现未来社会的需求并系统地提出未来技术。在此框架的基础上，专家委员会分析了每种趋势的全球状况和影响因素。此外，为了发现针对韩国自身情况的未来需求，委员会也分析了韩国的具体国情和每种未来趋势在韩国的前景。通过新的框架，趋势和未来需求之间的联系变得更加紧密。

专家委员会从两个角度对未来技术进行了识别。①需求拉动型的未来技术，该技术可以利用旨在发现未来需求的框架来解决未来社会的需求问题。②技术推动型的未来技术，它可能会在不考虑社会需求的情况下从科学技术的发展中产生。技术推动型的未来技术既包括由于知识积累而出现的技术，也包括可能会在将来出现的技术，也许它目前仅停留在构思阶段。为了根据科技的发展确定未来技术，委员会参考了当前的专利数据、论文分析数据、各种未来技术清单、技术路线图、科幻小说、电影等。

#### 4.3.3.3 多角度分析德尔菲调查结果

在以往的技术预测中，仅从技术领域的角度分析了德尔菲调查结果。在第 4 次和

第5次技术预测中，增加了满足未来社会需求的视角，这将为技术预测结果应用于制定解决社会问题的科技政策提供依据。

在第4次技术预测中，还进行了投资组合分析，以加强其与制定科技政策的关系。例如，通过对未来社会的重视程度与政府投资需求之间的投资组合分析来选择战略性技术。此外，对诸如未来技术的实现时间、技术水平和政策措施等的分析，为科技政策制定提供了多角度的政策依据。通过上述多角度分析也大大提高了技术预测结果的广泛适用性。

在第5次技术预测中，使用德尔菲调查的目的是以未来技术名单上的267项技术为对象，调查其特性、重要程度、技术层面实现时间及所需要的政府政策等；对于需要进行技术扩散点分析的24项技术，对其技术扩散点的到达时期、技术扩散需要的政策等进行针对性调查。

#### 4.3.3.4 开展社会公众网络调查，提高社会公众对新技术的接受程度

为了吸引公众参与技术预测工作，依据解决公众共同关心的问题预测未来科技，韩国使用了网络调查方法，拉近了政府与公众间的距离，增强了社会公众的参与度。在未来社会展望的主要问题选定环节，也通过社会公众网络问卷调查，进行主要问题选择。

技术预测的主要目的是选择未来技术为社会服务，而公众是未来技术创新发展的直接受益者。基于这种考虑，韩国将社会公众纳入预测工作中来，有利于提高未来社会公众对新技术的接受程度。为有效应对未来挑战，调查选取韩国社会最为关心的重点问题，由专家委员会通过对国内有关舆论报道进行大数据社会网络分析，罗列未来问题的列表选项，将社会未来需求进行问题化，并通过网络调查平台邀请社会公众参与投票，以问题为纽带链接公众和其他预测主体。韩国在组织公众参与过程中，明确表示了由公众来选择未来自己迫切需要解决的问题，强调技术预测的结果是为了解决这些问题，服务社会公众。此外，韩国还将技术预测过程中产生的技术扩散点报告公开出版发行，帮助公众做好未来新技术实现后易于接受的心理准备。

韩国技术预测过程中，对公众、专家、政府等不同主体赋予不同的权责职能，在预测的每个阶段，不同类型主体充分发挥其主观能动性，并举办未来技术的公开讨论会，解答社会公众关心的问题。

## 4.3.4　技术预测结果

### 4.3.4.1　第 5 次技术预测调查结果

第5次技术预测以对未来的展望为基础，对未来社会所需要的科学技术进行预测，为制定科学技术政策及战略提供必要的信息。

（1）未来社会发展趋势预测

通过收集和分析国际最新的技术预测报告和相关调查数据，韩国第 5 次技术预测得出五大发展方向、40 个发展趋势和 40 个重大问题，确定了到 2040 年左右将出现的 267 项可能满足未来社会需求和推进经济社会发展的未来技术。通过德尔菲调查，还分析了 267 项未来技术的实现时间、不确定性、负面影响可能性、重要性、政府政策诉求及所属研究领域等。在此基础上，分析了将会对未来社会产生很大影响的 24 项重要创新技术，并预测技术何时会传播到社会（表 4–13）。

**表 4–13　韩国发展方向及发展趋势**

| 五大发展方向 | 40 个发展趋势 |
| --- | --- |
| 人类赋权 | 可期待寿命延长、自我中心社会、出生率降低、女性赋权、人类更强大、超高速移动、人工智能和自动化、新材料、宇宙时代 |
| 超链接革新 | 数字网络社会、超链接技术、以网络为中心的权力倾斜、电子民主主义加速化 |
| 环境风险深化 | 粮食危机加剧、能源供需失衡、水资源压力加剧、自然灾害加剧、生态破坏加剧 |
| 社会复杂性进化 | 国际争端加剧、文化更具多样性、经济社会的不平等性加剧、融合性创造、技术发展的副作用加剧、社会灾害增多、危害健康的要因增加、统一问题增加、国际权力流动性加剧、安保危险要素进化 |
| 经济结构重组 | 全球人口迁移、城市化的扩张 、世界人口增长、经济全球化发展 、新兴国家和发展中国家的崛起、中国国际影响力的持续扩大、新经济体系的拓展、劳动力市场结构的变化、发达国家发展滞后的持续性危机、绿色经济的活性发展、制造业模式的变化、市场运行方式的改变 |

（2）社会特别关注的重大问题

以趋势分析结果为基础，根据专家委员会评议和公众网络问卷调查结果，挑选出对韩国社会影响较大的 100 个问题，并从中选择了 20 个需要特别关注的问题。调查项目包括给韩国社会带来影响的可能性、采用技术后的社会效果、科学技术性、应对问题的可能性等（表 4–14)。

**表 4–14　韩国社会特别关注的重大问题**

| 序号 | 社会特别关注的重大问题 |
| --- | --- |
| 1 | 社会基础设施老化导致大型灾难发生的可能性 |
| 2 | 提高社会对公共安全基础设施的关注度 |
| 3 | 原子能安全性 |
| 4 | 食品安全性 |
| 5 | 气候变化导致的生态变化 |
| 6 | 扩大尖端生命科学技术的适用范围 |
| 7 | 神经信息的应用 |
| 8 | 为应对气候变化所进行的水资源管理 |
| 9 | 环保产业结构重组 |
| 10 | 设备间的智能化沟通 |
| 11 | 无人机部队等国防体系的变化 |
| 12 | 家务及服务型机器人的大众化发展 |
| 13 | 自动化系统的扩散及副作用 |
| 14 | 无人运输机带来的物流及交通体系的变革 |
| 15 | 疫苗的武器化 |
| 16 | 超高速运输系统改善 |
| 17 | 资源的武器化 |
| 18 | 粮食的武器化 |
| 19 | 新能源及可再生能源的开发及普及 |
| 20 | 新型非传统资源的探索 |

（3）第 5 次技术预测近期可以实现的未来技术

在 2015 年第 5 次技术预测中，267 项未来技术中的 243 项（91.0%）预计将于 2021—2030 年实现。从短期来看，2020 年之前预计可实现 1 项（0.4%），2021—2025

年预计可实现 130 项（48.7%）。从长期来看，2026—2030 年预计可实现 113 项（42.3%），2031 年之后预计实现 23 项（8.6%）。其中，实现时间距离 2015 年较近的未来技术（前 10 位）如表 4–15 所示。

**表 4–15 韩国实现时间距离 2015 年较近的未来技术（前 10 位）**

| 排名 | 主要问题分类 | 技术名称 | 韩国实现年份 |
|---|---|---|---|
| 1 | 信息通信 | 人工智能型农产品消耗预测及自动订购系统 | 2020 |
| 2 | 社会基础设施 | 基于物联网（IoT）的针对燃气泄漏爆炸危险的预测系统 | 2021 |
| 3 | 社会基础设施 | 能够适应终端所在位置的功率可调节无线充电技术 | 2021 |
| 4 | 生态环保 | 以模块化为基础的乐高型废水再利用系统 | 2021 |
| 5 | 制造融合 | 超高清（4K）透明可弯曲大型电子显示屏 | 2021 |
| 6 | 生态环保 | 低碳能源产业所需的金属生产和回收技术 | 2022 |
| 7 | 医疗生命 | 以表现型 – 遗传型关系分析为基础的大数据解析技术 | 2022 |
| 8 | 制造融合 | 以系统封装为基础的次世代超高密度、超薄型半导体封装技术 | 2022 |
| 9 | 制造融合 | 移动终端设备使用的可卷曲显示器（Rollable Display）技术 | 2022 |
| 10 | 信息通信 | 智能设备 BDaaS（Big Data as a Service）使用的数据中心计算 | 2022 |

（4）预计率先或同步实现的未来技术

在 267 项未来技术中，韩国预计率先或同步实现的未来技术有 13 项（4.9%）。例如，韩国的环保高效海水溶解源提炼用吸附剂、超高清（4K）透明可弯曲大型电子显示屏等 5 项未来技术预计会比其他国家提前实现（表 4–16）。韩国实现时间比国际上晚 3 ~ 4 年的未来技术有 118 项（44.2%），是数量最多的；晚 1 ~ 2 年的未来技术有 76 项（28.5%）；晚 7 年以上的未来技术有 32 项（12.0%）。

**表 4–16 韩国预计率先或同步实现的未来技术**

| 排名 | 主要问题分类 | 技术名称 | 技术实现年份 | | |
|---|---|---|---|---|---|
| | | | 韩国 | 世界 | 差距 / 年 |
| 1 | 生态环保 | 环保高效海水溶解源提炼用吸附剂 | 2027 | 2029 | –2 |
| 2 | 生态环保 | 温室气体零排放氢还原炼铁技术 | 2030 | 2031 | –1 |

续表

| 排名 | 主要问题分类 | 技术名称 | 技术实现年份 | | |
|---|---|---|---|---|---|
| | | | 韩国 | 世界 | 差距 / 年 |
| 3 | 制造融合 | 用于纳米服务加工的多功能光线抑制工程技术 | 2024 | 2025 | –1 |
| 4 | 制造融合 | 5 纳米以下超微半导体工程及材料技术 | 2023 | 2034 | –1 |
| 5 | 制造融合 | 超高清（4K）透明可弯曲大型电子显示屏 | 2021 | 2022 | –1 |
| 6 | 社会基础设施 | 建设领域重型装备安全指导用途的智能型软件技术 | 2021 | 2021 | 0 |
| 7 | 社会基础设施 | 通信渠道自动情况检测及探索用实时感知无线电技术 | 2023 | 2023 | 0 |
| 8 | 生态环保 | 显示自来水用量和水质信息的自动控制型水表 | 2022 | 2022 | 0 |
| 9 | 制造融合 | 移动终端设备使用的可卷曲显示器（Rollable Display）技术 | 2022 | 2022 | 0 |
| 10 | 制造融合 | 曲面显示器发光层使用的无毒性元素量子点材料及工程技术 | 2022 | 2022 | 0 |
| 11 | 制造融合 | 为制造大曲面设备所需的高性能电子元件印刷技术 | 2023 | 2023 | 0 |
| 12 | 制造融合 | 用于可穿戴设备的对人体无害的低价纳米材质生产技术 | 2024 | 2024 | 0 |
| 13 | 信息通信 | 人工智能型农产品消耗预测及自动订购系统 | 2020 | 2020 | 0 |

（5）重要性最高的未来技术

在调查技术重要性时，主要从科技创新重要性、社会效用重要性、经济发展重要性、综合重要性等多维度考察。在 267 项未来技术中，最能体现科技创新重要性的未来技术是信息通信类别的超高演算的量子计算技术；最能体现社会效用重要性的未来技术是人工智能交通控制技术；最能体现经济发展重要性的未来技术是信息通信类别的提供专业知识谈判的可对话型人工智能技术；综合重要性较高的未来技术有信息通信类别的人工智能交通控制技术，社会基础设施类别的核聚变反应堆的建设及运营技术，信息通信类别的人类大脑模拟神经形态计算，生态环保类别的可满足电动汽车长时间行驶的高效大容量电池技术等。

韩国重要性最高的 10 项未来技术如表 4–17 所示。

**表 4-17 韩国重要性最高的 10 项未来技术**

| 主要问题分类 | 技术名称 | 重要度（满分 5 分） | | | | | | | |
|---|---|---|---|---|---|---|---|---|---|
| | | 综合 | | 科技层面 | | 公益层面 | | 经济层面 | |
| | | 分数 | 排名 | 分数 | 排名 | 分数 | 排名 | 分数 | 排名 |
| 信息通信 | 人工智能交通控制技术 | 4.7 | 1 | 4.7 | 7 | 4.8 | 1 | 4.5 | 10 |
| 社会基础设施 | 核聚变反应堆的建设及运营技术 | 4.6 | 2 | 4.8 | 2 | 4.7 | 4 | 4.5 | 14 |
| 信息通信 | 人类大脑模拟神经形态计算 | 4.6 | 3 | 4.8 | 3 | 4.5 | 13 | 4.6 | 5 |
| 生态环保 | 可满足电动汽车长时间行驶的高效大容量电池技术 | 4.6 | 4 | 4.6 | 12 | 4.6 | 6 | 4.7 | 2 |
| 运输机器人 | 两点间（Door-to-Door）行驶的无人驾驶汽车 | 4.6 | 5 | 4.6 | 11 | 4.5 | 8 | 4.7 | 4 |
| 信息通信 | 提供专业知识谈判的可对话型人工智能技术 | 4.6 | 6 | 4.5 | 13 | 4.5 | 9 | 4.7 | 1 |
| 生态环保 | 环境耐性优良的 GM（转基因）新品种开发技术 | 4.6 | 7 | 4.6 | 10 | 4.5 | 12 | 4.6 | 6 |
| 信息通信 | 超高演算的量子计算技术 | 4.6 | 8 | 4.9 | 1 | 4.3 | 18 | 4.5 | 13 |
| 制造融合 | 放射线分析装置小型化技术 | 4.6 | 9 | 4.7 | 7 | 4.5 | 10 | 4.5 | 11 |
| 社会基础设施 | 与地壳断层地质相关的地震灾害预测系统 | 4.5 | 10 | 4.4 | 19 | 4.8 | 3 | 4.5 | 15 |

预测还对可能产生负面影响的未来技术进行了调查。结果显示，以高精度神经信号为基础的个人认证技术、记忆扫描、存储及调整技术、以神经元标记为基础的取证技术等医疗健康和信息技术融合的未来技术产生负面影响的可能性很大，对此政府需要设计出一套合理的方案，通过提前预估影响来使这些技术的负面作用最小化。

此外，创新性强、不确定较低、有望取得显著成果、需要集中去投资的未来技术有利用人工智能和大数据云系统的智慧农场、智能能源系统网格搭建技术、3D 打印特殊化设计技术等。创新性强、不确定性较强、对国家层面非常重要的未来技术有对周边环境影响最小的局部减灾技术、太空载人基地建造技术、以 DNA 芯片为基础的大容量数据存储及信息管理技术等。

（6）技术扩散时间点预测

技术扩散时间点预测基于创新扩散理论。根据消费者对其创新性的需求程度，将未来技术产品和服务的需求过程分为 5 个阶段进行分析，即将消费者分为创新者、早期采用者、早期跟进者、后期跟进者和滞后者，形成技术需求周期模型，并在第 5 次技术预测中加以运用。

技术扩散时间点的预测对象并不是全部 267 项技术，而是其中那些对未来社会影响较大的创新性技术，针对其在社会中高速扩散时间点（Tipping Point）的到来进行预测。通过国际未来新兴技术案例分析、委员会研讨，得出对未来社会各个方面有较强影响力和应用效果的候选技术，对未来技术委员会中的委员进行问卷调查，以问卷调查结果为基础，经管理委员会讨论，明确目标技术的名称、范围，最终确定 24 项创新性技术。然后分类预测 24 项创新性技术的扩散时间点，以应对未来的需求和挑战（表 4–18）。

**表 4–18　24 项创新性技术的扩散时间点**

| 序号 | 技术名称 | 扩散时间点的预想时间（世界） | 扩散时间点的预想时间（韩国） |
|---|---|---|---|
| 1 | 多用途直升机飞行器 | 2020 年（美国） | 2024 年 |
| 2 | 虚拟实感型・增强现实 | 2020 年（美国） | 2024 年 |
| 3 | 智能工厂 | 2020 年（美国） | 2025 年 |
| 4 | 物联网 | 2021 年（美国） | 2023 年 |
| 5 | 3D 打印 | 2021 年（美国） | 2024 年 |
| 6 | 运用大数据的个人定制型医疗 | 2021 年（美国） | 2025 年 |
| 7 | 智能系统网格（输电线路、天然气管道等） | 2021 年（美国） | 2025 年 |
| 8 | 超高容量电池 | 2022 年（美国） | 2024 年 |
| 9 | 可实现极限性能的碳素纤维复合材料 | 2022 年（日本） | 2026 年 |
| 10 | 可卷曲显示器 | 2023 年（韩国） | 2023 年 |
| 11 | 稀有金属再利用 | 2023 年（日本） | 2026 年 |
| 12 | 可穿戴型辅助机器人 | 2023 年（美国） | 2027 年 |

续表

| 序号 | 技术名称 | 扩散时间点的预想时间（世界） | 扩散时间点的预想时间（韩国） |
|---|---|---|---|
| 13 | 无人驾驶汽车 | 2023 年（美国） | 2028 年 |
| 14 | 多晶硅半导体 | 2024 年（美国） | 2026 年 |
| 15 | 认知型计算机运算 | 2024 年（美国） | 2027 年 |
| 16 | 二氧化碳捕获储存（CCS） | 2024 年（美国） | 2028 年 |
| 17 | 遗传基因治疗 | 2024 年（美国） | 2028 年 |
| 18 | 干细胞 | 2024 年（美国） | 2028 年 |
| 19 | 智能型机器人 | 2024 年（美国） | 2028 年 |
| 20 | 人造器官 | 2024 年（美国） | 2029 年 |
| 21 | 量子计算机 | 2025 年（美国） | 2031 年 |
| 22 | 脑机接口 | 2025 年（美国） | 2032 年 |
| 23 | 人工光合作用 | 2026 年（美国） | 2030 年 |
| 24 | 超高速地铁列车 | 2028 年（美国） | 2033 年 |

经过专家委员会的反复商讨，最早可能在韩国实现扩散的技术是可弯曲显示器，2023 年即可在韩国实现规模化应用，领先其他国家；物联网、超高容量电池等落后领先国家 2 年左右；稀有金属再利用、3D 打印等落后领先国家 3 年左右；虚拟实感型、增强现实、可实现极限性能的碳素纤维复合材料等落后领先国家 4 年左右；无人驾驶汽车、人造器官等落后领先国家 5 年左右；量子计算机等落后领先国家 6 年左右。

#### 4.3.4.2 第 6 次技术预测未来社会展望

韩国于 2020 年年末完成了第一年度未来社会展望的工作任务。第一年度调查推导得出了 2045 年韩国社会发展的 5 个大趋势、12 个热点问题和 62 个具体问题。这 5 个大趋势分别是数字世界、社会结构变化、环境变化与资源开拓、世界秩序变化、危险日常化。

（1）数字世界

数字世界大趋势中，网络经济主流化、数字商品市场增长、无现金社会、虚拟和现实世界的融合、社会沟通方式变化等问题是第 6 次韩国技术预测中出现的新问题。从产品服务提供商角度来看，未来社会需求包括设计安全智能的移动解决方案，提供超高速、低延迟信息，最大限度地利用数据网络 -AI 技术等。从需求者的角度来看，扩大个性化服务、安全管理个人信息等成为需要。社会结构趋势中，老龄化问题成为韩国关注焦点。调查发现，韩国 2030 年老龄化人口预计将突破 1000 万人。

（2）社会结构变化

2040 年，韩国老龄化人口将增至国民人口总数的 1/4。在科技应对层面，调查结果显示，老龄化问题将导致五大新兴领域的快速发展，包括开发防治衰老和疾病技术、支持发展疾病治疗相关产业、支持再生医疗技术和产业化发展、开发设计适用于老年人的辅助生活系统、支持机器人或自主机械相关技术的开发和应用。

（3）环境变化与资源开拓

环境变化与资源开拓大趋势中，加快能源转型实现碳中和是主要热点问题。在科技应对层面，调查结果显示，未来应建立技术研发中心推进可再生能源潜力研究、制定可再生能源材料 / 部件 / 设备的技术自适应战略、制定提高可再生能源竞争力的方案。在确保电力系统稳定、能源安全转化方面，应对方案包括开发能源存储（ESS）技术、建设可再生能源监测系统和预测系统、获取水电解制氢和储存技术等。

（4）世界秩序变化

世界秩序变化大趋势中，不确定性低、波及效果大、科学技术解决可能性高的两个热点问题是全球价值链 – 商业的变化和各国非关税壁垒加强与国内产业结构重塑。调查结果显示，韩国未来社会应努力确保国内供应链稳定，避免危机扩散。具体措施上，包括技术创新型产品开发、核心材料与设备国产化、与标准相关的技术开发等；政策手段上，包括强化技术革新政策与产业政策联系、建立相关产业生态系统、制定市场多元化的研发政策等。

（5）危险日常化

危险日常化大趋势中，第 6 次技术预测针对人工智能威胁议题展开了深层次分析。调查显示，人工智能带来的系统威胁涵盖操控舆论，攻击金融、通信、医疗、港口、交通等重要基础设施，恐怖袭击等方面，并提出了基于人工智能系统威胁的技术应对方案，主要包括开展基于 AI 的攻击防御技术研究、建立政府 AI 安全网、开展基于 AI 公共系统实时安全的应对能力检查、建立有效的国家治理体系等。

#### 4.3.4.3　第 6 次技术预测未来技术分析结果

未来技术委员会审议并确定了 241 项未来技术，覆盖六大领域：数字化转型领域 41 项、制造与材料领域 34 项、人与生命领域 47 项、市区与灾害领域 38 项、安全与开发领域 37 项、能源与环境领域 44 项。

技术实现时间方面，241 项未来技术中有 233 项预计在 2040 年之前实现，占比 96.7%（图 4-11）。其中，实现时间较短的技术有用于传播韩流文化的元宇宙 XR 性能系统（2025 年）及面向传染病易感人群的智慧预防技术（2025 年），而实现时间较长的技术包括利用月球和火星原位资源生产氧气、水和火箭燃料的技术（2044 年）及实现在月球和火星大规模生产的农业技术（2043 年）。

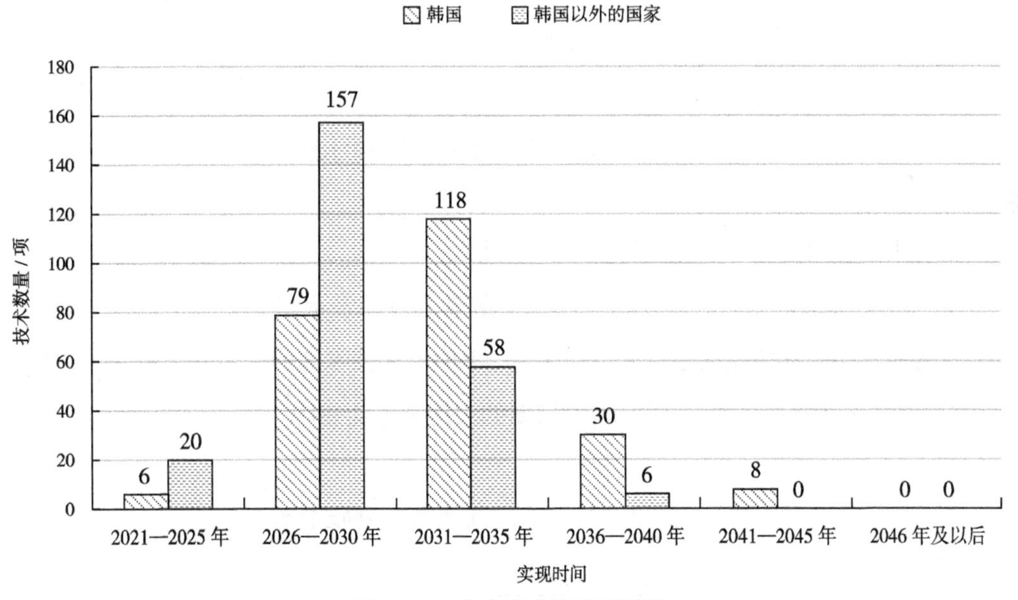


**图 4-11　未来技术的实现时间**

（1）韩国与国外技术实现时间的差距分布

预计有 15 项技术（占比 6.2%）在韩国领先实现或与国外同时实现；有 88 项技术（36.5%）在韩国的实现时间较国外落后 3 ~ 4 年；有 67 项技术（27.8%）在韩国的实现时间较国外落后 1 ~ 2 年；有 16 项技术（6.6%）在韩国的实现时间与国外的差距在

7 年及以上（图 4–12）。

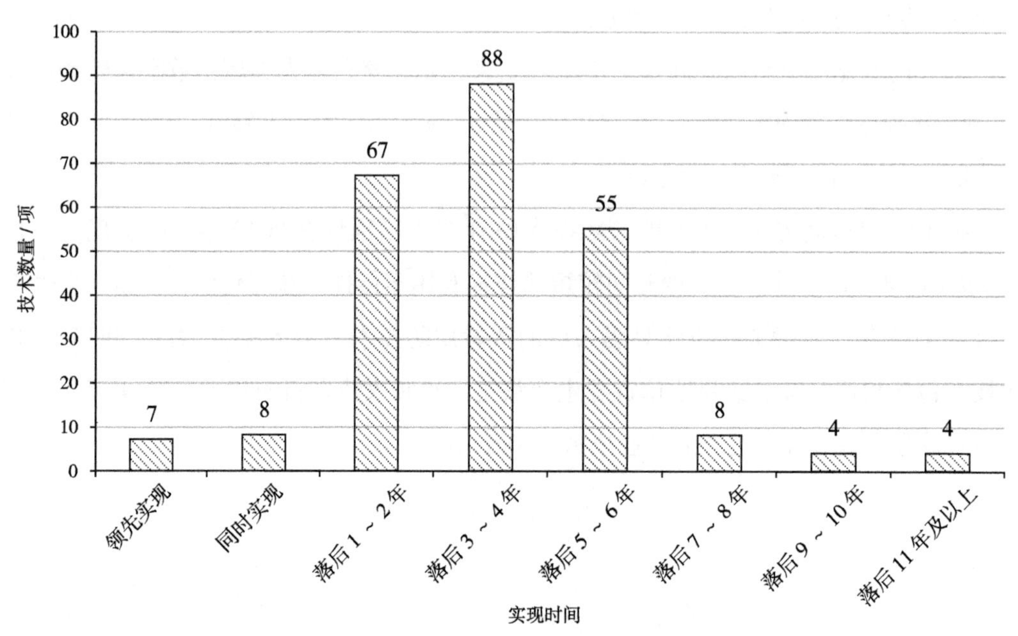


**图 4–12　韩国与国外技术实现时间对比**

（2）未来技术特征——创新性和不确定性

在 241 项未来技术中，利用原位资源开展载人月球及火星基地施工运营的技术、完全分离地震动的磁场隔震系统开发技术等 73 项未来技术被列为第一组技术，它们具有高度的创新性和不确定性，需要政府层面的支持（表 4–19）。

**表 4–19　第一组技术：创新性高且不确定性高**

| 技术编号 | 技术名称 | 创新性 | 不确定性 |
|---|---|---|---|
| 162 | 利用原位资源开展载人月球及火星基地施工运营的技术 | 4.9 | 4.7 |
| 230 | 完全分离地震动的磁场隔震系统开发技术 | 4.6 | 4.6 |
| 160 | 基于卫星和高空无人机的实时、自动化全球环境监测和灾害预警系统 | 4.5 | 4.5 |
| 54 | 太空升降仓用的高强度、超轻、长寿命碳缆材料技术 | 4.5 | 4.3 |

续表

| 技术编号 | 技术名称 | 创新性 | 不确定性 |
| --- | --- | --- | --- |
| 66 | 克隆人脑的记忆恢复技术 | 4.4 | 4.3 |
| 164 | 利用月球和火星原位资源生产氧气、水和火箭燃料的技术 | 5.0 | 4.2 |
| 111 | 替代部分生物大脑的电子人工大脑技术 | 4.6 | 4.1 |
| 65 | 使用超薄五感套装来远程通信与控制机器人 | 4.4 | 4.1 |
| 51 | 用于定制分子打印的原子组装技术 | 4.9 | 4.1 |
| 19 | “读心”脑电波交流系统 | 4.7 | 4.1 |

注：仅列举第一组不确定性排名最高的前 10 项技术。

另有 45 项未来技术被归为第二组，包括基于大数据和人工智能的智慧机场系统、面向生产环保生物材料的基于合成生物学构建细胞工厂的技术等，它们具有较高的创新性和较低的不确定性，因其成果预期高，具备吸引广泛投资的潜力（表 4–20）。

**表 4–20　第二组技术：创新性高但不确定性低**

| 技术编号 | 技术名称 | 创新性 | 不确定性 |
| --- | --- | --- | --- |
| 148 | 基于大数据和人工智能的智慧机场系统 | 4.7 | 2.6 |
| 92 | 面向生产环保生物材料的基于合成生物学构建细胞工厂的技术 | 4.5 | 2.7 |
| 185 | 保障数据交易的数据安全级别自动分类技术 | 4.3 | 2.7 |
| 90 | 抗击新发传染病及其变种的定制疫苗或药物开发平台 | 4.5 | 2.7 |
| 98 | 基于人工智能的畜禽疾病预测、诊断和控制系统 | 4.3 | 2.7 |
| 167 | 微重力医疗、新药、新材料开发技术 | 4.8 | 2.7 |
| 15 | 非接触共存现实与基于 XR 的五感互动教育系统 | 4.5 | 2.7 |
| 60 | 创造人类感官体验的生物亲和电子材料技术 | 4.7 | 2.8 |
| 100 | 利用基因组信息开发和管理优质水生生物的技术 | 4.5 | 2.8 |
| 31 | 用于数字内容共创的 6G 超沉浸式远程共享协作服务技术 | 4.4 | 2.8 |

注：仅列举第二组不确定性排名最低的前 10 项技术。

（3）未来技术的实现方案

专家调查显示，有25.5%的技术需要优先建设基础设施，24.6%的技术需要优先增加政府研发经费投入。对于有望在短期内（10年内）实现的技术，除了基础设施建设和产学研合作外，还需要提供政府政策支持，以加强产学研合作和国际合作。对于实现时间较长（11年及以上）的技术，专家强调了基础设施建设的必要性，以及增加政府资金投入的迫切需求。

（4）技术实现的研究主体

调查显示，由政府资助、国家和公共研究机构领导的研发活动对于实现未来技术，特别是实现长期技术发挥着重要作用，而工业界应在实现短期技术方面发挥主导作用。

#### 4.3.4.4 第6次技术预测未来创新技术分析

（1）概念

韩国第6次技术预测灵活使用了“技术需求周期模型”对未来创新技术的扩散时间进行预测。该模型根据消费者对采用先进技术实现的产品或服务带来的创新的接受程度，将接受过程分为5个阶段。具体而言，产品或服务从早期市场扩散到主流市场（该产品被16%的消费者采用，包括2.5%的创新者和13.5%的早期采用者）的时间点被称为技术扩散点。根据每种技术的特点，对达到技术扩散点时的社会现象开展分类预测（图4–13）。

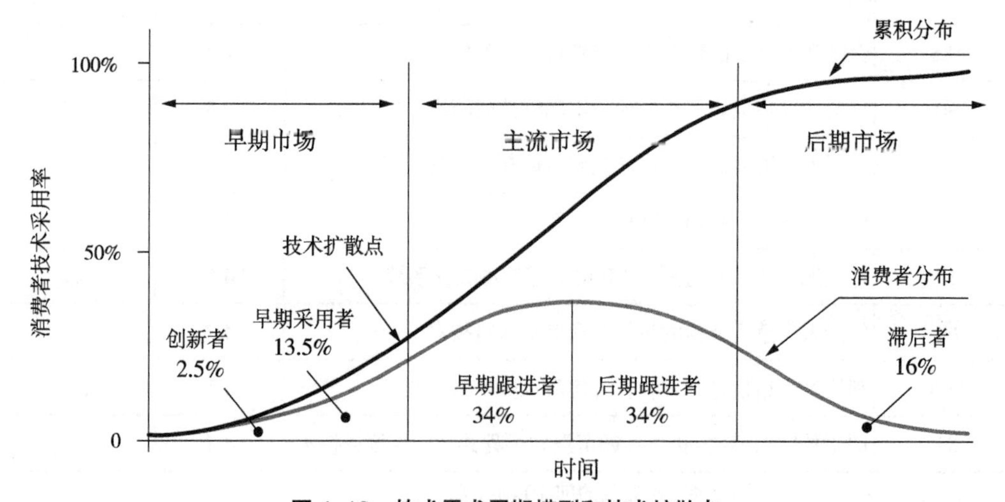


图4–13 技术需求周期模型和技术扩散点

（2）分析对象

通过研究国内外有前景的技术案例进行分析，确定了未来有望对韩国社会和经济产生重大影响的候选技术。经未来技术执行委员会讨论，最终选出 15 项未来创新技术作为分析对象，对技术扩散时间、重要程度、政府优先行动、未来变化形态等内容进行了分析。

（3）分析方法及内容

对 15 项未来创新技术的技术扩散点到达时间进行预测，提出扩散创新技术所需要的技术开发、制度改善和基础设施建设等对策（表 4–21）。具体而言，以技术扩散点为基础，对专家进行 2 次德尔菲调查以预测技术扩散点到达时间。第一次调查有 840 名受访者（共 1265 名）回复，第二次调查有 678 名受访者（共 1018 名）回复，回复应答率为 80.7%。

**表 4–21　15 项未来创新技术的技术扩散点定义和预计到达时间**

| 未来创新技术 | 技术扩散点定义 | 预计到达时间 | |
|---|---|---|---|
| | | 世界 | 韩国 |
| 全自动飞行器 | 当全自动飞行器占飞行器市场的 8% 时 | 2031 年（美国） | 2036 年 |
| 全自动驾驶汽车 | 当 Level 4+ 自动驾驶汽车占市场 的 1.6% 时 | 2030 年（美国） | 2033 年 |
| 个性化疫苗 | 当疫苗通常在从病原体传播到临床试验开始的一年内开发出来时 | 2025 年（美国） | 2029 年 |
| 氢能 | 当向高效储存过渡时，来自工业和交通运输部门的大量氢气和年氢气需求量达到 240 万吨以上时 | 2030 年（美国） | 2032 年 |
| 使用人工智能实现超个性化 | 当用户在其设备上使用个性化 AI 服务的比重达 16% 时 | 2029 年（美国） | 2031 年 |
| 生物芯片 | 当生物特征认证技术在金融服务中的个人认证率达 16% 时 | 2030 年（美国） | 2033 年 |
| 复合灾害响应系统 | 当第一个混合灾害快速响应系统被引入并部署在人口超过 100 万人的城市时 | 2029 年（美国） | 2032 年 |

续表

| 未来创新技术 | 技术扩散点定义 | 预计到达时间 | |
|---|---|---|---|
| | | 世界 | 韩国 |
| 量子密码通信技术 | 当移动运营商使用基于网络的量子密码通信技术传输超过 100 千米的安全数据，且不需要集成量子密码通信网络和量子中继器时 | 2030 年（美国） | 2034 年 |
| AI 半导体芯片 | 当 AI 半导体芯片占整个逻辑芯片市场的比例为 5% 时 | 2028 年（美国） | 2030 年 |
| 自主工作机器人 | 自主移动工作机器人在制造业（生产自动化、物流等）的渗透率达到 10% 时 | 2028 年（美国） | 2030 年 |
| 小型核电池 | 当小型核电池（或微反应堆）获得许可和执照并展示能源（电力或热能）供应时 | 2030 年（美国） | 2035 年 |
| 灾害预测 | 当单个灾害要素的平均预测准确率在 70% 以上时 | 2029 年（美国） | 2033 年 |
| 碳中和燃料 | 当碳中和燃料被认证为新型可再生燃料，并且新型可再生燃料的混合比例达到 10% 及以上时 | 2030 年（美国） | 2034 年 |
| 碳循环观测技术 | 当地面 - 空中 - 无人机 - 卫星的一体化 / 混合观测网络实现时 | 2029 年（美国） | 2033 年 |
| 细胞重组技术 | 当细胞重组技术作为一种治疗衰老相关疾病的方法被公共健康保险覆盖时 | 2030 年（美国） | 2034 年 |

## 4.4 英国

英国开展技术预测有较为充分的基础和条件，既是响应社会需求和国际趋势，也在理论和方法上做好了准备。在技术预测正式实施前，英国政府进行了广泛咨询，就技术预测的设置和运行进行了社会性的讨论，并出台了政策，明确了技术预测的战略地位。英国政府在实践中不断地对技术预测进行调整，包括选题、方法和与国家政策关系等方面的改进，形成了适合英国国情的制度化技术预测，有效地支撑了英国政府的决策，并对英国未来的发展提供了指导。本节从组织结构、实施过程、模型方法、预测结果与新闻报道等方面对英国技术预测进行了梳理和归纳。

## 4.4.1 技术预测概况

1993年，英国政府科学技术白皮书《了解我们的潜力：科学、工程和技术战略》（*Realizing Our Potential：A Strategy for Science，Engineering and Technology*）宣布启动英国技术预测，这是英国的第1次技术预测。1998年，英国围绕老龄化、未来城市、控制犯罪、社会凝聚力、教育和培训及可持续发展等六大主题，开展了第2次技术预测，并从单纯的技术领域转向经济社会发展的各个方面。自2002年起，英国开始采用主题滚动项目的形式进行预测工作，其重点转变为支撑公共政策的制定，各项目主题分别有所聚焦。2009年启动的“技术与创新未来”项目可以看作英国的第3次技术预测，采用了情景分析、德尔菲调查、专家访谈等方法，预测至2020年，共分为3轮。第一轮的技术预测报告发表于2010年，但考虑到技术变化的速度，在2012年和2017年分别发布了报告的更新版。

### 4.4.1.1 第1次技术预测

（1）时间与背景

英国技术预测起步时间为1993年3月，预测计划首次公布于《了解我们的潜力：科学、工程和技术战略》中，1995年技术预测计划工作组开始发表技术预测研究报告——《技术预测计划合作指导小组进展报告》，1997年出齐报告。报告预测了每个领域在今后10 ~ 20年中的最新科学、工程和技术的发展趋势，并就对未来世界的影响做出了预测。此次技术预测成立了专门的机构，并且设计了技术预测模型来指导技术预测实践工作，采用德尔菲法对16个领域1207项技术开展调查，并且关注了技术负面影响和预测结果的扩散与应用。

当时的政府是将技术预测当作国家促进企业增强竞争力的重要措施。这使企业与工程人员和科学家有通畅的联系网络，同时确保资源在增加国家财富和提高人民生活质量方面能得到更有较的利用。

（2）参与方

第1次技术预测涉及16个领域的专家组，共180名专家组成员，分别来自于政府部门、工业界、科学和工程研究机构，其中非政府人员占大多数，他们针对问题进行讨论和研讨。专家组的任务是对市场、技术需求及技术潜力进行远期预测，对各领域申报的研究开发项目进行评估，并据此制定使产学研更为协调地进行研究开发工作的科技政策。

（3）报告结果

在各领域小组预测报告的基础上，技术预测指导委员会依据重要性和可行性提出了 27 个科技优先发展领域和 5 个新兴领域。

报告详细列举了 15 个部门专题小组得出的诸多结论，并提供了各部门的重要议题及建议。报告还评论了指导小组关于 27 个有广泛衍生影响的科技优先发展领域和 18 个基础建设优先领域的结论。指导小组还从可行性和吸引力方面对各个科技优先发展领域做了相关鉴定，最终把它们分成 3 种级别，即新兴领域、中级领域和迫切重点优先领域。有广泛衍生影响的基础建设优先领域是指对长期市场目标形成瓶颈和制约的领域。

#### 4.4.1.2 第 2 次技术预测

（1）时间与背景

英国第 2 次技术预测起步时间为 1998 年 10 月，结束时间为 2000 年 11 月 。第 2 次技术预测参与者不仅包括技术专家，同时还包括了产业、政府和研究机构的专家，让他们组成不同的研究组开展研究。研究组按照产业或者主题进行划分，更注重研究结果在教育、技能和培训，以及可持续发展等方面的应用。

（2）发展变化

第 2 次技术预测更加关注于科技和社会领域的创新给英国带来的发展机会，仍以领域小组为主，但采用联合行动项目的形式加强了各小组之间的横向交流，以最大限度地提高预测研究的效果。这次技术预测从第 1 次技术预测的 15 个领域小组减少到 10 个领域小组，同时新增加了 3 个主题小组和 2 个支撑性主题小组。

第 2 次技术预测反映了工党政府的观点，内容不仅包含科学与技术，还兼顾财富创造和改善人们的生活质量。确定的六大主题为：老龄化、未来城市、控制犯罪、社会凝聚力、教育和培训及可持续发展。针对新确定的主题，将原有的一些专家组合并。例如，将原来各自独立的能源组、自然资源组和环境组合并成一个专家组。同时，本次技术预测加强了商业性的预测，如企业发展战略、营销和金融在经营中的作用等。

#### 4.4.1.3 第 3 次技术预测

（1）项目背景简介

第 3 次技术预测为“技术与创新未来”（TIF）项目。项目起源于英国财政部在 2009 年委托预测地平线扫描中心（Foresight Horizon Scanning Centre，FHSC）进行的一项简短研究。这份简报旨在确定英国未来 5 ~ 15 年潜在的重要技术，特别是它们可能产生的经济效益。在完成这项工作后，英国政府要求 FHSC 进一步开展深入研究，预测时间放在未来 10 年或者更久。

（2）项目实施意义

第 3 次技术预测的实施意义如下：①如果企业能够利用科学和工业力量，利用制造业、基础设施和互联网领域的技术转型，那么英国经济在 2020 年将迎来强劲增长。②英国将在未来 10 ~ 20 年内经历的能源转型、在新材料方面的研发努力及再生医学的新兴市场为英国公司提供了机会。③长期思考、规划和支持对可持续增长至关重要。政府有机会建立框架和机构来支持这一做法。④应鼓励行业、中小企业和研究机构制定各自的战略和路线图，政府应发挥观察、倾听和促进作用。

### 4.4.2 第 3 次技术预测的组织结构

技术预测是把握未来科技发展方向、趋势与重点的有效工具，许多国家政府机构都把技术预测作为政策创新、科学决策、资源分配等的基础性工作。英国技术预测主要有以政府科学办公室（Government Office for Science，GOS）为主导的中长期预测，以及智库 NESTA 每年进行的年度预测。

#### 4.4.2.1 政府科学办公室

（1）主要介绍

政府科学办公室拥有 80 多名员工，位于英国伦敦。其前身是成立于 1992 年的科学与技术办公室（OST）。英国政府科学办公室为英国工贸部下属的科技办公室，共设立监管不同方面的 6 个委员会，即 5 个自然科学委员会（工程和物理科学研究委员会、生物技术和生物科学研究委员会、经济及社会研究委员会、自然环境研究委员会、粒子物理和天文学研究委员会）和 1 个健康委员会（医学研究委员会）。

1995 年，为了更好地将科学成果应用于工业，英国政府将科学与技术办公室从内阁办公室转移到了工贸部，2009年，随着英国多个部门的拆分与重组，科学与技术办公室被纳入新成立的创新、大学与技术部，并更名为政府科学办公室。

在多次变化中，政府科学办公室为高层决策提供咨询、开展跨部门协调的功能一直没有改变。政府科学办公室的主任由政府首席科学顾问担任，政府首席科学顾问的主要职责是为首相和内阁提供科学咨询建议，以确保政府的政策和决定是基于最好的科学证据和长期战略思考。在技术预测中，政府首席科学顾问负责监督技术预测的全过程，协调和促进部门首席科学顾问之间的交流。

（2）主要职责

政府科学办公室的主要职责如下：①通过反映政府首席科学顾问优先事项的项目计划，向首相和内阁成员提供科学建议。②确保和改善政府内部科学证据和建议的质量和用途（通过建议和项目，在官员和科学界之间建立联系）。③通过紧急情况科学咨询小组（SAGE）在紧急情况下提供最佳科学建议，帮助独立的科学技术委员会为英国首相提供高水平的建议。④通过未来远见支持政府的长期战略思考。⑤发展政府科学与工程（GSE）专业。

（3）前瞻性项目

政府科学办公室每年都会进行前瞻性项目研究，主要是针对未来20 ~ 30年的主要问题进行深入研究。前瞻性项目为政策制定者提供证据，帮助他们制定更能适应未来的政策。研究的系列项目为：净零社会，对长期趋势和过渡的适应力，无线2030，超越健康的基因组学，公民数据系统的未来，移动出行的未来，海洋的未来，技能和终身学习的未来，人口老龄化的未来，城市的未来，制造业的未来，身份的未来，降低未来灾害的风险，科技创新的未来，电脑交易的未来，移民与全球环境变化，气候变化（国际层面），全球粮食和农业的未来，土地使用的未来，世界贸易可能的未来，为我们的生活提供动力，心理资本与幸福，解决肥胖问题（未来的选择），传染病的检测与鉴定，智能基础设施系统，脑科学、成瘾和毒品，网络信任和犯罪预防，利用电磁频谱，防洪和海防的未来，认知系统等。

#### 4.4.2.2 地平线扫描小组

地平线扫描小组（HSPT）是政府科学办公室的未来项目小组。为了支持政府的长期战略思考，政府科学办公室通过地平线扫描小组与内阁办公室合作。地平线扫描小组协调政府间的未来工作，将未来纳入政策制定的范围，并支持由内阁秘书长主持的部门负责人地平线扫描会议，探讨关键性未来议题的长期影响。

地平线扫描小组利用政策和学术网络，进行新兴技术、未来技术的证据收集和分析，帮助政策制定者更好地面对不确定的未来环境。

## 4.4.3 第3次技术预测的实施过程

### 4.4.3.1 多种类型的技术预测参与方

预测项目组与政府部门、专家及学术界合作，确定哪些新的或者新兴的科学技术可以为政策提供信息。项目主题选择标准为：①问题有很强的科学和研究元素，所以科学可以发挥作用，能够帮助理解或解决该问题。②主题对于现在或将来的政策制定都很重要。③一个或多个部门将支持该项目。④主题与英国有关。⑤问题包含重要的未来因素，或者是它涉及更长的时间。

第一轮参与方为来自产业界和学术界、国际组织和社会团体等的180余名专家（其中，研究和商业领域的知名人士25名，150名来自于私人部门和政府部门的学者、实业家、技术专家）。

第二轮参与方有15家领先的学术机构，26名产业界专家，2010年原始报告的180余名参与者。

第三轮参与方有学术和工业技术专家，对一项涵盖新兴技术领域的在线调查进行回复，其中工业界、学术界和投资界的80多名专家参加圆桌会议。

### 4.4.3.2 项目的实施过程

（1）项目第一轮实施过程

在早期文献调研工作的基础上，通过专家访谈和多次召开研讨会等方式，技术前瞻研究组2010年提交了一份面向2020年的技术报告《技术与创新未来：面向2020年英国的增长机会》（*Technology and Innovation Futures: UK Growth Opportunities for the 2020s*），涉及了材料和纳米技术、能源和低碳技术、生物和制药技术及数字和网络技术四大领域的53项关键技术。

当年补充报告《技术与创新未来：技术附录》进一步确定了若干判断，并对各专业技术的新发展趋势进行了介绍和分析。

（2）项目第二轮实施过程

针对2010年报告中确定的53项关键技术，对15家领先的学术机构和26名产业专家进行了结构化访谈和调查，询问最近发生了什么有趣的新技术或其他发展，或者可能在未来10年发生什么。同时，调查中的问题发给了2010年报告的180余名参与者，要求他们标出任何有趣的技术发展。最终形成了2012年报告《技术与创新未来：面向2020年英国的增长机会——2012更新》（*Technology and Innovation Futures: UK Growth Opportunities for the 2020s– 2012 Refresh*）。

（3）项目第三轮实施过程

英国第三轮技术预测实施过程是在德尔菲调查的基础上，结合地平线扫描、专利分析、文献计量、专家访谈等手段开展的。

第三轮实施过程收到了1000多份来自学术和工业技术专家的对涵盖新兴技术领域的在线调查的反馈，对这些技术的持续显著性进行在线调查，征求以技术为基础的企业、学者和行业分析师的意见（并要求参与者确定随后可能出现的任何新技术），政府科学办公室审查调查意见。然后，在专家圆桌会议上，这些反馈观点与国际专利活动的比较分析一起被评估，以描绘英国的技术优势，并探索一些合理应用的案例。

在6次专家圆桌会议中，讨论了主要技术发展的见解，以及与技术相关的专利分析和研究资助摘要。这些圆桌会议涵盖了技术活动的广泛领域，包括量子，能源和材料，数据、计算和传感器，合成生物学和再生医学，农业技术，机器人和自主系统等。由部门首席科学家和科学技术委员会成员担任圆桌会议主席。第7次圆桌会议为6次专家圆桌会议的主席会议，通过综合研究，考虑政府在支持新兴技术和融合技术方面的侧重点。

### 4.4.4 第3次技术预测的模型方法

#### 4.4.4.1 预测主题的确定标准

预测主题的确定主要由政府首席科学顾问负责，但需要结合政府内部和外部专家的建议，并依据以下标准：第一，客户，即是否已有明确的客户；第二，附加值，即是否会影响多个部门的业务；第三，长期性，即是否具备战略意义；第四，时间安排，即现在是否是最佳研究时机、能否支持近期政策制定；第五，影响，即是否能为政府决策提供有较大影响力的成果。

#### 4.4.4.2 多种方法的综合运用

在具体预测项目的模型方法上，不同项目会因需求而异。以进行了三轮的“技术与创新未来”项目为例，主要采用访谈、专家会议、德尔菲调查、情景分析等方法。具体而言，2010 年的第一轮研究对 25 名科技界和商界知名人士进行了访谈，组织了 5 场由 150 名学者、企业家和技术专家参加的研讨会。最终报告提出了 53 项关键技术，并确定了 7 个交叉领域。2012 年的第二轮研究重新评估了前一轮的成果，对 15 名顶尖学者和 26 名产业界专家进行结构化访谈，并对第一轮的 180 多名参与者进行再次调查。最终报告在第一轮 53 项关键技术的基础上，新增了 3 个主题和 6 项关键技术。2017 年的第三轮研究对 1000 多名各界专家进行了德尔菲调查，召开了 7 场专家会议，分析了专利数据、基金资助项目和学术论文。最终报告没有提出新的关键技术，而是强调了技术融合对经济社会的重要作用，并重点分析了健康、食品、生活、交通和能源领域中技术融合的机会。

在日常预测工作方法上，英国愈加重视地平线扫描，政府科学办公室内创建了地平线扫描计划团队，设计了一套规范化的地平线扫描流程。政府科学办公室还与内阁办公室合作，进行日常性的小型预测工作，涉及人工智能、新兴经济体人口结构、大数据、资源民族主义、青年的社会态度等主题。另外，内阁办公室的公务员小组每个月都会根据地平线扫描结果举办战略研讨会。

为了推广技术预测方法在政策制定上的普遍应用，政府科学办公室于 2017 年构建了 “未来工具包”，提供一套规范化、体系化的预测工具和方法。该工具包总结出了收集未来情报（地平线扫描、7 个问题、议题报告、德尔菲调查）、探索变化动力（驱动因素图、不确定性矩阵）、描述未来情形（情景分析、愿景分析、SWOT 分析）及制定和测试政策（政策压力测试、逆推法、路线图）共四大类 12 种预测工具，并构建了适用于不同具体业务需求的结构化路径及具体案例，包括探索原因、确定愿景、测试政策选择、确定优先顺序、识别机会和威胁等，每种路径所需要的工具、时长、人员及成果形式都有所不同。

#### 4.4.4.3 辅助性的技术预测方法

随着预测工作在政府部门普遍推行，英国政府科学办公室还开展了辅助性的技术预测业务，目前包括新兴技术地平线扫描与趋势卡组（Trend Deck）。

新兴技术地平线扫描是一项面向公务员开展的有关新兴技术的日常工作，对新兴技术进行持续的数据收集和分析并建立资源库，推出仅限公务员访问的 EmTech 在线图书馆，精选科技论文、地平线扫描报告等资料。

趋势卡组是一套关于未来趋势的数据资源，通过参考各类预测报告，结合政府决策最关心的长期趋势，使用官方数据进行创建。趋势卡组不包括地平线扫描所涉及的微弱变化信号或干扰因素，也不提出趋势的潜在影响或政策建议，仅提供长期趋势变化的客观数据。在进行技术预测尤其是情景分析时，政府可以利用趋势卡组来考察某个趋势及多个趋势之间的相互作用，确保在趋势考察和因素分析上的全局性与系统性。趋势卡组会定期更新，2021 年首次公开发布，包含 118 张趋势卡，分为气候变化、人口、经济、健康、基础设施、自然资源、治理和法律、技能、技术、城市化等 10 组主题。

### 4.4.5 第 3 次技术预测的预测结果

项目共有 3 轮技术预测，每轮技术预测结束后均发布新闻报道并有相应的报告产出。

#### 4.4.5.1 各轮次技术预测结果

（1）项目第一轮预测结果

2010 年报告为《技术与创新未来：面向 2020 年英国的增长机会》。该报告将 53 项技术划归为 28 个技术群，并根据技术群所属领域和特征，从这些领域中，确定了很可能在 21 世纪 20 年代对英国特别重要的 7 个交叉领域（6 个重点领域和 1 个知识产权领域）。6 个重点领域分别为面向需求的制造、智能基础设施、第二代互联网革命、能源转变、低碳新材料、再生医学等。此外，该报告还将各领域广泛涉及的战略知识产权问题单独提出，强调知识产权的重要性。

2010 年补充报告《技术与创新未来：技术附录》根据新的发展和变化趋势，增加了能源转变、需求导向和以人为中心的设计等 3 个新主题。

（2）项目第二轮预测结果

2012 年的技术预测报告确定了许多重要的多用途技术，可以归类为 8+2 项技术：

先进材料、卫星、储能、机器人技术和自主系统、农业科学、再生医学、大数据、合成生物学等，以及量子技术和互联网技术。

（3）项目第三轮预测结果

2017 年技术预测报告涉及的内容：①超过 1000 份来自学术和工业技术专家的众包回复（众包：企业利用互联网将工作分配出去，发现创意或解决技术问题的方式）。②知识产权局的 20 000 件专利，以及创新英国（Innovate UK）和各类研究委员会资助项目的数据分析。③ 2012 年以来发表的约 100 篇文章的文献综述。④ 7 场圆桌会议，来自工业界、学术界和投资界的 80 多名专家参加了会议。⑤ 50 多项技术的市场潜力分析。

“技术与创新未来”（TIF）并不涉及全新的技术与领域，专家认为，未来的发展在于使现有技术与新兴技术能够相互融合、相互作用，用于提高生产率和提供公共服务。例如，合成生物学、传感器、精确的地理定位系统 3 个领域结合，可以用于农业上的有效控制虫害与土地分配。此外，基因组科学、信息技术、机器智能、物联网和量子技术正在推动重大进步。

#### 4.4.5.2 预测结果的发布与新闻报道

每轮预测结束后除发布相应的报告外，英国政府科学办公室还会举办新闻发布会。

2010 年 4 月，政府科学办公室的商业创新与技术部门发布《政府探索未来的科技和创新机会》，指出“技术与创新未来”研究了未来 20 年可能支持英国经济增长的技术发展，提出 3 个可能具有变革性的潜在增长领域：①制造业，在新技术和定制的按需制造的推动下，英国有可能成为 21 世纪制造业革命的一部分；②基础设施，包括智能电网的研发和部署，以及增加传感器网络的使用；③互联网，有可能出现第二次互联网革命，以改变人们使用数据的方式，并为创造重要的新业务提供机会。

2012 年 1 月 23 日，政府科学办公室的商业创新与技术部门发布《新兴技术推动增长》，指出英国科学家和专家已经确定了 50 多项新的和正在发展的技术，如果政府和企业抓住机遇，这些技术可能在未来为经济带来数十亿美元的收入。这些数据发表在新一期的《技术与创新未来》报告中，报告中确定的技术和趋势包括：①智能面料是以人为本的设计创新之一，将技术编织到面料中，可用于制作衣服，也可用于监测老年人是否跌倒或患者的心率，结合传感器或通信技术的新型交互材料的开发将改变日常物体的功能，并产生新的医学和工程应用。② 3D 打印即增材层制造，作为一项新兴技术，已从研发环境转向商业应用，从住房单元到生物组织，3D 打印可以为人们提供制造自己产品的机会。③ 能源转型，从依赖化石燃料转向更混合的供应模式，可以解决可再生能源的间歇性供应问题，以及使可再生能源的生产成本更低。例如，混合能源系统利用电池技术的进步和智能电网，可以根据供应商和消费者习惯来提高电力生产的效率和可靠性。

## 4.5 德国

德国政府在 20 世纪 90 年代初逐渐开始重视技术预测活动，本节从技术预测目的、发展历程、组织形式、实施与方法、实践与成果等方面对德国技术预测活动进行了梳理和归纳。

### 4.5.1 技术预测目的

德国在欧洲率先开展体制化的技术预测活动，并积极致力于预测结果的国际比较，由此拉开了欧洲各国政府纷纷开展技术预测活动的序幕。德国既是一个经济大国，又是科技大国，是完全开放的市场经济国家，其经济发展的主要动力在于其高技术产品的出口。在全球经济、科技呈现一体化发展趋势时，德国所面临的问题是，通过何种手段，发展何种技术，才能使其在日趋激烈的国际竞争中，继续保持竞争优势。综上，德国技术预测的目的主要是预测未来技术发展趋势，预测社会发展趋势，确定未来的重点研究领域和关键技术领域，分析可能实现战略合作的潜在技术和创新领域，推断对人们的生活质量和可持续发展做出重大贡献的研究和开发活动的优先领域。

### 4.5.2 技术预测的发展历程

德国自 20 世纪 80 年代以来开展了一系列国家层面的技术预测活动，可分为以下几个阶段（表 4–22）。

#### 4.5.2.1 主要技术领域探索阶段

从 20 世纪 80 年代开始，德国探索开展了多次重点技术领域的技术预测活动。其中，纳米技术领域的预测活动致力于确定有广泛前景的技术方向，研究成果为建立重点国家纳米技术发展中心提供了支撑。1992 年，德国启动“预测 21 世纪初的技术”项目（Technology at the Beginning of the 21st Century，T21），形成了包括生物芯片、数据网络安全、基因组分析、模糊逻辑、平板显示等技术在内的 100 余项关键技术清单。

#### 4.5.2.2 德日德尔菲合作调查阶段

为了更科学地推进技术预测，更好地借鉴国际经验，德国从 20 世纪 90 年代开始与日本合作，共同开展德国技术预测活动。1992 年，德国与日本相关技术预测机构合作，联合开展了第 1 次技术预测德尔菲调查（Delphi 1993）。1994 年，德国与日本进一步合作开展了小型德尔菲调查（mini Delphi），选择材料与加工、微电子和信息社会、生命科学和健康、环境等 4 个领域开展调查研究。1996 年，德国和日本合作启动新一轮德尔菲调查（Delphi 1998），提出了 19 个未来科技发展大趋势，针对 12 个技术领域的 1070 项技术进行了大规模德尔菲调查，并遴选了最重要的九大创新领域。

#### 4.5.2.3 未来计划专家研讨阶段

基于与日本合作的经验，德国在国内开始系统性地开展具有创新性的技术预测活动。1999 年，德国发起了一个以德尔菲法为核心的技术预测活动。2001 年，德国在前期技术预测成果基础上，发起了“Futur 计划”，强调沟通效应，将面对面交流作为工作重点，通过社会各界广泛对话来识别未来技术需求和优先重点发展领域。大约有 700 名来自产业界、科学界等的圈内人士受邀参加“Futur 计划”研讨会。2001 年 11 月起，德国在两个月内陆续举办了 5 次研讨会，采用了可视化法、头脑风暴法和创造性技术预测法对各领域进行规范性分析，最终确定了 5 个重点关注的领域，并开始为其提供资金支持。

#### 4.5.2.4 周期性预测阶段

在前期探索、发展基础上，德国开始启动面向 2030 年技术预测的周期性预测，目前已经开展了 3 轮周期性预测。

2007—2009 年，实施了第一轮技术预测（Cycle Ⅰ），通过调查传统技术领域，结合未来技术需求，得出了未来研究关键领域。

2012—2014 年，实施了第二轮技术预测（Cycle Ⅱ），包括 3 个方面：一是研究 2030 年社会发展趋势和面临的挑战，识别出未来 60 个社会发展趋势和七大挑战；二是研究生物、服务、能源、健康和营养、信息和通信、流动性、纳米技术、光子、生产、安全、材料科学技术 11 个技术领域未来发展趋势；三是综合分析社会挑战和技术趋势，识别出 2030 年九大创新领域。

2019—2023 年，实施了第三轮技术预测（Cycle Ⅲ），包括 3 个方面：一是研究德国社会价值观的变化，聚焦可能的社会场景和相关的价值模式，研究德国人民未来的价值观；二是寻找未来的新议题和新趋势，结合全球变化大趋势，发现未来的新议题和新趋势，凝练出描述德国未来技术和社会发展的 130 个议题，包括政治、经济、社会文化、技术、生态地理等方面；三是在关于未来的新议题和新趋势基础上进一步遴选和凝练，评估形成教育和研究方面的未来议题。

**表 4-22　德国历次技术预测项目**

| 发展阶段 | 时间 | 技术预测项目 |
| --- | --- | --- |
| 主要技术领域探索阶段 | 20 世纪 80 年代 | 纳米技术领域的预测活动 |
| | 1992 年 | “预测 21 世纪初的技术”项目 |
| 德日德尔菲合作调查阶段 | 1992—1993 年 | 第 1 次技术预测德尔菲调查 |
| | 1994 年 | 小型德尔菲调查 |
| | 1996—1998 年 | 新一轮德尔菲调查 |
| 未来计划专家研讨阶段 | 1999 年 | 以德尔菲法为核心的技术预测活动 |
| | 2001 年 | “Futur 计划” |
| 周期性预测阶段 | 2007—2009 年 | 第一轮技术预测（Cycle Ⅰ） |
| | 2012—2014 年 | 第二轮技术预测（Cycle Ⅱ） |
| | 2019—2023 年 | 第三轮技术预测（Cycle Ⅲ） |

## 4.5.3 技术预测的组织形式

### 4.5.3.1 实施主体

德国技术预测的实施主体均为德国联邦教育及研究部。BMBF 是德国联邦部门之一，总部设于波恩，柏林设有第二办公室。BMBF 的职能是为研究计划及相应机构提供资金，制定教育政策。BMBF 前身是 1955 年成立的联邦原子部，负责研究核能源的和平使用。1962 年改名为联邦科学研究部。1969 年再改名为联邦教育及科学部，直到 1994 年与联邦研究及科技部合并后改为联邦教育及研究部。

BMBF 可分为 8 个部门：中央管理、策略及政策、欧洲与国际教育及研究合作、职业训练与终身学习、科学系统、关键技术—创新研究、生命科学—健康研究、未来准备—文化及可持续研究。

#### 4.5.3.2 委托机构

德国 BMBF 通过委托技术中心协会、研究所、企业等主体开展技术预测活动。20 世纪 80 年代 BMBF 主要委托德国工程师联合会技术中心协会（VDI-TZ）开展纳米领域技术预测活动。1992 年以来，BMBF 委托德国弗劳恩霍夫系统与创新研究所和日本科学技术政策研究所联合开展技术预测德尔菲调查。2000 年以来，BMBF 主要委托德国工程师联合会技术中心协会与弗劳恩霍夫系统与创新研究所开展技术预测活动。2019 年以来，BMBF 主要委托欧洲经济研究咨询公司 Prognos AG 和 Z-PUNKT 管理咨询公司开展技术预测活动。

### 4.5.4 技术预测的实施与方法

#### 4.5.4.1 实施框架

2019 年开始的第三轮技术预测中，BMBF 依托社会智库机构和各领域战略专家，成立了未来办公室和未来小组，共同推进工作。未来办公室成员包括欧洲经济研究咨询公司 Prognos AG 和 Z-PUNKT 管理咨询公司两家智库机构，负责确定描述德国社会未来发展的新议题和新趋势，并进行德国社会价值观研究。未来小组由来自各学科领域的 17 名战略专家组成，主要负责评估遴选对教育和研究有关键作用的议题。技术预测专家和企业家 Cornelia Daheim 与物理学家、哲学家和技术评估专家 Armin Grunwald 教授共同担任未来小组主席（图 4-14）。

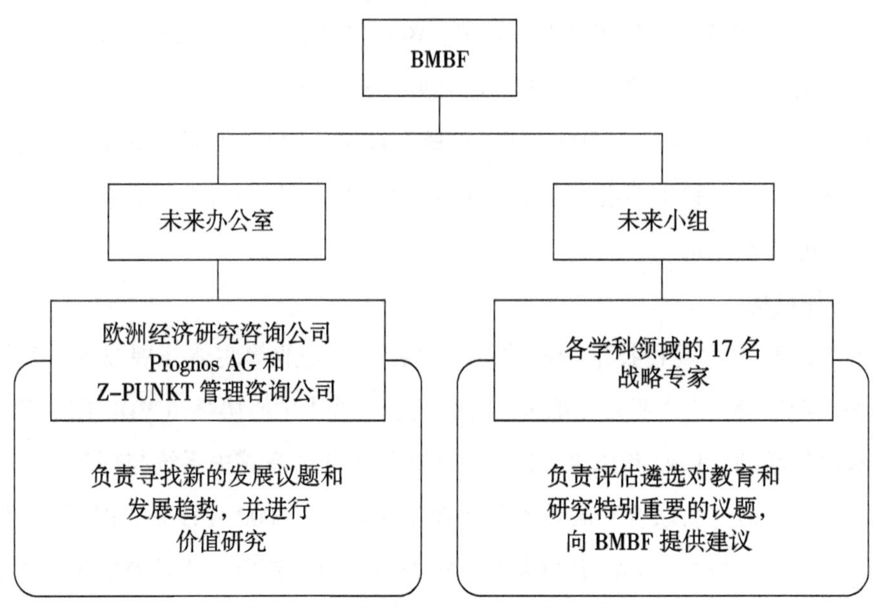


图 4-14 德国第三轮技术预测实施框架

#### 4.5.4.2 实施特点与方法

①技术预测调查的主题以“技术推动”为视角。在调研一系列研究和创新领域时，首先分析其可能实现战略合作的潜在技术和创新领域，再推断研究和开发活动的优先领域。这项调查的一个特别重点是确定跨学科研究和技术主题。“从未来到现在”的总结回顾旨在确定现在必须制定哪些研究政策，以便德国的研究和创新能够在中长期的国际竞争中占据领先地位。

②在技术预测工作的实施中使用了多种方法，形成了一套结构化、系统化、动态化的方法体系。

- 与专家进行有组织、有重点的互动（研讨会和访谈）；
- 对创新系统的分析，包括对 BMBF 中当前战略流程的审查；
- 环境扫描（文献研究、会议分析、相关结果扫描）；
- 对当前关于研究和技术的国际前瞻性研究进行二次分析；
- 科学出版物动态分析（文献计量学）；
- 对专家进行广泛的在线调查，对相关性和行动需求进行差异化评估；
- 顶级国际专家的两阶段调查（监测小组）；

· 针对年轻研究人员的定向调查。

③ BMBF 和联合体共同确定了一套严格的选择未来主题的标准。

· 在科学和技术领域获得开创性的主题；

· 可推动其他研究领域发展的主题，即对其他领域有影响力的主题，或有协同效应的主题，或能促进成果转移的主题；

· 支持德国的经济发展，有助于提高德国的国际竞争力的主题；

· 有助于提高人们的生活质量的主题；

· 能与德国的科学和商业技能相联系的主题；

· 可持续地促进资源节约和环境保护的主题。

未来主题是一个跨部门的主题领域，只有完全满足 BMBF 的标准，才能被定义为可持续领域。在此背景下，有既定的未来领域，也有“新未来领域”，因此需要对分析结果进行持续的概述，以确定未来新的跨学科活动领域。这意味着研究者需要定期审查领域研究动态及社会经济条件，反复检查跨部门分析的结果，并重新评估是否可能整合已确定的未来主题，形成全新的未来领域。

④德国第三轮技术预测聚焦 2030 年以后的德国社会，从社会价值观、新议题和新趋势、教育和研究相关议题等方面进行研究。

研究德国社会价值观的变化。BMBF 认为，盛行的价值观对社会的发展具有指导性意义，因此有必要研究德国价值观在未来如何变化。该研究聚焦可能的社会场景和相关的价值模式，通过社会调查和情景分析方法，研究德国人民未来的价值观。

寻找未来的新议题和新趋势。通过地平线扫描和专家调查方法，结合全球变化大趋势，发现未来的新议题和新趋势，凝练出描述德国未来技术和社会发展的 130 个议题，包括政治、经济、社会文化、技术、生态地理等方面。

评估教育和研究相关议题。结合 BMBF 的职能和关切，未来小组将在关于未来的新议题和新趋势基础上进一步遴选和凝练，形成教育和研究方面的未来议题，组织下一步研究工作。

### 4.5.5 技术预测实践与成果

德国技术预测成果与政府支持的技术领域息息相关。20 世纪 80 年代对于纳米技术领域的预测研究，支撑德国建立了 5 个重点国家纳米技术发展中心。2001 年“Futur 计划”最终确定了 5 个重点关注的领域，政府为其提供资金支持。

#### 4.5.5.1 技术预测实践——以德国纳米技术为例

20 世纪 80 年代以来，BMBF 已经委托德国工程师联合会技术中心协会开展了多次技术预测活动，致力于确定有广泛前景的纳米技术领域，为相应研究领域资金分配提供信息。纳米技术预测的流程大致可分为新技术识别、新技术验证和实施相应措施 3 个阶段。事实上，BMBF 开展了若干轮纳米技术预测活动，每一轮的技术预测都可分为上述 3 个阶段。随着该流程的不断迭代，每一轮的预测重点都会更加具体和深入，从而最终确定重点发展的纳米技术子领域。这里将介绍德国纳米技术预测的整体流程。

第一阶段：新技术识别。为了有效确定重点发展领域，BMBF 使用文献分析法和文本挖掘法在文献数据库进行筛选，并采用问卷调查、电话访谈及个人访谈等方法向各领域的专家寻求意见，以了解纳米技术未来可能应用的领域。此外，BMBF 开展了多次研讨会，邀请了来自产业界、学术界的专家共同对纳米技术前景进行商讨。

第二阶段：新技术验证。该阶段将上一阶段收集到的信息进行进一步的整合与筛选，最终以汇总方案的形式输出。BMBF 在筛选中所采用的标准为：研究主题新颖性、预测技术现状、国际竞争力研究、新技术潜在的经济效益，以及对解决现有问题的贡献程度。据 Eickenbusch（1993）调查，有超过 40 名来自学术界、产业界和政府机构的专家参与了此阶段。

第三阶段：实施相应措施。该阶段主要是一系列针对技术预测使用方的建议。VDI–TZ 发布的技术分析报告提供了所预测的技术领域的详细信息，从多角度挖掘技术发展前景，描述了未来技术可能应用的领域。同时，报告也指出了当前研究的缺陷，并对现有政策提出了改进建议。此阶段的代表性成果是 1998 年 BMBF 提出的一项倡议：建立 6 个重点国家纳米技术发展中心，并为其优先提供研发资金。

#### 4.5.5.2 德国技术预测活动实践——“Futur 计划”

“Futur 计划”是德国政府“引导愿景（Lead Envision）”战略中的一个关键成果。该项目借鉴了经典的技术预测案例，采用多主体、多方法的方式进行技术预测，旨在识别社会各领域的发展趋势并确定重点关注领域，为其优先分配资金。

1999 年，“Futur 计划”最初被定义为一个以德尔菲法为核心的技术预测活动。

2001 年，“Futur 计划”开始强调沟通效应，将对面交流作为工作重点。此阶段的主要目标是促进利益相关方进行交流，找出重点关注领域并进行相应技术规划。“Futur计划”中存在着两个参与者圈子：其一是“内部参与者”圈子，这些参与者参与研讨会及众多创新领域的定义过程；其二是“外部参与者”圈子，由来自被选择领域的专家组成，他们通过互联网对项目的各阶段进行交流和评估。

#### 4.5.5.3 2009 年以来的技术预测活动也形成了丰硕的研究成果

第一轮技术预测（Cycle Ⅰ）在德国高科技战略的 17 个主题领域和各部门正在进行的预测活动的基础上，确定了 14 个未来领域，即健康研究、流动性、能源、环境和可持续发展、工业生产系统、信息和通信技术、生命科学和生物技术、纳米技术、材料和物质及其制造工艺、神经科学和学习研究、光学技术、服务科学、系统和复杂性研究、水基础设施等，并绘制了未来 10 ~ 20 年德国高科技战略中 14 个研究领域预期发展的详细技术路线图。

第二轮技术预测（Cycle Ⅱ）系统研究了 2030 年德国社会出现的趋势和挑战，将社会趋势、环境变化等多种因素与技术发展联系起来，识别出未来的趋势、挑战和创新萌芽。 11 个技术领域发展趋势包括生物、服务、能源、健康和营养、信息和通信、流动性、纳米技术、光子、生产、安全及材料科学技术等。七大挑战涉及公民自主动手创新、智能化时代、新兴经济体创新、新兴治理结构、消费方式变化、数据隐私、多元社会等方面。9 个创新萌芽包括自主动手、自我观察和养生能力、计算机成为同事、全民教育、着眼本地全球化合作、大数据处理、共同为未来寻找答案、个人隐私改变等方面。

第三轮技术预测（Cycle Ⅲ）研究了德国的价值观情景模式、社会发展大趋势和社会需求变化，并综合多种因素确定未来教育和研究的重点发展领域。6 种价值观情景模式包括欧洲之路、竞技模式、生态区域化、区块回归、速度差异和红利系统。12 个大趋势包括人口结构变化、社会差异、差异化的生活世界、数字化转型、生物技术转化、不稳定的经济、商业生态系统变化、人为环境破坏、改变的工作环境、新政治世界秩序、全球城市化权力转移、城市化等。基于社会大趋势和需求变化的分析，可以为未来技术发展及企业战略提供决策参考。

通过对德国 3 轮技术预测的对比，可以明显发现德国的技术预测由技术主导转换为社会发展主导。例如，在第二轮技术预测中，通过开展广泛的意见调查，综合使用情景分析法、文献计量法、访谈方法，发现大众对2030年的生活愿景是“通过各种租赁和共享服务来提高日常生活的品质”“通过提高国民的科学兴趣，共享科学数据，从而推进环保工作的开展”“增加公地面积，提高公地使用费用”等，基于这一结果，技术预测工作者可以从思考如何实现国民对未来的期望角度来对国家未来的技术发展做出规划。与此同时，不仅仅是德国，欧洲各国都没有做出科学技术的基本规划，所以需要采取手段让欧洲各国了解、支持技术预测。从这个角度上来说，和技术相关的战略必须更加容易理解并且更加面向具体的企业。这也是德国技术预测的重要特征之一。总之，德国技术预测正在由传统的关键技术领域选择和技术路线图，向着社会创新方向、社会价值观及社会趋势变化研究转变。而后者对于广大社会公众及经济主体具有更重要的意义。德国技术预测既为政府资助开展关键领域研究提供了决策基础，又向公众展现了未来社会可能的发展路径和图景，为企业战略、商业决策等提供了信息基础。

## 4.6 俄罗斯

20世纪90年代，俄罗斯开始进行技术预测，1998年的德尔菲调查被认为是其规范性的第1次技术预测。本节从发展过程、组织架构、过程与方法、预测成果等方面对俄罗斯技术预测进行了梳理和归纳。

### 4.6.1 技术预测的发展过程

#### 4.6.1.1 技术预测的背景

俄罗斯目前所面临的最重要的问题之一是如何寻找新的经济增长点。要解决这个问题，必须大力发展科技，使得传统经济部门实现大规模的现代化，并通过创造新兴产业积极抢占高科技市场。为了实现高科技产业和服务业的快速发展，需要持续改进科技创新政策，持续提升信息获取的准确性，并持续优化实施方案。基于这一背景，俄罗斯政府从20世纪90年代起陆续开展了一系列技术预测的工作。近几次的技术预测工作均由俄罗斯教育和科学部牵头组织，旨在确定俄罗斯最具潜力的科技发展方向和在中长期的竞争中具有优势的领域。面向2030年的科技发展全面预测报告由俄罗斯总理批准并公开发表。

#### 4.6.1.2 技术预测的发展历程

俄罗斯国家层面技术预测的首次尝试可以追溯到20世纪90年代。苏联解体后，作为独立国家的俄罗斯最初度过了一段艰难的时期。在由计划经济向市场经济转型的过程中，俄罗斯的国民经济遭受到了严重冲击，研发投入也随之大幅减少，如何确定有限的经费应重点支持哪些科研领域成为一个亟须解决的问题。1991年，通过对主要科研人员开展关于科技发展方向的调查，俄罗斯科学院的主要成员确定了80个有前景的研究领域。

1996年，通过对高等院校、研究机构和工业企业的数百名专家开展多轮德尔菲调查，俄罗斯科学和技术政策委员会首次确定了科技发展的优先领域和关键技术清单，并由俄罗斯总理正式批准，清单共包含7个优先领域和70项关键技术。然而，当时的预测工作只关注技术本身，没有充分考虑各领域的实际市场需求，且清单确定的关键技术过于广泛，导致每项技术实际上均无法得到充分的支持。进入21世纪之后，这份清单被更新了4次。其中，优先领域的数量基本保持不变，而关键技术的数量逐渐减少，这是为了将有限的资源集中用于发展最重要的关键核心技术，以确保国家在中长期的竞争中取得优势。市场需求也逐渐得到了重视，每项关键技术都有明确的应用前景。2002年、2006年和2011年的更新都由俄罗斯总统亲自批准，但2015年的更新未得到正式批准，且之后清单的更新工作被暂停（表4-23）。这主要是因为之前确定的清单缺乏有效的执行机制，人们对于清单所列的优先事项的实施结果感到失望。

表4-23 俄罗斯科技发展的优先领域和关键技术清单统计

| 发布年份 | 优先领域数量/个 | 关键技术数量/项 |
|---|---|---|
| 1996 | 7 | 70 |
| 2002 | 9 | 52 |
| 2006 | 8 | 34 |
| 2011 | 8 | 27 |
| 2015 | 10 | 27 |

20世纪末至21世纪初，得益于较高的国际能源价格，俄罗斯的经济实现了稳定增长，研发投入也随之不断增加。不过，主要的研发工作依然是由政府早先设立的分支研发机构和科学院的各研究所来完成，大学和工业企业开展的研发活动并不多。俄罗斯科研人员发表的学术论文在全球的占比持续下降，且论文被引用的次数较少。大多数企业仍然倾向于购买现成的生产设备并使用现成的技术，而不是研发新的设备和技术，因为这些企业主要面向竞争并不激烈的地方市场，即使没有创新也能很好地生存下去。因此，研发投入和创新产出之间的差距仍然是一个严重的问题。1999年，俄罗斯教育和科学部开展了一次针对科技重点领域的德尔菲调查，共有1000多名专家参与。结果显示，俄罗斯在一些与能源或国防相关的基础研究和应用领域（如空间研究和核动力工程），以及在一些没有足够市场前景的工业技术（如运输液体煤悬液的管道）和该国特有的工业技术（如露天铀矿开采）领域仍然保持着领先优势。不过，在许多发展迅速、应用前景广阔的领域（如信息通信技术、生物技术等），俄罗斯的技术水平严重落后于西方发达国家。同时，俄罗斯的很多研究成果难以找到对应的市场需求，且俄罗斯的国家情报院在资料搜集工作上存在不足之处。

2007—2013年，俄罗斯集中进行了3个阶段的大规模技术预测。第一阶段的技术预测工作于2007—2008年进行，主题是“俄罗斯面向2025年的科技发展预测”，主要包括俄罗斯经济宏观预测、科技发展预测和产业发展预测3个方面。通过对俄罗斯40多个地区的重点大学、科研机构和高科技公司2000多名专家的两轮德尔菲调查，确定了10个前沿科技发展领域的900余项关键技术。此外，通过对俄罗斯经济重点行业中最大的100家公司进行调研，分析了人们当前和未来对新技术的需求。不过，某些公司由于担心自己的战略规划被竞争对手知晓，在发表意见时有所保留，这使得调研结果不一定能完全反映客观情况。在本阶段，正式形成了技术预测的概念，并提出了关于改进特定领域的科技政策的建议。

2009—2010年，俄罗斯进行了第二阶段的技术预测工作。结合社会经济和科技领域的国际前沿研究成果，预判了全球金融和经济危机将导致的后果，评估了未来全球经济和主要市场，并对俄罗斯的宏观经济指标进行了预测。在此基础上，通过德尔菲调查，明确了关键经济部门对现代化进程的需求，并确定了6个优先发展领域的科技和产品组合。在本阶段，提出了将技术预测成果应用于战略决策的建议，和在危机背景下重新调整部分科技政策的建议。

2011—2013 年，俄罗斯进行了第三阶段的技术预测工作，主题是“俄罗斯面向 2030 年的科技发展全面预测”。

## 4.6.2 技术预测组织架构

### 4.6.2.1 组织架构

俄罗斯的技术预测工作均由俄罗斯教育和科学部发起，由俄罗斯国立高等经济大学全面组织协调。其中，第三阶段面向 2030 年的技术预测规模最大，组织架构如图 4-15 所示。

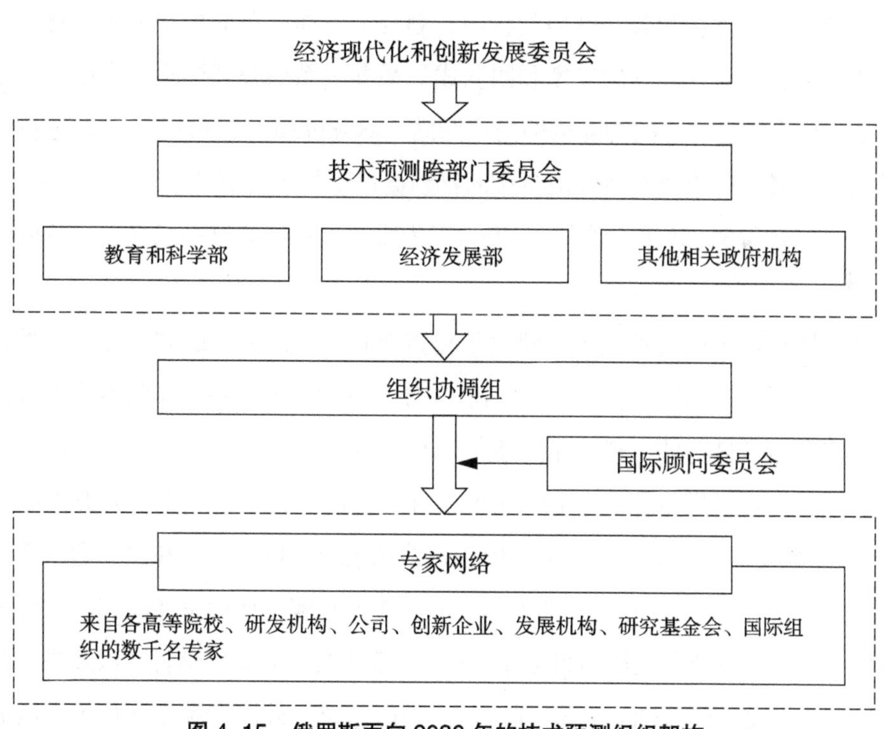


**图 4-15 俄罗斯面向 2030 年的技术预测组织架构**

2012 年，俄罗斯成立了由总统担任主席的经济现代化和创新发展委员会，负责提交有关确定经济现代化和创新发展主要方向和机制的建议，协调政府部门、企业和专家在该领域的行动，确定该领域内国家调控的优先方向、形式及方法等。2013 年，俄罗斯成立了技术预测跨部门委员会，由教育和科学部、经济发展部牵头，电信和大众传播部、卫生部、交通运输部、财政部、工业和贸易部、自然资源与环境部、能源部、俄罗斯联邦空间局和俄罗斯科学院等部委和机构参与。俄罗斯国立高等经济大学成立了一个专门的专家小组负责技术预测的组织协调工作，并聘请了一个国际顾问委员会，委员由来自英国、美国、韩国、中国、加拿大等国家的知名预测机构的代表组成。来自各高等院校、研发机构、公司、创新企业、发展机构、研究基金会、国际组织的数千名专家组成了一个庞大的专家网络，共同完成了此阶段技术预测工作。

#### 4.6.2.2 外部专家网络

俄罗斯第2次技术预测是由国家研究型大学高等经济学院（National Research University Higher School of Economics，HSE）统筹协调，涉及十几所执行特定任务的机构。为确保民间社会和公共部门的参与，制定了一项复杂的公共关系战略，其中包括：由最相关、参与度最高的专家和团队成员举办一系列公开讲座，介绍和讨论阶段成果及最终成果；创建专门的互联网门户网站（www.prognoz2030.hse.ru）；进行每月一次的开放式专家研讨会和许多大型会议的特别会议（如年度HSE经济和社会发展国际学术会议、远见和STI政策会议等），致力于为联邦和地区起草一级立法、政府计划和政策。

在俄罗斯技术预测的框架下，建立了覆盖200多个组织（研究中心、大学、公司等）及由2000多名专家组成的联系网络。①参与技术预测准备工作的专家遴选是按照专门的程序和标准进行的，遴选了从事特殊科技领域研究的专家，主要是根据其客观的资质属性（学术引用指标、专利、主要国际会议的主旨演讲、主要研究中心的管理经验等）。②邀请来自创新公司、工程中心、营销组织、创新产品和供应商消费者组织（分销商）的有关群体成为专业从业人员，并在技术预测发展中发挥作用。③为重点科技领域成立了一流的专家工作小组（120多名非俄罗斯籍的专家学者，以及来自各个领域的有关代表，总计超过800人）。④项目组同时邀请了外国专家参与技术预测的准备工作，包括国际组织成员、来自领先大学和研究中心的科研人员，以及由俄罗斯联邦政府出资设立科学实验室的主任（通过竞争选拔）。在俄罗斯高等教育机构和研究机构的领先科学家指导下，这些研究机构的科学研究工作得到了国家资助。⑤成立了由外国专家组成的专家方法论组，该工作组由经济合作与发展组织、联合国工业发展组织和主要全球预测中心（来自英国、美国、加拿大、日本、韩国、德国、法国等）的100

多名专家组成，主要负责讨论正在进行的研究方法，并对得到的结果进行验证。

## 4.6.3 技术预测过程与方法

### 4.6.3.1 技术预测过程

俄罗斯第 2 次技术预测“俄罗斯 2030：科学和技术预测”对俄罗斯经济发展产生了较大的影响。此次技术预测一共分为 3 个阶段。

第一阶段：2007 年，由俄罗斯教育和科学部发起了第一个国家级重大项目“俄罗斯面向 2025 年的科技发展预测”。项目内容涉及 3 个主要领域：俄罗斯经济宏观预测、科技发展预测、产业发展预测，其目的是为国家重要经济的技术发展提供战略决策参考。项目的核心要素之一是使用德尔菲法大规模调查和收集专家意见。已有 900 多项技术被分类到未来 10 个前沿科技发展领域中，并对俄罗斯经济重点行业中最大的 100 家公司进行了调研，对当前和未来的科技进行需求分析。

第二阶段：2009—2010 年，俄罗斯对金融和经济危机将导致的后果进行预期，并综合社会经济和科技领域的国际前沿研究结果，评估未来全球经济和主要市场。项目所获结果为俄罗斯的宏观经济预测和有关经济部门的情景技术预测奠定了基础，确定了未来国家现代化应优先发展的科技和产品组合。对上一阶段技术预测遴选的关键技术清单进行德尔菲调查，识别了 250 个关键技术集群，遴选出信息通信技术、纳米产业与材料、生活系统、自然资源合理利用、运输和航空航天、能源 6 个领域 25 个重要技术子领域。

第三阶段：2013 年，完成了俄罗斯面向 2030 年的技术预测工作，研究了全球有关组织机构的 200 余份技术预测相关材料，采用专利文献计量、情景分析、技术路线图、全球挑战分析、地平线扫描、弱信号等多种方法，识别了俄罗斯未来发展中面临的关键性问题、巨大挑战和窗口发展机遇。获得的主要成果：①确定了对科学和技术影响最大的趋势，以及它们对全球各国经济、科学和社会长期发展所带来的挑战；② 7 个应优先发展的科技领域为信息和通信技术、生物技术、医疗和卫生保健、新材料与纳米技术、环境管理、交通运输和空间系统、能效与节能；③根据现有趋势，确定了俄罗斯面临的关键威胁和机遇；④确定了潜在市场、产品群体和俄罗斯创新技术与设计的潜在需求；⑤制定了科学和技术发展重点领域的详细说明，确定了所定义创新产品和服务类别兴起所需的1000多项研究和开发重点；⑥对7个优先发展领域的国内研究现状进行分析，将俄罗斯定位为全球科技发展的中心，以普通产品和领先产品作为国际联盟形成的基础，明确了各领域科技发展的重点；⑦为促进俄罗斯面向2030年的技术预测成果在技术创新政策中的实际利用提出了有关建议，包括在俄罗斯制定、调整和实施的公共方案，以及和特殊项目有关的科技方案（图4–16）。

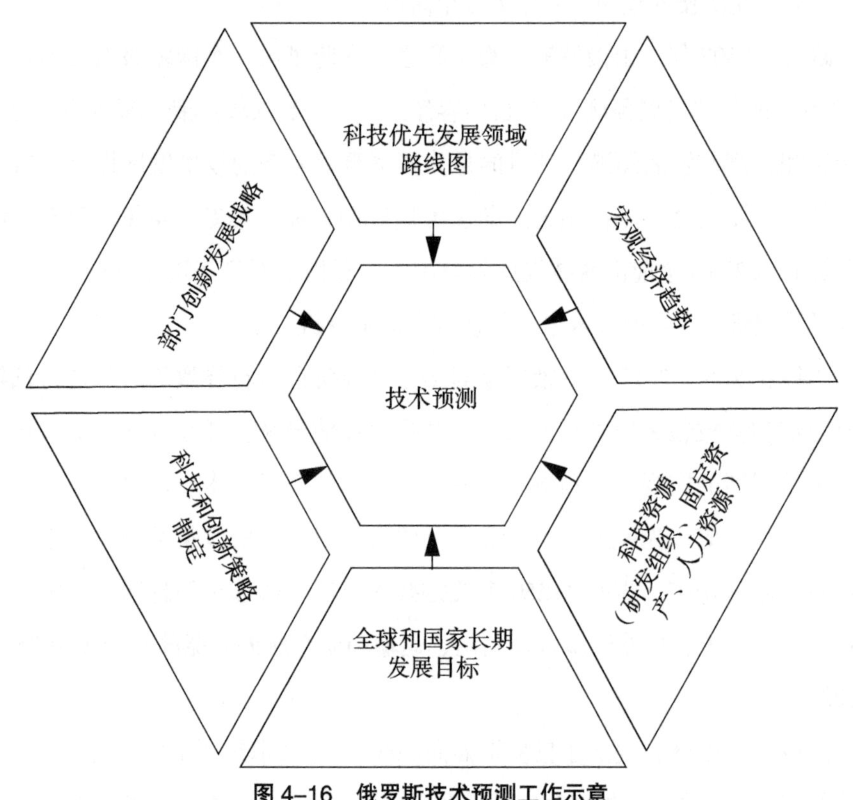


**图4–16　俄罗斯技术预测工作示意**

#### 4.6.3.2　技术预测方法

俄罗斯面向2030年的技术预测使用了广泛、前瞻的现代方法。一方面最大限度地与俄罗斯的实际情况相适应；另一方面其有效性在国际惯例中也得到了认可。在技术预测的同时，还综合了“市场拉动”和“技术推动”的方法。该方法本质上以问题（市场）为导向，针对具体的科技领域，首先确定了主要挑战与机遇，再确定技术方案或其他对策。在研究中，选择了面向未来可能从根本上改变现有经济、社会和产业模式的具有突破性的产品和技术。俄罗斯面向2030年的技术预测同时开展了3个方面的工作——市场、技术和管理，从而可以最大化地与各类受益群体相适应，不仅可以确定有前景的科技领域，还可以确定应用预测成果的方法和对象（图 4–17）。

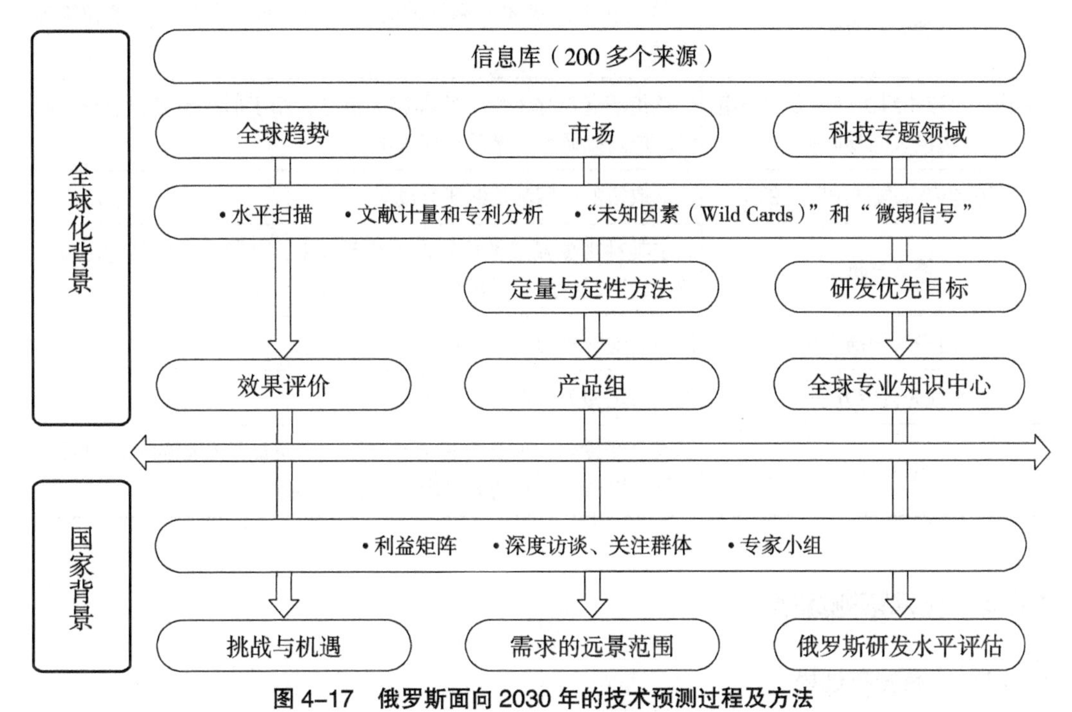

**图 4–17 俄罗斯面向 2030 年的技术预测过程及方法**

在预测方法方面，使用了常用的传统方法（优先设定、未来愿景发展、技术路线图、全球趋势和重大挑战分析）和相对较新的方法（地平线扫描、微弱信号、未知因素等）（表 4–24）。

**表 4–24 俄罗斯技术预测方法及目标**

| 方法 | 目标 |
| --- | --- |
| 全球趋势和重大挑战分析法 | 识别优先领域的科技发展及经济关键领域的驱动因素和趋向 |
| 专利文献计量分析法 | 确定未来科技前沿领域，包括实施科技前沿研究的工具 |
| 利益相关主体分析法 | 识别未来科学和创新市场等领域的相关信息聚合中心 |
| 量化模型和情景分析法 | 基于俄罗斯经济形成一个宏观经济预见 |
| 定性模型分析法 | 评估关键技术的特征来选定科技发展和经济领域 |

续表

| 方法 | 目标 |
|---|---|
| 技术路线图 | 为科技和经济优先发展领域确立初级市场、产品、技术和管理方案 |
| 专访、焦点小组访谈、专家小组访谈、问卷调查 | 广泛组织各领域专家，收集相关信息，用于形成预测和愿景，同时形成基础研究领域的长期预测 |
| 研讨会等（包括国际性的） | 论证取得的中期和最终研究成果 |
| 情景分析法 | 假定某种现象或某种趋势将持续到未来，对预测对象可能出现的情况或引起的后果做出预测的方法 |
| 地平线扫描方法 | 借鉴其他国家的技术预测方法手段 |
| 优先设定方法 | 优先假定相关条件，进行分析 |
| 未知因素 | 不太可能发生，但具有很大潜在影响（可能是负面的）的事件，可能会以意想不到的方式影响未来的发展 |

## 4.6.4 技术预测成果

### 4.6.4.1 成果发布过程

2012年12月12日，俄罗斯总统普京在联邦议会发表年度国情咨文，强调正在进行的技术预测工作将对国家社会、经济、科技发展战略产生重要影响。2014年1月3日，俄罗斯总理正式批准了面向2030年的科技发展全面预测报告。2014年1月20日，俄罗斯总理在常务总理会议上再次强调了技术预测成果的重要性。此后，技术预测报告在一系列国家和国际会议上被多次讨论，并在政府部门、大学和科研机构、公司、专业协会、技术平台、区域创新集群、国际组织等被广泛宣讲。

俄罗斯正在推动科技前瞻和战略规划的制度化。2013年6月28日，俄罗斯成立了技术预测跨部门委员会。2014年6月28日，《俄罗斯联邦战略规划》作为一部联邦法律正式生效，明确了国家长期战略规划主要文件的层次和结构。这部法律指出，技术预测是整体国家战略规划系统和类似的社会经济发展工作的主要组成部分之一，在联邦和部门层面的系统中具有重要地位。俄罗斯技术预测成果已多次为俄罗斯政府的相关决策制定提供了参考，包括长期经济发展计划、科技发展计划、能源发展计划、区域创新集群发展计划。

#### 4.6.4.2 未来俄罗斯科技发展的七大优先领域

俄罗斯第2次技术预测在超过2000名国内外专家的共同参与下，确定了影响俄罗斯经济社会和科学长期发展的关键领域、俄罗斯创新技术和产品的市场前景，以及各领域的研发重点。根据技术预测结果，未来俄罗斯科技发展的优先领域为：信息通信技术、生物技术、医学和健康、新材料和纳米技术、环境管理、运输和空间系统、能源效率和能源节约。

以下为各个优先领域及其主要关键技术。

（1）信息通信技术

信息和通信技术是向知识经济转变的关键推动力之一。它们的发展有助于提高生活质量及私营企业和公共行政的效率，促进新形式教育体制兴起，便于个人之间更好地沟通和互动及获取各种信息。该领域的主要关键技术有：计算机架构与系统，远程通信，数据处理与分析，基础元件、电子设备和机器人，预测模型和新型系统运行，算法和软件，信息安全。

（2）生物技术

生物技术的集中发展不仅因为生物化学、生物有机化学和分子生物学等领域取得的进展，还由于传统技术的危机（尤其是考虑到新动向，特别是与环境和能源相关的动向）、确保食品供应、维持资源供应、延长人们寿命及维持健康的全国基因库等方面的重大需求。该领域的主要关键技术有：生物技术研究的科学基础和方法、工业生物、农业生物、环境生物、食品生物、林业生物、水生物养殖。

（3）医药和健康

人口寿命的增长和生命质量的提高是国家安全和社会经济发展的有效指标，在公共政策中占有重要地位。该领域的主要关键技术有：分子诊断，分子表达谱、分子识别与细胞病理机制，生物医学细胞技术，生物可降解和复合医用材料，生物电动力学和放射医学，人类基因组数据库，新型候选药物发现。

（4）新材料和纳米技术

新材料和纳米技术在产品生产、服务、处理的过程中，会极大改变未来经济和社会的发展模式。该领域的主要关键技术有：建筑及功能材料，混合材料、聚合技术、仿生材料和医用材料，材料诊断，材料与工序的计算机模拟。

（5）环境管理

全球生态环境的破坏与低效的环境管理使得全人类在未来面临严峻挑战。该领域的主要关键技术有：环境保护与安全，环境状况监测、自然环境和人为紧急情况的预测和评估，海洋、北极和南极资源的研究与开发，矿产和碳氢化合物资源的勘查与综合开发。

（6）运输和空间系统

低价高效、安全快速可控的运输链的完善将是未来地区和全球范围的发展重点。实现影响整个运输复合体的各类应用研究，将会在一定程度上改变社会经济发展模式。该领域的主要关键技术有：新型交通运输与空间系统、综合运输空间的发展、运输系统的安全与环保。

（7）能源效率和能源节约

能源产业的发展态势在很大程度上决定了经济整体竞争力、社会发展水平和环境质量。该领域的主要关键技术有：安全的核电工程、化石能源的有效勘探与开采、可再生能源的高效利用、高效环保的热电工程、新型生物能源、电力和热能的高效储存、燃料和能源的高效运输、新型发电技术与系统的模拟、新型电力工程应用的新材料与催化剂、高效能源消耗、电力工程的先进电子元件、新型智能的能源系统、氢能、有机燃料的深加工。

## 4.7 欧盟

欧盟框架计划（FP）是近20年来欧盟实施其科技战略和行动最主要的工具，是目前世界上规模最大的官方综合性科研与开发计划之一。该计划的开展是建立在对未来发展预判的基础之上的，其组织设计、人才培养、基础设施建设等都受到未来技术预测的引领和约束。通过研究分析欧盟框架计划，可以深入探知欧盟相关的技术预测活动。本节从概述、发展情况、组织过程、实施过程、技术领域等方面对欧盟框架计划及技术预测进行了梳理和归纳。

### 4.7.1　欧盟框架计划概述

欧盟是世界上经济一体化程度最高的区域性国际组织，2020 年欧盟国内生产总值（GDP）约 15.29 万亿美元，仅位列美国之后，排名世界第二。欧盟十分重视科技创新，拥有较强的科技实力和世界一流的科技人才，曾是第一次、第二次科技革命的发源地。2020 年，欧盟研发支出总计超过 3110 亿欧元，研发强度（研发支出占当年 GDP 的比重）为 2.3%。

欧盟框架计划（FP）于 1984 年开始启动实施，是由欧委会具体管理的欧盟最主要的科研资助计划，也是迄今为止世界上最大的公共财政科研资助计划。欧盟框架计划从 1984 年的第一框架计划（FP1）发展到 2020 年的第八框架计划（FP8），再到欧盟第九框架计划——“地平线欧洲”计划（2021—2027 年），共计经历 9 个阶段。分别如下：

①欧盟第一框架计划（FP1）：跨年度 1984—1987 年，研发经费总投入 32.71 亿欧元；

②欧盟第二框架计划（FP2）：跨年度 1987—1991 年，研发经费总投入 53.57 亿欧元；

③欧盟第三框架计划（FP3）：跨年度 1990—1994 年，研发经费总投入 65.52 亿欧元；

④欧盟第四框架计划（FP4）：跨年度 1994—1998 年，研发经费总投入 131.21 亿欧元；

⑤欧盟第五框架计划（FP5）：跨年度 1998—2002 年，研发经费总投入 148.71 亿欧元；

⑥欧盟第六框架计划（FP6）：跨年度 2002—2006 年，研发经费总投入 192.56 亿欧元；

⑦欧盟第七框架计划（FP7）：跨年度 2007—2013 年，研发经费总投入 558.06 亿欧元；

⑧“地平线 2020”计划（FP8）：跨年度 2014—2020 年，研发经费总投入 790.66 亿欧元；

⑨“地平线欧洲”计划（FP9）：跨年度 2021—2027 年，研发经费总预算 955.17 亿欧元。

## 4.7.2 欧盟框架计划的发展情况

### 4.7.2.1 初步形成阶段（第一到第三框架计划）

欧洲层面上推动科技发展可以追溯到 20 世纪 50 年代的欧洲煤钢共同体和欧洲原子能共同体。1952 年，西欧六国成立欧洲煤钢共同体，提出了有关开展煤钢研究的内容。1957 年，欧洲成立原子能共同体，成为核领域科学技术研究组织。1958 年，欧洲《罗马条约》生效，欧共体成立，开启了欧洲经济一体化的进程。《罗马条约》提出，要采取相关措施缩小并逐步消除区域间发展的不平衡，并明确了加强共同体工业的科学和技术基础这一发展目标。到了二十世纪七八十年代，欧洲国家意识到美国和日本在高技术领域给欧洲经济和科技带来的挑战越来越严峻，欧洲各国必须联合起来才有可能应对这一重大挑战。

1977 年，欧共体提出了欧洲历史上第一个研发框架计划，涉及能源、环境、生活条件、服务和基础设施等方面。1982 年，欧共体正式执行试验期为一年的欧洲信息技术研究发展战略计划。该计划成为连通欧共体和欧洲工业企业的桥梁，对促进科研机构和企业的联合、提升欧洲的整体国际竞争力具有明显作用。该计划的成功实施使欧共体看到了科技联合的美好未来，欧共体相继批准了欧洲信息技术研究发展战略计划的第一、第二、第三期，并为欧共体成员国广泛接受。在这一背景下，时任欧共体委员会工业、科研和能源委员与欧共体第十二总司的负责人把联合研究中心的工作与欧共体正准备实施的新的研究和开发项目联合起来，形成一个统一的计划，欧洲层面的第一个框架计划应运而生。

（1）第一框架计划（1984—1987 年）：确立了欧洲合作模式

第一框架计划为期 4 年，预算为 32.71 亿埃居（欧洲货币单位，后为欧元），其中 67% 的预算投入到以信息技术和能源为代表的工业研究领域。实际上，它的推出确立了未来欧洲合作的模式。第一框架计划的设立也得到了欧洲许多大型跨国集团的支持，它们认为欧共体应该出资对协作研发项目进行资助。

第一框架计划主要由欧洲信息技术研究发展战略计划、欧洲先进通信技术发展计划（RACE）和欧洲产业技术基础研究计划（BRITE）等部署落地。由于出台得非常紧迫和仓促，第一框架计划在组织形式上只是超国家层面研发计划的初步尝试，仅仅是把各个分散的项目集合起来，还不具备法律基础，也不具有自由筹集和支配科研资金的权利。第一框架计划虽然不具有真正的战略意义，但对最初确定优先领域做出了贡献，也确立了未来欧洲合作的模式，且计划执行情况良好，振兴了欧洲的科技与经济，为欧洲的经济繁荣奠定了基础，也为后续计划的出台奠定了良好的基础。

第一框架计划实施的贡献还在于，为配合计划实施，在德国研究技术部部长的领导下，制定了“里森胡贝尔指标”，首次利用系统的方法，根据欧洲的价值增加来评价欧洲研究活动。该指标旨在分析哪些活动能够带来欧洲价值的增长，并据此对欧洲层面上的研发活动进行评判，因此是一个用于评价研发活动影响的有益尝试。

（2）第二框架计划（1987—1991 年）：确立法律地位

1986 年，欧洲《单一欧洲法案》出台，明确提出“强化欧洲产业的科学与技术基础，鼓励其拥有更强的国际竞争力”的战略目标，从而确立了欧共体发展科技的法律地位，并将科技政策与欧共体经济政策、社会政策等放到了同样重要的位置。法案明确了框架计划的地位，“共同体应采取明确各项活动的多年度框架计划。框架计划应定位于科学技术活动，确定其各自的优先领域，制定预期活动的主要路径，明确必要的数量，在计划中设计共同体参与的资助规则，将资助金额根据不同预期活动进行分解等”。1987 年，依据《单一欧洲法案》形成的第二框架计划正式发布实施。

第二框架计划的实施受到欧洲各国的关注，大幅增加了科研资金，尤其是能源与信息技术等领域的投入，并首次增加了有关经济和社会协调发展的内容，还制定了某些技术领域在欧洲层面的统一标准。为此，第二框架计划将欧洲信息技术研究发展战略计划、欧洲产业技术基础研究计划和欧洲高级材料研究计划等多项已经运作的领域性计划纳入其中。由于第二框架计划的地位和作用在《单一欧洲法案》中得到确认，因此可以认为第二框架计划是欧洲全面努力制定欧共体科技战略的开始。第二框架计划也采用了里森胡贝尔指标，但增加了社会凝聚方面的内容。

（3）第三框架计划（1990—1994 年）：扩大为 5 年期计划

第二框架计划的执行并不顺利，其间欧洲各国对于计划过于关注大公司表示不满。因此，在第二框架计划尚未结束的 1990 年，欧共体便组织编制并发布了第三框架计划。鉴于第二框架计划期间存在的问题，第三框架计划开始鼓励中小企业参与，并组织实施一项用于研究资源有限或缺乏的中小企业计划（CRAFT）。

第三框架计划首次将生命科学列为重点研究领域，提出了“以科学技术促进发展”的理念，并将人力资源与人员流动作为专项单列，也体现出欧盟对于促进欧洲各国间科研人员流动的重视。第三框架计划在时间上与第二框架计划有两年的重叠，从而使框架计划成为一个具有流动性质的为期约5年的研发计划。计划中各个项目将视其执行情况和研究成果，在计划执行中期或在下一个框架计划中做出相应调整。

#### 4.7.2.2 逐步强化阶段（第四到第六框架计划）

1993年《马斯特里赫特条约》（也称为《欧盟条约》）正式生效，欧共体更名为欧洲联盟（简称“欧盟”）。条约延续了协作的理念，并加入了关于“共同体政策是研究活动的核心目标”的内容，进一步强化了框架计划的地位，使其成为共同体所有研发活动的“保护伞”。《马斯特里赫特条约》还明确规定，框架计划将欧盟进行的所有非核研究开发活动全部纳入自己的管理范围，从而使框架计划真正成为一个涵盖全欧洲的大型研究与技术开发计划。

（1）第四框架计划（1994—1998年）：大幅增加经费

1994年，按照《马斯特里赫特条约》和欧洲一体化法案规定的目标与立法程序制订的第四框架计划正式发布实施。第四框架计划基本上保持了原有优先发展领域，但经费却大幅增加，总预算达到123亿欧元。

第四框架计划包括4项主要目标：①加强欧洲工业的国际竞争力；②科学技术满足市场的需求；③支持欧盟的各项共同政策；④为欧洲的一体化建设服务。围绕上述目标，欧盟还对第四框架计划的结构进行了大幅调整，以信息通信技术、新能源、交通和生命科学为重点任务，首次把社会科学纳入资助范围并把“国际合作”列为专项计划，同时将新技术的传播及整合中小企业作为一个重要专项。

（2）第五框架计划（1998—2002年）：大幅改革计划管理

自20世纪90年代中期起，欧盟就开始准备《2000年议程》，并为最大的欧盟扩张做好准备。2000年，欧盟发布《里斯本战略》，欧盟的优先权转向增长、就业与创新，并提出了到2010年研发投入强度达到3%，以及建设“欧洲研究区”的战略目标。伴随着欧盟《里斯本战略》的实施，第五框架计划以更系统的观点看待科技与创新，并把技术发展的目标与社会经济目标更紧密地联系了起来。

从 1998 年第五框架计划实施开始，因期望科技政策在欧洲面临社会经济挑战时能够有所作为，欧盟框架计划被赋予了比以往更强的任务导向。为此，第五框架计划期间，欧盟对计划的管理和执行进行了大幅度改革，突出了科研活动在解决重大社会和经济问题中的作用，要求框架计划能传递欧洲附加价值，提高科技解决社会实际问题的能力，社会科学领域专项计划资助幅度显著增加。在管理方面，采取了矩阵管理结构来减轻参与者和欧盟委员会的管理负担。

欧盟在制定第 5 个研发框架计划时，更加强调欧盟对于关键技术选择的认识，特别突出欧洲的附加价值，提出欧盟必须超出成员国的眼界，不必面面俱到地选择关键技术，而要做到成员国单独不能做到的事情。同时，欧盟强调要利用其网络化的人才优势、跨学科的研究开发能力，制定欧盟统一的技术标准，把技术领先适时地转化为商业竞争力，并为欧洲企业创造欧洲工业平台，从而与世界经济技术大国美国、日本分庭抗礼。这样就形成了欧盟在关键技术选择和技术发展战略方面的鲜明特色。

（3）第六框架计划（2002—2006 年）：落实建立欧洲研究区

进入新世纪以来，随着欧盟一体化进程的发展，新成员国的加入给欧盟层面的科技体系带来了挑战。2002 年，第六框架计划正式发布实施，并被视为落实《里斯本战略》提出建立欧洲研究区的一项具体行动，特别强调在欧洲范围内统筹协调各成员国的科技政策，希望通过成员国科技政策间更大程度的开放、合作和竞争，改变当时欧盟科研领域条块分割的状况，使建立欧洲研究区的目标成为现实，从而更好地应对来自全球经济体系的竞争。

第六框架计划在实施理念和项目管理机制等方面进行了大幅改革。在基础研究领域，推行类似第二框架计划和第三框架计划中“技术推动”性质的“卓越中心网络”机制，即由多个优秀研究机构组成一种虚拟研究中心，立足某一项目展开联合研究，并首次将新的基础设施建设列入支持范围。在应用技术研究领域，推行“集成型项目”研究管理机制，在结构上从独立项目转向集成项目，增加每个项目的资助金额，减少项目数，解决关键问题，倾向长期性、结构性投入。在管理体制方面，重组欧盟委员会特别是研究总司的机构，简化项目申报和管理程序，下放权力，提高效率。

#### 4.7.2.3 战略提升阶段（第七到第九框架计划）

经过前 6 个框架计划的实施，尤其是欧盟成员国扩大到 27 个之后，欧盟框架计划已成为新欧盟迈向新格局之际的重要计划，也是决定欧盟能否在知识经济和创新上有突出表现的关键所在。为此，在新时期，欧盟对框架计划进行了进一步的改革与整合。同时，为了更好地推动框架计划的制订与实施，欧盟将框架计划的实施周期延长到了 7 年，使欧盟框架计划进入了一个新的阶段。

（1）第七框架计划（2007—2013 年）：计划执行期延长至 7 年

第七框架计划于 2007 年开始运行，2013 年结束，且相对于第六框架计划，经费大幅增加。第七框架计划以通过科技进步实现《里斯本战略》为最主要的战略指导思想，继续按照欧洲科技共同体的理念，持续关注并跟进欧洲研究区的建设。与此同时，第七框架计划承接了第六框架计划的多项重要研究成果，具有承前启后的跨时代作用。

与以往的框架计划相比，第七框架计划做出了重大改变，呈现出鲜明的特点。首先，执行期更长，资助规模更大。第七框架计划执行期为 7 年，而且总预算经费大幅增加，几乎相当于前 6 个框架计划资助经费的总和。欧盟专门设立了欧洲研究理事会，专门负责欧盟层面上基础研究的资助，并专门设立了原始创新计划项目。第七框架计划除将所有主题领域向第三国开放外，还在每个主题领域中专门设立了国际合作专项，并通过研究能力建设计划进行支持。

（2）“地平线 2020” 计划［第八框架计划（2014—2020 年）］：欧盟框架计划的重构

通过 30 多年的经验积累，欧盟委员会发现，原有的规则和模式已经无法适应社会复杂的变化和需求。尤其是在第七框架计划执行期间，全球经历了 2008 年的金融危机，欧洲的经济发展一直乏力，凸显了框架计划的执行力度不够、最终目标完成得不够理想等问题。2010 年，欧盟发布《欧盟 2020 战略》，成为继《里斯本战略》之后欧盟的又一个 10 年经济发展新战略，明确了可持续和包容性的增长战略，并提出要发展以知识和创新为基础的经济。为了更好地促进经济和其他领域的发展，欧盟将科技创新作为其支撑《欧盟 2020 战略》的重中之重。2011 年年底，欧债危机爆发，欧盟进一步认识到，为促进经济、科技等领域的发展，迫切需要整合欧盟各成员国的科研资源，提高创新效率。欧盟决定在继承框架计划优势基础之上做出重大变革，解决之前的弊病，适应未来社会的发展。

2013年12月11日，被命名为“地平线2020”计划的第八框架计划（2014—2020年）正式发布实施，预算总额达到了770亿欧元。对着新时期的新挑战，“地平线2020”计划重新设计了整体研发框架，聚焦卓越科学、工业领袖和社会挑战三大战略目标，简化和统一了旗下所属的各个资助板块，保留了合理的政策，简化了难以操作或重复烦琐的项目申请和管理流程。

（3）“地平线欧洲”计划［第九框架计划（2021—2027年）］：强调开放和欧洲伙伴关系

为夯实科技基础，培育欧盟竞争力，落实欧盟战略要务，并应对全球性挑战，2018年6月欧盟委员会又提出了预算达976亿欧元的第九框架计划——“地平线欧洲”计划（2021—2027年）。该计划将遵循“开放科学、开放创新和向世界开放”的总原则，通过“开放科学”“全球性挑战与产业竞争力”“开放创新”三大支柱执行，注重平衡、连贯和协同，并支持加强研发创新体系。为产生最大影响，该计划将通过开放使科学更卓越、更具影响力，将通过设置重大任务（Mission）和新一代欧洲伙伴关系在“全球性挑战与产业竞争力”方面更聚焦，将通过正式设立欧洲创新理事会（EIC）促进突破性、颠覆性创新。

计划总体目标是，通过研发创新投资产生科学、经济和社会影响，进而加强欧盟科技基础，培育欧盟竞争力，落实欧盟战略要务，为应对全球性挑战献力。其具体目标有4个方面：①为创造和扩散高质量的新知识、新技能、新技术和新的全球性挑战解决方案提供支持；②加强研发创新在制定和执行欧盟政策方面的影响，并加强创新成果在产业和社会中的应用，以应对全球性挑战；③促进包括突破性创新在内的各类创新，强化创新成果市场化；④优化框架计划的实施，强化欧洲研究区，提高欧洲研究区的影响力。

### 4.7.3 欧盟框架计划的组织过程

欧盟自1984年开始实施“研究、技术开发及示范框架计划”，简称“欧盟框架计划”，是欧盟成员国和联系国共同参与的中期重大科技计划，具有研究水平高、涉及领域广、投资力度大、参与国家多等特点。欧盟框架计划是当今世界上最大的官方科技计划之一，以研究国际科技前沿主题和竞争性科技难点为重点，是欧盟投资最多、内容最丰富的全球性科研与技术开发计划。进入 21 世纪后，每 7 年动态调整一次。

#### 4.7.3.1 框架计划的组织与审批

欧盟自 1984 年开始实施的“研究、技术开发及示范框架计划”，由欧盟委员会实施、管理和协调欧盟各国的科研计划，具有研究水平高、涉及领域广、投资力度大、参与国家多等特点，如图 4–18 所示。

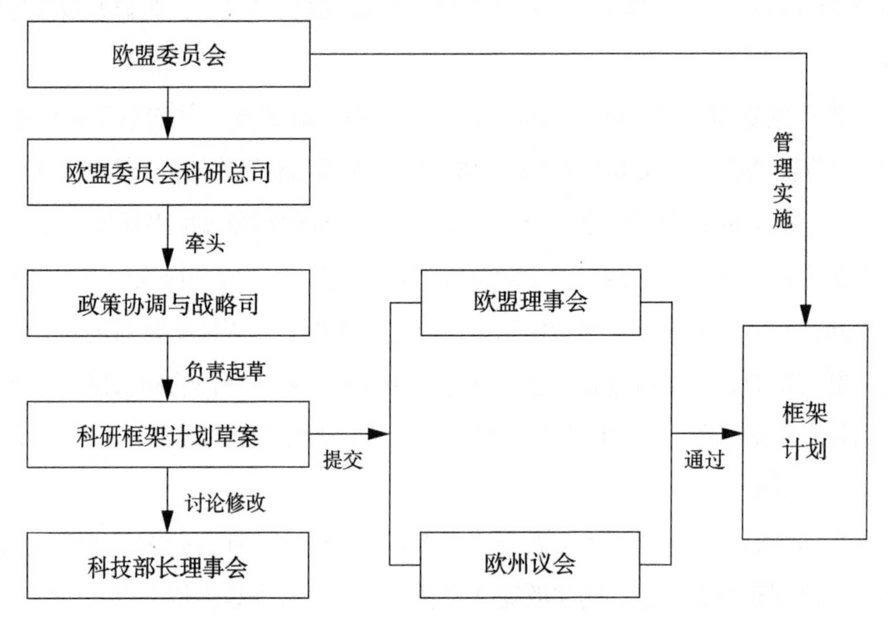


图 4–18 欧盟框架计划的组织与审批

#### 4.7.3.2 近年来组织调整与管理变革

2007 年，欧盟成立了首批执行机构，承担具体的技术、科学或执行等任务。包括负责基础研究的欧洲研究理事会，以及负责管理部分欧盟研究计划的研究执行局。

2021 年，欧盟委员会科研与创新总司（DG–RTD）将负责项目实施的人员调往执行机构，把科研与创新总司总部人数减少 1/3，以便总部可以专注于政策制定工作。总司将更加注重政策的制定，并在国家研究体系改革和“欧洲研究区”（ERA）的实施方面与成员国开展更为密切的合作；此前，科研与创新总司进行了内部改组，将欧盟研究计划实施的监督权力下放给多个新设立的执行机构。本次改组将有助于欧盟委员会调整研究和创新政策，更好地应对全球挑战。

本次改组主要变化为：①改组后，欧盟委员会科研与创新总司的单位数量将从50个缩减至43个，而执行机构数量将从29个增至48个。②以前的组织机构中由3个卫生单位改为2个。卫生司的编制也将大幅缩减，至少将有50人被调往新设立的卫生和数字执行局。③研究基础设施、未来材料、煤炭和钢铁等项目的实施工作现在将交由多个执行机构负责。④总司负责合同签订和支付的单位已缩至3个，其中财务团队也从之前的3个变为1个。⑤之前的项目计划司变更为共同政策中心，负责支持欧盟委员会的整体研究和创新体系。中心工作人员协助执行机构实施"地平线欧洲"计划。⑥外联司重组为欧洲研究区和创新司。

#### 4.7.3.3 "地平线欧洲"计划的组织调整

（1）继续加强欧洲研究区

为框架计划中三大支柱提供支撑，以优化实力和潜能，使欧洲更具创新力。一是使"分享卓越"的预算翻倍至17亿欧元，继续运用团队建设（机构能力建设）、结对帮扶（合作网络）、欧洲研究区（ERA）讲席教授等资助工具支持表现欠佳的成员国发挥潜力。二是提供4亿欧元用于加强欧洲研发创新体系，主要工作涉及科学咨询、未来预测、开放科学、框架计划监测评估、大学现代化、政策研学支持基金（PSF）、研究人员职业发展、公众参与科学、负责任的研究与创新。

（2）相关组织的持续正向演进

相对于"地平线2020"计划而言，"地平线欧洲"计划是演进性的，而非变革性的。它基于"开放科学、开放创新和向世界开放"的总原则，根据科研与创新界的性质、活动的目的与类型及所寻求的影响，在"地平线2020"计划主要构成基础上的优化。一是新设"开放创新"支柱，将原有的未来和新兴技术及中小企业创新计划转至新设立的以资助突破性创新为重点的欧洲创新理事会，并将原有的欧洲创新与技术研究院纳入"开放创新"支柱，进一步促进产学研合作和创新型创业。二是将"卓越科学"支柱更名为"开放科学"，凸显开放性，把开放作为促进科学卓越的关键手段之一。三是整合更适合采用自上而下支持方式的"全球性挑战"与"产业领先"问题，纳入欧盟联合研究中心，形成"全球性挑战与产业竞争力"支柱。该支柱将联系紧密的挑战合并，使欧盟联合研究中心继续在全球性挑战与产业竞争力问题方面发挥决策支持作用。二者的构成对应关系比较情况如表4–25所示。

**表 4-25 “地平线欧洲”计划与“地平线 2020”计划的构成对应关系比较情况**

单位：亿欧元

<table>
<tr><th colspan="3">“地平线欧洲”计划（2021—2027 年）</th><th colspan="3">“地平线 2020”计划（2014—2020 年）</th></tr>
<tr><td rowspan="4">开放科学</td><td rowspan="2">欧洲研究理事会</td><td rowspan="2">166</td><td rowspan="4">卓越科学</td><td>欧洲研究理事会</td><td>131</td></tr>
<tr><td>未来和新兴技术*</td><td>27</td></tr>
<tr><td>玛丽居里人才行动</td><td>68</td><td>玛丽居里人才行动</td><td>62</td></tr>
<tr><td>欧洲科研基础设施</td><td>24</td><td>欧洲科研基础设施</td><td>25</td></tr>
<tr><td rowspan="11">全球性挑战与产业竞争力</td><td rowspan="3">数字化与工业</td><td rowspan="3">150</td><td rowspan="3">产业领先</td><td>使能技术和工业技术</td><td>136</td></tr>
<tr><td>风险融资通道**</td><td>28</td></tr>
<tr><td>中小企业创新计划*</td><td>6</td></tr>
<tr><td>健康</td><td>77</td><td rowspan="7">全球性挑战</td><td>健康、人口变化和福祉</td><td>75</td></tr>
<tr><td>食品和自然资源</td><td>100</td><td>粮食安全、可持续发展农业、海洋海事和内陆水研究及生物经济</td><td>39</td></tr>
<tr><td rowspan="3">气候、能源与交通</td><td rowspan="3">150</td><td>安全、清洁和高效的能源</td><td>59</td></tr>
<tr><td>智能、绿色和综合的交通</td><td>63</td></tr>
<tr><td>气候行动、环境、资源效率和原材料</td><td>31</td></tr>
<tr><td rowspan="2">包容与安全的社会</td><td rowspan="2">28</td><td>包容、创新和反思的社会</td><td>13</td></tr>
<tr><td>保障欧洲及其公民的自由与安全</td><td>17</td></tr>
<tr><td>联合研究中心</td><td>22</td><td rowspan="2">联合研究中心</td><td rowspan="2"></td><td rowspan="2">19</td></tr>
<tr><td rowspan="2">开放创新</td><td>欧洲创新理事会*</td><td>105</td></tr>
<tr><td>欧洲创新与技术研究院</td><td>30</td><td>欧洲创新与技术研究院</td><td></td><td>27</td></tr>
</table>

注：* 表示“地平线 2020”计划下未来和新兴技术及中小企业创新计划转至“地平线欧洲”计划，资助以突破性创新为重点的欧洲创新理事会；

** 表示“地平线 2020”计划下的风险融资通道在“地平线欧洲”计划中不再保留，将整合至其他计划中。

（3）正式设立欧洲创新理事会

欧洲在科学领域世界领先，在航空航天、制药、电子、可再生能源、先进制造等行业擅长渐进性创新，在通过机器人、光子科技、生物技术等有利于维持欧洲产业领先地位和应对重大社会挑战的关键使能技术支持创新方面也已迈步前进，但其颠覆性创新和突破性创新太少，鲜有欧洲创新企业能渡过最初的关键两三年，其中能成长壮大并走向国际化的更少，其原因包括缺少风险资本、风险规避意识根深蒂固、将科学储备转化为新技术不够、未能利用欧盟的市场规模。为推进颠覆性创新和突破性创新，欧盟委员会提议正式设立欧洲创新理事会。作为一站式创新资助机构，在“开放创新”支柱下，它负责填补当前欧洲公共支持和私营投资在突破性创新上的真空状态，使最有前景的想法从实验室走向现实应用，支持最具创新性的初创企业和公司迅速扩张至欧盟乃至国际。其主要通过“探路者”和“加速器”两大资助工具识别、开发和部署突破性、市场创造型创新。“探路者”资助计划为突破性创新在早期阶段提供支持；“加速器”资助计划支持更成熟创新的开发和部署，通过无偿补助、贷款与股权投资相结合的混合融资方式，弥合科研与大规模商业化之间的“死亡谷”，特别是为因存在技术或市场风险而不能获得银行贷款、不能从市场上撬动大量投资的业务提供支持，总预算达 105 亿欧元，它还将与 InvestEU 创投基金形成互补。承担设计咨询任务的高层次创新者小组于 2018 年 4 月发布《欧洲归来：加速突破性创新》报告，从优化资助、提高认知、助力扩张、人才为本方面提出一整套建议。

（4）建立新一代欧洲伙伴关系

为使欧盟投资产生最大影响，并对欧盟政策目标做出最有效的贡献，“地平线欧洲”计划将继续与私营和公共部门结成伙伴关系（公私合作和公公合作），使目前过多的欧洲伙伴关系简化、合理化，使之向学术界、产业界、成员国、慈善基金会等各类主体开放，更加注重影响力，并避免重叠和重复。欧洲伙伴关系的设计原则是为欧盟增值、透明、公开、影响力、杠杆效应、各参与方的长期出资承诺、灵活、连贯和互补。

新一代欧洲伙伴关系分为 3 个层次：①根据与合作伙伴签订的谅解备忘录或合同共同编制研发计划的伙伴关系；②基于单个研发计划的共同出资行动而共同出资的伙伴关系；③制度化的伙伴关系，如根据《欧盟运作条约》第 185 条或 187 条、《欧洲创新与技术研究院知识与创新社区条例》建立的伙伴关系，这些都是基于长远视角和高度集成的需要而建立的。伙伴关系的领域选择和现有伙伴关系的存续问题将在战略规划过程中确定。伙伴关系的主题选择将力求与“全球性挑战与产业竞争力”支柱下的行动最大化地保持互补和协同。

此外，“地平线欧洲”计划将实行更简单的规则，从而提高法律上的确定性，减轻受资助者和计划管理者的行政负担。

### 4.7.4 欧盟框架计划的实施过程

#### 4.7.4.1 框架计划的管理过程

“欧盟框架计划”有严格的评审机制和规章，其中包括：确定评审专家资格和制定相应的行为规范、建立独立观察员制度和制定相应的规章、对负责项目管理的欧盟委员会工作人员的职责与行为进行严格规范。

欧盟框架计划由高级审议机构负责整体项目的总战略指导，欧盟办公室设立的执行委员会执行项目管理中的协调问题，执行委员会下设的项目办公室负责具体项目的监管、整个项目的质量管理、财务管理和报告提交等。框架计划管理比较注重资源配置、协调合作和项目的管理与实施，如较有代表性的是欧盟框架计划在项目管理上实行的卓越网络管理和整合管理等管理方式。卓越网络管理是指受资助的项目不再是松散而独立的，实施这种管理方式是为了尽可能减少受资助的项目不具备时间操作价值的情况；整合管理是指对项目的计划阶段、论证阶段、核算阶段、财务预算阶段、实施阶段、绩效评估阶段进行管理。在项目经费管理中，欧盟框架计划拥有一套较完善的财务管理方式，通过实现划分成本类型进行差别管理，如在整体补助或者是预算的津贴补助时常采用 3 种成本模型：①包括实际间接成本的全部费用；②包括固定比例的间接成本的全部费用；③包括固定比例的间接成本的附加成本。另外，欧盟还通过财务事前预防控制、项目责任成本管理及项目结束后的成本考核等 3 个阶段对成本进行严密监控。欧盟委员在项目审计管理上采用一种开放的、便捷的管理方式，允许承包商自行选定审计机构对其财务进行审计认证工作，欧盟委员会仅对提交的审计报告进行审核，这既有利于项目承担单位专注于项目研究上，也减轻了欧盟委员会的监管职责。欧盟框架计划中的评估结果与美国的评估结果一样，具有极强的影响力，责任单位的结题情况和评估结果会影响单位日后的项目申报，考评结果“不合格”，责任单位会得到严重的处罚或有可能被列入“黑名单”。

#### 4.7.4.2 建立相应的动态调整机制

从 1984 年实施第一个框架计划以来，欧盟框架计划一直在进行着调整。首先，引入多年预算机制。自第七框架计划开始，框架计划就以 7 年为周期，制定顶层的框架计划和中间层的专项计划，以保障规划的持续性，这些行动计划和项目并不是一直保持不变的，自启动 2 年后会根据国际竞争的形势、社会发展的需求和技术进步的趋势等重新设计各项行动计划和相应的项目，以保障计划的灵活性。其次，框架计划的内容和优先领域也在不断调整。从最初的资助规模小、数量众多的项目向资助大型的、具有战略意义的科研项目转变，鼓励研究资源向某些经过挑选的优先领域集中，单个项目的经费持续增长，经费资源更多地用于支持体量更大、持续时间更长的项目。再次，框架计划的资助项目管理程序不断完善。欧盟框架计划在各个计划周期都会针对计划项目管理存在的一些问题进行调整。例如，针对第七框架计划的资助计划多、程序复杂等问题，“地平线 2020”对管理流程进行了进一步简化，对不同的计划和项目实行标准化、规范化管理，实行“一站式”服务，无论申请什么项目，都是在同一个窗口，同一个网站，操作流程类似。

#### 4.7.4.3 “地平线欧洲”计划的实施方法

“地平线欧洲”计划将力求解决市场失灵和次优投资问题，避免重复投资和挤出私营投资，为欧盟明显增值。该计划主要通过项目征集方式实施，按照卓越、影响、执行质量与效率标准立项，其中有些项目将作为重大任务和欧洲伙伴关系的一部分。

（1）实行简化与符合目的原则

为吸引最优秀的研究人员和最具创新力的创业者，将简化参与规则，削减繁文缛节，尽可能降低参与该计划的行政成本。主要简化之处在于：①简化资助体系，将欧洲伙伴关系简化为3类；②进一步简化实际成本补偿制度，尤其是人员成本补偿制度；③扩大成本核算惯例的接受度；④基于总额包干资助试点经验，在合适的领域尽可能运用简化型资助方式，赋予受资助者较大的经费使用决定权，从而将重点从财务管理和成本核算转向科技内容；⑤对于通过欧盟评审达到质量门槛而值得资助、却因经费有限而未获资助的大量优质申报项目，颁发“卓越印章”证书，使之可以从成员国或其他欧盟资助渠道获得资助机会，以充分利用欧盟的优质评审资源，并为申报者节省时间和精力。⑥简化计划执行的措施还将涉及所有的过程、文档、支持性服务和信息服务系统。

（2）注重平衡性和连贯性

为有效实现总目标，“地平线欧洲”计划将保持由研究人员和创新者驱动的自下而上式资助和由战略优先重点决定的自上而下式资助之间的平衡，并保持该计划不同部分之间的连贯性。“开放科学”和“开放创新”支柱采用“自下而上”方法，着重在新兴前沿科学领域和突破性创新方面加强卓越，创造知识和创新，鼓励更多投资。这些对于填补知识与创新差距、加强欧盟科技基础必不可少，从而也为欧盟的战略目标和政策要务提供支撑。为产生更大影响，“地平线欧洲”计划还采用系统性方法，跨越学科界限，打破筒仓效应，如将在“全球性挑战与产业竞争力”支柱下设置重大任务。源于合作研究和欧洲研究理事会概念验证项目的创新一旦有潜力迅速扩张，就将有望继续获得欧洲创新理事会资助。此外，战略规划进程也将强化“地平线欧洲”计划的内部连贯性。

（3）与其他政策计划加强协同

从设计和战略规划，到项目遴选、管理、沟通、成果扩散、监测、审计和治理，“地平线欧洲”计划将促进与交通、区域发展、数字化、国防、农业、航天等领域其他欧盟计划的有效协同，从而形成更有效的科学与政策接口，应对政策需求，推动追求共同的目标和领域，促进研究和创新成果的更快传播和运用。一是讲究兼容性，即协调资助规则，实行灵活的共同资助方案，在欧盟层面聚集资源。二是讲究连贯性和互补性，即注重各战略优先事项之间的协调，支持共同的愿景。例如，“卓越印章”机制让成功通过“地平线欧洲”计划项目立项申请评审，却因资金限制而未能立项的优质项目有机会获得欧盟结构与投资基金的资助。欧盟支持地方经济社会发展的凝聚政策，通过更加关注创新和智慧专业化策略，在资助研究和创新方面也起重要作用。“数字欧洲”计划将促进对高性能计算和数据、人工智能、网络安全和高级数字技能的投资。其他欧盟计划将为切合当地需求的技术示范活动提供支持，充分运用公共采购作为部署创新技术的关键工具，通过集群方式支持构建区域创新生态系统。

（4）开展过程监测与评估

为更好地跟踪、传播和扩大“地平线欧洲”计划的影响，其监测和评估体系将由

3 个主要部分构成。①开展计划绩效年度监测，也就是根据实现计划目标的主要影响路径，跟踪短、中、长期绩效指标，反映科学、社会和经济影响。②持续收集该计划的管理与执行数据，实行集中式数据管理和在线公开。③在该计划执行中期和执行结束后开展 2 次全面的评估。这些全面评估将根据共同的评估标准和评估方法，以对各计划组成部分、各类行动和实施机制所做的评估结果为基础，为计划调适与优化提供依据。

## 4.7.5　欧盟其他相关组织的技术预测过程

### 4.7.5.1　欧洲议会科学技术选择和评估委员会（STOA）技术预测

欧洲议会科学技术选择和评估委员会（Scientific and Technological Options Assessment，STOA）成立于 1987 年，其主要职能是开展科学和技术研究。它将研究结果提供给欧洲议会的立法机构，为欧洲议会的政策决策提供科学依据。其工作内容由执行委员会来决定，该执行委员会由 25 名欧洲议会现任议员组成。

STOA 从 2014 年开始开展科学和技术预测工作，制定了一个六步科学技术预测方法，旨在帮助欧洲议会及时、科学地制定相关政策。第 1 步是选择主题；第 2 步是运用地平线扫描，掌握与主题相关的科技趋势和影响；第 3 步是社会影响的全景展示与可视化；第 4 步是探索性场景构建，创建多种不同的场景；第 5 步是立法回溯和推衍可能的技术路线，实现理想的场景（可选择）的技术路线确定；第 6 步是预测结果输出，解释预测活动结果，其基本内容如表 4–26 所示。

**表 4–26　STOA 六步科学技术预测方法基本内容**

| 步骤 | 主体 | 任务 | 结果 |
| --- | --- | --- | --- |
| 选择主题 | 欧洲技术成员、技术预测团队 | 基于既有原则的优先顺序，选择用于开展技术预测研究的主题 | 选出确定的技术预测主题 |
| 地平线扫描 | 技术专家 | 根据 STEEPED 原则搜集信息，阐述与主题相关的科技趋势和影响 | 输出与选定主题相关的技术创新现状和潜在影响的综述报告 |
| 社会影响的全景展示与可视化 | 技术专家、社会人文学者 | 召开专家会议，对扫描结果进行细化讨论，重点考虑可能的社会影响 | 讨论的主要社会影响概要 |

续表

| 步骤 | 主体 | 任务 | 结果 |
| --- | --- | --- | --- |
| 探索性场景构建 | 技术预测团队、技术专家、社会人文学者 | 通过专家叙述的方式，撰写基于社会影响的未来多种不同场景故事 | 多样化探索性情景的描述合集 |
| 立法回溯和推衍可能的技术路线 | 技术预测团队、法律专家 | 扫描全球范围内立法现状，确定可实现或需避免的未来情景的行动范围 | 为 MEPs 出台政策 / 法律以影响未来发展提供可能路径 |
| 预测结果输出 | 技术预测团队、创新传播者 | 将场景方案转换为 MEPs 可用的实用信息，为 MEPs 制定可实施战略 | 撰写报告；<br>组织各种会议精心汇报和讨论；<br>向 MEPs 面对面解释结果；<br>培训技术预测研究的参与者和使用者 |

（1）选择主题

主题的选择对于技术预测活动的有效开展十分重要。首先，STOA 选择用于开展技术预测研究的主题必须是基于其优先领域，如生态高效运输和现代能源领域、自然资源的可持续管理领域、信息社会的潜力和挑战领域、生命科学中的健康和新技术领域、科学政策传播与全球网络领域。这些优先领域首先是战略性的，并且具有多学科性质。其次，主题的选择必须具备广泛的包容性，以代表欧洲议会成员民主意愿和更广泛的欧洲公众利益的方式来选择。基于此，STOA 技术预测选择的主题主要是具有创新性，并且未开展过技术预测研究的与社会密切相关的新兴科学技术问题，重点关注这些新兴技术在未来 20 ~ 50 年的发展趋势及可能带来的社会影响。值得注意的是，如果已开展技术预测研究的主题仍有研究的空间，也可以在现有研究的基础上进行深入拓展。

STOA 技术预测选择主题的方法主要依靠 STOA 专家委员会（STOA Panel）发挥作用。STOA 专家委员会构成如图 4–19 所示。首先，由各个议会委员会和各个独立的欧洲议会成员根据日常工作的需要向 STOA 执行委员会提出开展技术预测研究的主题。然后，由 STOA 专家委员会根据 STOA 规则第 6 条对这些提案进行筛选，筛选的主要标准有：①该主题与议会工作的相关性；②提案涉及的科学技术价值的重要性；③提案的战略重要性及其与 STOA 小组确定的优先事项的一致性；④涵盖同一主题的科学证据的可用性。专家组根据实际情况，在对收到的议题进行判断、评估、修改、合并后选出适合开展技术预测研究的主题。

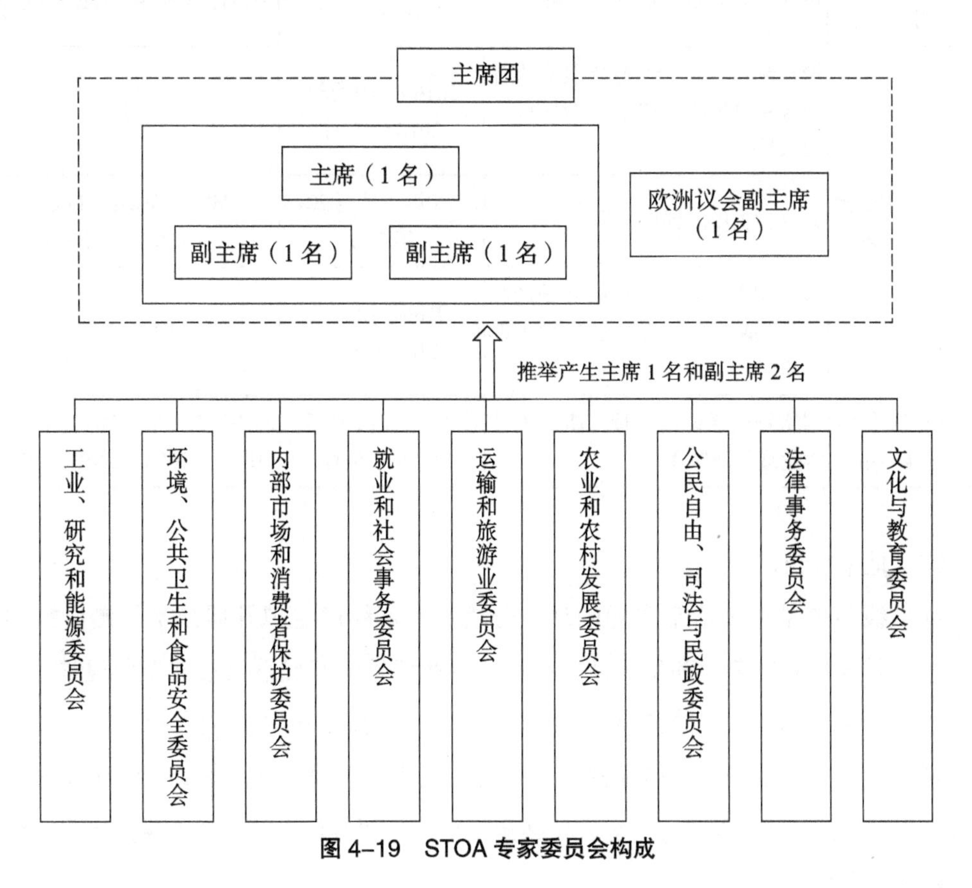

图 4-19　STOA 专家委员会构成

根据 STOA 的优先领域和当前与社会发展密切相关的技术趋势，欧洲议会可能关注的技术预测的主题方向有：健康的可穿戴技术、无人机 / 无人驾驶汽车、学习和教学技术的未来、3D 打印、脱离电网等。截至 2019 年年底，STOA 已经开展的技术预测研究项目主要有三大领域，五个方向，分别属于自然资源的可持续管理领域、生命科学中的健康和新技术领域和科学政策 / 传播与全球网络领域，STOA 的技术预测研究主题情况如表 4-27 所示。

**表 4-27　STOA 的技术预测研究主题情况**

| 所属领域 | 主题研究方向 | 持续时间 | 涉及的 EP 委员会 |
|---|---|---|---|
| 自然资源的可持续管理 | 精准农业与欧洲农业的未来 | 2015 年 12 月至 2016 年 12 月 | AGRI，ENVI，ITRE，CULT |
| 生命科学中的健康和新技术 | 增材制造：用于医疗康复和人体增强的 3D 打印技术协助残疾人融入社会 | 2016 年 10 月至 2018 年 5 月 | ITRE |
| | 教育和工作的辅助技术 | 2016 年 2 月至 2018 年 2 月 | EMPL，JURI，IMCO，ITRE，LIBE |
| | 未来能否实现没有植物保护产品（除草剂、杀菌剂和杀虫剂）的农业产品 | 2018 年 12 月至 2019 年 3 月 | AGRI，ENVI |
| 科学政策 / 传播与全球网络 | 网络物理系统的伦理（机器人技术伦理学研究） | 2015 年 12 月至 2016 年 7 月 | AGRI，EMPL，IMCO，ITRE，JURI，INTA，LIBE，TRAN |

（2）地平线扫描

地平线扫描是关于给定主题的现状分析。专家组确定拟开展技术预测研究的主题，由于其本身的复杂性和争议性，在没有专业背景的情况下很难被充分理解，因此需要技术专家或者利益相关者参与对这些主题进行技术视野的全景扫描。在此步骤中，通过使用“STEEPED”指导框架（社会—技术—经济—环境—政治 / 法律—道德伦理—人口统计）来实现 360° 全方位视角扫描，从而确保以跨学科的观点来研究科学技术趋势的影响。

（3）社会影响的全景展示与可视化

第三步为社会影响的全景展示，即通过召开专家构想会议，以整体和包容的视角确定特定科技创新的可能影响。用于解决某个特定社会问题的技术一旦融入社会，往往会被用于不同于最初设计的目的，并产生与最初设想不同的影响。因此，本步骤的另一个目的是挑战在第二步全景扫描中确定的关于未来的假设。

在此阶段召开的专家会议，技术专家将与社会问题专家一起对上一步地平线扫描的结果进行审查，根据“STEEPED”指导框架全面考察科学技术的现实情况，辩论可能的未来。人文和社会学家的参与将确保对社会影响的识别能够考虑到所有社会行为者的利益，并包括那些不容易衡量的“软影响”（如影响健康、环境和安全等）。表4-28列出了根据“STEEPED”原则构想的物联网在未来20 ~ 50年可能产生的潜在社会影响。

**表4-28 “STEEPED”原则的考虑要素与涵盖范围及可能产生的社会影响（以物联网为例）**

| 考虑要素 | 涵盖范围 | 示例：物联网在未来20 ~ 50年可能产生的影响 |
| --- | --- | --- |
| 社会（Social） | 涉及社会和文化方面价值观念和生活方式的变化 | 借助智能手机和无所不在的Wi-Fi连接，工作时间被不断延长；利用获得的空闲时间专注于个人关系和个人成长 |
| 技术（Technological） | 包括技术的发展方向及技术装备使用的多样化 | 物联网技术将继续呈指数级发展，尤其是在可以集成到普通设备中的纳米传感器方面。物联网设备需要IP地址，但是目前我们使用的IPv4地址空间有限，因此未来将需要迁移到如IPv6、IPv10 |
| 经济（Economic） | 涉及生产要素、生产系统，不同的分销和贸易体系、商品和服务的消费等 | 物联网设备生成的数据将用于商业用途，开辟新形式的“商业销售”模式，并使新形式的“定制销售”成为可能；3D打印技术将使个人定制更加方便快捷，可能会通过分散产品生产来破坏现有的经济模型 |
| 环境（Environmental） | 人类生存与地球生物、物理环境之间的相互影响，包括自然资源的可用性 | 物联网提供了监视和控制环境条件的应用程序，如智能房屋将在管理我们的日常能源和水消耗方面提供更大的灵活性。但是，我们是否会为了环境可持续性而使用新兴的物联网工具？鉴于当前社会公众环保意识的欠缺，该可能性不大。物联网设备的生产可能对环境和人类造成危害 |
| 政策/法律（Political/Legal） | 描述了各种决策，立法体系或治理形式的发展或变化 | 有关使用大数据的立法很匮乏，如果想支持物联网的发展，必须从现在开始加强立法，处理大数据安全性、隐私和所有权问题。医疗保健系统是否会为每个人（无论贫富）提供昂贵的，基于物联网的新型健康监控系统 |
| 道德伦理（Ethical） | 涵盖了个人对更广泛社会中所包含的各种价值的偏好 | 考虑到物联网中涉及的设备众多，数据保护和“智能家居用户”的隐私是一个紧迫的问题。可穿戴技术的应用将需要大量的数据收集和吸收，这既包括公众的隐私，也包括个人佩戴者的隐私，其数据可能会以非透明的方式自动上传到“云”中 |
| 人口统计（Demographic） | 人口方面涉及社会的各个方面，根据年龄、性别、宗教、出身、职业、教育、收入水平等参数，将社会视为一组不同的社会群体的集合 | 可穿戴技术的发展为患者所接受的医疗类型及这种医疗的提供方式都具有巨大的潜力。但是，一些社会成员可能会穿着不舒服或者由于宗教原因不愿意接受，那么，可穿戴技术对他们有什么不利或有利的影响？女性潜在地不太可能积极参与可穿戴技术，可能会无意中为这种技术开发提供以男性为主的消费者基础 |

（4）探索性场景构建

第三步专家会议的结果是形成一个未来社会影响的全面概要，用于描述事件和趋势，了解这些事件和趋势如何影响未来的假设。第四步是探索性场景构建，目的是开发几种探索性场景方案，探索各种可能的未来，提供多个可能的替代假设。

场景是关于未来多样性的故事。这些场景将以“讲故事”的形式编写，描述沿STEEPED维度可能产生的影响。这些场景方案是技术预测团队与专业的情景构建开发人员合作完成的。未来场景的构建可以通过多种不同的方法，如通过基于2个确定影响因素展开的对未来的演绎推论或诱导归纳。理想情况下，3 ~ 4个场景基本可以涵盖描述已确定影响的不同未来场景。一旦场景清晰，就可以对其进行探索和评估。探索和评估专家组也应由多学科专家和多利益相关者构成，目的是探索特定条件下设想的未来世界的各种可能场景，并研究生活在这样一个世界中的感觉，发现机遇和挑战。

（5）立法回溯和推衍可能的技术路线

技术预测工作能够帮助欧洲议会的委员会和成员在预判有利未来的决策中做出明智的决定，这将由立法回溯和推衍可能的技术路线过程来支持。该过程涉及将探索性方案与当前的社会和立法问题联系起来，并提出法律和道德思考。通过使用这种逆向思维，从可能的未来情况中倒推，可以确定将未来与现在联系起来的政策领域。

首先，技术预测团队会在法律专家的帮助下，进行政治视野的全球扫描，即分析欧洲和全球范围内不同决策和立法机构的议程和优先事项，提出法律和道德思考。其次，本步骤列出并描述了与今天考虑采取行动相关的可能的未来挑战和可能的未来机会，为达到理想的情况或避免不良的情况画出几种途径，清楚地解释使用哪些假设来识别场景中描述的影响，为负责任的欧洲议会议员的决策提供证据。在此过程中特别关注欧洲及世界在此领域的法律法规现状，从而帮助欧洲议会议员在决策周期的议程制定阶段更好地通过立法途径采取行动，以实现想要的未来。2015年，STOA应欧洲议会法律事务委员会（JURI）要求开展的“网络物理系统的伦理”（The Ethics of Cyber-physical Systems）技术预测研究项目，其研究成果被多个议会委员会广泛使用，欧洲议会议员更是基于此项研究向欧洲议会提交了关于机器人技术规则的立法提案。

（6）预测结果输出

STOA开展的技术预测活动的重要目标是帮助提高欧洲议会议员的决策能力，为此专门增加了为欧洲议会议员解释预测活动结果“翻译”的过程，将技术预测结果转化为一种工具，欧洲议会议员可以通过该工具做出有关政策和立法的明智决定。除了在政治层面上的后续行动之外，技术预测的研究成果还可以增强公众意识，激发公众关于如何更好地预测未来进行辩论。在此过程中，为了引起欧洲议会议员对预测结果的回应，除了撰写最终的研究报告，向欧洲议会议员面对面解释结果外，STOA 技术预测研究团队还定期向相关议会委员会和成员提供有关该研究的定期更新，组织各种会议和研讨会进行汇报和讨论，培训技术预测研究的参与者和使用者等。

#### 4.7.5.2　欧洲议会技术评估网络（EPTA）技术预测

（1）欧洲议会技术评估网络基本情况

1990 年，在欧洲议会主席的倡议下，欧洲议会技术评估网络（European Parliamentary Technology Assessment Network，EPTA）正式成立。

EPTA 是个松散型组织，各会员单位接受 EPTA 委员会和成员机构负责人会议的指导。EPTA 有 2 种会员，一种是完全会员，另一种是附属会员。完全会员必须满足 6 个条件：①在欧洲本土运行；②从事技术评估及其相关工作；③服务议会；④有经费预算和秘书工作处；⑤在涉及某个科技议题时有研究实力；⑥提出入网申请。不满足上述①④⑤条件的机构可申请成为附属会员。附属成员可以参加 EPTA 的所有活动，但没有委员会的选举权。截至 2019 年年底，EPTA 共有 23 个会员单位，其中 12 个完全会员，包括英国、奥地利、瑞士、瑞典、德国、法国、希腊、荷兰、欧洲议会、芬兰、挪威、西班牙；11 个附属会员，包括欧洲委员会、美国、日本、俄罗斯、丹麦、比利时、葡萄牙、波兰、智利、墨西哥、韩国。

EPTA 是这样定义技术评估的：技术评估是科学的、互动的、交流的过程，主要目的是针对科技在社会层面达成公众和政治共识做出贡献。这既涵盖面向未来的技术预测，也涵盖回溯过往的技术监测，还涵盖立足现实的技术洞察。

（2）EPTA 的组织及运行

2016 年，EPTA 发布年度研究报告，对当时拥有的 15 家会员单位的机制体制和运行实践，从多方面进行了比较分析，包括议会在技术评估中扮演的角色、会员机构设置、资金或者项目来源、会员的任务和使命、研究议题的选择及其评估方法、评估报告的应用等。报告显示，各会员采取了不尽完全相同的体制机制和实践来开展技术评估工作，为各国议会的决策提供特定的服务。EPTA 的组织与运行方式如表 4-29 所示。

表 4-29 EPTA 的组织与运行方式

| 内容 | 类型 | 含义 | 典型国家（组织） |
|---|---|---|---|
| 议员作用 | 报告起草者 | 议员自己或者在秘书处帮助下起草完成评估报告 | 法国、芬兰、希腊 |
| | 报告接受者 | 议员提出问题，委托评估机构完成评估报告 | 其他国家 |
| 实体性质 | 内设机构 | 议会有专门部门和正式职员，提供技术评估服务或者辅助议员工作 | 英国、欧洲议会、法国、西班牙 |
| | 依靠外部机构 | 评估机构独立于议会之外，不受议会管理，接受议会指导或者资助 | 荷兰、丹麦、挪威 |
| 议会担责 | 议会内设组织 | 议会设委员会或者小组，对技术评估具有明确管理职责 | 德国、欧洲议会、法国 |
| | 混合工作机构 | 由部分议员和部分外部专家共同组成工作组，管理技术评估 | 西班牙、英国 |
| | 不设机构 | 议会的各个委员会处理相关技术评估工作 | 瑞典 |
| 技术评估运营经费 | 单个合同型 | 根据研究主题招标或者定向邀请，一次一合同 | 芬兰 |
| | 框架协议型 | 在特定时间段，与由著名技术专家牵头的一个或者多个机构签订协议 | 德国 |
| | 整体资助型 | 主要向机构拨款，开展面向未来、较为宽泛领域的技术评估 | 荷兰、瑞典 |
| 机构使命 | 聚焦议会型 | （即使设在议会外部）只为议会提供排他性服务 | 议会内设机构的国家、德国 |
| | 开放研究型 | 除了为议会提供服务外，还接受政府其他部门委托研究，可以申请基金项目 | 其他国家 |
| 立法状态 | 议会决议 | 通过法律、条令修正案、议会主席令确定成立 | 芬兰、瑞典、法国 |
| | 部门决议 | 政府部门或者议会下属委员会确定成立 | 荷兰、挪威 |
| | 基金会 | 先由议会发起后隶属议会的基金确定成立 | 丹麦 |

就选题选择而言，通常是 2 种方式：一是各技术评估机构进行常规性的或者连续性的自选主题项目；二是议会与技术评估机构共同确定优先或者特殊的主题项目。多

数技术评估机构的研究领域局限在技术的具体领域，如安全技术、能源技术、基因工程、纳米技术等；也有些机构拓展了研究范围，如流行病管理、健康与环境的关系、农田质量恶化等。

从研究涉及的时间尺度来看，有面向未来的长期性议题，如气候变化、生物多样性、老龄化社会、能源与可持续发展；大部分研究是面向 3 ～ 5 年的中期性议题，如核废弃物的储存、电子香烟的规制等；还有一些是服务当下决策的短期应急议题。

各机构采取的研究方法包括文献分析、德尔菲调查、访谈、专家访谈、情景分析、参与性流程等。

（3）EPTA 的技术评估特点

欧洲议会技术评估有以下 3 个特点：一是规范导向型技术评估；二是公众参与型技术评估；三是健康技术评估。

规范导向型技术评估涉及议会主导、政府部门主导和专家主导 3 个类型。其中，议会主导的技术评估，与政府部门主导的技术评估和专家主导的技术评估都有所不同。政府部门主导的技术评估可能会优先强调技术对经济发展的积极作用和给政府管理带来的好处，会突出技术的积极作用；专家主导的技术评估可能会优先考虑技术本身的趋势和优势，有使用和发展新技术的天然倾向；议会主导的技术评估则更多考虑技术对社会阶层和公众利益的影响，通过规范性立法来约束新技术的滥用，消除新技术的消极作用。

与规范导向型技术评估更多依赖于科技领域的专家学者不同，公众参与型技术评估是在方法和流程中，尽量将某个议题的所有参与者都吸收为评估者和讨论者。除专家学者外，参与者还应包括社会各类组织（如病友组织、环保兴趣小组、行业协会、教堂），政府（行政执行部门、执法监管部门）及公众代表（议会），企业代表和居民个体，评估技术对未来的影响也不再局限于科学、技术和经济领域，使得技术评估更加开放、透明，并鼓励公众参与和社会讨论。

健康技术评估是技术评估的重要内容，主要衡量新健康技术（如新的药品、医疗设备、诊断设备和方法、康复、疾病预防）对现有健康技术的新增价值和影响。自 2010 年后，欧洲很多国家已成立由政府健康管理部门指导的健康技术评估机构，形成了新的合作网络，国家议会技术评估机构则更多关注那些跨部门、跨学科的领域。

（4）近几年来 EPTA 主题报告要点

EPTA 轮值主席国负责组织和发布年度 ETPA 主题报告，来集中展示该年度每个成员对此主题的研究成果。2014—2016 年，报告的题目分别是“欧洲和美国的生产力：技术趋势与政策衡量”“创新与气候变化：科技评估的作用”“数字时代工作的未来：泛在计算、虚拟平台和实时生产”。

2017 年，EPTA 关注的是欧洲未来的出行定价政策。人们需要无缝连接的、高质量的、门到门的出行系统，但不得不为一系列难题特别是交通堵塞付出巨大成本。改变使用各种交通设施和服务的付费方式，将影响出行者的旅行需求和日常出行行为。欧洲已经确立了“使用者付钱”和“浪费者付钱”的基本定价原则，报告具体描述了各国出行的基本事实与数据、定价策略在国家或者地区的实施情况、社会各阶层和政治上的争议、实践中的问题和前景及其他可能出现的问题等。

2018 年，EPTA 报告的题目是“面向数字化民主——挑战和机遇”。报告讨论新技术（特别是人工智能、量子技术、区块链）对民主产生的一些影响。一方面，新技术可以增加提供信息的规模和速度，公众参与政治变得更加容易，可以更方便地建立讨论特殊问题的群组，公众对政府治理议题可以发声，政府也能更直接回应公众诉求。另一方面，未来社会变得更加复杂，数字工具也容易制造虚假和肤浅信息，一些人数字化能力强而另一些人能力不足会导致新的信息不平等。因此，决策者在立法时需要回答一些新问题。例如：如何重新评估数字化社交平台的个人意见与来自公众权威的专家意见；立法该如何在进行必要管控（如过滤、拦截）与保障个人网络空间之间求得平衡。

2019 年，EPTA 报告聚焦于关心老年人的技术与社会创新。报告认为从 2017 年到 2050 年，欧洲与全球趋势一致，80 岁以上老年人将增加 2 倍。这一趋势将对就业、经济、健康护理、社会关怀等带来巨大挑战，也为数字化健康技术（如远程问诊、远程监测、远程指导、移动监测等）、生活辅助技术、机器人技术等发展带来机遇。一些欧洲国家在数字化技能、创新政策、社会创新等方面取得了进展，未来需要更加关注的问题包括老年人的自治选择、隐私保护、安全保障、机器人规制、就业与培训等。

## 参考文献


[1] 张硕，汪雪锋，乔亚丽，等．技术预测研究现状、趋势及未来思考：数据分析视角［J］．图书情报工作，2022（10）：1-15.

[2] 刘克佳．美国重大科技计划的验收与评估机制研究［J］．全球科技经济瞭望，2021，36（3）：27-33.

[3] 郭铁成．美国五年创新规划编制方法分析［J］．全球科技经济瞭望，2021，36（3）：1-5，11.

[4] 张九庆．欧洲各国议会是如何开展技术评估的［J］．科技中国，2020（6）：33-35.

[5] 陶蕊，翟启江．美国先进技术计划评估实践的特点与启示［J］．世界科技研究与发展，2018，40（6）：549-558.

[6] 张晓林．美国 NRC 颠覆性技术持续预测系统浅析［J］．中国工程科学，2018，20（6）：117-121.

[7] 美国提出 2018 顶尖技术预测［J］．世界制造技术与装备市场，2018（2）：40.

[8] 郝瀚，陈康达，刘宗巍，等．美国 2030 年节能与新能源技术发展预测［J］．汽车技术，2018（2）：1-9.

[9] 刘都群．美国技术报告预测虚拟现实技术未来发展方向［J］．军民两用技术与产品，2017（23）：5.

[10] 王安，孙棕檀，沈艳波，等．国外颠覆性技术识别方法浅析［J］．中国工程科学，2017，19（5）：79-84.

[11] 孙棕檀，李云，李浩悦，等．美国联邦政府机构技术预测工具应用态势分析［J］．中国工程科学，2017，19（5）：92-96.

[12] 姚缘，傅长军．美国技术预见的发展综述［J］．江苏科技信息，2016（20）：9-10.

[13] 吴兰岸，刘延申，刘怡．新兴技术预测特征的分析与启示：以《地平线报告（高等教育版）》为例［J］．现代教育技术，2016，26（6）：20-26.

[14] 胡开博，陈丽萍．新兴技术的扫描监测：美国“科学论述的预测解读”项目综述［J］．情报理论与实践，2015，38（8）：85-90.

[15] 邵黎明，赵志耘，许端阳．基于专利文献和知识图谱的技术预测方法研究［J］．科技管理研究，2015，35（14）：134-140.

[16] 翟启江．美国先进技术计划绩效评估实践及对中国 863 计划绩效评估的启示［J］．科技进步与对策，2014，31（15）：118-122.

[17] 杨勇华，马键．演化经济学视角下美国与日本技术创新不同倾向［J］．现代经济探讨，2013（10）：88-92.

[18] 蔡亚梅，汪立萍．美国作战及时响应空间计划及其技术发展预测［J］．航天电子对抗，2009，25（6）：11-13，26.

[19] 王东梅．美国预测未来十大防务技术发展动向［J］．中国军转民，2004（10）：71-72.

[20] 高永辉，韩金滕．美国预测影响 2025 年国家安全的技术［J］．电子展望与决策，2000（1）：38-39.

[21] 美国对未来技术预测［J］．黑龙江科技信息，1997（12）：27-28.

［22］清年秋利，陈博文．日美公司技术预测活动的比较［J］．中外科技信息，1993（4）：39–42.

［23］Trust the Process National Technology Strategy Development，Implementation，Monitoring and Evaluation［EB/OL］．［2023–05–15］．https：//www. cnas. org/publications/reports/trust–the–process.

［24］ABELSON P H. National science foundation［J］. Science，1968，160（3827）：487–487.

［25］JAFFE A B. The importance of "spillovers" in the policy mission of the advanced technology program［J］. The journal of technology transfer，1998，23：11–19.

［26］ZHU H K，JIA Y D. Research on policies of American manufacturing innovation［J］. Materials China，2017，36（5）：395–400.

［27］LINSTONE H A. Three eras of technology foresight［J］. Technovation，2011，31（2/3）：69–76.

［28］MARTIN B R，JOHNSTON R. Technology foresight for wiring up the national innovation system［J］. Technological forecasting & social change，1999，60（1）：37–54.

［29］GRUPP H. National technology foresight activities around the globe：resurrection and new paradigms［J］. Technological forecasting & social change，1999（1）：85–94.

［30］杨捷，陈凯华．面向社会愿景与挑战的优先技术选择研究［J］．科学学研究，2021，39（4）：673–682.

［31］王达，苗晶良．日本量子科技的最新趋势和未来展望：基于第 11 次技术预见调查结果的分析［J］．今日科苑，2020（11）：78–88.

［32］许彦卿，周晓纪，黄廷锋，等．日本第 11 次技术预见：基于趋势与微小变化的蓝图描绘［J］．情报探索，2020（10）：69–76.

［33］王达．日本面向未来的特定科技领域技术预见分析［J］．今日科苑，2020（5）：1–9，15.

［34］杨超，孟显印．日本技术预见方法演进及设计机制研究：基于康德拉季耶夫长波时代特征的划分［J］．情报杂志，2020，39（6）：61–68，18.

［35］王达．日本第 11 次技术预见方法及经验解析［J］．今日科苑，2020（1）：10–15.

［36］李兵，魏阙，朱微，等．日本技术预见工作的创新及启示［J］．科技视界，2018（25）：17–18.

［37］陈进东，宋超，张永伟，等．中国工程科技 2035 技术预见评估：中日技术预见比较研究［J］．情报杂志，2018，37（10）：62–69，81.

［38］孙胜凯，魏畅，宋超，等．日本第十次技术预见及其启示［J］．中国工程科学，2017，19（1）：133–142.

［39］吴有艳，李国秋．日本第十次科学技术预见及其解析［J］．竞争情报，2017，13（1）：35–41.

［40］张峰，邝岩．日本第十次国家技术预见的实施和启示［J］．情报杂志，2016，35（12）：12–15，11.

［41］ 范晓婷，李国秋．日本技术预见发展阶段及其未来趋势分析［J］．竞争情报，2016，12（3）：37-42.

［42］ 杨幽红．中日两国技术预见比较研究［J］．科技管理研究，2012，32（20）：42-45.

［43］ 陈峰．日本第八次技术预见方法的创新［J］．中国科技论坛，2007（8）：132-135.

［44］ 陈春，肖仙桃，孙成权．文献计量分析在日本技术预见中的应用［J］．图书情报工作，2007（4）：52-55.

［45］陈峰．日本第八次科学技术预见项目的竞争情报学解析［J］．竞争情报，2007（1）：2-5.

［46］ 陈春．技术预见与日本的成功实践［J］．世界科技研究与发展，2004（6）：87-90.

［47］ 程家瑜，苏文江．日本对 21 世纪前 30 年科技发展的预见：日本第七次技术预见调查研究报告之一［J］．世界科学，2003（4）：58-60.

［48］ AI L. The handbook of technology foresight：concepts and practice［J］. Foresight，2008，10（5）：65-66.

［49］ SU H N，LEE P C. Mapping knowledge structure by keyword co-occurrence：a first look at journal papers in Technology Foresight［J］. Scientometrics，2010，85（1）：65-79.

［50］ SUN S. Japan's 10th technology foresight：insights and enlightenment［J］. Strategic study of Chinese academy of engineering，2017，19（1）：133-142.

［51］ KAMEOKA A，YOKOO Y，KUWAHARA T. A challenge of integrating technology foresight and assessment in industrial strategy development and policymaking［J］. Technological forecasting and social change，2004，71（6）：579-598.

［52］ BREINER S，CUHLS K，GRUPP H. Technology foresight using a delphi approach：a Japanese-German co-operation［J］. R & D management，2010，24（2）：141-153.

［53］ 谭开明，魏世红，汪明媛．科技规划制定中技术预测方法经验借鉴：以韩国第四次国家技术预测为例［J］．产业与科技论坛，2020，19（18）：94-95.

［54］ 陈炳硕．韩国科技立法情况简介［J］．全球科技经济瞭望，2019，34（7）：15-18，52.

［55］ 韩秋明，王革，袁立科．韩国第五次国家技术预测工作的创新及启示［J］．科技管理研究，2018，38（18）：16-20.

［56］李丹．韩国科技创新体制机制的发展与启示［J］．世界科技研究与发展，2018，40（4）：399-413.

［57］ 金瑛，方晓东．韩国科学技术预测调查及其对我国的启示［J］．世界科技研究与发展，2018，40（2）：182-190.

［58］ 韩秋明，袁立科，王革．韩国第五次技术预测实践及对我国的启示［J］．全球科技经济瞭望，2017，32（8）：35-44.

［59］ SHIN T，HONG S，GRUPP H. Technology foresight activities in korea and in countries closing the technology gap［J］. Technological forecasting & social change，1999，60（1）：71-84.

［60］ SCHLOSSSTEIN D，PARK B. Comparing recent technology foresight studies in Korea and China：towards foresight-minded governments［J］. Foresight，2006，8（6）：48-70.

[61] SON S H，OH S H，YU H Y. Priority setting of future technology area based on Korean technology foresight exercise [C] // Technology management for the global future. IEEE，2007.

[62] BYEONGWON，PARK，SEOK-HO，et al. Korean technology foresight for national S&T planning [J]. International journal of foresight and innovation policy，2010，6 (1/2/3)：166-181.

[63] 韩秋明，李修全，王革 . 英国智库 NESTA 的技术预测研究：人工智能技术面临的问题及对策 [J]. 全球科技经济瞭望，2018，33 (7)：11-18.

[64] 李振兴 . 英国技术前瞻研究工作全景 [J]. 全球科技经济瞭望，2014，29 (2)：64-69.

[65] 吴苏燕 . 英国技术预测计划 [J]. 科学新闻，2000 (42)：17.

[66] 郑士贵 . 技术预测计划对英国科学技术发展的作用 [J]. 管理科学文摘，1999 (3)：36.

[67] 肖利 . 技术预测计划对英国科学技术发展的作用 [J]. 科学学研究，1998 (3)：93-98.

[68] 卓颐悉 . 1997 年英国科技发展综述 [J]. 全球科技经济瞭望，1998 (6)：32-38.

[69] 牧广云，辰昌云 . 1995 年英国科技发展综述 [J]. 全球科技经济瞭望，1996 (8)：35-40.

[70] 许纯真 . 英国技术预测报告提出国家优先发展领域 [J]. 世界科技研究与发展，1995 (5)：55.

[71] 祝况 . 英国技术预测计划：科学技术促进经济发展的重大举措 [J]. 全球科技经济瞭望，1995 (6)：9-11.

[72] 陈民 . 英国实施研究预测计划 [J]. 世界研究与发展，1993 (6)：61.

[73] KANG M H，LEE L C，LI S S. Developing the evaluation framework of technology foresight program：lesson learned from European countries [C] // Conference on Science & Innovation Policy，IEEE，2009.

[74] MCGEEHIN P. UK technology foresight - sensors strategy for 2015 [J]. Sensor review，2002，22 (4)：303-311.

[75] MENG H，XU Y，LI Z. UK Technology foresight for the 2020s and its enlightenment to China [J]. Forum on science and technology in China，2013，1 (12)：155-160.

[76] BRANDES F. The UK technology foresight programme：an assessment of expert estimates [J]. Technological forecasting and social change，2009，(7)：917-931.

[77] 彭凡嘉，韩淼，刘小荷 . 技术预测和技术预见的应用及启示：以德国实践为例 [J]. 中国物价，2019 (3)：91-93.

[78] 张永伟，周晓纪，宋超，等 . 国内外技术预见研究：学术研究与政府实践的区别与联系 [J]. 情报理论与实践，2019，42 (2)：50-55，95.

[79] 任海英，于立婷，王菲菲 . 国内外技术预见研究的热点和趋势分析 [J]. 情报杂志，2016，35 (2)：81-87，115.

[80] 叶继涛，张瑞山 . 技术预见 塑造未来："技术预见与区域创新国际研讨会" 部分发言摘要及经验启示 [J]. 世界科学，2006 (12)：39-41.

[81] 任奔 . 技术预见在德国 [J]. 世界科学，2002 (6)：41-42.

[82] 万劲波 . 技术预见：科学技术战略规划和科技政策的制定 [J]. 中国软科学，2002 (5)：

63-67.

[83] 赵长根 . 德国的技术预测研究 [J] . 全球科技经济瞭望，2001（5）：16-17.

[84] 柴振荣 . 德国与日本技术发展的预测 [J] . 管理科学文摘，1997（8）：37.

[85] 李易，余林 . 德日两国科技预测比较 [J] . 国外科技动态，1995（8）：48.

[86] 企言 . 德国关键技术展望 30 年：兼谈政企科技政策存在的问题 [J] . 全球科技经济瞭望，1994（3）：2-4.

[87] 冯江源 . 欧共体发展的科技能力预测分析 [J] . 预测，1993（5）：45-48.

[88] FÖRSTER B. Technology foresight for sustainable production in the German automotive supplier industry [J] . Technological forecasting & social change，2015，92：237-248.

[89] DWORSCHAK B，ZAISER H，ARDILIO A. Anticipation of skill needs and technology foresight [C] // Citc4 03 Conference on Information Technology Curriculum，2003.

[90] DREW S. Building technology foresight：Using scenarios to embrace innovation [J] . European journal of innovation management，2006，9（3）：241-257.

[91] KOLOMINSKY-RABAS P L，DJANATLIEV A，WAHLSTER P，et al. Technology foresight for medical device development through hybrid simulation：the ProHTA project [J] . Technological forecasting and social change，2015，97：105-114.

[92] 杨捷，陈凯华 . 技术预见国际经验、趋势与启示研究 [J] . 科学学与科学技术管理，2021，42（3）：48-63.

[93] 方伟，曹学伟，高晓巍 . 技术预测与技术预见：内涵、方法及实践 [J] . 全球科技经济瞭望，2017，32（3）：46-53.

[94] 孙莹，范医民，王秋涯 . 金砖国家高技术产品出口的技术特征及演化趋势预测 [J] . 商业研究，2017（1）：84-90.

[95] 拉基托夫 . 2025 年前俄罗斯科学和技术发展预测 [J] . 国外社会科学，1999（3）：84-85.

[96] 李斌 . 俄罗斯科学技术发展的特征和预测 [J] . 管理科学文摘，1997（2）：28-29.

[97] 黎思佳，芦春凡 . 俄罗斯未来经济社会发展趋势预测 [J] . 中国市场，2018（26）：32-33.

[98] 本村真澄，刘旭 . 俄罗斯 2030 年前能源战略：实现的可能性和不确定性 [J] . 俄罗斯研究，2010（3）：53-70.

[99] 袁珩，张丽娟 . 俄罗斯发布面向 2030 年的《国家科学技术发展计划》[J] . 科技中国，2019（8）：100-102.

[100] 刘光武，叶慧杰 . 俄罗斯公布国家技术计划首批路线图 [J] . 黑龙江科学，2016，7（16）：32-33.

[101] 郑玲玲 . 俄罗斯联邦教育与科学部关注 2030 年毕业生应具备的能力 [J] . 世界教育信息，2018，31（7）：72.

[102] 武坤琳，葛悦涛 . 俄罗斯《2030 年前国家人工智能发展战略》浅析 [J] . 无人系

统技术，2020，3（2）：63-66.

［103］孙晓竹 . 俄罗斯面向 2030 年技术预见：新动力应对新挑战［J］. 探索科学，2016（4）：342.

［104］戈赫贝格. 俄罗斯面向 2030 年的科技预见［M］. 李梦男，曾倬颖，安达，译. 北京：科学出版社，2018.

［105］SOKOLOV A. Science and technology foresight in Russia：results of a national delphi［C］// Third International Seville Seminar on Future-Oriented Technology Analysis：Impacts and implications for policy and decision-making，Seville，2008：1-12.

［106］Alekseeva N N. Science and technology foresight 2030 in Russia：environmental management［J］. Socially scientific magazine，2013，6（2）：94-100.

［107］PROSKURYAKOVA L. Russia' s energy in 2030：future trends and technology priorities［J］. Foresight，1999（2）：139-151.

［108］BELOUSOV D R，KHROMOV O. Using the foresight technique to build a long-term scientific and technological forecast for Russia［J］. Studies on Russian economic development，2008，19：10-19.

［109］GOKHBERG L，SOKOLOV A. Technology foresight in Russia in historical evolutionary perspective［J］. Technological forecasting & social change，2016，119：256-267.

［110］ABDRAKHMANOVA G，ALEKSEEVA N，BELOUSOV D，et al. Russia 2030：science and technology foresight［M］. Moscow：National research university higher school of economics 2016.

［111］PROSKURYAKOVA L，FILIPPOV S. Energy technology foresight 2030 in Russia：an outlook for safer and more efficient energy future［J］. Energy procedia，2015，75：2798-2806.

［112］卓华，王明进 . 技术地缘政治驱动的欧盟“开放性战略自主”科技政策［J］. 国际展望，2022，14（4）：39-61.

［113］肖轶 . 欧盟科技安全风险监测预警机制新动向［J］. 全球科技经济瞭望，2022，37（4）：31-37.

［114］南方，韩炳阳，沈云怡，等 . 中国 - 欧盟 2019 年科技创新合作年度监测结果分析［J］. 全球科技经济瞭望，2021，36（11）：61-69.

［115］马润翔，李美玲 . 欧盟国防科技一体化解析［J］. 中国军转民，2021（6）：71-72.

［116］韩如意 . 俄罗斯联邦教育部研讨 2030 年特殊教育发展战略［J］. 世界教育信息，2019，32（11）：73-74.

［117］肖轶 . 欧盟科技创新决策咨询制度体系建设研究［J］. 全球科技经济瞭望，2019，34（3）：15-19.

［118］苏晓 . 欧盟技术转移体系和科技资源共享政策及其启示［J］. 中国市场，2018（35）：13-17.

［119］马红燕 . 欧盟研发框架计划对科技专项经费的内部监管及启示［J］. 农业科技管理，2017，36（1）：79-81.

[120] 许燕，杜薇薇. 欧盟科技报告的政策与管理 [J]. 科技管理研究，2016，36（19）：45-51.

[121] 蔚晓川，乔林碧. 欧盟和英国促进科技发展政策的启示 [J]. 科技创新与应用，2013（33）：254.

[122] 刘华. 欧盟科技政策对协同创新的启示 [J]. 科学技术哲学研究，2013，30（4）：104-108.

[123] 张敏. 欧盟国家科技创新能力研究 [J]. 全球科技经济瞭望，2013，28（3）：38-45.

[124] 李阳. 欧盟的新技术预测 [J]. 世界科学，2005（8）：39-40.

[125] 国际技术经济研究所课题组. 国家关键技术发展战略（三）[J]. 科学决策，2002（5）：53-59.

[126] 国际技术经济研究所课题组. 国家关键技术发展战略（二）[J]. 科学决策，2002（4）：28-39.

[127] 国务院发展研究中心国际技术经济研究所. 欧盟及西欧主要国家的关键技术选择 [J]. 今日科技，2002（3）：18-20.

[128] 国际技术经济研究所课题组. 国家关键技术发展战略（一）[J]. 科学决策，2002（3）：48-56.

[129] 贾无志，王艳. 欧盟第九期研发框架计划"地平线欧洲"概况及分析 [J]. 全球科技经济瞭望，2022，37（2）：1-7.

[130] 曹学伟. 欧洲议会 STOA 开展技术预见研究分析及启示 [J]. 今日科苑，2020（11）：60-68.

[131] 刘润生. 欧盟第九期研发框架计划：演进与改革 [J]. 全球科技经济瞭望，2019，34（3）：1-8.

[132] 徐峰. 欧盟研发框架计划的形成与发展研究 [J]. 全球科技经济瞭望，2018，33（6）：25-32.

[133] 戴乐，董克勤. 欧盟第八、九研发框架计划比较分析及影响和启示 [J]. 全球科技经济瞭望，2018，33（9）：47-53.

[134] 张朋. 欧盟预算制度解析 [J]. 中国农业会计，2017（9）：4-5.

[135] 谢鹏. 欧盟预算制度演变分析 [J]. 武汉科技大学学报（社会科学版），2017，19（4）：444-453.

[136] RICHARDSON，JACQUES G. The Alpbach futures forum revisited [J]. Foresight，2000，2（5）：519-520.

[137] PAANANEN A，MAEKINEN S J. Bibliometrics-based foresight on renewable energy production [J]. Foresight，2013，15（6）：465-476.

[138] BARNARD-WILLS D. The technology foresight activities of European Union data protection authorities [J]. Technological forecasting and social change，2017，116：142-150.

[139] ACHESON H，BARRE R，BERLOZNIK R，et al. Thinking，debating and shaping the future：foresight for Europe [R]. [S.l.：s.n.]，2002.

［140］刘艺，崔越，谢金兴．对未来国际科技发展的分析与预测［J］．信息安全研究，2019，5（7）：592–598.

［141］张晓林．美国 NRC 颠覆性技术持续预测系统浅析［J］．中国工程科学，2018，20（6）：117–121.

［142］龚旭．美国国家科学基金会 2012 财年价值评议［J］．中国基础科学，2013，15（3）：57–64.

［143］蒲洪波，袁建华，赵滟，等．航天技术识别与预见的方法及应用［J］．航天器工程，2015，24（2）：119–128.

［144］吴颖颖．日本政府所属科技政策智库：NISTEP［J］．竞争情报，2019，15（5）：50–55.

［145］李思敏．科学支撑未来决策：英国技术预见的经验与启示［J］．今日科苑，2020（11）：69–77.

［146］孟弘，许晔，李振兴．英国面向 2030 年的技术预见及其对中国的启示［J］．中国科技论坛，2013（12）：155–160.

［147］杨捷，陈凯华．技术预见国际经验、趋势与启示研究［J］．科学学与科学技术管理，2021，42（3）：48–63.

［148］张丽娟．俄罗斯至 2030 年科技发展预测［J］．科学中国人，2014（9）：21–23.

［149］刘润生．欧盟第九期研发框架计划：演进与改革［J］．全球科技经济瞭望，2019，34（3）：1–8.

［150］曹学伟．欧洲议会 STOA 开展技术预见研究分析及启示［J］．今日科苑，2020（11）：60–68.

［151］刘凯，李兵，张舒逸，等．欧洲议会 STOA 机构科学技术预见工作模式研究［J］．中外企业家，2020（1）：229.

# 5

# 典型智库技术预测活动

当前，抓住新一轮科技革命和产业变革的机遇以实现新的经济繁荣，准确把握、及时布局科技创新的方向和重点以赢得竞争优势，已成为世界主要国家在制定发展战略、规划和政策时优先考虑的重要选项，更是我国推进创新驱动发展、建设世界科技强国需要考虑的重大课题。实现这些目标需要高端智库持续深入地开展科技发展战略研究，不断为国家宏观决策提供科学咨询和系统解决方案，国际上许多著名智库开展了技术预测活动，来跟踪并聚焦最新的技术趋势。

这一部分主要介绍了世界经济论坛十大新兴技术系列，美国《麻省理工技术评论》十大突破性技术系列，麦肯锡公司、兰德公司和高德纳咨询公司技术预测系列等方面内容。

## 5.1 概述

智库（Think Tank）有多种称呼：脑库 ( Brain Tank) 、外脑（Outside Brain)、思想工厂（Think Factory)、思想掮客（Idea Brokers)、智囊团（Brain Trust)、情报中心（Intelligence Research Center)、咨询公司（Consultant Corporation）等，宾夕法尼亚大学的麦甘（James G.McGann）教授认为智库是进行公共政策研究、分析、交流的机构，它们针对国内和国际议题产出政策导向的研究、分析和建议，从而使决策者和公众对公共政策议题做出明智决定。智库可以与政党、大学或者政府保持紧密联系，是作为常设组织的独立机构，而非临时性的委员会。独立性、非营利性和现实性是智库的明显特点。

我国古代虽然没有明确的“智库”一说，但“智囊”“军师”“食客”“幕僚”等都可视为现代智库的雏形。如《史记·樗里子甘茂列传》记载：“樗里子滑稽多智，秦人号曰‘智囊’”；《史记·袁盎晁错列传》提到“太子家号曰‘智囊’”。

现代智库起源于19世纪末的西方国家，它被视为立法、司法、行政、媒体之外的第五权力，是美国社会神职人员、贵族、城市工薪族和乡村农民、媒体之外的第五阶层。作为一个相对稳定的、独立于政府的“外脑”，智库在公共决策中扮演着举足轻重的角色。美国政治学家迪克逊（Paul Dickson）的 *Think Tanks* 是世界上第一本关于智库的著作，他认为智库是一种稳定的、相对独立的政策研究机构，其研究人员运用科学的研究方法对广泛的公共政策问题进行跨学科的研究，并在与政府、企业及大众密切相关的政策问题上提出咨询建议。近年来，里奇（Andrew Rich）认为智库是一种独立的、无利益诉求的非营利组织，其产品是专业知识和思想，依此来获取支持并影响政策制定。宾夕法尼亚大学的麦甘教授则将对公众的影响也纳入到定义中，认为智库是进行政策导向的分析与研究，对国际国内事务给予建议，从而使政策制定者和公众能够对公共政策事务做出有信息支持的决定的机构。

近年来，我国高度重视智库建设并取得很大进步。2013年，党的十八届三中全会通过的《中共中央关于全面深化改革若干重大问题的决定》明确提出：“加强中国特色新型智库建设，建立健全决策咨询制度。”这是中央文件中首次出现“智库”的概念。2015年，中共中央办公厅、国务院办公厅印发《关于加强中国特色新型智库建设的意见》指出，中国特色新型智库是党和政府科学民主依法决策的重要支撑、是国家治理体系和治理能力现代化的重要内容、是国家软实力的重要组成部分，必须切实加强中国特色新型智库建设，充分发挥智库在治国理政中的重要作用。2017 年，十九大报告再次明确提出要“加强中国特色新型智库建设”。麦甘领衔的“智库研究项目”（TTCSP）每年发布一版《全球智库报告》（Global Go To Think Tank Index Report，GGTTI），在衡量全球智库表现和影响力方面最具权威性。《2008 年全球智库报告》中，中国以 74 家智库居全球智库数量排行榜第 12 位，在《2020 年全球智库报告》中，中国已经以 1413 家智库跃居第二，美国以 2203 家智库名列榜首。2008—2020 年全球智库数量如图 5-1 所示。

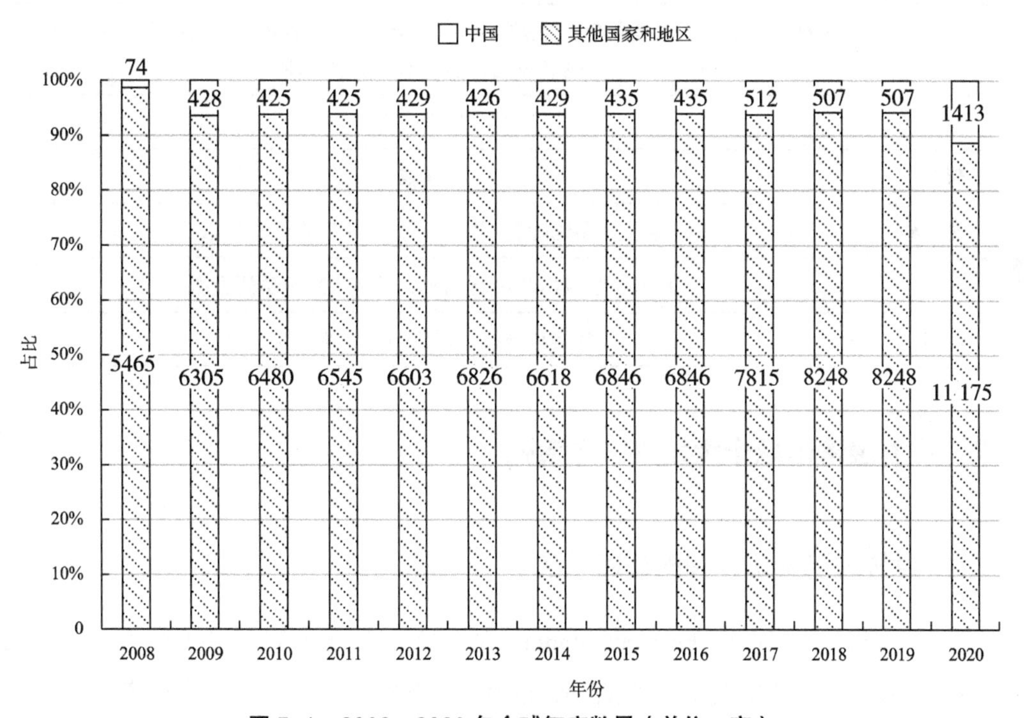

**图 5-1　2008—2020 年全球智库数量（单位：家）**

数据来源：《全球智库报告》（*Global Go To Think Tank Index Report*）https://repository.upenn.edu/think_tanks/.

《全球智库报告》就智库的科技政策影响力进行了专项排名，2018 年之前的榜单称为“全球科技智库排名”（Top Science and Technology Think Tanks），自 2018 年开始改为“全球科技政策智库排名”（Top Science and Technology Policy Think Tanks）。在 2009—

2020 年的 12 年中，德国的马普研究所（Max Planck Institutes）7 次名列第一，美国的信息技术与创新基金会（Information Technology and Innovation Foundation，ITIF）连续 3 年（2017—2019 年）位居榜首。

目前，在世界上相对有影响力的有技术预测活动的国际智库如表 5-1 所示。

**表 5-1 部分有技术预测活动的智库**

| 所在国别 | 智库名称 |
| --- | --- |
| 美国 | 麦肯锡公司、兰德公司、麻省理工、高德纳咨询、科尔尼管理咨询公司、波士顿咨询公司、沙利文咨询公司、国际数据公司、哈佛大学贝尔弗科学与国际事务研究中心、高盛集团 |
| 英国 | 国家科学技术与艺术基金会、经济学人、普华永道、埃森哲、德勤咨询公司、汤森路透、英国科学技术政策研究所 |
| 德国 | 罗兰·贝格咨询公司 |
| 荷兰 | 毕马威 |
| 瑞士 | 瑞士洛桑国际管理学院、达沃斯世界经济论坛 |
| 日本 | 日本科学技术政策研究所、日本未来工学研究所 |
| 韩国 | 韩国科学技术评价与规划研究院 |

## 5.2 世界经济论坛十大新兴技术系列

### 5.2.1 世界经济论坛：跨国智库平台

世界经济论坛（World Economic Forum，WEF）前身是 1971 年由日内瓦大学施瓦布（Klaus Schwab）教授创建的“欧洲管理论坛”，1987 年更名为“世界经济论坛”。该论坛是以研究和探讨世界经济领域存在的问题、促进国际经济合作与交流为宗旨的国际非政府组织，其使命是“致力于通过让商业、政治、学术和其他团体领袖参与制定全球、区域和行业议程来改善世界状况”。每年 1 月底，WEF 邀请全球约 3000 名商界领袖、国际政治领袖、经济学家、名人和记者，在达沃斯举办为期 5 天的年度会议，在 500 场会议中讨论全球问题。

#### 5.2.1.1 论坛机构

WEF 在日内瓦、纽约、北京和东京设有 4 个办公室，正式员工有 550 多人，来自 60 多个国家和地区。基金董事会是论坛的最高领导机构，由大约 25 人组成，负责制定发展方向和目标。执行董事会是常设机构，一般由 6 ~ 8 人组成，主要负责落实基金董事会的相关战略安排及论坛的日常运营。

WEF 基金董事会是论坛的最高领导机构，由大约 25 人组成，负责制定发展方向和目标。

WEF 管理委员会是世界经济论坛执行机构，负责活动和资源的日常管理，一般由 6 ~ 8 人组成，主要负责落实基金董事会的相关战略安排及论坛的日常运营。

#### 5.2.1.2 主要成员

WEF 共有 4 种形式的成员，分别是基金会员、行业合作伙伴、战略合作伙伴和全球成长型企业会员。基金会员包括全球约 1000 家顶尖企业，其中每年有 100 多家基金会员企业还可以根据其参与论坛活动的程度和对论坛的贡献，成为论坛的行业合作伙伴或战略合作伙伴。而全球成长型公司，即“新领军者”，是世界经济论坛推出的一种新型会员形式，主要是指那些正在快速成长的新型跨国公司。

WEF 评选委员会要对会员企业的实力进行评定，这些企业需是其所属行业或国家中的顶尖企业（主要基于其营业收入，金融机构以资产计算），并可对其行业或区域的未来发展起重要作用。

“行业合作伙伴”来自广泛的行业部门，涵盖建筑、航空、科技、旅游、食品、工程和金融服务等行业。这些企业对于影响其行业部门的全球问题具有很高的敏感度。

### 5.2.2 2015—2021 年世界经济论坛十大新兴技术及分类

世界经济论坛十大新兴技术清单由 WEF 与《科学美国人》杂志的专家委员会联合选出，能否在解决全球重大挑战中发挥作用被视为评选的首要标准。论坛方面介绍，专家们根据一系列标准确定入选的技术，除了具备重大社会与经济潜在效益，入选技术还必须具有颠覆性，能够吸引投资者和研究者，有望在未来 5 年内达到相当规模。入选的新兴技术均在改善生活质量、促进产业转型和保护地球环境等方面具有巨大潜力。评选委员会同时对入选技术的成熟程度进行评估，以期帮助其在今后 3 年至 5 年得到推广。

将世界经济论坛2015—2021年出产的6个报告中的60项新兴技术分为了医疗与生命科学、农林与食品技术、环境资源与能源、信息通信技术与人工智能、材料设备与工艺技术五大模块，分类情况如表5-2所示。

**表5-2　2015—2021年世界经济论坛十大新兴技术及分类情况**

| 年份 | 技术名称 | 简要释义 | 分类 |
| --- | --- | --- | --- |
| 2021 | 脱碳技术 | 将新兴技术提升到工业水平，包括大规模能源储存、低碳/无碳化学源、振兴铁路运输、碳封存、低碳农业、零排放汽车、零排放电源，以及在全球范围内商定的合规监测 | 环境资源与能源 |
| | 自产肥料的作物 | 诱使玉米和其他谷物等其他作物也能自我施肥 | 农林与食品技术 |
| | 呼吸诊断疾病 | 新的呼吸传感器可以通过采集人类呼吸中800多种化合物的浓度来诊断疾病 | 医疗与生命科学 |
| | 按需生产药品 | 微流体技术和按需药物制造技术的进步，现在可以根据需要制造少量但数量不断增加的普通药物 | 医疗与生命科学 |
| | 来自无线信号的能量 | 物联网传感器内的微型天线可以从这些信号中“收获”能量 | 信息通信技术与人工智能 |
| | 设计更长的健康期 | 对衰老的分子机制有了早期的了解，这有助于我们不仅活得更长，而且更健康 | 医疗与生命科学 |
| | 绿氨 | 随着可再生能源的普及，绿氢正在被创造出来，能够更有效地促进氨的生产 | 环境资源与能源 |
| | 生物标志物设备无线传输 | 低功耗无线通信的进步，以及采用光学和电子探针的新型化学传感技术，使关键医疗信息的连续、无创监测成为可能 | 医疗与生命科学 |
| | 用当地材料打印房屋 | 使用3D打印机取得了飞跃，使用当地来源的材料、黏土、沙子和当地纤维打印结构，减少了大约95%需要运输到建筑工地的材料，这项新兴技术可以为偏远地区居民提供住房 | 材料设备与工艺技术 |
| | 太空连接地球 | 物联网中的传感器可以记录和报告有关天气、土壤条件、湿度、作物健康、社会活动和其他有价值的数据集。随着最近在低地球轨道上出现了低成本微型卫星，人类能够在全球范围内捕获此类数据并进行处理，物联网将使全球对没有传统互联网基础设施的发展中地区有前所未有的了解 | 信息通信技术与人工智能 |

续表

| 年份 | 技术名称 | 简要释义 | 分类 |
| --- | --- | --- | --- |
| 2020 | 用于无痛注射和测试的微针 | 几乎看不见的针，或“微针”，即将迎来一个无痛注射和血液检测的时代。无论是附着在注射器上还是贴片上，微针都通过避免接触神经末梢来防止疼痛 | 医疗与生命科学 |
| | 太阳能化学 | 可见光可以驱动将二氧化碳转化为普通物质的过程，一种新的方法利用阳光将废弃的二氧化碳转化为这些所需的化学物质 | 环境资源与能源 |
| | 虚拟患者 | 用模拟代替人类可以使临床试验更快、更安全 | 医疗与生命科学 |
| | 空间计算 | 进行物理世界和数字世界融合。它做了虚拟现实和增强现实应用所做的一切：数字化通过云连接的物体；允许传感器和电机相互反应和数字化地表现现实世界。然后，它将这些能力与高保真空间映射相结合，使计算机“协调器”能够跟踪 | 信息通信技术与人工智能 |
| | 数字医学 | 将人工智能应用于由数字表型和治疗应用程序生成的大数据集，应该有助于个性化患者护理。出现的模式也将为研究人员提供如何最好地建立更健康的习惯和预防疾病的新想法 | 医疗与生命科学 |
| | 电动航空 | 致力于电动飞行的飞机制造 | 材料设备与工艺技术 |
| | 低碳水泥 | 应对气候变化的建筑材料 | 材料设备与工艺技术 |
| | 量子传感 | 基于亚原子领域特性的高精度计量 | 信息通信技术与人工智能 |
| | 绿色氢 | 补充风能和太阳能的零碳能源 | 环境资源与能源 |
| | 全基因组合成 | 研究人员使用软件来设计他们产生的基因序列，并将其引入微生物，从而对微生物进行重新编程，以完成所需的工作，如制造新药 | 医疗与生命科学 |
| 2019 | 生物塑料促进循环经济 | 先进的溶剂和酶正在将木质废物转化为更好的生物降解塑料 | 材料设备与工艺技术 |
| | 社会的机器人 | 机器人朋友和助手正在深入我们的生活 | 信息通信技术与人工智能 |
| | 微型设备的微小透镜 | 薄而平的金属可以代替笨重的玻璃来操纵光线 | 材料设备与工艺技术 |

续表

| 年份 | 技术名称 | 简要释义 | 分类 |
| --- | --- | --- | --- |
| 2019 | 作为药物靶标的无序蛋白质 | 无序蛋白质作为药物靶点治疗癌症和其他疾病的新可能性 | 医疗与生命科学 |
| | 控释肥料 | 控释肥料是被称为精准农业的可持续农业方法的一部分，这种方法通过结合数据分析、人工智能和各种传感器系统来确定植物在任何给定时间需要多少肥料和水，并通过部署自动车辆在规定的数量和位置输送养分，从而提高作物产量并最大限度地减少养分的过度释放 | 农林与食品技术 |
| | 协作远程呈现 | AR 和 VR 技术变得足够强大，虚拟聚会的参与者会觉得他们在一起了 | 信息通信技术与人工智能 |
| | 高级食品跟踪和包装 | 2 种技术结合在一起可以减少食物中毒和食物浪费。首先，区块链技术的创新应用开始解决可追溯性问题。与此同时，增强的食品包装提供了新的方法来确定食品是否储存在合适的温度下，以及它们是否已经开始变质 | 农林与食品技术 |
| | 更安全的核反应堆 | 有弹性的燃料和创新的反应堆可以让核能重新崛起，燃料的改进和小型反应堆的增长可能是核电复兴的一大部分 | 环境资源与能源 |
| | 基因数据存储 | 基于 DNA 的数据存储。DNA 是生命的信息储存材料，它由长链核苷酸组成。数据可以按照这些字母的顺序存储，将 DNA 变成一种新的信息技术形式。它已经被常规地排序（读取）、合成（写入）并容易地精确复制 | 医疗与生命科学 |
| | 可再生能源的公用事业规模储存 | 降低来自风能和太阳能等可再生能源发电的储能成本 | 环境资源与能源 |
| 2017 | 无创技术诊断 | 癌症被称为液体活检的超灵敏血液检查可大幅降低癌症诊断与护理难度。液体活检是对抗癌症的又一项进步。首先，它可以在无法实施传统组织活检时充当代替者。其次，相比于只提供有限信息的组织样本，液体活检可以提供更全面的信息。最后，通过锁定循环肿瘤 DNA，即从癌细胞进入血液循环系统的遗传物质，可以比依靠症状或影像更快地发现疾病进展或治疗抗性 | 医疗与生命科学 |
| | 人类细胞图谱计划 | 这项国际合作计划旨在破译人体各种细胞类型的详细功能，旨在确定每个组织中的细胞类型；准确了解每种细胞类型中基因、蛋白质和其他分子的活动及控制该活动的过程、定位细胞、了解细胞如何相互作用；一个细胞的遗传信息发生变化时人类身体功能会发生什么变化。该项目的最终产品对于个性化保健来说意义重大 | 医疗与生命科学 |

续表

| 年份 | 技术名称 | 简要释义 | 分类 |
|---|---|---|---|
| 2017 | 深度学习练就好眼力 | 在深度学习的帮助下（尤其是随着卷积神经网络的发展），计算机的图像识别能力开始超越人类。目前，机器视觉技术在自动驾驶、医学诊断、保险索赔的破损评估、水位监测、农业生产等领域具有广阔的应用前景 | 信息通信技术与人工智能 |
| | 从阳光中收集液态燃料 | 这一技术可将二氧化碳转化为液体燃料等其他物质。哈佛大学的科学家找出一款钴－磷催化剂，利用太阳能，将水分子分解成氢气和氧气，并将二氧化碳转化成有机物。随后，燃烧释放的二氧化碳将被重新转化成燃料，而不是被排放至大气中。这项技术可能会给太阳能和风能行业带来革命性的影响 | 环境资源与能源 |
| | 从空气中提取用水 | 从空气中提取用水的技术其实并不新鲜，但现有技术需要高含水量的空气及大量电力。来自美国麻省理工学院和加州大学伯克利分校的一个科研团队成功利用多孔晶体做到无须电力就实现从空气到水的转换。另一个例子是美国亚利桑那州创业公司的零质量水，他们可以利用离网太阳能系统每天生产 2 ～ 5 升水 | 环境资源与能源 |
| | 精准农业 | 传统农业耕作基于管理整个农田，基于局部农田状况和历史数据，做出相应的耕作决策：如何种植、收割、灌溉，以及使用杀虫剂和肥料。相比之下精准农业采用了高科技技术，结合传感器、机器人、全球定位系统（GPS）、绘图工具和数据分析软件，在不增加劳动力的情况下，对农田进行定制化耕作 | 农林与食品技术 |
| | 廉价的氢能汽车催化剂 | 氢能汽车催化剂旨在开发零排放的氢燃料电池技术。当前使用的催化剂含有金属铂，价格高昂。目前，很多研究正致力于减少对铂的依赖，如美国凯斯西储大学的科学家发现可以用掺杂氮和磷的碳泡沫催化剂作为替代 | 环境资源与能源 |
| | 基因疫苗 | 基于基因的疫苗在很多方面优于现在的传统疫苗。基因疫苗能快速生产，这对于应对突然暴发的疫情非常关键。相比于在细胞培养物或无特定病原体（SPF）鸡蛋中生产的传统蛋白疫苗，基因疫苗制作起来也更简单、廉价。而且，通过这种方法制得的疫苗能快速适应病原体突变。最终，科学家能找出可以抵抗病原体的人群，纯化能为人类提供保护的抗体，然后设计出基因序列，诱导人体细胞产生这种抗体 | 医疗与生命科学 |

续表

| 年份 | 技术名称 | 简要释义 | 分类 |
| --- | --- | --- | --- |
| 2017 | 可持续型社区 | 美国加州大学伯克利分校的科学家正计划通过智能微电网，将本地产生的太阳能用于建筑的电力供应，这将减少一半的电力消耗，并将碳排放降至零。与此同时，他们还计划重新设计建筑的排水系统，从而实现厕所和下水管中水资源的就地循环利用，而雨水也能被收集利用，这些举措将会使饮用水的需求量下降 70% | 环境资源与能源 |
|  | 量子计算机 | 人们对量子计算已展望了 50 年，它解决了传统机器无法回答的问题。目前，小型量子计算机已被制造出来，却仍不能突破超级计算机的能力，但量子计算仍在快速发展。2016 年，IBM 公司为公众提供渠道，接入第一台具有云服务的量子计算机，未来量子计算将有更广阔的发展前景 | 信息通信技术与人工智能 |
| 2016 | 纳米传感器和纳米物联网 | 纳米传感器能够进入人体循环系统，或被植入到建筑材料中。一旦连接，纳米级别物联网将会对未来的医药、建筑、农业和药物制造产生巨大的影响 | 信息通信技术与人工智能 |
|  | 电池大规模储能 | 匹配供求关系是可再生能源使用的最大障碍之一，但近期在使用钠、铝和锌电池进行能源存储的新进步，使构建小型电网并为整个村庄的提供清洁又可靠的能源成为可能 | 环境资源与能源 |
|  | 区块链 | 此前，记录比特币的分布式电子交易账本，已经使区块链技术广泛使用。仅 2015 年一年，风险投资企业对区块链行业投资金额就突破 10 亿美元，其从根本上改变市场及政府工作方式的经济和社会影响才逐渐显现 | 信息通信技术与人工智能 |
|  | 二维材料 | 由单层原子组成的材料：碳（石墨烯）、硼（硼苯）和六方氮化硼（又名白色石墨烯）、锗（锗烯）、硅（硅烯）、磷（磷烯）和锡（锡烯）。虽然不是仅有的一种，但石墨烯或许是最闻名的单原了层材料。大幅降低的生产成本，得益于 2D 材料的广泛应用，包括空气净化器、净水器、新一代的可穿戴设备和电池等 | 材料设备与工艺技术 |
|  | 自动驾驶汽车 | 虽然无人驾驶车目前在世界上大部分国家尚未完全合法化，但其在挽救生命、节能减排、促进经济发展、改善老年人生活质量等方面的潜在优势，使得与其相关的重要技术先驱已经开始飞速发展 | 信息通信技术与人工智能 |

续表

| 年份 | 技术名称 | 简要释义 | 分类 |
|---|---|---|---|
| 2016 | 芯片上的器官 | 有一个记忆卡大小的人体器官微缩模型，可以使研究人员用前所未有的方式见证生物机制和行为，为医学研究和药物制造带来彻底的变革 | 医疗与生命科学 |
| | 钙钛矿太阳能电池 | 这种新的光伏材料对目前的硅太阳能电池进行了 3 处改进，使其更容易生产、几乎能在任何地方使用，并且迄今为止不断提高发电效率 | 环境资源与能源 |
| | 人工智能生态系统 | 自然语言处理和社会认知算法的共同提升，再加上前所未有的丰富数据，很快就会让智能数字助理服务一个人生活的方方面面，如管理财务和健康状况，甚至帮他挑选要穿的衣服 | 信息通信技术与人工智能 |
| | 光遗传学 | 使用的光和色可以记录神经元在大脑中的活动，但近期研究发现，光还可以深入大脑，用于更好地治疗脑部疾病 | 医疗与生命科学 |
| | 来自可再生资源微生物的系统代谢工程化学品 | 合成生物学、系统生物学和进化工程学的发展意味着用更便宜的植物燃料生成更优质的块化学品将越来越普遍，这样可以取代大量消耗的化石燃料 | 环境资源与能源 |
| 2015 | 燃料电池汽车 | 使用氢气的零排放汽车 | 环境资源与能源 |
| | 下一代机器人技术 | 对社交机器人的新研究：知道如何与人类合作并建立工作联盟，意味着未来机器人和人类将共同努力，各尽所能。然而，下一代机器人技术为从哲学到人类学的领域提出了关于人类与机器关系的新问题 | 信息通信技术与人工智能 |
| | 可回收热固性塑料 | 可回收的热固性聚合塑料 | 材料设备与工艺技术 |
| | 精确的基因工程技术 | 利用基因工程技术有望通过减少从水、土地到肥料等多个领域的投入使用来促进农业可持续性，同时也帮助作物适应气候变化 | 医疗与生命科学 |
| | 3D 打印 | 应用于汽车、航空航天和医疗领域 | 材料设备与工艺技术 |
| | 人工智能 | 简单的意义上说，人工智能（AI）是让电脑做人可以做的事情。最近几年，人工智能有了非常显著的进步：大多数人都拥有可以辨别人声的智能手机，或者在海关过关时经过了人脸识别系统。无人驾驶汽车及自动飞行器现在也在测试阶段，被预测马上就要大规模使用 | 信息通信技术与人工智能 |

续表

| 年份 | 技术名称 | 简要释义 | 分类 |
|---|---|---|---|
| 2015 | 分布式制造 | 分布式制造可能会鼓励如今已经标准化的对象的更广泛多样性 | 材料设备与工艺技术 |
| | 无人机 | 自动感知和躲避无人机必须能够在最困难的条件下可靠地运行，凭借可靠的自主性和避免碰撞，无人机可以开始承担对人类来说太危险或太遥远的任务 | 信息通信技术与人工智能 |
| | 神经形态技术模仿人脑的计算机芯片 | 神经形态技术将是强大计算的下一个阶段，实现更快的数据处理和更好的机器学习能力。潜在的应用包括：能够更好地处理和响应视觉信号的无人机、功能更强大、更智能的摄像头和智能手机，以及可能有助于解开金融市场或气候预测秘密的大规模数据处理。计算机将能够预测和学习，而不仅仅是以预先编程的方式做出反应 | 信息通信技术与人工智能 |
| | 数字基因组 | 威胁：个人的数字基因组需要得到保护。<br>好处：个体化治疗和靶向治疗可以被开发出来，并有可能应用于由基因变化驱动或辅助的所有许多疾病 | 医疗与生命科学 |

## 5.3 美国《麻省理工技术评论》十大突破性技术系列

### 5.3.1 麻省理工学院：世界理工大学之最

麻省理工学院（Massachusetts Institute of Technology，MIT），位于美国马萨诸塞州波士顿都市区剑桥市，主校区依查尔斯河而建，是一所世界著名的私立研究型大学。MIT 创立于 1861 年，早期侧重应用科学及工程学，在第二次世界大战和冷战期间，MIT 的研究人员对计算机、雷达及惯性导航系统等科技发展做出了重要贡献，战后倚靠美国国防科技的研发需求迅速崛起。

MIT 素以顶尖的工程与技术而著名，拥有麻省理工学院人工智能实验室（MIT CSAIL）、林肯实验室（MIT Lincoln Lab）和麻省理工学院媒体实验室（MIT Media Lab），其研究人员发明了万维网（WWW）、GNU 系统、Emacs 编辑器、RSA 算法等。该校的计算机工程、电机工程等诸多工程学领域在 2019—2020 年软科世界大学学科排名中居世界前 5 位，在 2018—2019 年 US News 美国研究生院排名中居工程学第 1 位、计算机科学第 1 位，与斯坦福大学、加州大学伯克利分校一同被称为工程技术界的学术领袖。截至 2020 年 10 月，MIT 的校友、教职工及研究人员中，共产生了 97 位诺贝尔奖得主（世界第五）、8 位菲尔兹奖得主（世界第七）及 26 位图灵奖得主（世界第二）。

MIT 的“科学、技术和社会研究中心”是世界著名的科技决策智库。《增长的极限》一书的作者中有 2 位梅多斯，一位（Donella Meadows）是 MIT 系统动力学创立者福雷斯特（Jay Forrester）团队的成员，另一位（Dennis Meadows）是 MIT“罗马俱乐部人类困境项目”主任。

## 5.3.2　2017—2023 年度十大突破性技术

1. 2023 年《麻省理工技术评论》十大突破性技术

（1）詹姆斯·韦伯太空望远镜（James Webb Space Telescope）

重大意义：作为精密工程的奇迹，詹姆斯·韦伯太空望远镜可以彻底改变我们对早期宇宙的看法。

主要研究者：美国国家航空航天局、欧洲空间局、加拿大航天局、空间望远镜研究所。

成熟期：当年。

（2）用于高胆固醇的 CRISPR（CRISPR for High Cholesterol）

重大意义：新形式的基因编辑工具可以帮助治疗常见疾病。

主要研究者：Verve Therapeutics、Beam Therapeutics、Prime Medicine、伯劳德研究所。

成熟期：10 ~ 15 年。

（3）制作图像的 AI（AI that Makes Images）

重大意义：依靠简单的短语就能生成惊人图像的人工智能模型，正在演变为强大的创意和商业工具。

主要研究者：Open AI，Stability AI，Midjourney，Google。

成熟期：当年。

（4）按需器官制作（Organs on Demand）

重大意义：工程化器官可以终结器官移植的等待名单。

主要研究者：eGenesis、Makana Therapeutics、United Therapeucs。

成熟期：10 ~ 15 年。

（5）远程医疗堕胎药（Abortion Pills Via Telemedicine）

重大意义：药物流产已经变得越来越普遍，但美国最高法院推翻罗诉韦德案的决定带来了新的紧迫感。

主要研究者：Choix、Hey Jane、Aid Access、Just the Pill、Abortion on Demand、Planned Parenthood、Plan C。

成熟期：当年。

（6）改变一切的芯片设计（A Chip Design that Changes Everything）

重大意义：计算机芯片设计昂贵且难以获得许可。得益于开放标准 RISC-V 的兴起，这一切都将发生变化。

主要研究者：RISC-V 国际、英特尔（Intel）、SiFive、SemiFive、中国 RISC-V 产业联盟。

成熟期：当年。

（7）古代 DNA 分析（Ancient DNA Analysis）

重大意义：新的方法使商业测序仪可以看清受损的 DNA，这让深埋于历史的惊人发现终于得见天日。

主要研究者：马克斯普朗克进化人类学研究所（Max Planck Institute for Evolutionary Anthropology）、哈佛大学 David Reich 实验室（David Reich Lab at Harvard）。

成熟期：当年。

（8）电池回收利用（Battery Recycling）

重大意义：回收电池中关键金属的新方法可能会使电动汽车更实惠。

主要研究者：Baykar Technologies、Shahed Aviation Industries。

成熟期：现在。

（9）必然到来的电动汽车（The Inevitable EV）

重大意义：电动汽车已经诞生几十年了，现在它们终于成为主流。

主要研究者：比亚迪、现代、特斯拉、大众。

成熟期：当年。

（10）大规模生产的军用无人机（Mass-market Military Drones）

重大意义：土耳其制造的 TB2 等飞行器大幅扩大了无人机在战争中的作用。

主要研究者：Baykar Technologies、Shahed Aviation Industries。

成熟期：当年。

2. 2022 年《麻省理工技术评论》十大突破性技术

（1）新冠口服药（A Pill for COVID）

重大意义：易于服用的治疗严重的 COVID-19 的药片也可能对下一次大流行病起作用。

主要研究者：默克、辉瑞、Pardes Biosciences。

技术可实现性：已实现。

（2）实用型聚变反应堆（Practical Fusion Reactors）

重大意义：核聚变有望产生廉价的、无碳的、永远在线的能源，没有核反应堆堆芯熔毁的危险，也几乎没有放射性废物。

主要研究者：Commonwealth Fusion Systems、国际热核聚变实验反应堆（ITER）、美国劳伦斯利弗莫尔国家点火装置、Helion Energy、托卡马克能源公司（Tokamak Energy）、通用聚变公司（General Fusion）。

技术可实现性：大约 10 年。

（3）终结密码（The End of Passwords）

重大意义：各大公司终于改变了认证方式，不再使用极其不安全的字母和数字。

主要研究者：微软、谷歌、Okta、Duo（Alphabet 旗下）。

技术可实现性：已实现。

（4）AI 蛋白质折叠（Artificial Intelligence for Protein Folding）

重大意义：DeepMind 通过解决生物学中一个困扰研究者长达 50 年的问题，为药物发现和设计开辟了新的道路。

主要研究者：DeepMind（Alphabet 旗下）、Isomorphic Labs（Alphabet 旗下）、Baker Lab（华盛顿大学）。

技术可实现性：已实现。

（5）权益证明（Proof of Stake，PoS）

重大意义：一种确保数字货币安全的替代方法可以结束加密货币的能源消耗困境。

主要研究者：Cardano、Solana、Algorand、以太坊。

技术可实现性：以太坊 2022 年可实现。

（6）长时电网储能电池（Long-lasting Grid Battery）

重大意义：廉价、持久的铁基电池可以帮助分摊可再生能源的供应压力，并扩大清洁能源的使用范围。

主要研究者：ESS、Form Energy。

技术可实现性：已实现。

（7）AI 数据生成（Synthetic Data for AI）

重大意义：人工智能的好处主要集中在数据资源丰富的领域，而合成数据有望填补这些空白。

主要研究者：Synthetic Data Vault、Syntegra、Datagen、Synthesis Al。

技术可实现性：已实现。

（8）疟疾疫苗（Malaria Vaccine）

重大意义：疟疾每年造成数十万儿童死亡。与其他措施相结合，该疫苗可以减少多达 70% 的死亡率。

主要研究者：葛兰素史克、世界卫生组织。

技术可实现性：已实现（有局限性）。

（9）除碳工厂（Carbon Removal Factory）

重大意义：一个从空气中捕获碳的大型工厂可以帮助创造一个世界需要的产业，以避免 21 世纪危险的变暖趋势。

主要研究者：Climeworks、Carbon Engineering、Carbon Collect。

技术可实现性：已实现。

（10）新冠变异追踪（COVID Variant Tracking）

重大意义：SARS-CoV-2 病毒是地球上被测序最多的生物体，使科学家能够在其传播时迅速发现新的变种。

主要研究者：全球共享禽流感数据倡议组织（GISAID）、Nextstrain、Illumina。

技术可实现性：已实现。

3. 2021 年《麻省理工技术评论》十大突破性技术

（1）mRNA 疫苗（Messenger RNA vaccines）

重大意义：mRNA 新冠疫苗有效性约为 95%，此前从未投入临床应用，可能带来医药领域的巨大变革。

主要研究者：BioNTech 公司、绿光生物科技公司、Moderna、Strand Therapeutics 公司。

成熟期：当年。

（2）OpenAI 的第三代生成式预训练 GPT-3 语言模型（GPT-3）

重大意义：学习自然语言的大型计算机模型，朝着构建可理解人类、并与人类世界互动的 AI 迈出的一大步。

主要研究者：OpenAI、Google、Facebook。

成熟期：当年。

（3）数据信托（Data Trusts）

重大意义：面对个人数据被滥用这一情况，数据信托可以帮助更好地管理数据。

主要研究者：Google Sidewalk Labs。

成熟期：2 ~ 3 年。

（4）锂金属电池（Lithium-metal Batteries）

重大意义：锂金属电池能量密度高、充电速度快，而且安全可靠，使电动汽车像汽油汽车一样方便和便宜。

主要研究者：QuantumScape 公司、卡耐基梅隆大学、橡树岭国家实验室。

成熟期：5 年。

（5）数字接触追踪（Digital Contact Tracing）

重大意义：在不获取个人位置信息的情况下，手机使用者可获知自己是否与新冠病毒感染者接触。

主要研究者：苹果、谷歌等。

成熟期：当年。

（6）超高精度定位（Hyper-accurate Positioning）

重大意义：当定位技术精确到毫米级或更高水平，将开创全新的产业。

主要研究者：中国科学院空天信息创新研究院、ColdQuanta。

成熟期：当年。

（7）远程技术（Remote Everything）

重大意义：2020 年疫情期间，医疗保健和教育这两项重要服务中发生的变化，对人们的整体福祉和生活质量产生了巨大影响。但最重要的改变其实不是技术本身而是我们的行为，因为远程会议和远程医疗早已存在。

主要研究者：中国香港在线辅导公司 Snapask、作业帮、印度 Byju's。

成熟期：当年。

（8）多技能型人工智能（Multi-skilled AI）

重大意义："多模态" 系统能解决更加复杂的问题，让机器人能够实现与人类真正意义上交流和协作。

主要研究者：艾伦人工智能研究所、北卡罗来纳大学、OpenAI。

成熟期：3 ~ 5 年。

（9）TikTok 推荐算法（TikTok Recommendation Algorithms）

重大意义：TikTok 不仅能够精准地为用户推荐感兴趣的视频，还能通过推荐算法帮助他们拓展与其有交集的新领域。

主要研究者：TikTok。

成熟期：当年。

（10）绿色氢能（Green Hydrogen）

重大意义：绿色氢气是绿色的碳中性能源，是可再生风能和太阳能的扩充，有可能成为未来低碳化的核心燃料。

主要研究者：绿色氢联盟蒂森克虏伯集团、国际能源署、麦肯锡公司。

成熟期：预计 2030 年。

4. 2020 年《麻省理工技术评论》十大突破性技术

（1）防黑互联网（Unhackable internet）

重大意义：互联网越来越容易受到黑客攻击，而量子网络将无法被黑客攻击。

主要研究者：代尔夫特理工大学、量子互联网联盟、中国科学技术大学。

成熟期：5 年。

（2）超个性化药物（Hyper-personalized medicine）

重大意义：针对个体量身定制的基因药物为身患绝症的人带来一线希望。

主要研究者：A-T Children's Project、波士顿儿童医院、Ionis Pharmaceuticals、美国食品和药品监督管理局。

成熟期：当年。

（3）数字货币（Digital money）

重大意义：随着实体货币使用频率的下降，没有中介的交易自由也随之减少。与此同时，数字货币技术可以用来分裂全球的金融体系。

主要研究者：中国人民银行、Facebook。

成熟期：2020 年。

（4）抗衰老药物（Anti-aging drugs）

重大意义：诸如癌症、心脏病和失智症等许多不同疾病或许都可以通过延缓衰老来治疗。

主要研究者：联合生物技术公司、Alkahest、梅奥诊所、Oisín Biotechnologies。

成熟期：五年之内。

（5）人工智能发现分子（AI-discovered molecules）

重大意义：一种新药的商业化平均花费约 25 亿美元，原因之一是很难找到有希望成为药物的分子。

主要研究者：Insilico Medicine、Kebotix、Atomwise、多伦多大学、BenevolentAI。

成熟期：3 ~ 5 年。

（6）超级星座卫星（Satellite mega-constellations）

重大意义：这些系统可以让高速互联网覆盖全球，也可以让地球的卫星轨道变成一个充满垃圾的雷区。

主要研究者：SpaceX、OneWeb、亚马逊、Telesat。

成熟期：当年。

（7）量子优越性（Quantum supremacy）

重大意义：量子计算机将能够解决经典机器不能解决的问题。

主要研究者：谷歌、IBM、微软、Rigetti、D-Wave、IonQ、Zapata Computing、

Quantum Circuits。

成熟期：5 ~ 10年。

（8）微型人工智能（Tiny AI）

重大意义：得益于最新的人工智能技术驱动，我们的设备不需要与云端交互就能实现很多智能化操作。

主要研究者：谷歌、IBM、苹果、亚马逊。

成熟期：当年。

（9）差分隐私（Differential privacy）

重大意义：美国人口普查局的数据保密难度越来越大。不过，一种被称为差分隐私的技术可以解决这个问题，这种技术可以建立信任机制，并能供其他国家使用。

主要研究者：美国人口普查局、苹果、Facebook。

成熟期：它在美国2020年人口普查中的应用将是迄今为止规模最大的应用。

（10）气候变化归因（Climate change attribution）

重大意义：它使人们更加清楚地认识到气候变化是如何让天气恶化的，以及我们需要为此做出哪些准备工作。

主要研究者：世界气候归因组织、荷兰皇家气象研究所、红十字会与红新月气候研究中心。

成熟期：当年。

5. 2019年《麻省理工技术评论》十大突破性技术

（1）灵巧机器人（Robot Dexterity）

意义：机器人正在教自己处理和应对这个现实世界。如果机器人可以学会处理现实世界的混乱状况，他们可以做更多的任务。

关键参与者：OpenAI、卡内基·梅隆大学、密歇根大学、加州大学伯克利分校。

成熟期：3 ~ 5年。

（2）核能新浪潮（New Wave Nuclear Power）

意义：先进的核聚变和核裂变反应堆正在接近现实。新的、更安全的核反应堆可能有助于阻止气候变化。

关键参与者：陆地能源（Terrestrial Energy）、泰拉能源（Terra Power）、纽斯凯尔

（NuScale）、General Fusion。

成熟期：新型核裂变反应堆20世纪20年代中期有望大规模应用；核聚变反应堆需10年以上时间。

（3）早产预测（Predicting Preemies）

意义：每年有1500万婴儿过早出生，它是5岁以下儿童死亡的主要原因。

关键参与者：Akna Dx等。

成熟期：5年内在医生办公室进行测试。

（4）肠道显微胶囊（Gut Probe in a Pill）

意义：一个小型、可吞咽的设备可以捕获肠道的详细图像，无须麻醉，即使在婴儿和儿童体内也是如此。

关键参与者：麻省总医院。

成熟期：目前在成人体内使用；2019年开展婴儿试验。

（5）定制癌症疫苗（Custom Cancer Vaccines）

意义：传统的化学疗法对健康细胞造成严重影响，并不总是有效对抗肿瘤。这一局面将因定制癌症疫苗得以扭转。

关键参与者：BioNTech、基因泰克。

成熟期：人体测试中。

（6）人造肉汉堡（the Cow-free Burger）

意义：畜牧业生产导致灾难性的森林砍伐、水污染和温室气体排放，减少牛肉等畜牧肉类的烹饪食用，将对这些问题大有改善。

关键参与者：Beyond Meat、Impossible Foods。

成熟期：目前以植物为基础；2020年左右实验室培育食用肉。

（7）捕获二氧化碳（Carbon Dioxide Catcher）

意义：实现从空气中捕获二氧化碳的实用且经济实惠的方法，可以吸收过多的温室气体排放，是阻止灾难性气候变化的最后可行方法之一。

关键参与者：Carbon Engineering、Climeworks、Global Thermostat。

成熟期：5～10年。

（8）可穿戴心电仪（An ECG on Your Wrist）

意义：随着监管机构的批准和相关技术的进步，人们可以轻松通过可穿戴设备持续监测自己的心脏健康。可检测心电图的智能手表可以预警如心房颤动等潜在的危及生命的心脏疾病。

关键参与者：苹果、AliveCor、Withings。

成熟期：当年。

（9）无下水道卫生间（Sanitation without Sewers）

意义：23 亿人缺乏安全的卫生设施，许多人因此而死亡。

关键参与者：杜克大学、南佛罗里达大学、Biomass Controls、加州理工学院。

成熟期：1 ~ 2 年。

（10）流利对话的 AI 助手（Smooth-talking AI Assistant）

意义：AI 助手现在可以执行基于会话的任务，如预订餐厅或协调包裹下车，而不是仅仅遵循简单的命令。

关键参与者：谷歌、阿里巴巴、亚马逊。

成熟期：1 ~ 2 年。

6. 2018 年《麻省理工技术评论》十大突破性技术

（1）实用型 3D 金属打印机（3D Metal Printing）

重大意义：按需打印大型复杂金属物体的能力将为制造业带来变革。可实现低成本、快速金属部件打印。趋势为大尺寸、精致化 、自动化，成本越来越低，使用越来越简单，与工业 4.0 相关，有望成为实用量产的技术。

主要研究者：Markforged、Desktop Metal、GE 等。

（2）人造胚胎（Artificial Embryos）

重要意义：人造胚胎将为研究人员研究人类生命神秘起源提供更方便的工具，但该技术正在引发新的生物伦理争议。

主要研究者：剑桥大学、密歇根大学、洛克菲勒大学、中国科学院等。

（3）智慧传感城市（Sensing City）

重大意义：智慧城市会让都市地区变得更加可负担、宜居、环保。

主要研究者：Alphabet 旗下的 Sidewalk Labs、多伦多 Waterfront、阿里巴巴等。

（4）面向每一个人的人工智能（AI for Everybody）

重大意义：目前，人工智能的应用是受到少数几家公司统治的。但其一旦与云技术相结合，那它对许多人将变得触手可及，从而实现经济的爆发式增长。

主要研究者：谷歌、亚马逊、阿里云、腾讯云、百度云、金山云、京东云、华为云、电信云、美团云。

（5）对抗性神经网络（Dueling Neural Networks）

重大意义：这给机器带来一种类似想象力的能力，因此可能让它们变得不再那么依赖人类，但也把它们变成了一种能力惊人的数字造假工具。

主要研究者：Google Brain、DeepMind、英伟达、中科院自动化所、百度、阿里巴巴、腾讯、商汤科技、依图科技、云从科技、旷世科技等。

（6）巴别鱼实时翻译耳塞（Babel-Fish Earbuds）

重大意义：虽然现有硬件并不那么好用，但谷歌 Pixel Buds 却展示了实时翻译的前景。在全球化日益发展的今天，语言仍是交流的一大障碍。

主要研究者：谷歌、科大讯飞、百度、腾讯、搜狗、清华大学、哈尔滨工业大学、苏州大学等。

（7）零碳天然气（Zero-Carbon Natural Gas）

重大意义：天然气发电为美国提供了近 32% 的电力，其碳排放量也达到电力部门总碳排放量的 30%。

主要研究者：8 RiversCapital、Exelon 电力公司、CB&I 等。

（8）完美的在线隐私保护（Perfect Online Privacy）

重大意义：如果你需要透露个人信息以在网上完成某件事，这个方法可以让你在免除隐私泄漏或身份被盗窃风险的同时轻松实现。

主要研究者：Zcash、摩根大通、荷兰国际集团等。

（9）基因占卜（Genetic Fortune Telling）

重大意义：基于 DNA 的预测技术可能成为公共健康领域下一个重大突破，但它将增加歧视的风险。

主要研究者：Helix、23andMe、Myriad Genetics、UKBiobank 、Broad Institute、华大基因、奕真生物、WeGene 等。

（10）材料的量子飞跃（Materials' Quantum Leap）

重大意义：借助该技术，科学家能了解分子的各个方面信息并以此开发出更有效的药物及更高效生成或传输能源的新材料。

主要研究者：IBM、Google、哈佛大学 Alán Aspuru-Guzik 教授、中国科学技术大学、中国科学院、浙江大学、阿里巴巴等。

7. 2017 年《麻省理工技术评论》十大突破性技术

（1）强化学习（Reinforcement Learning）

它的重要意义：能够让机器自主通过环境经验磨炼技能，加快自动驾驶汽车及其他自动化领域的进展速度。其中最经典的案例是 2016 年打败李世石的 AlphaGo，就是大量应用了强化学习技术。

主要研究机构：DeepMind、Mobileye、OpenAI、Google、Uber、百度、科大讯飞、阿里巴巴、微软研究院、中科院等。

成熟期：1 ~ 2 年。

（2）360° 自拍（The 360-Degree Selfie）

入选理由：消费级 360 度全景相机的入选理由是，它能够更真实的还原事件和场景。

主要研究机构：日本理光、三星、360fly、JK Imaging （柯达 Pixpro 相机的制造厂商）、IC Real Tech 和 Humaneyes Technologies 等。

成熟期：当年。

（3）基因疗法 2.0（Gene Therapy 2.0）

它的重要意义：很多疾病都是由单个基因突变导致的，新型基因疗法能够彻底治愈这些疾病。

主要研究机构：SparkTherapeutics、BioMarin、GenSight Biologics、BlueBird Bio、UniQure。

成熟期：当年。

（4）太阳能热光伏电池（Hot Solar Cells）

它的重要意义：可能会催生出在日落后依然可以工作的廉价太阳能发电技术。

主要研究机构：David Bierman、Marin Soljacic、Evelyn Wang（麻省理工学院）、Vladimir Shalaev（普渡大学），学院派居多。

成熟期：10 ~ 15 年。

（5）细胞图谱（The Cell Atlas）

技术突破：这是人体中各种细胞类型的完全目录。超精确的人类生理学模型将加速新药研发与试验。

主要研究机构：细胞图谱研究的执行者主要是顶尖研究所，包括英国桑格研究所、麻省理工学院和哈佛大学的布罗德研究所，以及由 Facebook 首席执行官马克 · 扎克伯格（Mark Zuckerberg）资助的位于加利福尼亚州的一个全新的“Biohub 研究所”。

成熟期：5 年。

（6）自动驾驶货车（Self-Driving Trucks）

入选理由：自动驾驶货车入选的理由是因为它可以在高速公路上行驶，该技术能帮助货车司机更高效地完成运输任务。他给人类司机带来的威胁在于可能会让他们的薪酬降低，并可能会让他们失业。

主要研究机构：沃尔沃、Otto、戴姆勒、皮特比尔特和百度。

成熟期：5 ~ 10 年。

（7）刷脸支付（Paying with Your Face）

它如今已经可以十分精确了，在网络交易等领域被广泛使用。但它的问题在于有隐私泄漏的隐患。

主要研究机构：Face++、阿里巴巴和百度。

成熟期：当年。

（8）实用型量子计算机（Practical Quantum Computers）

它的重要意义：在运行人工智能程序及处理复杂的模拟和规划问题时，量子计算机的速度可能是传统计算机的指数倍，而量子计算机甚至能制造出无法破解的密码。

主要研究机构：荷兰量子技术研究所 QuTech、英特尔、谷歌、微软和 IBM。

成熟期：4 ~ 5 年。

（9）治愈瘫痪（Reversing Paralysis）

它的重要意义：全球有数百万人被瘫痪所折磨，无时无刻都渴望着摆脱疾病的困扰。

主要研究机构：巴黎综合理工大学洛桑理工学院（EPFL）、韦斯生物和神经工程中心、匹兹堡大学、凯斯西储大学。

成熟期：10 ~ 15 年。

（10）僵尸物联网（Botnets of Things）

它的重要意义：僵尸物联网可以感染并控制摄像头、手机等其他消费电子产品等恶意软件导致大规模的网络瘫痪。基于这种恶意软件的僵尸网络对互联网的破坏能力越来越大，也会越来越难以阻止。

主要研究机构：Mirai 僵尸网络软件的创造者。

成熟期：当年。

### 5.3.3 2001—2016 年度十大突破性技术

2001—2016 年《麻省理工技术评论》提出的十大突破性技术如表 5-3 所示。

表 5-3 《麻省理工技术评论》提出的十大突破性技术（2001—2016 年）

| 年份 | 突破技术 |
|---|---|
| 2016 | ①免疫工程（Immune Engineering）<br>②精确编辑植物基因（Precise Gene Editing in Plants）<br>③语音接口（Conversational Interfaces）<br>④可回收火箭（Reusable Rockets）<br>⑤知识分享型机器人（Robots That Teach Each Other）<br>⑥ DNA 应用商店（DNA App Store）<br>⑦ Solar City 的超级工厂（Solar City's Giga factory Solar）<br>⑧大规模集成各种工具和服务的团队协作工具（Slack）<br>⑨特斯拉自动驾驶仪（Tesla Autopilot）<br>⑩空中取电（Power from the Air） |
| 2015 | ① 3D 虚拟现实（Magic Leap）<br>② Apple Pay 移动支付（Apple Pay）<br>③汽车间通信（Car-to-Car Communication）<br>④谷歌 Project Loon（Project Loon）<br>⑤液体活体检查（Liquid Biopsy）<br>⑥脑细胞团培育（Brain Organoids）<br>⑦超动力的光合作用（Supercharged Photosynthesis）<br>⑧ DNA 的互联网（Internet of DNA）<br>⑨大规模海水淡化（Megascale Desalination）<br>⑩纳米架构（Nano-Architecture） |

续表

| 年份 | 突破技术 |
|---|---|
| 2014 | ①微型 3D 打印（Microscale 3-D Printing）<br>②基因组编辑（Genome Editing）<br>③脑图谱（Brain Mapping）<br>④移动协同功公软件（Mobile Collaboration）<br>⑤头戴式显示器（Oculus Rift）<br>⑥超私密智能手机（Ultraprivate Smartphones）<br>⑦智能并网发电（Smart Wind and Solar Power）<br>⑧神经形态芯片（Neuromorphic Chips）<br>⑨农业无人机（Agricultural Drones）<br>⑩敏捷机器人（Agile Robots） |
| 2013 | ①超高效太阳能（Utra-Efficient Solar Power）<br>②胎儿 DNA 测序（Prenatal DNA Sequencing）<br>③智能手表（Smart Watches）<br>④借助普通手机的大数据分析（Big Data from Cheap Phones）<br>⑤临时社交媒体（Temporary Social Media）<br>⑥记忆植入（Memory Implants）<br>⑦深度学习（Deep Learning）<br>⑧超级电网（Supergrids）<br>⑨巴克斯特：蓝领机器人（Baxter:The Blue Collar Robot）<br>⑩ 3D 制造（Additive Manufacturing）<br>⑪ 流利对话的 AI 助手（Smooth-talking AI Assistant） |
| 2012 | ①高速材料的发现（High-Speed Materials Discovery）<br>②超高效太阳能（Utra- Efficient Solar）<br>③太阳能微型电网（Solar Microgrids）<br>④众筹（Crowdfunding）<br>⑤更快速的傅里叶变换（A Faster Fourier Transform）<br>⑥卵子干细胞（Egg Stem Cells）<br>⑦纳米孔测序（Nanopore Sequencing）<br>⑧“脸书”的时间轴（Facebook’s Timeline）<br>⑨ 3D 晶体管（3-D Transistors）<br>⑩光场摄影（Light-Field Photography） |

续表

| 年份 | 突破技术 |
| --- | --- |
| 2011 | ①固态电池（Solid- State Batteries）<br>②分离染色体（Separating Chromosomes）<br>③合成细胞（Synthetic Cells）<br>④癌症基因组学（Cancer genomics）<br>⑤手势界面（Gestural Interfaces）<br>⑥云端流媒体（Cloud Streaming）<br>⑦防崩溃代码（Crash-Proof Code）<br>⑧同态加密（Homomorphic Encryption）<br>⑨社会索引（Social Indexing）<br>⑩智能变压器（Smart Transformers） |
| 2010 | ①绿色混凝土（Green Concrete）<br>②太阳能燃料（Solar Fue）<br>③光陷阱太阳能光伏电池（Light-Trapping Photovoltaics）<br>④干细胞工程（Engineered Stem Cells）<br>⑤双效抗体（Dual-Action Antibodies）<br>⑥实时搜索（Real-Time Search）<br>⑦云编程（Cloud Programming）<br>⑧社会化电视（Socia TV）<br>⑨植入式芯片（Implantable Electronics）<br>⑩移动 3D（Mobile 3D） |
| 2009 | ①液态电池（Liquid Battery）<br>②纳米压电传感器（Nanopiezoelectronics）<br>③行波反应堆（Traveling-Wave Reactor）<br>④ $100 基因组测序（$100 Genome）<br>⑤诊断试纸（Paper Diagnostics）<br>⑥智能软件助理（Intelligent Software Assistant）<br>⑦哈希缓存（Hash Cache）<br>⑧软件定义网络（Software-Defined Networking）<br>⑨赛道内存（Racetrack Memory）<br>⑩生物机器（Biological Machines） |

续表

| 年份 | 突破技术 |
| --- | --- |
| 2008 | ①石墨烯晶体管（Graphene Transistors）<br>②纳米无线电技术（Nano Radio）<br>③纤维素酶（Cellulolytic Enzymes）<br>④神经连接组学（Connectomics）<br>⑤突发事件建模（Modeling Surprise）<br>⑥离线 Web 应用（Offline Web Applications）<br>⑦现实挖掘（Reality Mining）<br>⑧原子磁力计（Atomic Magnetometers）<br>⑨概率芯片（Probabilistic Chips）<br>⑩无线电源（Wireless Power） |
| 2007 | ①隐身革命（Invisible Revolution）<br>②纳米充电太阳能（Nanocharging Solar）<br>③纳米康复技术（Nanohealing）<br>④单细胞分析（Single-Cell Analysis）<br>⑤神经元控制（Neuron Control）<br>⑥新型光聚焦技术（A New Focus for Light）<br>⑦数字压缩成像（Digital Imaging Reimagined）<br>⑧个性化医用监控（Personalized Medical Monitors）<br>⑨增强现实（Augmented Reality）<br>⑩对等网络技术（Peering into Video's Future） |
| 2006 | ①可伸展的硅（Stretchable Silicon）<br>②纳米医学（Nanomedicine）<br>③纳米生物力学（Nanobiomechanics）<br>④细胞核重组（Nuclear Reprogramming）<br>⑤表观遗传学（Epigenetics）<br>⑥扩散张量成像（Diffusion Tensor Imaging）<br>⑦比较相互作用组学（Comparative Interactomics）<br>⑧泛在无线技术（Pervasive Wireless）<br>⑨认知无线电（Cognitive Radio）<br>⑩通用身份认证技术（Universal Authentication） |

续表

| 年份 | 突破技术 |
|---|---|
| 2005 | ①环境计量学（Enviromatics）<br>②代谢组学（Metabolomics）<br>③细菌工厂（Bacterial Factories）<br>④手机病毒（Cell- Phone Viruses）<br>⑤空管网络（Airborne Networks）<br>⑥硅光子学（Silicon Photonics）<br>⑦万用记忆体（Universal Memory）<br>⑧量子导线（Quantum Wires）<br>⑨生物机电一体化（Biomechatronics）<br>⑩磁共振力显微镜（Magnetic-Resonance Force Microscopy） |
| 2004 | ①纳米线技术（Nanowires）<br>②合成生物学（Synthetic Biology）<br>③个人基因组学（Personal Genomics）<br>④ RNAi 干扰疗法（RNAi Interference）<br>⑤万能翻译（Universal Translation）<br>⑥太赫兹技术（T-Rays）<br>⑦分布式存储（Distributed Storage）<br>⑧微流光导纤维（Microfluidic Optical Fibers）<br>⑨电网控制（Power Grid Control）<br>⑩贝叶斯机器学习（Bayesian Machine Learning） |
| 2003 | ①纳米压印光刻技术（Nanoimprint Lithography）<br>②纳米太阳能电池（Nano Solar Cells）<br>③糖组学（Glycomics）<br>④可注射组织工程（Injectable Tissue Engineering）<br>⑤分子成像（Molecular Imaging）<br>⑥软件可信性（Software assurance）<br>⑦量子密码（Quantum Cryptography）<br>⑧无线传感器网络（Wireless Sensor Networks）<br>⑨网格计算（Grid Computing）<br>⑩机电一体化（Mechatronics） |

续表

| 年份 | 突破技术 |
| --- | --- |
| 2001 | ①微流控芯片技术（Microfluidics）<br>②脑机接口（Bran–Machine Interface）<br>③数据挖掘（Data Mining）<br>④数字权利管理（Digital Rights Management）<br>⑤自然语言处理（Natural Language Processing）<br>⑥解开程序代码（Untangling Code）<br>⑦生物特征识别技术（Biometrics）<br>⑧微光子学（Microphotonics）<br>⑨柔性晶体管（Flexible Transistors）<br>⑩机器人设计（Robot Design） |

## 5.4 英国国家科学、技术与艺术基金会年度预测系列

### 5.4.1 NESTA：英国最大的支持科技创新的非政府机构

英国智库“国家科学、技术与艺术基金会”（National Endowment for Science, Technology and the Arts，NESTA）是英国最大的支持科技创新发展的非政府组织，主要工作目标是将大胆的想法带到生活中，以永远改变世界。该基金会由 13 个部门组成，分别是校友会、受托人董事会、挑战奖励中心、联络部、合作服务部、高管团队、探索部、健康实验室、创新项目部、创新技能部、投资部、出版中心、研究分析和政策部。NESTA 主要涉及的领域包括创意经济、教育、健康、创新政策、政府创新。

NESTA 创立于 1998 年，从 2012 年开始，每年定期发布技术预测有关的报告，预测将在来年塑造世界的趋势、社会运动和技术突破。NESTA 的内部专家团队会通过圆桌会的形式分享彼此对未来的技术愿景的看法，以此来预测未来 12 个月经济社会和科技发展的主要趋势和技术突破。

### 5.4.2 面向未来的技术分析方法

面向未来的技术分析（Future-oriented Technology Analysis，FTA），其中使用的技术方法列于表 5-4 中。

表 5-4 英国面向未来的技术分析方法

| 序号 | 方法分类 | 具体方法 |
|---|---|---|
| 1 | 创造性练习 | |
| 2 | 监见和情报 | 文献计量学、联合分析、网络计量学（社会软件）、社会网络分析（SNA） |
| 3 | 描述性和描述性矩阵 | 科学计量学（文献计量学和专利分析）、交叉影响分析（CIA）、未来状态指数（SOFI）、SNA、社会软件（如 Web Metrics 和 Alt metrics）、联合分析 |
| 4 | 统计方法 | |
| 5 | 趋势分析 | 指标 / 时间序列分析（I/TSA）、长波分析 / 模型（LWA）、趋势外推、趋势影响分析（TIA）、S 曲线、技术替代、大趋势分析和谷歌工具，如谷歌趋势和谷歌关联 |
| 6 | 经济方法 | 投入产出分析（I/O） |
| 7 | 仿真模型 | 代理建模、系统动力学模型 |
| 8 | 定量情景 | 层次分析法、趋势分析 |
| 9 | 路线图 | |
| 10 | 评估与决策 | 多准则决策分析（MCDA），包括层次分析法（AHP）和生命周期 / 可持续性分析（LCA） |

## 5.4.3 NESTA 年度预测内容（2012—2020 年）

2012—2020 年 NESTA 年度预测内容如表 5-5 所示。

表 5-5 NESTA 年度预测内容（2012—2020 年）

| 进行预测年份 | 预期实现的年份 | 预测内容——案例 | 网址链接 |
|---|---|---|---|
| 2011 | 2012 | 节俭与创新（创新促进节俭与节俭型创新）、树莓派（单板机处理器：廉价、可编程的电脑）、智能健康设备及精神健康网站（Blackdogtribe.com）、数据新闻业、移动支付、看到影响投资的影响、公共与私营部门分离、3D 打印、教育游戏玩家（电脑游戏作业）、众筹融资、互联网电视 | https://www.nesta.org.uk/feature/12-predictions-2012/ |

续表

| 进行预测年份 | 预期实现的年份 | 预测内容——案例 | 网址链接 |
|---|---|---|---|
| 2012 | 2013 | 预测工具成为主流文化的一部分、近距离战争（注意力战争）、隐形机器人或嵌入式智能将成为主流、大企业加速了协作消费的增长、个性化在线学习、App 民众化发展、设置大型挑战奖解决民主化问题、社会科学园、数字公共服务已成熟、婴儿潮、共享卫生知识、探索未来世界的生活、安卓兴起 | https://www.nesta.org.uk/feature/13-predictions-2013/ |
| 2013 | 2014 | 互联网切断了美国的网络控制、机器人成为现实、公民开始自己控制数据、互联网影响英国大选、可再生能源发展、医疗分析诊断仪、网上互助式找工作、社会创新成为城市议程首位、影响力投资真正成长、企业向用户公开数据、第一个在全基因组层面宣布国家计划的国家、协商更受数据驱动与更具协作性 | https://www.nesta.org.uk/feature/14-predictions-2014/ |
| 2014 | 2015 | 第一个互联网政党、数字气味传输设备、低功率广域网络、数字艺术、杀手级应用程序拯救生命、工艺品得到改变、清洁将改变我们对食物的态度、众筹与个人借贷增长迅速、新一代的数字制造、动态影像广告牌 | https://www.nesta.org.uk/feature/10-predictions-2015/ |
| 2015 | 2016 | 体验式零售、全民基本收入（Universal Basic Income, UBI）进入实验阶段、粉末（加水变糊状，黏稠且甜）食物变为主流、从农场到餐桌（直接从农场购买）、新一代数字化和以患者为主导的研究、声音处理技术、物联网安全、电脑游戏治愈疗法、驱动型大学解决社会问题、共享经济的巨头遇到了对手 | https://www.nesta.org.uk/feature/10-predictions-2016/ |
| 2016 | 2017 | 肉类替代品（素肉）、成人教育重要性增加、个人将利用区块链重新掌控自己的网络生活、居家志愿者、万维网的终结、协作解决问题（CPS）的技能、一种新的虚拟现实艺术方法、算法与机器学习成为技术争议、使用数字技术促进健康运动的下一步发展、英国脱欧让英国在经济、政治和宪法上更接近德国 | https://www.nesta.org.uk/feature/10-predictions-2017/ |

续表

| 进行预测年份 | 预期实现的年份 | 预测内容——案例 | 网址链接 |
| --- | --- | --- | --- |
| 2017 | 2018 | 利用无人机运送公益物品、人类和机器将创造出获奖的艺术品、开始探讨互联网对地球的影响、人工智能规范化、科技巨头竞相收购一家医疗保健供应商（用以采集健康数据）、模拟成为主流创新方法、数据开始成为监管机构和消费者的强大工具、协作经济改变方向、民族国家虚拟化（公民身份虚拟化）、情绪监控成为主流 | https://www.nesta.org.uk/feature/10-predictions-2018/ |
| 2018 | 2019 | 人工智能法律将成为主流、创新资金随机分配、开始注重肠道菌群、移动革命加速辅助技术发展、开始要求知道屏幕对方是人还是机器、恶意“深度造假”视频引发地缘政治事件、考试减少（人工智能开始评估学生）、耐药性感染（细菌耐药性）、“城市大脑”的全球竞赛、每周 5 天、40 小时工作制将要结束 | https://www.nesta.org.uk/feature/ten-predictions-2019/ |
| 2019 | 2020 | 数字副本提供信息帮助决策、新投票制度可以恢复民主的信心、现金危机达到临界点、无人机群替代烟花用于娱乐、生态焦虑将帮助挽救地球、步态识别技术、女性与荷尔蒙更紧密（数据技术为女性安排更好的生活）、英国教育重新聚焦于年轻人所需的技能、网络保险发展（用于防止数字攻击、数字泄密） | https://www.nesta.org.uk/feature/ten-predictions-2020/ |

## 5.5 麦肯锡公司技术预测

### 5.5.1 McKinsey & Company：咨询“祖师爷”

麦肯锡公司（McKinsey & Company）是世界著名的管理咨询机构，多年来持续开展全球技术趋势展望研究，致力于跟踪和反映新技术的发展、采用情况及其影响因素，客观呈现市场的技术需求。公司由美国芝加哥大学商学院教授麦肯锡（James O.McKinsey）于 1926 年在美国创建。自 1926 年成立以来，公司的使命就是帮助领先的企业机构实现显著、持久的经营业绩改善，打造能够吸引、培育和激励杰出人才的优秀组织机构，每年研发费用达 5000 万 ~ 1 亿美元。

麦肯锡公司采取“公司一体”的合作伙伴关系制度，在全球44个国家有80多家分公司，共拥有7000多名咨询顾问。麦肯锡大中华分公司包括北京、香港、上海与台北4家分公司，共有40多位董事和250多位咨询顾问。

### 5.5.2 决定未来经济的十二大颠覆技术（2013年）

2013年5月，麦肯锡公司发布了一项报告，研究了技术对未来经济影响程度。研究的对象是一些正在取得飞速发展、具有宽泛影响，且对经济影响显著的技术。相反，那些过于遥远的，仅能影响1 ~ 2个行业的，以及2025年之前不大可能实用化的技术（如混合动力），或者是虽然即将成熟但不够大众化的技术（如私人太空飞行）等则不在考虑范围内，如表5–6所示。

表5–6 麦肯锡公司12项颠覆技术的关键摘要

| 技术名称 | 描述 | 经济 | 生活 | 主要技术 | 关键应用 |
|---|---|---|---|---|---|
| 移动互联网 | 价格不断下降能力不断增强的移动计算设备和互联网连接 | 3.7万亿～10.8万亿美元 | 远程健康监视可令治疗成本下降20% | 无线技术，小型、低成本计算及存储设备，先进显示技术，自然人机接口，先进、廉价的电池 | 服务交付、员工生产力提升、移动互联网设备使用带来的额外消费者盈余 |
| 知识工作自动化 | 可执行知识工作任务的智能软件系统 | 5.2万亿～6.7万亿美元 | 相当于增加1.1亿～1.4亿全职劳动力 | 人工智能、机器学习、自然人机接口、大数据 | 教育行业的智能学习、医疗保健的诊断与药物发现、法律领域的合同/专利查找发现、金融领域的投资与会计 |
| 物联网 | 用于数据采集、监控、决策制定及流程优化的廉价传感器网络 | 2.7万亿～6.2万亿美元，对制造、医保、采矿运营成本的节省最高可达36万亿美元 | | 先进、低价的传感器，无线及近场通信设备（如RFID），先进显示技术，自然人机接口，先进、廉价的电池 | 流程优化（尤其在制造业与物流业）、自然资源的有效利用（智能水表、智能电表）、远程医疗服务、传感器增强型商业模式 |

续表

| 技术名称 | 描述 | 经济 | 生活 | 主要技术 | 关键应用 |
|---|---|---|---|---|---|
| 云 | 利用计算机软硬件资源通过互联网或网络提供服务 | 1.7万亿～6.2万亿美元，可令生产力提高15%～20% | | 云管理软件（如虚拟化、计量装置）、数据中心硬件、高速网络、软件/平台即服务（SaaS、PaaS） | 基于云的互联网应用及服务交付、企业IT生产力 |
| 先进机器人 | 具备增强传感器、机敏性与智能的机器人；用于自动执行任务 | 1.7万亿～4.5万亿美元 | 可改善5000万截肢及行动不便者的生活 | 无线技术、人工智能/计算机视觉、先进机器人、机敏性传感器、分布式机器人、机器人式外骨骼 | 产业/制造机器人、服务性机器人——食物准备、清洁、维护、机器人调查、人类机能增进（如钢铁侠）、个人及家庭机器人——清洁、草坪护理 |
| 自动汽车 | 在许多情况下可自动或半自动导航及行驶的汽车 | 0.2万亿～1.9万亿美元 | 每年可挽回3万～15万个生命 | 人工智能，计算机视觉，先进传感器，如雷达、激光雷达、GPS，机器对机器的通信 | 自动汽车及货车 |
| 下一代基因组 | 快速低成本的基因组排序，先进的分析，合成生物学（如“写”DNA） | 0.7万亿～1.6万亿美元 | 通过快速疾病诊断、新药物等延长及改善75%的生命 | 先进DNA序列技术、DNA综合技术、大数据及先进分析 | 疾病治疗、农业、高价值物质的生产 |
| 储能技术 | 存储能量供今后使用的设备或物理系统 | 0.1万亿～0.6万亿美元，到2025年40%～100%的新汽车是电动或混合动力的 | | 电池技术—锂电、燃料电池，机械技术—液压泵、燃气增压，先进材料、纳米材料 | 电动车、混合动力车，分布式能源，公用规模级蓄电 |

续表

| 技术名称 | 描述 | 经济 | 生活 | 主要技术 | 关键应用 |
|---|---|---|---|---|---|
| 3D 打印 | 利用数字化模型将材料一层层打印出来创建物体的累积制造技术 | 0.2 万亿 ~ 0.6 万亿美元 | 打印的产品可节省成本35%~60%，同时可实现高度的定制化 | 选择性激光烧结、熔融沉积造型、立体平版印刷、直接金属激光烧结 | 消费者使用的 3D 打印机、直接产品制造、工具及模具制造、组织器官的生物打印 |
| 先进材料 | 具备强度高、导电好等出众特性或记忆、自愈等增强功能的材料 | 0.2 万亿 ~ 0.5 万亿美元 | 纳米医学可为 2025 年新增的 2000 万癌症病例提供靶向药物 | 石墨烯，碳纳米管，纳米颗粒（如纳米级的金或银），其他先进或智能材料（如压电材料、记忆金属、自愈材料） | 纳米电子、显示器，纳米医学、传感器、催化剂、先进复合物，储能、太阳能电池，增强化学物和催化剂 |
| 先进油气勘探开采 | 勘探与开采技术的进展可实现经济性 | 0.1 万亿 ~ 0.5 万亿美元，2025 年每年可额外增加 32 亿 ~ 62 亿桶原油 | | 水平钻探、水力压裂法、微观监测 | 燃料提取能源，包括页岩气、不透光油、燃煤甲烷；煤层气、甲烷水汽包合物（可燃冰） |
| 可再生能源—太阳能与风能 | 用清洁环保可再生的能源发电 | 0.2 万亿 ~ 0.3 万亿美元，到 2025 年每年可减少碳排放 10 亿 ~ 12 亿吨 | | 光伏电池、风力涡轮机、聚光太阳能发电、水力发电、海浪能 | 发电、降低碳排放、分布式发电 |

### 5.5.3 影响未来 10 年的十大科技趋势（2021 年）

2021 年，麦肯锡公司评选出了十大“最受专业人士关注”“最吸引投资者”“最有可能引领人类生活”的科学技术——它们或许在未来 10 年迸发惊人能量，如表 5-7 所示。

表 5-7 麦肯锡公司评选出的影响未来 10 年的十大科技趋势（2021 年）

| 序号 | 科技趋势名称 | 相关技术 |
| --- | --- | --- |
| 1 | 过程自动化和虚拟化 | 工业物联网<br>机器人 / 人机合作机器人 / 机器人过程自动化<br>数字孪生<br>3D/4D 打印 |
| 2 | 未来连接 | 5G 和物联网 |
| 3 | 分布式基础设施 | 云和边缘计算 |
| 4 | 下一代计算 | 量子计算<br>神经形态芯片 |
| 5 | 应用人工智能 | 计算机视觉<br>自然语言处理<br>语言技术 |
| 6 | 编程的未来 | 软件 2.0 |
| 7 | 信任架构 | 零信任安全<br>区块链 |
| 8 | 生物革命 | 生物分子 / 组学 / 生物系统<br>生物机器 / 生物计算 / 生物强化 |
| 9 | 下一代材料 | 纳米材料<br>石墨烯和二维材料<br>二硫化钼<br>纳米颗粒 |
| 10 | 清洁技术的未来 | 核聚变<br>智能配电 / 电计量<br>电池 / 蓄电池<br>碳中和能源生产 |

## 5.5.4 麦肯锡公司 2022 年技术趋势展望

“麦肯锡 2022 年技术趋势（McKinsey Technology Trends 2022）展望报告”将底层大数据分析与企业领袖研判相结合，基于技术热度识别 14 项重大技术趋势，包括“硅时代”主题的九大技术趋势，以及“未来工程”主题的五大技术趋势。这些技术与数字产业化、产业数字化密切相关。报告还进一步阐述了 14 项重大技术的底层支持技术、潜在的产业影响和面临的不确定性。

（1）“硅时代”主题的九大技术趋势

“硅时代”主题的九大技术趋势是：高级连接新技术、应用人工智能、云计算与边缘计算、沉浸式现实技术、机器学习产业化、下一代软件开发、量子技术、信任架构与数字身份、互联网未来模型（Web 3）。

第一，高级连接新技术将与既有技术发生竞争。既有的高级连接技术已迅速应用于市场，但高级连接新技术，如低地球轨道连接和 5G 专网的应用仍然较少。新技术的优势在于它可以带来更高的效率、更低的功率和延迟，以及更大的数据量和覆盖范围，从而改善用户体验，提高交通、医疗保健和制造业等行业的生产力。未来，新技术与现有技术的竞争将会加剧，关键竞争领域包括 4G LTE、5G 和高频段 5G；5G 和低功率广域技术。

第二，应用人工智能助力各行各业，但面临 3 个方面的挑战。应用人工智能可以解决自动化过程中有关分类、预测及控制问题。各行各业都可以借助应用人工智能有效利用数据、实现自动化、做出更好的决策并提高收益，因而给社会带来广泛影响。然而，在推广该技术之前，应解决其组织、技术、伦理和监管问题，包括人才和资金限制、网络安全问题、可靠性与责任制问题 3 个方面的挑战。

第三，云计算与边缘计算创造“低延迟”服务价值。该技术通过云平台把计算和数据资源整合至终端用户、终端设施附近的边缘节点，在边缘节点实现云速度和云质量，达到“低延迟”的效果。其在产业端有助于加速创新、提高生产力并创造商业价值；在用户端满足了用户的“低延迟”需求，可提升网络服务质量并解锁新服务。

第四，沉浸式现实技术助力真实世界与虚拟世界交互。沉浸式现实技术包括增强现实（AR）、虚拟现实（VR）和混合现实（MR），为人们提供不同级别的沉浸感。该技术使用空间计算来描述物理空间，可向现实世界模拟添加数据、对象和人，并实现交互。它可应用于教育与评估、产品设计与研发、态势感知及“B2C（商对客）”领域。目前，其技术主流化面临 3 个方面的限制：硬件、工具链开发、安全和隐私问题。

第五，机器学习产业化将成为趋势并释放技术潜力。机器学习产业化通过创建可互操作的系统环境，实现机器学习自动化和扩大化。该技术可解决生产过程建模失败的问题，突破研发团队的能力与生产力限制，充分发挥人工智能和机器学习的技术潜力。机器学习产业化有愈发普及的趋势。

第六，下一代软件开发引发行业变革也面临巨大挑战。该技术使非工程师也能快速构建应用程序，从而加速数字化转型、提高生产力。它改变了软件开发的全生命周期过程，包括规划、测试、部署和维护等各个阶段。但是，下一代软件开发面临着应用市场不广、编程质量和知识产权问题的挑战。并且，由于开发工具和技术尚处于早期，还需要大规模的研发人员再培训，因此其市场普及的过程将很漫长。

第七，量子技术实用化亟待技术攻关。与传统计算机相比，量子技术有望高速完成复杂计算、改善网络安全、显著提高传感器灵敏度。该技术可应用于量子计算、量子通信、量子传感等技术领域，推动航空航天与国防、化学、信息技术和制药等行业取得重大进展。为了推动该技术实用化、确保计算结果有意义，需加强技术攻关，发展可保质保量长期管理量子比特的能力，开发完全纠错量子计算机及可扩展网络。未来，应尝试明确开发量子纠错计算机的时间框架，明确量子计算较传统算法的优势。

第八，信任架构与数字身份技术为企业发展赋能。信任架构与数字身份技术可赋能企业管理其技术与数据风险，助力企业加速创新、快速扩张并保护其资产。要推广信任架构与数字身份技术，还应树立信任至上的风险心态及能力，这需要对战略、技术和市场采纳等领域进行思考和改变。

第九，互联网未来模型（Web 3）孕育商机但发展仍不成熟。互联网未来模型将数字资产所有权下放并分配至用户，增强了用户的数字资产所有权，孕育着商机。当前，该技术虽然吸引了大量资本和人才，但其发展存在问题，如可行的商业模式仍不明朗、有关法规还不成熟不明确、Web 3 用户体验不及 Web 2。

表 5-8 至表 5-16 分别为“硅时代”九大技术趋势需要的底层技术、可能影响的产业和面临的挑战。

表 5-8 技术趋势一：高级连接

| | |
|---|---|
| 需要的底层技术 | 光纤、低功耗广域（LPWA）网络、Wi-Fi 6、5G/6G、低地球轨道（LEO）卫星星座 |
| 可能影响的产业 | 电信、航空航天与国防、旅行和物流、医疗保健系统和服务、信息技术与电子产品、建筑建材、采掘业、媒体和娱乐、电力、天然气及公共事业、汽车装备制造、零售业 |
| 面临的挑战 | 一是依赖如高频段 5G 和 LEO 卫星等底层技术网络的投资规模；二是依赖商业生态系统提供服务与解决方案；三是一些技术缺少可行的商业模式 |

表 5-9 技术趋势二：应用人工智能

| | |
|---|---|
| 需要的底层技术 | 机器学习、计算机视觉、深度强化学习、自然语言处理、知识图谱等多种执行认知任务的技术 |
| 可能影响的产业 | 信息技术与电子产品、电信、医药医疗产品、航空航天与国防、医疗保健系统和服务、金融服务、零售、教育、旅行和物流、农业、汽车装备制造、化学、建筑建材、房地产、采掘业、石油、天然气和公共事业等产业 |
| 面临的挑战 | 一是开发方面，开发和使用新 AI 应用程序受限于人才、资金等；二是使用方面，使用过程中的数据风险和漏洞等网络安全问题可能延缓其推广应用；三是应用方面，需要回应有关应用人工智能可靠性、责任制的问题 |

表 5-10 技术趋势三：云计算与边缘计算

| | |
|---|---|
| 需要的底层技术 | 数据中心、边缘设备、网络基础设施、物联网 |
| 可能影响的产业 | 电信、汽车装备制造、旅行和物流、零售、医疗保健系统和服务、航空航天与国防、媒体和娱乐、信息技术与电子产品，医药医疗产品、金融业 |
| 面临的挑战 | 供应商和用户都面临平台和网络扩展可能出现的技术和现实问题：一是服务供应商需面对日益增长的运维工作，须建立经济有效的业务模式、提高抵抗网络威胁和应对突发事件的能力，实现长期有效运维；二是用户可能需要承担使用更多边缘节点的服务费用 |

表 5-11 技术趋势四：沉浸式现实技术

| | |
|---|---|
| 需要的底层技术 | 空间计算、增强现实、虚拟现实、混合现实、在体和离体传感器、触觉反馈技术、位置服务 |
| 可能影响的产业 | 将对以下产业产生广泛而深刻的影响：信息技术和电子产品、媒体和娱乐、零售业、医疗保健系统和服务、教育、航空、旅行和物流、建筑建材、石油、天然气和公用事业、航空航天与国防、汽车装备制造、房地产 |
| 面临的挑战 | 该技术的主流化存在三大限制：一是依赖于技术进步，主要受限于现有硬件的状态；二是依赖于开发工具链的成熟度；三是存在安全和隐私保障问题 |

表 5-12 技术趋势五：机器学习产业化

| | |
|---|---|
| 需要的底层技术 | 硬件技术、硬件集成与异构计算软件技术、数据管理、模型开发、模型部署、模型操作 |
| 可能影响的产业 | 信息技术与电子产品、电信、医药医疗产品、金融服务、航空航天与国防、汽车装备制造、媒体和娱乐 |
| 面临的挑战 | 工具、监管和发展 3 个方面的挑战：一是需要投入资金和人才来构建工具；二是需要建立流程和治理结构来配合监管；三是需要跟踪和采纳新方案来解决产业化的问题 |

表 5-13 技术趋势六：下一代软件开发

| | |
|---|---|
| 需要的底层技术 | 低代码和无代码开发平台、基础设施即代码、微服务、智能结对编程、人工智能测试、自动化代码审查技术 |
| 可能影响的产业 | 金融服务、信息技术与电子产品、医疗医药保健、汽车装备制造、航空航天与国防、零售业 |
| 面临的挑战 | 一是应用市场不广，低代码和无代码开发平台的成本效益不明显，不具有普适性，应对措施是调控成本效益以提高其普适性；二是编程质量问题，自动编程生成的应用安全性偏低，其缺陷与低效性可能逃过自动代码审查，应对措施是完善自动编程的质量监管体系、明确业务部门权责；三是 AI 编程涉及知识产权问题 |

表 5-14 技术趋势七：量子技术

| | |
|---|---|
| 需要的底层技术 | 无（量子技术是底层技术，可应用于量子计算、量子通信、量子传感等技术领域） |
| 可能影响的产业 | 信息技术和电子产品、采掘业、航空航天与国防、化学、制药等 |
| 面临的挑战 | 当前面临的主要挑战是：需要发展能长期保质保量地管理量子比特的能力，它关系到计算结果是否有意义及该技术能否实用 |

表 5–15　技术趋势八：信任架构与数字身份

| 需要的底层技术 | 零信任架构（ZTA）、数字身份、隐私工程、可解释性机器学习 |
|---|---|
| 可能影响的产业 | 直接影响：信息技术与电子产品、金融服务；也影响涉及高敏感或监管数据的产业，如医疗保健系统和服务、消费品包装、零售业、航空航天与国防、教育、媒体和娱乐、公共和社会部门、电信等 |
| 面临的挑战 | 一是面临人才稀缺、组织竖井和整合挑战；二是缺乏标准化协议；三是可能面临系统不兼容问题 |

表 5–16　技术趋势九：互联网的未来模型（Web 3）

| 需要的底层技术 | 区块链、智能合约、数字资产 |
|---|---|
| 可能影响的产业 | 金融服务、媒体和娱乐（数字媒体艺术、游戏）、零售、信息技术与电子产品等 |
| 面临的挑战 | 存在问题：Web 3 的早期使用者面临法规不成熟、不明确，以及 Web 3 用户体验不及 Web 2。应对措施：一是要重视发展新的商业模式和价值链；二是要提高应对服务故障和网络攻击的韧性；三是要提高与企业架构以及超大规模 Web 2 平台的可互操作性；四是要提供更好的用户体验，为用户创造更多价值 |

（2）"未来工程"主题的五大技术趋势

"未来工程"主题的五大技术趋势是未来生物工程、未来清洁能源、未来交通、未来空间技术、未来可持续消费。

第一，未来生物工程可发挥颠覆性影响、释放经济潜力。生物学突破与数字技术创新相结合，可以创造新产品和新服务，以满足医疗保健、消费品、可持续性、化学、材料、能源、食品和农业等不同领域的需求。例如，未来生物工程推动了可持续生产和多功能产品消费，对农业、化学、材料和能源领域带来颠覆性影响。基于 400 个生物工程的估算，2030—2040 年，未来生物工程经济规模可达 2 万亿 ~ 4 万亿美元 / 年。但是，要充分发挥生物工程的经济潜力，须首先应对来自公众认知、监管和伦理方面的挑战。

第二，未来清洁能源将持续收获投资与监管支持。非化石和脱碳技术愈发成为未来投资的重点方向。预计到 2035 年，能源供应与生产的年投资将翻一番，达到 1.5 万亿美元。"净零排放"的能源方案覆盖发电、生产、存储、配送的全价值链。相应地，供应链的稳定性、关键资源的可得性、相关法规的变动将影响清洁能源的生产、安装、建设和管理。

第三，未来交通处于重要发展拐点，需解决四个方面的挑战。过去十年，智能交通技术得到广泛应用。当前，交通发展正朝着自主、互联、电动和智能的方向发展，并处于重要发展拐点。这种转变有望提高陆运、空运、客运和货运的效率及可持续性。然而，一些先进的空中运输技术仍处于开发早期或试验阶段，需进一步保障安全性。为此，应着重解决四个方面的挑战：一是安全性和问责制；二是算法和工作流程的隐私及安全；三是电池及成本问题；四是噪声和视觉污染问题。

第四，未来空间技术加速太空经济发展，有待机制管控。太空是各国潜在的竞争领域。过去的 5 ～ 10 年，得益于卫星和运载火箭的大小、重量、功率及成本的控制，空间技术的发展成本显著降低。当前，空间技术和遥感分析的使用已非常广泛，据估计，空间市场规模将超 1 万亿美元。在太空经济发展方面，未来空间技术将推动在轨制造、发电和空间采矿，以及地月经济和商用太空旅行的发展。

第五，未来可持续消费有待扩大规模发展和市场普及。未来可持续消费的核心是基于低碳、可持续性材料和技术，生产商品与服务以改变生产生活方式。宏观上，这有利于应对环境风险（包括气候变化）；微观上，它推动企业生产可持续的商品和服务，创造增长机会并吸引人才。可持续消费的发展速度受技术、金融和社会因素的影响。

表 5–17 至表 5–21 为“未来工程”主题技术需要的底层技术、可能影响的产业和面临的挑战。

**表 5–17　技术趋势十：未来生物工程**

| | |
|---|---|
| 需要的底层技术 | 生物组学、组织工程、生物材料 |
| 可能影响的产业 | 医疗保健系统和服务、医药产品、包装消费品、农业、化学品 |
| 面临的挑战 | 影响生物工程技术发展的主要因素：公众舆论、政策选择和伦理争论。第一，公众对产品安全性、质量和成本的担忧决定市场的发展速度；第二，技术和产品的有关法规也调控着生物工程的发展节奏；第三，大众价值观将左右生物工程的道德准入门槛 |

表 5–18　技术趋势十一：未来清洁能源

| | |
|---|---|
| 需要的底层技术 | 太阳能光伏发电、低风速陆上和海上发电、氢能、电解槽、长时储能（LDES）、智能电网、电动汽车充电设施 |
| 可能影响的产业 | 直接影响：电力、天然气和公共事业；间接影响：采掘业、建筑建材、石油和天然气、化学品等 |
| 面临的挑战 | 影响因素：供应链的稳定性、关键资源的可得性。相关法规的变动有两点注意事项：第一，清洁能源设备的生产和安装应当可靠且具有成本效益；第二，基础设施的建设和升级应得到妥善管理 |

表 5–19　技术趋势十二：未来交通

| | |
|---|---|
| 需要的底层技术 | 自主性系统、网联汽车技术、电气化技术、智能交通解决方案、轻量级技术、价值链脱碳 |
| 可能影响的产业 | 直接影响：汽车装备制造，航空、旅行和物流产业；间接影响：电力、天然气和公共事业、公共和社会部门、金融服务、石油和天然气、零售业 |
| 面临的挑战 | 一是需解决无人驾驶和自动驾驶汽车的安全性和问责制问题；二是需保障算法和工作流程的隐私及安全；三是需解决电池改进问题，同时降低设备和基础设施的成本；四是需考虑先进交通在噪声和视觉方面的影响 |

表 5–20　技术趋势十三：未来空间技术

| | |
|---|---|
| 需要的底层技术 | 过去 10 年：激光通信、核推进、加油机器人、轨道重定位；短期未来：小型卫星，遥感，尺寸、重量、功率和成本的控制技术，发射技术创新 |
| 可能影响的产业 | 影响产业：电信、航空航天与国防；颠覆性改变：林业、土地覆盖和利用、海洋与海岸监测、农业、水文、地质、绘图和海冰评估等地球数据监测活动 |
| 面临的挑战 | 空间活动的管理机制亟待建立。一是空间碎片正在堆积，企业进军太空将增加太空碎片，进而增加卫星和航天器碰撞的风险；二是企业参与太空活动，企业自身将面临成本效益和网络安全风险 |

表 5-21　技术趋势十四：未来可持续消费

| | |
|---|---|
| 需要的底层技术 | 可持续农业和替代蛋白、自然资产保护、循环技术、绿色建筑、碳捕获、利用与封存、碳去除 |
| 可能影响的产业 | 已受显著推动产业：汽车装备制造，农业，建筑建材，航空、旅行和物流，医药和医疗产品，公共和社会部门；未来将受影响产业：化学品、石油和天然气、采掘业、包装消费品、航空航天与国防、零售、信息技术与电子产品、电力、房地产、电信 |
| 面临的挑战 | 两个方面的挑战：一是虽然在技术上可行，但鲜有技术的成本效益能支持其达到较大规模；二是相关技术的采用有待普及。两点要求（对政府和企业）：一是形成低排放价值链，可以选择投建低排放的资产和价值链，也可以选择利用循环经济和“碳去除”技术对现有价值链进行脱碳；二是推动全球脱碳行动、推动构建国际行动的统一监管标准、推动形成新一代消费者 |

（3）技术趋势的演变

同 2021 年的技术趋势相比，2022 年新增的技术趋势有：机器学习产业化、互联网的未来模型（Web 3）、沉浸式现实技术和未来空间技术。2022 年不再延续的技术趋势是高级流程自动化和虚拟化、新一代材料。其中，高级流程自动化和虚拟化由于包含多个具体趋势而被拆解；新一代材料由其他趋势部分代表。表 5-22 展示了 2018—2021 年麦肯锡公司 14 项技术趋势的具体得分及其变化情况。

表 5-22　2018—2021 年麦肯锡公司 14 项技术趋势的具体得分及其变化情况

| 预测技术 | 采用率得分 | 2021 年投资额 / 亿美元 | 2018—2021 年得分变化 | | | | |
|---|---|---|---|---|---|---|---|
| | | | 专利 | 研究出版物 | 搜索查询量 | 新闻出版物 | 投资 |
| 高级连接 | 4 | 1660 | ↑ | ↑ | ↑ | ↑ | ↓ |
| 应用人工智能 | 4 | 1650 | ↑ | ↑ | ↓ | ↑ | ↑ |
| 云计算与边缘计算 | 4 | 1360 | ↑ | ~ | ~ | ~ | ↑ |
| 沉浸式现实技术 | 1 | 300 | ↑ | ~ | ↓ | ~ | ↑ |
| 机器学习产业化 | 1 | 50 | ↑ | ↑ | ~ | ~ | ~ |
| 下一代软件开发 | 1 | 20 | ↑ | ~ | ↑ | ↑ | ↑ |

续表

| 预测技术 | 采用率得分 | 2021年投资额/亿美元 | 2018—2021年得分变化 | | | | |
|---|---|---|---|---|---|---|---|
| | | | 专利 | 研究出版物 | 搜索查询量 | 新闻出版物 | 投资 |
| 量子技术 | 0 | 30 | ↑ | ↑ | ~ | ↑ | ↑ |
| 信任架构与数字身份 | 2 | 340 | ↑ | ~ | ↑ | ↑ | ↑ |
| 互联网的未来模型（Web 3） | 1 | 1100 | ~ | ~ | ↑ | ↑ | ↑ |
| 未来生物工程 | 3 | 720 | ~ | ↑ | ~ | ↑ | ↑ |
| 未来清洁能源 | 2 | 2570 | ~ | ↑ | ↑ | ↑ | ↑ |
| 未来交通 | 2 | 2360 | ↑ | ~ | ↑ | ↑ | ↑ |
| 未来空间技术 | 2 | 120 | ↑ | ↑ | ~ | ↑ | ↑ |
| 未来可持续消费 | 2 | 1090 | ~ | ↑ | ↑ | ↑ | ↑ |

注：2022年报告使用的年度数据截止时间为2021年年底。其他年份的报告也是基于前一年数据。采用率得分中0＝未被采用；5＝主流技术。~表示得分接近；↑表示得分上升；↓表示得分下降。

## 5.6　兰德公司技术预测

### 5.6.1　RAND Corporation：大脑集中营

“兰德（Rand）”是“研究与发展（Research and Development）”的英文缩写，公司正式成立于1948年11月，总部设在美国加利福尼亚州的圣莫尼卡，在华盛顿设有办事处，负责与政府联系。德尔菲法就是1946年由兰德公司创始实行。

兰德公司是美国重要的以军事领域为主的综合性战略研究机构。它最初以研究军事尖端科学技术和重大军事战略而著称于世，继而又扩展到内外政策各个方面，逐渐发展成为一个研究政治、军事、经济科技、社会等各方面的综合性“思想库”，被誉为现代智囊的“大脑集中营”“超级军事学院”，以及世界智囊团的开创者和代言人，可以说是当今美国乃至世界最负盛名的决策咨询机构之一。

兰德公司作为一个“思想库”，通常是与其客户建立合同关系，兰德公司的很多合同是同美国联邦政府签订的，如国防部、卫生部、人力资源部、教育部、国家科学基金、国家医学研究院、统计局等。兰德公司和许多上述客户有着 3 ~ 5 年或每年更新的服务合同，合同额在数千万美元左右。在合同所规定的范围内，有时兰德公司的研究人员提出具体的项目建议，有时是客户自己提出需求，然后双方通过会谈、电子邮件及其他形式的通信方式进行交流讨论，对具体内容进行这样或那样的修改，最后形成《项目说明书》，包括问题、方法、背景、数据、进度、预算、时间表等。接下来项目开始执行，预算到位，兰德公司按时间表提供报告研究的结果，完成项目。兰德公司每年同时进行 700 ~ 800 个项目。除了大部分根据长期合同和政府预算来安排的政府项目外，还有部分项目是兰德公司认为有意义或会造成重大影响而自主选择。对后一类项目，开题后兰德公司会向可能的用户推荐和兜售，或研究结束后，以粗线条方式告诉潜在用户，动员他们来购买研究成果。一般情况下，兰德公司会向项目委托人提供多达 5 个决策咨询选择，并将每一种选择在政治、经济、公共关系等方面可能产生的后果及利弊，一并忠告用户。对决策者提供科学、客观、公正而全面决策建议。不同的人和不同性格的决策者，会从这些选择中做出不同的决策，从而得到不同的结果。兰德公司现有 1600 多名员工，其中有 800 名左右的专业研究人员。兰德公司除自身的高素质结构之外，还向社会上聘用了约 600 名在全国有名望的知名教授和各类高级专家，作为自己的特约顾问和研究员。他们的主要任务是参加兰德公司的高层管理和对重大课题进行研究分析和成果论证，以确保研究质量及研究成果的权威性。兰德公司预算资金来源构成如图 5-2 所示。

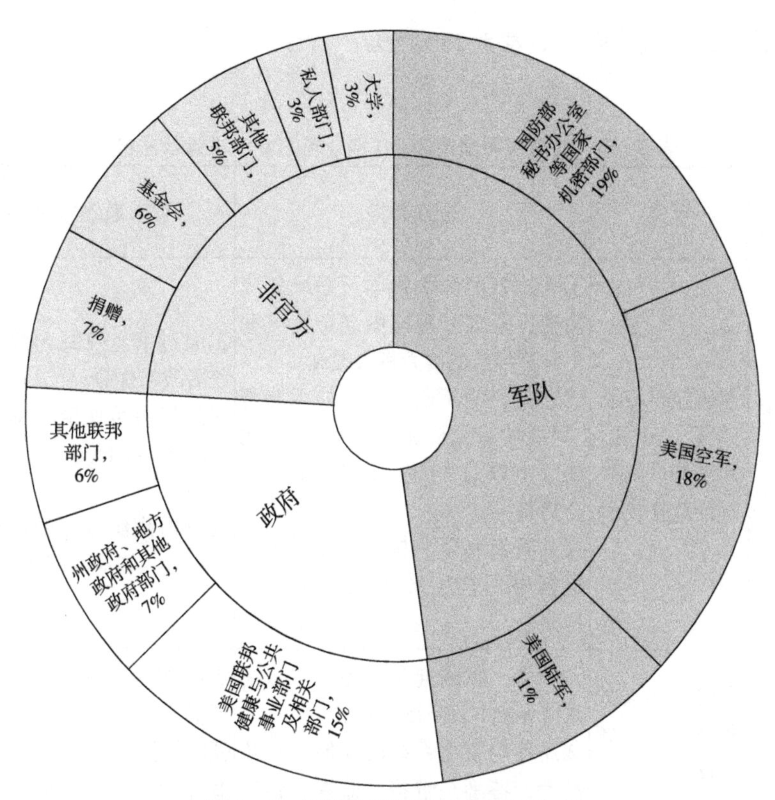


图 5-2 兰德公司预算资金来源构成

## 5.6.2 《塑造 2040 年战场的创新技术》（2021 年）

2021 年 8 月，兰德公司发布《塑造 2040 年战场的创新技术》报告。该报告源于欧洲议会科技预测专家组于 2020 年 8 月委托兰德欧洲公司开展的一项研究。

兰德公司采用了结构化的综合研究方式，通过四步工作，将资料中的技术归类为可能塑造未来战场的 11 个技术群。随后，通过内部分析和评估协商，考虑两项筛选原则，提出了 6 个关键技术群，并开展进一步深入研究和比较分析。两项筛选原则包括：①应用可能性，即在 2040 年的时间框架内，某一特定技术群在战场环境中被广泛使用和采用的程度；②对战场的预期影响程度，即考虑相关技术带来的机遇和挑战，以及技术群对 2040 年战场的影响程度。

兰德公司研究提出，塑造 2040 年战场的 6 个关键技术群分别是：人工智能、机器学习和大数据，先进机器人技术与自主系统，生物技术，可产生新效应的技术，卫星和太空装备技术，人机界面，如表 5-23 所示。

**表 5-23　兰德公司塑造 2040 年战场的 6 个关键技术群**

| 关键技术群名称 | 定义 | 未来趋势 | 对未来战场的关键影响 |
|---|---|---|---|
| 人工智能、机器学习和大数据 | 能够执行高级计算，以分析和解释大量数据的软件技术 | ①人工智能和机器学习系统的成熟度，及其处理模糊复杂情况和不对称信息的能力将会提高；<br>②数据科学不断进步（如无监督“深度学习”系统），从非结构化或陌生数据中进行学习的能力将会提高；<br>③共有及私营机构中人工智能、机器学习和大数据的应用不断扩大 | ①通过信息控制和数据访问管理获得战略优势；<br>②战场决策速度的提高，改善了作战系统的隐身能力和快速分析能力；<br>③攻击溯源方面的挑战增加（如基于人工智能的网络攻击） |
| 先进机器人技术与自主系统 | 构成或实现先进无人系统的技术，包括在无人监督或控制下操作的技术 | ①动力、精确起降、遥控与自主系统导航方面不断进步；<br>②遥控与自主系统的功能进一步扩大，特别是情报、监视和侦察方面；<br>③互操作性和集群控制方面的进步 | ①快速响应、扩大范围和覆盖面、提高任务灵活性、精确打击并降低附加伤害；<br>②保障战场士兵的生命安全，增加对不断升级的动态的激励；<br>③低成本现货系统向非国家和混合型对手扩散的风险 |
| 生物技术 | 利用生物系统或生物科学创新，开发具有先进特性和性能水平的系统相关技术 | ①新型生物系统的生产，如基因工程细菌；<br>②开发有针对性的生物技术，包括用于医疗、认知和体能增强的技术；<br>③生物科学与人工智能、机器人和增材制造的交叉融合 | ①通过“内在”增强、外部技术（如外骨骼）和先进医疗，增强士兵能力；<br>②生物技术与作战机器人、自主系统、传感器和电子设备的融合（仿生学）；<br>③通过生物病原体武器和新型载体，提高了生物威胁水平 |
| 可产生新效应的技术 | 增强动能和非动能效应，或以新形式进行常规打击的武器及子系统等技术 | ①高超声速、定向能武器、电子战能力和声波 / 声武器的进步；<br>②提高速度、射程、生存能力和精确度；<br>③热控制和电源管理的发展 | ①防御能力多样化；<br>②提供新的效应，促进多域作战，缩短战场上的时间和距离；<br>③潜在的军备竞赛升级，高超声速和其他能力的扩散；<br>④核门槛的潜在模糊，对危机稳定性提出了挑战 |

续表

| 关键技术群名称 | 定义 | 未来趋势 | 对未来战场的关键影响 |
| --- | --- | --- | --- |
| 卫星和太空装备技术 | 能够进入太空，或辅助地面或空间作战的太空技术 | ①空间发射技术、空间传感器和卫星技术的不断进步；②降低发射成本，包括通过可重复使用的发射系统和单级入轨系统降低成本；③太空日益表现出“对抗性、拥挤性和竞争性”的特征 | ①分散空间精确打击和网络中心战的驱动力；②越来越多地依赖天基系统来实现连接、情报、监视和侦察和导航，导致天基和地面基础设施受到攻击时更容易受到严重破坏 |
| 人机界面 | 促进人机交互或人机编组的技术，包括信息传输 | ①人机编组技术的民用和军事应用不断拓展；②脑－机、脑－脑通信和数据传输技术、交互式任务学习和人机界面的应用，以实现复杂的现实场景导航 | ①人机界面将成为未来战场人控制自主系统的关键因素；②未来战场上可能出现人机界面故障和意外后果；③人机界面漏洞可能被对手利用，为指挥控制带来风险 |

除了上述 6 个技术群外，报告还提出了其他有望塑造未来战场的技术群。这些技术的应用时间较晚、应用的不确定性较高。主要包括：先进的能源和电力系统、新型和先进材料及制造、量子技术、计算 / 数据存储和电信、传感器和雷达技术。

## 5.7 高德纳咨询公司技术预测

### 5.7.1 Gartner：全球最具权威的 IT 研究与顾问咨询公司

高德纳咨询公司（Gartner，简称“高德纳”）是全球 IT 市场预测与咨询的龙头企业，它的市场研究报告已成为全球企业在市场分析、技术选择、项目论证和投资决策方面的重要参考。Gartner 的客户涵盖大公司、政府机构、科技公司和投资界，客户群由 100 多个国家的 15 000 多个组织机构组成，其中的政府机构有 200 多个。高德纳成立于 1979 年，总部设在美国康涅狄克州斯坦福德。其研究范围覆盖全部 IT 产业，就 IT 的研究、发展、评估、应用、市场等领域，为客户提供客观、公正的论证报告及市场调研报告，协助客户进行市场分析、技术选择、项目论证、投资决策。为决策者在投资风险和管理、营销策略、发展方向等重大问题上提供重要咨询建议，帮助决策者做出正确抉择。1998—2023 年，高德纳每年组织各行业企业高管交流讨论最新的技术趋势及市场需求，选择具有重要战略意义的重要趋势，并发布战略技术趋势报告。

### 5.7.2 预测工具：技术成熟度曲线

技术成熟度曲线（The Hype Cycle）是高德纳提出并使用的预测工具。从 1995 年开始，高德纳每年都针对各种技术和应用（如社交软件、ERP）、信息和 IT 服务（云计算、大数据）和行业（零售、人寿保险）领域创建 90 多张技术成熟度曲线图，用来帮助客户跟踪技术的成熟度和未来潜力。技术成熟度曲线依据的原理是新技术在媒体上的曝光程度及其随着时间的变化，据此来预测新技术从曝光到成熟需要的时间。每一项重要技术的到来，都要在这条曲线上两次爬坡。它表现的是一项新技术从出生到变成“炒作”，到低谷，再到真正实用化的过程，这一过程经历如图 5-3 所示的几个阶段。

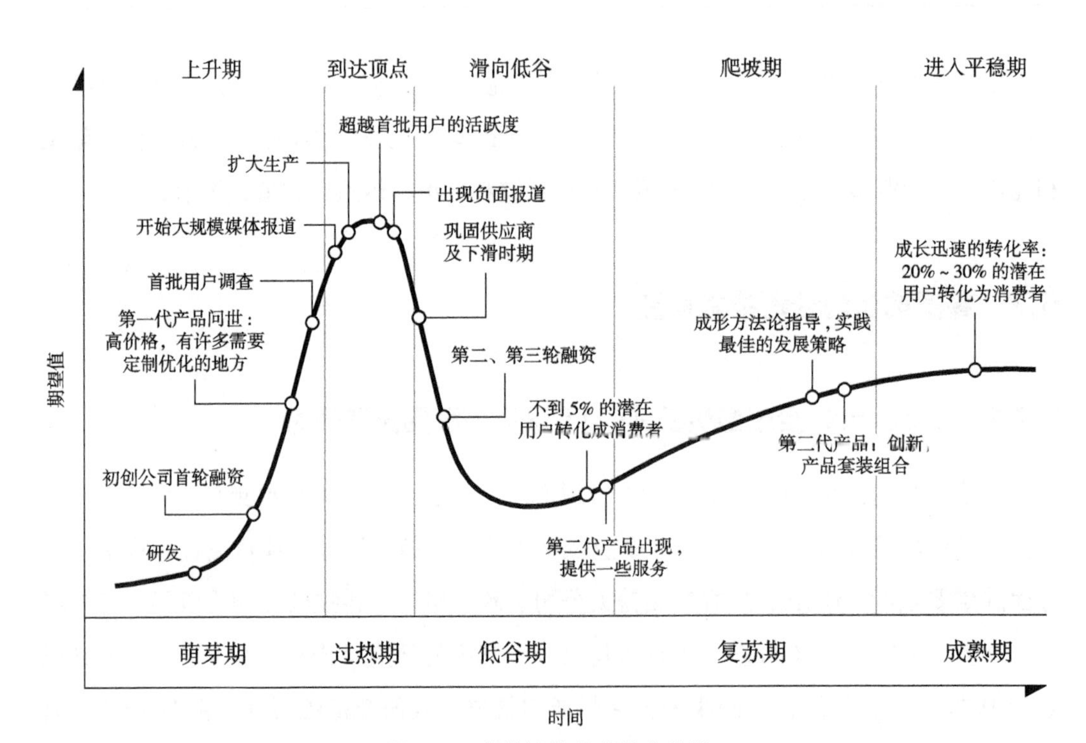


图 5-3 高德纳技术成熟度曲线

①萌芽期（Technology Trigger）：技术成熟度曲线从突破、公开示范、产品发布或引起媒体和行业对一项技术创新的兴趣的其他事件开始。在此阶段，该技术既没有可用产品也没有验证模式。随着媒体过分地关注与非理性的渲染，产品的知名度无所不在，然而随着这个科技的缺点、问题、限制出现，失败的案例大于成功的案例，例如，.com 公司 1998—2000 年非理性疯狂飙升期。

②过热期（Peak of Inflated Expectations）：早期公众的过分关注演绎出了一系列成功的故事——当然同时也有众多失败的例子。对于失败，有些公司采取了补救措施，而大部分公司却无动于衷。少数有阶段性成果的公司，被媒体追捧为“改变世界者”，于是形成投资泡沫，就像当初在 Web 和社交媒体上发生的情况一样。

③低谷期（Trough of Disillusionment）：绩效问题、低于预期的采用率或未能在预期时间获得财务收益都会导致预期破灭。越来越多的公司失败使这项技术遭到唾弃，早期的尝试者被视为“骗子”。历经前番洗礼存活下来的企业不断改进技术和经营模式而逐渐成长。

④复苏期（Slope of Enlightenment）：一些早期采纳者开始获得收益，人们对可以获得良好效果的技术应用领域和方法逐渐清晰。更为重要的是，人们知道了这种技术在哪些方面没有或几乎没有价值。虽然大家的期望值依然处于低谷，但进场的企业却越来越多并且不断推出新产品。例如，1996 年的 Internet 、Web。

⑤成熟期（Plateau of Productivity）：在此阶段，新技术产生的利益与潜力被市场实际接受，支撑此经营模式的工具、方法论经过数代的演进，进入了非常成熟的阶段。技术采用率开始快速上升，渗透很快加速。

### 5.7.3 高德纳 2023 年十大战略技术趋势

高德纳《2023 年十大战略技术趋势》（*Top 10 Strategic Technology Trends for 2023*）围绕“优化、扩展、开拓和可持续技术”四大主题，提出了十大战略技术趋势：数字免疫系统，应用可观测性，AI 信任、风险和安全管理，行业云平台，平台工程，无线价值实现，超级应用，自适应 AI，元宇宙，可持续性技术。该报告还对十大技术的未来普及效果开展了量化预测。整体看，2023 年的技术预测结果多集中在数字产业化领域，强调在加快数字化转型过程中发展卓越的运营方式，助力企业应对经济与市场挑战，实现业务可持续增长并赢得竞争。

（1）优化主题

优化主题包含 3 个战略技术趋势：数字免疫系统，应用可观测性，AI 信任、风险和安全管理。优化 IT 系统可帮助企业改善决策并削减成本。

第一，数字免疫系统提高产品稳定性，助力实现商业价值。数字免疫系统结合了可观测性、人工智能增强测试、混沌工程、自动修复、站点可靠性工程和软件供应链安全的技术与实践，可提高产品、服务和系统的稳定性。这在实现数字产品的高商业价值的同时，降低风险并提高客户满意度。据预测，到 2025 年，数字免疫系统可降低 80% 的企业宕机时间，其规避的损失可直接转化为企业创收。

第二，应用可观测性通过“数据驱动决策”，更快更有效。应用可观测性是指企业根据数据特征，高度统筹协调业务功能、应用程序、基础设施和运营团队，来制定规划并执行战略。通过制造决策循环使决策更好、更快、更一致、更高效，从而提升组织决策的有效性。估计到 2026 年，将有 70% 的组织通过应用可观测性来制定规划并执行战略，实现决策升级并赢得竞争优势。

第三，AI 信任、风险和安全管理（TRiSM）有助于解决 AI 隐私及安全问题。当前，许多企业还未做好准备应对 AI 风险挑战，AI 隐私泄露和安全事件屡见不鲜。AI TRiSM 可保证模型的可靠性、可信度、安全性和隐私性，从而提高了模型应用于实际生产环境的可行性。这有助于 AI 项目从概念转化为产品，推动成果实现并释放其业务价值。估计到 2026 年，采用该技术的组织将在服务采用、商业目标和用户接受度方面实现 50% 的提升。

（2）扩展主题

扩展主题包含 3 个战略技术趋势：行业云平台、平台工程和无线价值实现。网络扩展可加速垂直供应、加速产品交付、推动“万物互联”，助力企业实现业务价值及增长。

第四，行业云平台可支持快速构建个性化的数字产品。行业云平台通过组合软件即服务（SaaS）、平台即服务（PaaS）和基础设施即服务（IaaS），提供可定制的、适合具体行业应用场景的平台解决方案。企业可利用行业云平台快速构建独特的数字产品，这有助于提高敏捷性、加速创新并缩短产品上市时间。越来越多的供应商将为医疗保健、制造业、供应链、农业和金融等行业提供具有特定数据集的云平台。预计到2027年，将有50%以上的企业使用行业云平台来加速业务项目。

第五，平台工程可为前端开发到终端使用清除障碍，提高开发效率。平台工程搭建了内部开发者平台，由特定主题的专家策划并选择一系列工具、功能及流程，将其打包供终端用户使用。该平台囊括了用户团队的所有需求，为其呈现最适合的工作流程，使用户享受有针对性的自助服务体验，减小开发人员、数据科学家和最终用户间的摩擦。该技术能够优化开发人员体验，加速产品大规模交付。预计到2026年，80%的软件工程组织将建立平台团队。

第六，无线价值实现使网络由通信技术转变为数字创新平台。无线价值实现集成了各类无线技术，基于此，网络可以提供分析和洞察功能，直接产生商业价值。无线价值实现不仅能降低支出，还能提供更具成本效益、可靠性和可扩展性的技术，从而满足办公室 Wi-Fi、移动设备服务、低功耗服务及无线电连接等多种场景的需求。网络将由通信技术转变为数字创新平台，到2025年，使用这种网络额外功能的企业无线终端的占比将从15%以下提升到50%。

（3）开拓主题

开拓主题包含3个战略技术趋势：超级应用、自适应 AI、元宇宙。开拓商业模式可重塑多方关系，推进市场开发战略。

第七，超级应用将整合并取代既有应用，改善数字体验。超级应用类似组合应用程序或门户，它集应用、平台和系统功能于一体，可支持用户访问系列核心程序及小程序，为用户提供高度个性化和情景化的数字体验。超级应用技术未来成败的关键是整合并取代用户既有的应用。预计到2027年，全球超50%的人口将成为多个超级应用的日活跃用户。

第八，自适应 AI 帮助企业在变化中生存。自适应 AI 能够为企业基于不同的外部环境开发、部署、适应和维护人工智能。该技术利用实时反馈和自适应学习算法，对外部环境的动态变化做出响应，提供个性化、专属性产品。由于自适应系统可根据实时反馈调整学习目标，它适合外部环境处于快速变化的运营情况，也适合企业目标不断调整且需要优化响应速度的运营情况。预计到2026年，采用自适应 AI 工程的企业将比同行在模型操作上优越25%。

第九，元宇宙作为一种组合创新，将连接虚拟与现实。元宇宙是由多个技术主题和趋势组成的组合创新。它通过虚拟技术增强了物理和数字现实的融合，能够为用户提供持久的沉浸式体验，让用户更好地参与、合作和连接。元宇宙的影响因行业而异，它塑造了一个由数字货币和非同质化通证推动的虚拟经济体系，通过在项目中组合使用 Web 3、增强现实云和数字孪生技术实现创收。预计到 2027 年，40% 的全球大型组织将通过元宇宙的技术组合创新来增加收益。

（4）可持续性技术主题

第十，可持续性技术贯穿于所有技术趋势之中。可持续性技术涉及环境、社会与管理，贯穿于另外 9 项技术之间。其中，环境技术有助于预防、减轻和适应自然风险；社会技术将改善人权、提高福祉并促进繁荣；管理技术将强化商业行为与商业能力，创造更大的经营弹性、更好的经营业绩、提供新的增长途径。为实现可持续性目标，企业必须加大投资力度，这一方面需要部署 IT 解决方案，通过程序、软件和市场实现客户的可持续性目标；另一方面需要确立可持续技术框架，提高 IT 服务的能源和材料效率，实现企业的可持续发展。预计到 2025 年，50% 首席信息官的绩效指标将与可持续性挂钩。

### 5.7.4 2019—2023 年高德纳重要战略技术的演变趋势

从 2019—2023 年高德纳重要战略技术的演变趋势来看，出现频次最高的是人工智能技术，共出现 7 次；其次是超级自动化技术，共出现 3 次。拆分词汇来看：出现频次最高的词汇是“智能”，共出现 10 次；其次是“云”和“体验”，分别出现 4 次。表 5-24 汇统了 2019—2023 年高德纳重要战略技术的演变趋势。

表 5-24 2019—2023 年高德纳重要战略技术的演变趋势

| 序号 | 2019 年 | 2020 年 | 2021 年 | 2022 年 | 2023 年 |
|---|---|---|---|---|---|
| 1 | 自主化物件 | 超级自动化 | 行为互联网 | 数据编织 | 数字免疫系统 |
| 2 | 增强型分析 | 多重体验 | 全面体验战略 | 网络安全网格 | 应用可观测性 |
| 3 | AI 驱动的开发 | 专业知识全民化 | 隐私增强计算 | 隐私增强计算 | AI 的信任、风险和安全管理 |
| 4 | 数字孪生 | 人体机能增强 | 分布式云 | 云原生平台 | 行业云平台 |

续表

| 序号 | 2019 年 | 2020 年 | 2021 年 | 2022 年 | 2023 年 |
| --- | --- | --- | --- | --- | --- |
| 5 | 自主性的边缘 | 透明度与可追溯性 | 随处运营 | 组装式应用程序 | 平台工程 |
| 6 | 沉浸式体验 | 边缘赋能 | 网络安全网格 | 决策智能 | 无线价值实现 |
| 7 | 区块链 | 分布式云 | 组装式智能企业 | 超级自动化 | 超级应用 |
| 8 | 智能空间 | 自动化物件 | 人工智能工程化 | AI 工程化 | 自适应 AI |
| 9 | 数字道德与隐私 | 实用型区块链 | 超级自动化 | 分布式企业 | 元宇宙 |
| 10 | 量子计算 | 人工智能安全 | — | 全面体验 | 可持续性技术 |
| 11 | — | — | — | 自治系统 | — |
| 12 | — | — | — | 生成式 AI | — |

注：2018 年发布的预测报告中的预测内容是 2019 年的技术趋势，以此类推。

2019—2023 年高德纳战略技术的主题演变由“智能化”“以人为本”等转向帮助企业应对当前经济和市场挑战相关的主题，新主题下的战略技术重在优化企业的运营、韧性和可信度，扩展垂直解决方案并加速产品交付，开拓便捷和智能的个性化服务。表 5–25 统计了 2019—2023 年高德纳战略技术趋势的主题与目标。

**表 5–25 2019—2023 年高德纳战略技术趋势的主题与目标**

| 年份 | 主题 | 目标 |
| --- | --- | --- |
| 2019 | 智能—数字化—格网 | 智能设备基于自身洞察，提供随时随地的数字化服务 |
| 2020 | 以人为中心—智能空间 | 以人为中心的智慧空间 |
| 2021 | 以人为本—位置独立—弹性 | 在各种颠覆性变化的外部环境下，为组织护航 |
| 2022 | 工程化信任—塑造变化—加速增长（塑造数字业务） | 增加 IT 创新趋势，加速增长，战略性地推动企业机构进步 |
| 2023 | 优化—扩展—开拓 | 加快数字化转型的同时，从节约成本转向新型卓越运营方式 |

## 参考文献


［1］于旭，项亚男．科技智库动态知识服务能力体系研究［J］．情报科学，2022，40（4）：64–70.

［2］唐璐，张志强．新美国安全中心“美国国家技术战略”报告剖析及启示［J］．图书与情报，2022（1）：49–56.

［3］钱莉萍．科技智库视域下数据素养核心要素、驱动作用及赋能提升研究［J］．情报理论与实践，2022，45（7）：116–123.

［4］欧阳静，曾文，潘可新．大数据背景下科技智库情报信息共享体系研究［J］．图书与情报，2021（4）：132–137.

［5］侯冠华．美国智库对中美科技竞争的观点解读及对策建议［J］．情报杂志，2021，40（4）：33–41.

［6］颜慧超，林洪，涂瑜，等．面向科技智库的科技创新政策监测体系构建研究［J］．科技进步与对策，2020，37（24）：29–36.

［7］郑颖．日本科学与技术政策研究所及其计量分析实践简介［J］．世界科技研究与发展，2020，42（5）：581–586.

［8］聂峰英，孙明杰，张海燕，等．国际比较视域下科技智库多主体运营模式研究［J］．情报理论与实践，2020，43（10）：74–80.

［9］刘怡君，迟钰雪．英日两国科技智库对比研究及启示：以英国科学政策研究所和日本未来工学研究所为例［J］．智库理论与实践，2019，4（6）：103–110.

［10］龚振炜，安达，傅智杰，等．国家工程科技高端智库信息化建设研究［J］．中国电子科学研究院学报，2019，14（12）：1221–1227，1241.

［11］袁秀，李培楠，万劲波，等．从知识到政策：科技智库的知识转化机制［J］．科技导报，2019，37（12）：9–13.

［12］冯志刚，张志强．新美国安全中心：美国国家安全政策核心智库［J］．智库理论与实践，2018，3（6）：78–88.

［13］王雪，褚鑫，宋瑶瑶，等．中国科技智库建设发展现状及对策建议［J］．科技导报，2018，36（16）：53–61.

［14］王桂侠，万劲波．科技智库影响力基本要素模型研究［J］．科研管理，2016，37（8）：146–152.

［15］李纯，张冬荣．科技智库数据信息服务模式研究［J］．情报理论与实践，2016，39（6）：32–37.

［16］丁明磊，陈宝明．建设中国特色科技创新智库体系的思路与建议［J］．科技管理研究，2016，36（5）：10–13.

［17］李纯，张冬荣．科技智库的社会经济数据需求及其建设模式案例分析［J］．图书情报工作，2015，59（11）：98–105.

［18］贾品荣，伊彤．科技政策智库及其咨询服务能力研究［J］．科技进步与对策，2014，31（23）：99–104.

［19］王桂侠，万劲波，赵兰香 . 科技智库与影响对象的界面关系研究［J］. 中国科技论坛，2014（12）：50–55.

［20］赵可金 . 美国智库运作机制及其对中国智库的借鉴［J］. 当代世界，2014（5）：31–35.

［21］缪其浩 . 从洞察到谋略：国外科技智库研究［M］. 上海：上海科学技术文献出版社，2020.

［21］廖晓东，袁永 . 科技决策智库理论与国际经验研究［M］. 广州：华南理工大学出版社，2018.

［22］袁鹏，傅梦孜 . 美国思想库及其对华倾向［M］. 北京：时事出版社，2003.

［22］麦甘恩，萨巴蒂尼 . 全球智库：政策网络与管理［M］. 韩雪，王小文，译 . 上海：上海交通大学出版社，2015.

［23］杜骏飞 . 全球智库指南［M］. 南京：江苏人民出版社，2018.

［24］苗绿，王辉耀 . 全球智库［M］. 北京：人民出版社，2018.

［25］张宇燕 . 全球智库观点：影响全球决策的声音［M］. 北京：中国社会科学出版社，2016.

［26］麦甘 . 第五阶层：智库公共政策治理［M］. 李海东，译 . 北京：中国青年出版社，2018：10.

［27］李艳杰，姜红 . 我国高校智库存在的主要问题与建设路径［J］. 黑龙江高教研究，2016（3）：28–32.

［28］韩秋明，李修全，王革 . 英国智库 NESTA 的技术预测研究——人工智能技术面临的问题及对策［J］. 全球科技经济瞭望，2018，33（7）：11–18.

［29］李玲娟 . 美国智库的研究及对中国民间智库的启示［J］. 辽宁行政学院学报，2008（6）：27–28.

# 6

# 国际技术预测的经验、趋势与启示

技术预测受科技发展水平、经济、社会等多方面因素影响，是一项复杂的系统工程。面对经济全球化与科学技术迅猛发展所带来的机遇和挑战，世界各主要国家从本国经济社会发展的需求出发，通过开展技术预测和国家关键技术选择研究，探索未来技术发展趋势，确定优先发展的重点战略领域和方向，为国家科技管理提供依据，为社会各界把握未来提供科技发展信息。通过对世界主要国家技术预测活动进行全景式经验解析，在预测周期与期限、组织和技术流程、预测理论模型与方法、预测结果的表达和应用等方面能够得到有益的借鉴。加强国际技术预测活动理论和方法的研究，对开展具有中国特色的技术预测活动有重要的现实意义，为科学规范开展技术预测活动提供理论支撑。

## 6.1 国际技术预测的经验总结

### 6.1.1 政府主导的技术预测活动正逐渐制度化

为了更好地增强技术预测的前瞻性和指导性，越来越多的国家建立以政府为主导的国家层面技术预测管理机构，持续开展大规模制度化的技术预测活动。

（1）多国建立了政府主导的国家层面技术预测管理机构

技术预测活动是政产学研用各方对未来技术发展趋势达成一致意见的过程，其中涉及大量的人员和社会资源层面的组织和协调工作，还涉及大量的争论和选择问题，只有政府高层主导的国家层面技术预测管理机构才能很好地解决这些问题，保证技术预测的成功。日本科学技术政策研究所（NISTEP）是为日本科学技术政策制定而设置的国家机构，其主要职责是准确把握国家需求并和参与决策过程的行政部门进行合作。韩国技术预测活动由韩国国家技术审议会主管、未来创造科学部直接领导，整个预测过程和各个阶段的任务则是由韩国科学技术评估与规划院（KISTEP）来负责的。在德国，德国联邦教育及研究部（BMBF）主导进行了一系列的技术预测活动，建立了一个以技术预测活动为核心的参与者网络，为参与者搭建了交流平台。英国的技术预测活动由政府科学办公室负责，并成立了由政府首席科学顾问、政府科学办公室主任担任主席的指导委员会。美国技术决策的职权被分散在美国多个政府部门和机构之中，由美国智库提出，联邦政府和国会合作建立跨部门委员会，以确保国家技术战略的统一协调。

（2）持续开展系统化制度化的技术预测活动

技术预测涉及大量的研究、组织和协调工作，有许多知识诀窍只有通过实践才能真正掌握。英国目前已经连续进行了长达 30 年并经历了 3 个发展阶段的技术预测实践。德国的技术预测活动自 20 世纪 80 年代以来经历了 4 个发展阶段。日本自 1971 年至今每 5 年开展一次全国范围内大规模的技术预测调查活动，已经形成技术预测的制度化。韩国科学技术预测调查至今已进行了 6 次，其结果被应用于“韩国科学技术基本计划”等科技战略的制定中，在推动科技发展与经济建设中发挥了巨大作用。欧盟研发框架计划从 1984 年的第一研发框架计划发展到第九研发框架计划“地平线欧洲”

计划（2021—2027年）共计经历9个阶段。从英国、德国、日本、韩国和欧盟等技术预测活动的发展轨迹来看，都是在不断总结实践中的经验和教训，在体制化、常态化过程中，实现技术预测活动的不断改进和自我完善。

### 6.1.2 多方参与预测活动组织机制越来越灵活

（1）建立了多利益相关方共同推进的参与机制

由于技术预测活动结果影响的广泛性，技术预测的结果涉及众多利益相关者，需要以政府为主导进行组织和综合协调，制定相关政策，明确技术预测的战略定位，保证技术预测的成功。做好技术预测组织方式的研究，借鉴最新理论成果，学习国际经验，结合技术预测的目标，采用灵活的技术预测组织机制，通过优势互补，达到更好的效果。技术预测研究主题多为交叉学科新兴主题，潜在影响涉及方方面面，具有显著的复杂性特征。在德国进行的Futur技术预测活动中，“非专家”领域的参与者活跃度显著提高，媒体人员和公众的意见得到重视。参与人员的多元化可以更加充分反映社会的需求，从而提高预测和预见活动的准确度和接受度。欧盟在技术预测过程中邀请社会科学家（哲学家及专门从事科学和技术的社会学家等）与技术专家及广泛的相关利益方讨论技术简报的结果，不同领域的专家以头脑风暴的形式从多种角度分析可能的影响，极大地缩小了政策制定者的认知与科学技术趋势之间、公众关心的社会影响之间的距离，更加有利于辅助决策；同时也使社会和人文学者与科学技术专家之间的交流更加充分，对科学技术的社会影响理解更加深刻。

（2）建设了符合技术预测需要的多学科专业化人才队伍

专家是技术预测活动中最重要的角色，高素质的人才队伍是顺利开展预测活动的必要条件。因此建立结构合理、响应及时的专家资源库尤为重要。专家选择，不仅要涉及各个领域，也应该包含各个社会群体。欧盟的预测过程使用自然科学家、社会科学家与技术专家。德国在进行纳米技术预测活动及“Futur计划”时组建的专家队伍保障了预测和预见活动的专业性。在人工智能技术运用方面，2007年以来，日本科学技术政策研究所一直在开发和运营人工智能系统，该系统每天采集全球范围内300多个大学和机构发布的报告，使用AI机器学习系统分析并编写文章，在网站公开发布，从中可以获得更多的反馈信息。

### 6.1.3 智能技术与预测方法集成应用更为深入

（1）运用智能技术提升技术预测的效率与精准性

对于技术预测这样一个复杂过程来说，单独使用任何一种方法都几乎无法得出科学合理的结果，技术预测需要多种方法组合实施应用。5G、人工智能、大数据、物联网等新一代信息技术导致科学研究范式及研究手段发生了较大变革，新一代"人工智能"被社会认为是引领未来的战略性技术，人工智能＋大数据的技术预测方法也受到了世界的广泛关注。日本是全世界最早使用德尔菲法进行国家技术预测的经济体，为其他国家的技术预测调查做出了典范。日本在第10次技术预测调查中，将传统的德尔菲调查和大数据有机结合，使用在线调查和可视化结果呈现的方法，充分应用数据科学的最新成果，有效提高了技术预测调查的效率和预测结果的呈现效果。日本第11次技术预测引入人工智能技术（以机器学习和自然语言处理为中心的智能和相关技术）分析得出面向未来的技术融合领域。韩国第5次和第6次技术预测也使用大数据的手段进行网络分析；俄罗斯技术预测也采用相关技术进行了文献和专利计量。这些信息技术手段的使用极大地提高了技术预测实践过程的效率。大数据时代，数据已渗透到当今社会的各行各业，成为现代社会重要的生产要素。使用大数据方法和现代智能技术，能够提高技术预测的实施效率，提高技术预测活动的准确性和科学性，为技术预测工作提供有力支撑。

（2）技术预测方法向综合化全视角方向发展

由于技术预测的难度不断增大，刺激了新的技术预测方法不断涌现和预测方法向综合化方向发展。根据不同的预测目标和预测内容，综合应用不同的技术预测方法开展工作，更好地发挥系统集成优势。技术预测是信息占有者与相关利益人共同参与的前瞻性活动，是实践和分析过程的结合，在技术预测过程中往往要综合应用多种预测方法解决系统性问题。日本从第7次技术预测起，在德尔菲法的基础上逐步增加需求分析法、情景分析法、文献计量法等；韩国第5次技术预测在德尔菲法的基础上也使用了聚类分析、环境模型、大数据网络等手段；英国第3次技术预测在德尔菲法的基础上，结合地平线扫描、专利分析、文献计量、专家访谈等手段开展；俄罗斯面向2030年的技术预测采用专利和文献计量法、情景分析、技术路线图、全球挑战分析、地平线扫描、弱信号等多种方法完成。欧盟的技术预测提出了一个涵盖社会、技术、经济、环境、政治/法律、道德和人口方面的“STEEPED”全视角框架，结合全景扫描和社会影响发现等方法，从多角度对社会影响进行系统分析，确保不会忽略重要的社会因素。

### 6.1.4 预测结果呈现领域趋同化与清单个性化

（1）技术预测结果领域呈现趋同化

按技术应用领域分类方法，将相同技术在不同领域中的应用进行分别考虑，这样做的好处是每个技术的应用领域很容易找到各领域的重点，强调了技术的应用属性。尽管各国使用的方法不同、咨询专家数量不同，但各国专家对未来技术发展主要领域的预测具有高度的相似性，主要集中在材料加工、先进制造、信息与通信、资源与能源、生命科学、医疗保健、交通运输、农业、海洋地球和空间、服务等领域。日本第11次技术预测活动提出了7个科学技术领域，分别是健康医疗生命科学、农林水产食品生物技术、环境资源能源、ICT分析服务、材料设备工艺、城市建筑土木交通、宇宙海洋地球科学基础。韩国第5次技术预测活动提出6个技术类别，分别是社会基础设施、生态环保、运输机器人、生命与医疗、信息通信和制造融合。俄罗斯的第2次技术预测活动提出了7个优先研究领域，分别是信息通信技术、生物技术、医学和健康、新材料和纳米技术、环境管理、运输和空间系统、能源效率和能源节约。英国第3次后2轮技术预测活动提出了7个综合领域，分别是生物和制药技术、材料和纳米技术、数字和网络、能源和低碳技术、食品工业及关联产业、生活与智能建筑、智能运输。从各国技术预测结果领域分布可以看出，世界各国的技术竞争日趋激烈，技术发展的领域呈现出明显的趋同态势。

（2）各国预测结果的技术清单具有差异化

不同国家有着各自的自然资源、文化传统和科学技术发展水平，围绕自身的社会发展愿景，制定了个性化的技术预测清单，呈现各自不同的特点。

技术清单是按照预测领域分层次建立起来的，但不同国家的技术分类体系有所区别。由于各国的经济实力、科技能力和文化背景不同，在具体技术项目选择上，考虑的重点不同。虽然技术领域相同或相似，但技术项目存在较大差异。韩国第1到第6次技术预测活动分别提出了1174项、1155项、761项、652项、267项、241项未来技术。日本第 11 次技术预测活动提出了 7 个研究领域，每个领域下设 7 ~ 17 个细分领域，每个细分领域包含 10 ~ 20 个专题，一共确定了 702 个专题。俄罗斯第 2 次技术预测活动，主要覆盖 7 个优先研究领域，共 46 项关键技术、136 项应用技术。英国对应第 3 次后 2 轮技术预测活动的 7 个综合领域，提出了 71 项技术应用。

### 6.1.5 预测成果信息公开与推广应用备受重视

（1）通过信息公开提高政府决策能力和公众认同

各国开展技术预测时普遍注重科学家与决策者的沟通交互与研讨，增强了政府对技术预测活动理解，提高了科学决策能力。同时，也更加注重将科学技术预测结果对公众开放，能够让公众方便地获取预测结果，及时了解未来科技走向。技术预测不是只注重预测结果是否正确，更要强调技术预测过程所产生的外溢效应（外部经济性）和对预测结果的信息公开与推广应用，提高政府决策能力和公众认同。信息公开旨在通过使用创新的交流形式，使决策者和社会更好地了解技术预测活动的含义。欧盟开展的技术预测工作主要分为两个阶段：一是增强认知，通过定期的科学技术趋势发展报告和系列“假设分析”文章，提高成员对科学技术趋势可能产生影响的认识；二是帮助提高欧盟成员的决策能力，使其在充分了解未来可能发展趋势的基础上为决策提供依据，以便于其在政治层面上采取后续行动。此外，开展有关科学技术趋势的社会影响的宣传活动，如《科学趋势》出版物、组织相关讲座和研讨会等，通过多种形式传达有关各种趋势关注点和新观点的信息。在技术预测过程中，英国注重研究记录、报告、专著等形式研究成果的发布与公开，并积极推动研究成果的应用，使得政府部门、研究机构、企业、公众共享技术预测成果。

（2）预测成果传播推广方式的多样性和交互性

技术预测作为一项由各行业、各部门的大量专家参与，集中关注于长期发展战略目标和系统性探索的活动，对整个社会的影响必将是积极又深远的，但前提是预测成果信息必须要向全社会公布。在英国进行的 3 轮技术预测活动中，都非常重视营造预测文化，强调预测结果的决策支持作用，积极组织技术预测成果的信息传播活动，向社会发布各种技术预测研究报告，采取措施吸引媒体、企业、研究机构、政府部门参与预测成果的应用和反馈，并根据反馈提出修正报告。日本技术预测调查报告和数据报告大多数都在文部省和日本科技政策研究所网站公开发布，对于其他利益相关者获取提供便利。一方面可以通过官方公开信息更加全面准确地了解日本技术预测进展情况；另一方面便于官方平台充分吸收社会公众的意见建议，助力日本技术预测活动的实施推进和改进完善。

## 6.2 技术预测活动的发展趋势

为了迎接新的机遇，有效应对不断变化的挑战，越来越多的国家和国际组织认同技术预测的价值并积极开展各类技术预测活动，将预测的成果作为科技政策和公共政策制定的先导研究和事实依据。技术预测所扮演的角色也不只是形式上对于未来技术发展的洞察，更是扮演了动员及组织创新体系各类主体的角色，鼓励交互学习，对整体目标达成做出一致努力，提升创新体系运作效率。特别是最近十年，各国技术预测开展更加频繁、形式更加多样，理论方法持续不断探索和演进创新。

### 6.2.1 技术预测参与运行机制不断优化，社会沟通功能持续增强

通过技术预测来推断科技发展趋势并决定科技发展的优先选项，传统预测实践往往仍限于专家或利益相关者的参与，同时所采取的方法对于所处的社会环境来说缺乏透明性。实际上，社会公众一直伴随技术发展过程，作为技术需求的提出方，成为制约和引导技术发展轨迹的重要力量，同时，如果技术发展自身不能预见其对消费者利益的重要性，那么该项技术的负面影响将严重影响其正常发展，乃至成功的商业化。

技术预测是对科技未来的推测，应是一个审议的过程，集体学习的工具，对未来发展战略的制定与实施产生引导性的影响。因此，强调技术预测过程中的讨论对话、建立共识、构建网络至关重要。当然，扩充技术预测活动中参与对话者的涵盖范围与身份角色，让公众而非仅是专家或利益相关者参与科技发展方向与趋势的讨论，或许体现了更明确的民主理念与价值，但这种公众参与技术预测活动的机制，还需要引导出更好的创新思维方法设计。

技术预测活动的组织结构上一般包括一个跨部门的领导小组、一个由各方面资深

人士组成的总体指导组、若干个以技术专家包括经济社会学家等为主体组成的领域或主题组及服务于具体任务的研究组等。技术预测的参与者由少量的技术专家向技术专家、经济社会学家、政府领导及社会公众共同参与的方向发展。

### 6.2.2 预测内容向经济社会环境等拓展，更好地服务社会发展挑战

技术预测的内容不断由关注技术内在发展向关注经济、社会、环境协调发展需求的重心转移。面向社会愿景和挑战，从传统推动技术供给向发掘技术发展需求是科技创新政策现代化转型的趋势，有必要将社会需求、技术需求、技术发展趋势和关键技术选择进行综合考量，在实现经济发展目标的同时解决社会挑战。技术预测可以满足这种趋势要求，为实现面向社会愿景和挑战的优先技术选择提供了有效途径。日本第11次技术预测综合社会和技术发展趋势，主动构建了面向2050年的社会发展愿景，在愿景引领下，结合科技和社会发展趋势识别未来关键技术。韩国第5次技术预测以应对社会挑战为导向，借助网络调查识别韩国社会发展面临的关键问题，然后通过专家整合、凝练，提出未来发展面临的重大挑战；俄罗斯2030技术预测针对信息和通信技术、生物技术等7个领域，详细分析了全球趋势、机会之窗、新威胁及其影响程度对俄罗斯的挑战。

从社会塑形科技发展的观点来看，技术预测必须保持一定的敏感性，对科技发展与社会变革的相互影响有充分的认识和理解，在提出优先技术发展方向的政策建议时，要明确所主张的发展道路，以及经济、社会发展进程中与科技的互为因果的影响关系。社会愿景对未来技术的发展提出期望，是形塑技术发展路径、决定技术范式、影响技术发展速度的重要拉力。构建愿景能够有效指导关键技术优先选择的原则和标准，提升技术预测对社会科技创新的引导能力。随着科技与社会的紧密结合，技术成为推动社会发展和形塑社会形态的重要力量，因此，预测研究的一个重要趋势是由纯技术的范畴向产业预测甚至社会预测的转变，社会预测的理论和方法研究成为热点，以支撑面向未来的研究，对技术的经济、政治、文化等未来社会影响进行全面的整体性研判。技术预测活动既考虑科技系统内部的因素，也越来越重视一些跨行业、跨领域的基础性主题。例如，欧盟的“未来计划”，就包括了“政治与经济背景”“人口统计与社会发展趋势”“自然资源与环境”“信息、通信与信息社会”“生命科

学与生命前沿”等方面。

### 6.2.3 大数据智能化等新技术应用广泛，预测效率效果不断提升

预测的内涵与特征随着时代变迁不断修正、演化，预测方法学的演进也是随着预测目标、需求和时空背景的变迁与时俱进，主要国家在技术预测方法运用方面，呈现由单一方法向复合方法演进的趋势。根据欧洲预测监测网络统计 2004—2008 年执行预测计划所使用的方法，平均一个预测计划会使用 5 ～ 6 个方法，为预测实践部门提供了更多样化的选择空间，但单一方法的使用在预测计划中仍有一定比重。有些方法在世界范围内广泛使用，如专家小组、文献综述、情景和趋势外推等，更多的是强调方法适应特定环境的必要性，尤其在不同国家、区域在实践过程中方法运用差异是很明显的。年长或资深专家一般具有较大的话语权，这不利于专家公开表达异议，因此德尔菲法的匿名信和可量化输出特征使其更具优势。

方法上的改进与技术预测中数据分析的准确性和可靠性的提高有关。以往大多数研究仅限于事后评估，以衡量过去绩效表现、影响或后果。不能帮助组织准备迎接技术和社会变革带来的新挑战。以往的事后评价应扩大到事前办法，以提高关于未来的结构化信息，并促进技术和路线规划。相较传统的技术预测方法，大数据、智能化预测一方面可以协助研究人员最大限度地利用已有数据，满足对目标技术进行多维度分析的需求；另一方面，自然语言处理、文本挖掘、机器学习、深度学习等新兴方法的出现，可以协助研究人员将领域知识纳入考量，在一定程度上避免了领域局限性的干扰，扩大了研究方法的领域适用性。大数据方法的使用是为了支持而不是取代决策者，这些方法可以让专家们将更多的时间与精力用在他们所擅长的工作中，更科学地发挥专家专业知识与丰富经验，降低主观偏误，进而提高技术预测的信度与效度，从而最终提高战略咨询服务的质量。

### 6.2.4 技术预测结果不仅直接支撑决策，还体现为校准政策效果

近年来，日本、韩国、德国、俄罗斯等国家周期性开展技术预测实践，在世界范围内形成浓厚的技术预测氛围。不同国家基于国情、文化、决策体制特点，开展技术预测实践的目的有所不同，但都显现出对国家科技决策制定的重要支撑。日本第 11 次

技术预测以社会愿景和挑战为导向，目的是提供日本科技创新政策制定和科技创新战略研究的基本信息，支撑第 6 期《科学技术基本计划》制订。韩国技术预测以应对社会挑战为出发点，第 3 次、第 4 次、第 5 次和第 6 次技术预测成果分别应用于第 1 期、第 3 期、第 4 期和第 5 期《科学技术基本计划》的制订工作。德国于 2007 年、2012 年分别启动了两个阶段的技术预测活动，其思想和成果很好地支撑了德国政府高技术战略的制定 (Kimpeler, 2016)。俄罗斯于 2011 年启动的第三轮技术预测研究成果，支撑了俄罗斯“2020 年科技发展”“2035 年俄罗斯能源战略”等多项规划制定。同时，预测还具有校准政策方向的功能，当面临的环境与情境改变时需进行动态调整，当新的机会与迫切的需求出现时，将会影响未来政策的推动，需重新检视预测分析，以提高精准度。如欧盟运用战略预测支援大型项目计划，如展望 2020 第 3 期计划，通过回顾现有预测证据与信息想象未来，并辩证与形塑出展望 2020 相关的未来变化的远景。欧盟通过 3 场研讨会的形式，聚焦在展望 2020 架构下的 2030 年情境发展，找出变革的驱动因子，并辨别出潜在的重要议题和破坏式创新的影响。该研究从文献中所讨论的 28 项全球趋势归结出 12 项驱动因子，发展出 15 种未来情境，分别比较其在 2015 年与 2030 年的差异，归结出新兴议题与战略主张，用以指引第 3 期展望 2020 的推动方向。

### 6.2.5 重视技术预测的国家和地区增多，国际经验交流日趋频繁

目前开展大规模技术预测活动的国家，既有发达国家，也有新兴工业化国家和发展中国家。随着科技全球化时代的来临，技术预测活动的国际交流与合作也日益频繁。例如，日本与德国、德国与法国之间开展了合作，联合国工业发展组织（UNIDO）、经济合作与发展组织（OECD）、亚太经合组织（APEC）、欧盟（EU）等国际组织也非常重视和开展技术预测活动，并建立了相应的机构。设在泰国曼谷的 APEC 技术预测中心，其主要职能就是通过开展国际比较研究、培训、咨询及其他相关活动，培育和增强各国的技术预测能力。世界未来协会的关注点则是着眼于“社会和技术发展对塑造未来的作用”。

国际组织，特别是欧盟、亚太经济合作组织和联合国工业发展组织就技术预测专门组织了培训计划，召开会议并制作最佳实践指南。经历转型的国家可以从彼此的技

术经验实践中学习、了解技术预测的实践及其与其他科学、技术和创新政策举措的整合。信息交流、培训活动和具有超越国家或地区背景意义的结果可能需要召开会议和研讨会，而且，还存不同机构和组织的联合项目的空间，尤其是在面临共同挑战，包括颠覆性技术、气候变化等。传统跨国技术预测，因为语言差异、地区差异、文化背景差异、科技差异等因素造成交流困境在信息化时代变得不再困难；德尔菲法问卷调查、专家研讨等需要纸介质、面对面互动的工具方法都可以以线上交流的形式得意成行。IBM、通用电器、Gartner、麦肯锡公司等各种利益相关者运营在线平台和论坛，专家可以通过这些平台和论坛发布他们对未来的看法，并与他人分享。麻省理工学院技术评估、世界未来社会和未来时间线等都是分析有关未来技术趋势和影响的集体知识的有价值的平台。

不同国家或地区在技术预测目标、重点和方法等方面侧重点并不相同。发达国家强调发挥自己的优势并更加关注经济与社会发展问题，发展中国家强调服务于科技的跨越式发展等，并存在各个国家关注领域和总体发展方向一致，但强调重点和实施项目不同的情况。尽管如此，技术预测都表现出政府主导、专家运作、社会参与、绩效明显、反应热烈的特点。

## 6.3　对我国的启示与借鉴

当今世界正处于百年未有之大变局，深刻变化的国内外形势对科技创新提出更加迫切的要求。健全优化国家科技预测机制，加强科技发展方向研判，强化国家关键技术选择，是把握新一轮科技革命和产业变革机遇的客观要求，也是完善科技治理机制、提升国家创新体系整体效能的重要抓手。

美国、日本、韩国等国家在技术预测的工作组织、方法创新、成果应用等方面积累了丰富经验，近年来这些国家都在持续推进技术预测活动。我们需要密切关注国际技术预测发展方向，与不同国家在技术预测领域建立起紧密联系，面对新时期国家科技创新的重大需求，形成适合我国国情的技术预测模式，为我国建立长期可持续的技术竞争优势提供有力支撑。

### 6.3.1 加强顶层设计和统筹，推进技术预测工作制度化

（1）实现国家技术预测制度化

我国高度重视技术预测工作，但截至目前尚未在中央有关文件及法律法规中明确周期性开展技术预测工作。技术预测需要政产学研用各界密切配合，需要调动大量社会资源，组织和协调工作复杂，只有国家高层科技管理部门才有能力开展这项工作。技术预测是对国家未来中长期科技发展趋势进行研判，具有鲜明的公益性和外部性，将这一工作制度化，能使科技发展更好更快更高效地转化为现实经济效益和社会效益。

（2）建立技术预测部门联动机制

随着国家科技管理体制改革不断深入，科技创新工作涉及部门不断增多，需要在总体部署和专项安排职责分工明确的前提下，对国家技术预测进行系统谋划，建立有效的部门联动协商机制。围绕国家技术预测重大任务，不同部门和机构之间建立密切配合、各有侧重、分工协作的工作协调机制。各部门联合相关行业协会、科研机构和智库机构制定发布国家技术预测标准，规范国家技术预测工作行为，优化技术预测工作流程。

### 6.3.2 面向社会愿景与挑战，丰富技术预测工作内容

（1）更加关注未来社会愿景及挑战

当今世界面临气候变化、环境污染、社会动荡等多方面的挑战，任何应对策略都离不开科技的力量。然而科技的发展并不应该仅仅依赖科技本身，不应该单纯秉承经济效益最大化原则，科技的发展应该服务于经济、社会和生态等发展过程中重大问题的解决。技术预测应该面向人类社会未来愿景，应对这一过程中的挑战。选择那些服务于创造人类美好未来的关键技术，理应成为技术预测活动的指导思想和实践准则。

（2）为产业发展路径选择提供依据

技术从理论到实践、从发明到应用、从引进生产到价值实现，都离不开产业部门的努力。国家技术预测不仅要服务于国家科技战略与规划的制定，更要服务于企业创

新和产业发展。定期开展重点技术领域发展水平监测评估，重视新兴技术应用场景分析，研究重点关键技术对经济社会发展的影响，开展重点行业技术路线图研究，这些工作对优化科技创新资源配置尤为重要，对产业创新更具有直接指导意义。

### 6.3.3 优化技术预测组织机制，培育高质量人才队伍

（1）构建多元主体参与的技术预测组织机制

由于技术预测需要解决的不只是技术问题，而是经济问题、社会问题、生态问题等各类复杂问题，所以这一工作拥有众多的利益相关方。各国经验和我国实践告诉我们，在技术预测工作中，应广泛吸纳政产学研用等相关利益主体参与，包括吸纳社会和人文学家参与，并在技术预测不同环节中发挥不同主体的优势，使各种类型的人才通力合作，从最广泛的视角对国家未来科技发展趋势进行综合研判。

（2）建设符合技术预测活动需要的人才队伍

高素质的技术预测专家是技术预测实施过程专业化的前提，领域技术专家及其对预测活动的深刻理解是预测准确性的基础，社会学家是确保预测成果可以应对未来挑战的保障，企业家参与是预测成果得以应用的保证。我国目前开展技术预测的专业机构较少，人才储备不够充足。因此，除了需要加强对技术预测专业人员的培养外，还需加强各界对技术预测的认识，建设符合技术预测活动需要的人才队伍。

### 6.3.4 丰富技术预测方法体系，提高预测准确性和时效性

（1）优化完善技术预测方法

随着技术预测外延的不断拓展，为了完成不同性质的工作、解决不同方面的问题，必然需要在经典调查方法基础上，综合运用各类切实可行的方法开展研究。有时为了同一个目的，采用不同的方法同步开展、互为补充，也可以确保结果的科学性和准确性。因此，应持续推进方法创新，吸纳典型国家、国际组织、智库机构、企业部门的经验，研究开发预测方法工具箱，多角度开展综合研究，发挥方法的系统集成优势。

（2）引进利用智能技术工具

随着信息技术的发展，机器学习、自然语言处理、深度学习等人工智能技术在海量数据分析、专家意见识别、知识挖掘等方面发挥着越来越重要的作用。技术预测工

作应加强现代智能技术应用，发挥大数据智能方法扫描优势，通过大数据和智能化技术帮助专家完成信息的收集、筛选并进行系统检验，以识别潜在的威胁和发展机会，方便专家将更多精力投入对战略问题的判断与分析上，提高技术预测的准确性和时效性。

### 6.3.5 推进技术预测成果应用，服务科技管理与社会大众

（1）支撑国家科技管理与决策

减少科技管理部门在技术路径选择上的失误，最大限度降低决策风险是技术预测的重要价值之一。因此，各国技术预测结果都被作为科技政策和科技计划制定的重要参考。我国应重视科技发展战略、科技发展规划、科技创新政策研究与技术预测成果的有机衔接，将技术预测工作获取的关于国家科技实力、社会经济需求、技术发展趋势等重要判断作为决策依据。技术预测工作也要深入研究国家决策需求，优化研究内容，提升对科技管理的支撑能力。

（2）加强预测成果公开与应用

科技发展与社会公共利益的密切性日益增强，在科技发展过程中越来越需要利益相关者之间达成共识。让更多机构和社会公众参与到技术预测工作中，工作完成后及时发布技术预测成果，已经成为很多国家的常规做法。我国需要逐步提高技术预测的开放性，在评估的基础上形成公共产品，让利益相关者和社会公众了解国家未来科技走向，引导科研机构树立更加明确的发展目标，提升社会公众的认同感和参与感，并为国家科技发展贡献智慧和力量。

## 参考文献

[1] 袁立科，玄兆辉．国家技术预测的发展脉络、挑战与未来展望［J］．科学学与科学技术管理，2022，43（12）：15–35.

[2] 王达．日本第 11 次技术预见方法及经验解析［J］．今日科苑，2020（1）：10–15.

[3] 李思敏．科学支撑未来决策：英国技术预见的经验与启示［J］．今日科苑，2020（11）：69–77.

[4] 袁立科．国家关键技术选择与技术预测 40 年回顾与思考［J］．中国科技论坛，2022（12）：25–34.

[5] 梁帅，赵立新．风险社会情境下技术预见的内涵、挑战和实施框架［J］．科学学与科学

技术管理，2021，42（3）：64-75.

［6］张丽娟．“地平线欧洲”2021—2024年战略计划［J］．科技中国，2021（7）：97-99.

［7］国务院发展研究中心国际技术经济研究所．欧盟及西欧主要国家的关键技术选择［J］．今日科技，2002（3）：18-20.

［8］玄兆辉，吕永波，任远，等．国际技术预测活动特征及对中国的启示［J］．科技中国，2023（9）：28-32.

# 附录

## 技术预测关键技术清单

所谓技术清单是一组供咨询专家进行评价的技术项目。通常情况下，技术清单是按照预测领域分层次建立起来的，但不同国家的技术分类体系有所区别。以下列出了近年来美国、日本、韩国、英国、德国、俄罗斯和欧盟的关键技术清单，这也是技术预测活动的重要成果内容。

# 一、美国技术预测关键技术清单

## （一）美国国策中提到的与技术预测有关的发展方向

（1）奥巴马执政时期的发展方向

奥巴马执政期间，考虑将政府作用与市场力量巧妙对接，对科技发展的战略性规划进一步增强（附表 1–1）。

附表 1–1　奥巴马执政时期的发展方向

| 年份 | 主题 | 国家级典型专项 |
|---|---|---|
| 2011 | 提出“赢在未来” | 能源计划 |
| 2013 | 提出“现在是太空竞赛以来，美国的研发水平达到新高度的时候了” | 先进制造业创新 |
| 2014 | 提出“行动年” | 脑计划 |

（2）发布《关于加强美国未来产业领导地位的建议》

2020 年 6 月，美国总统科技顾问委员会（PCAST）发布《关于加强美国未来产业领导地位的建议》，旨在确保美国持续在未来产业领域保持领导地位（附表 1–2）。

附表 1–2　美国发展未来产业的关键技术清单

| 序号 | 关键技术 |
|---|---|
| 1 | 人工智能 |
| 2 | 量子信息科学 |
| 3 | 先进制造 |
| 4 | 先进通信 |
| 5 | 生物技术 |
| 6 | 高性能计算、人工智能和量子计算融合带来的加速发现 |

（3）发布《全球趋势 2040——竞争更激烈的世界》

美国国家情报委员会（NIC）在 2021 年 3 发布《全球趋势 2040——竞争更激烈的世界》报告，预测了人工智能、智能材料和制造、生物技术、空间技术及超级互联五大主要领域的创新发展趋势（附表 1–3）。

附表 1–3　《全球趋势 2040——竞争更激烈的世界》报告中的关键技术清单

| 序号 | 关键技术 | 重大意义 |
| --- | --- | --- |
| 1 | 人工智能快速渗透 | 到 2040 年，人工智能应用与其他技术相结合，将使生活的方方面面受益，包括改善医疗保健、更安全和更有效的交通、个性化教育、改进日常工作软件及提高农作物产量等 |
| 2 | 智能材料和制造建构新世界 | 到 2040 年，新材料的进步和智能制造的发展将重塑从消费品到高端军事系统的一切生产，降低成本，扩展能力，改变供应链，实现全新的设计选择。高性能计算、材料建模、人工智能和生物材料等技术领域的融合发展很可能会加速这一进程 |
| 3 | 生物技术促进快速创新 | 到 2040 年，生物技术的创新很可能使社会减少疾病、饥饿和对石油化工的依赖，并将改变我们与环境和彼此之间的互动方式。生物技术很可能在未来 20 年中对经济增长做出重大贡献 |
| 4 | 航天新技术推动空间商业化并引发竞争 | 到 2040 年，新兴技术和现有技术的成熟将帮助推动空间商业化，拓展新的应用领域。通信、导航和卫星图像等服务将变得无处不在，提供更优的功能、更低的成本和更高的效率。各国政府和企业的努力将开启空间领域新的激烈竞争 |
| 5 | 超级互联促进社会融合或分裂 | 到 2040 年，全球的设备、数据和交互将出现数量级的提升，将现代生活的各个方面联系在一起，跨越政治和社会的界限。超级互联的世界未来已经开始出现，下一代网络、持久传感器和无数技术将融合在一个拥有数十亿个连接设备的全球系统中 |

## （二）相关报告中提到的技术预测清单

（1）发布《美国国家关键和新兴技术战略》

2020 年 10 月 15 日，美国白宫国家安全委员会发布《美国国家关键和新兴技术战略》。该战略详细介绍了美国为保持全球领导力而强调发展“关键和新兴技术”，明确了 20 个优先技术领域（附表 1–4）。

附表 1–4 《美国国家关键和新兴技术战略》中的 20 项关键技术

| 序号 | 技术名称 | 序号 | 技术名称 |
|---|---|---|---|
| 1 | 高级计算 | 11 | 化学、生物、辐射和核（CBRN）减缓技术 |
| 2 | 先进常规武器技术 | 12 | 通信和网络技术 |
| 3 | 高级工程材料 | 13 | 数据科学与存储 |
| 4 | 先进制造 | 14 | 分布式分类技术 |
| 5 | 高级传感 | 15 | 能源技术 |
| 6 | 航空发动机技术 | 16 | 人机交互 |
| 7 | 农业技术 | 17 | 医疗和公共卫生技术 |
| 8 | 人工智能 | 18 | 量子信息科学 |
| 9 | 自主系统 | 19 | 半导体和微电子学 |
| 10 | 生物技术 | 20 | 空间技术 |

美国白宫总统行政办公室在 2022 年 2 月，发布了最新修订的关键和新兴技术清单（CET 清单）。报告发布方美国国家科学技术委员会（NSTC）表示，此次修订后的关键和新兴技术是对美国国家安全具有潜在意义的先进技术的子集。

此次清单中列出的技术涉及先进计算、先进工程材料、先进制造、先进网络感知和特征管理、通信和网络技术、人工智能（AI）等 18 类。与 2020 年版相比，2022 年版删除了先进常规武器技术、农业技术、化学、生物、辐射和核（CBRN）减缓技术、医疗和公共卫生技术等；增加了先进燃气轮机发动机技术、先进核能技术、金融技术、超高音速技术、量子信息技术、可再生能源发电和存储技术等。此外，修订了自主系统与机器人、先进网络感知和特征管理、空间技术和系统等（附表 1–5）。

附表 1–5 《美国国家关键和新兴技术战略 2022 年版》中的关键和新兴技术清单

| 技术类别 | 关键和新兴技术清单 |
|---|---|
| 先进计算 | 超级计算、边缘计算、云计算、数据存储、计算架构、数据处理和分析技术 |
| 先进工程材料 | 设计材料和材料基因组学、具有新特性的材料、对现有性能进行重大改进的材料、材料性能表征和生命周期评估 |

续表

| 技术类别 | 关键和新兴技术清单 |
|---|---|
| 先进燃气轮机发动机技术 | 航空航天、海事和工业开发与生产技术，全权限数字发动机控制、热段制造和相关技术 |
| 先进制造 | 添加剂制造，清洁、可持续的制造，智能制造，纳米制造 |
| 先进网络感知和特征管理 | 有效载荷、传感器和仪器，传感器处理和数据融合，自适应光学，地球遥感，签名管理，核材料检测和表征，化学武器检测和特征描述，生物武器检测和特征描述，新出现的病原体检测和表征，交通领域感知技术，安全领域感知技术，卫生领域感知技术，能源领域感知技术，建筑领域感知技术，环境领域感知技术 |
| 先进核能技术 | 核能系统、聚变能、间核动力和推进系统 |
| 人工智能（AI） | 机器学习，深度学习，强化学习，感官感知和识别，下一代人工智能、规划、推理和决策，安全和 / 或安全人工智能 |
| 自主系统与机器人 | 地面、航空、海洋、空间 |
| 生物技术 | 核酸和蛋白质合成；基因组和蛋白质工程包括设计工具，多组学和其他生物计量学、生物信息学、预测建模和功能表型分析工具，多细胞系统工程，病毒和病毒传递系统的工程设计，生物制造和生物加工技术 |
| 通信和网络技术 | 射频（RF）和混合信号电路、天线、滤波器和组件，频谱管理技术，下一代无线网络包括 5G 和 6G，光纤链路和光纤技术，陆地 / 海底电缆，卫星通信硬件、固件和软件通信和网络安全，网状网络 / 独立于基础设施的通信技术 |
| 定向能源 | 激光、高功率微波、粒子束 |
| 金融技术 | 分布式账本技术、数字资产、数字支付技术、数字身份基础设施 |
| 人机界面技术 | 增强现实、虚拟现实、脑 – 机接口、人机合作 |
| 超高音速技术 | 推进力，空气动力学和控制，材料，检测、跟踪和表征，防御 |
| 量子信息技术 | 量子计算，量子器件的材料、同位素和制造技术，后量子加密，量子传感，量子网络 |
| 可再生能源发电和存储技术 | 可再生能源发电、可再生和可持续燃料、储能、电动和混合动力发动机、电池、网格集成技术、能源效率技术 |
| 半导体与微电子技术 | 设计和电子设计自动化工具，制造工艺技术和制造设备，超越互补金属氧化物半导体（CMOS）技术，异构集成和高级封装，用于人工智能、自然和恶劣辐射环境、射频和光学组件、大功率设备和其他关键应用的专用 / 定制硬件组件，先进微电子的新型材料，用于电源管理、配电和传输的宽带隙和超宽带隙技术 |

续表

| 技术类别 | 关键和新兴技术清单 |
| --- | --- |
| 空间技术和系统 | 在轨服务、组装和制造，商品化卫星巴士，低成本运载火箭，用于局部和广域成像的传感器，太空推进，弹性定位、导航和定时（PNT），低温流体管理，进入、下降和着陆 |

（2）发布《2016—2045 年新兴科技趋势报告》

《2016—2045 年新兴科技趋势报告》是在过去 5 年美国政府机构、咨询机构、智囊团、科研机构等发表的 32 份科技趋势相关研究调查报告的基础上提炼形成的。

通过对近 700 项科技趋势的综合比对分析，最终明确了 20 项最值得关注的科技发展趋势（附表 1–6）。

附表 1–6 《2016—2045 年新兴科技趋势报告》中的技术清单

| 序号 | 关键技术 | 代表性技术 |
| --- | --- | --- |
| 1 | 物联网 | 微电子机械系统、无线通信、电源管理技术 |
| 2 | 机器人与自动化系统 | 机器学习、传感器和控制系统、人机交互 |
| 3 | 智能手机与云端计算 | 高效无线网络、进场通信与低功耗网络、电池优化 |
| 4 | 智能城市 | |
| 5 | 量子计算 | 量子纠错、量子编程、后量子密码学 |
| 6 | 混合现实 | 消费级硬件、沉浸式体验、交互技术 |
| 7 | 数据分析 | 可视化技术、自动分析系统、自然语言处理 |
| 8 | 人类增强 | 消费级硬件、沉浸式体验、交互技术 |
| 9 | 网络安全 | 用户认证技术、自我进化型网络、下一代加解密技术 |
| 10 | 社交网络 | 区块链、应用社会科学、网络身份与名誉管理 |
| 11 | 先进数码设备 | 让 APP 和 API 及软件定义所有、自然用户界面、脑机交互 |
| 12 | 先进材料 | |
| 13 | 太空科技 | |
| 14 | 合成生物科技 | 建模与仿真、标准化 DNA、DNA 合成与测序 |

续表

| 序号 | 关键技术 | 代表性技术 |
| --- | --- | --- |
| 15 | 增材制造 | 速度、尺寸、可靠性增强，全新合成材料，生物打印 |
| 16 | 医学 | 定制化医疗、再生医学、生物医学工程 |
| 17 | 能源 | 高效太阳能、电池技术、能源收集 |
| 18 | 新型武器 | |
| 19 | 食物与淡水科技 | 农业技术、水资源循环与回收、可替代食物来源 |
| 20 | 对抗全球气候变化 | |

（3）发布《国防 2045：为国防政策制定者评估未来的安全环境及影响》

2015 年 11 月，美国战略与国际研究中心（CSIS）发布《国防 2045：为国防政策制定者评估未来的安全环境及影响》（附表 1–7）。

**附表 1–7　《国防 2045：为国防政策制定者评估未来的安全环境及影响》中的技术清单**

| 序号 | 技术名称 | 序号 | 技术名称 |
| --- | --- | --- | --- |
| 1 | 先进计算技术 / 人工智能技术 | 4 | 机器人技术 |
| 2 | 增材制造技术 | 5 | 纳米技术和材料科学 |
| 3 | 合成生物技术和性能增强 | | |

## 二、日本技术预测关键技术清单

### （一）2005 年第 8 次至 2021 年第 11 次技术预测成果

本节整理了日本科学技术预测完备期（2005 年第 8 次技术预测至 2021 年第 11 次技术预测）的调查领域和调查项目分布情况，以客观全面地了解日本技术预测调查结果的演变情况。附表 1–8 列出了 4 次技术预测调查结果的基本概况，附表 1–9 至附表 1–10 分别整理了第 10 次和第 11 次技术预测调查的领域划分情况。

附表 1-8 日本技术预测调查结果基本概况（第 8 ~ 11 次）

| 调查报告 | 领域数 / 个 | 专题数 / 个 | 项目数 / 项 |
|---|---|---|---|
| 第 8 次技术预测 | 13 | 130 | 858 |
| 第 9 次技术预测 | 12 | 94 | 832 |
| 第 10 次技术预测 | 8 | 84 | 932 |
| 第 11 次技术预测 | 7 | 59 | 706 |

附表 1-9 日本第 10 次技术预测调查领域划分情况

| 领域 | 专题数 / 个 | 项目数 / 项 | 专题名称 |
|---|---|---|---|
| ICT 和分析 | 12 | 114 | 人工智能、视觉语言处理、数字媒体数据库、硬件体系结构、交互、网络、软件、HPC、理论、网络安全、大数据 CPS IOT、ICT |
| 健康、医疗和生命科学 | 10 | 171 | 医药、医疗器械技术、再生医疗、公共医疗外伤辅助生殖医疗、疑难杂症、精神神经疾病、新兴复兴传染病、健康医疗信息流行病学基因组信息、生命科学基础技术、其他 |
| 农林渔业、食品和生物技术 | 17 | 132 | 高级生产、作物开发、疾病防治、生物量利用、环境保护 / 食品：高级生产、流通加工、食品安全、食品功能性 / 水产：资源保护、育种生产、环境保护 / 林：高级生产、生物量利用、环境保护 / 通用：信息服务、其他 |
| 空间、海洋、地球和科学基础设施 | 10 | 136 | 空间、海洋、地球观测预测、粒子原子核加速器、射束应用（辐射光）、射束应用（中子、μ 带电粒子等）、计算科学模拟、数理科学大数据、测量基础、其他 |
| 环境、资源和能源 | 11 | 93 | 能源生产、能源消耗、能源流通转换储存运输、资源、再利用、水、全球变暖、环境保护、环境解析预测、环境创建、风险管理 |
| 材料、设备和工艺 | 7 | 92 | 新物质材料功能的创建，高级制造，建模模拟，尖端材料器件测量分析方法，ICT 纳米技术领域、环境能源领域、基础设施领域（属应用器件系统） |
| 城市、建筑、土木工程和交通 | 7 | 93 | 国土开发维护、城市建筑环境、基础设施维护、交通物流基础设施、防灾减灾技术、防灾减灾信息、其他 |
| 社会服务 | 10 | 101 | 经营政策、知识管理、产品服务系统（PSS）、社会设计模拟、服务传感、服务设计、服务机器人、服务理论、分析、人文基础研究 |

附表 1-10　日本第 11 次技术预测调查领域划分情况

| 领域 | 专题数 / 个 | 项目数 / 项 | 专题名称 |
|---|---|---|---|
| 健康、医疗和生命科学 | 7 | 96 | 药品、健康危机管理，医疗设备开发，信息与健康，社会医学，老化及非感染性疾病，生命科学基础技术，脑科学 |
| 农林渔业、食品和生物技术 | 8 | 97 | 生产生态系统、新一代生物技术、食物生态系统、生物质、资源生态系统、安全安心健康、系统基础、社区 |
| 环境、资源和能源 | 7 | 106 | 能量转换、全球变暖、能源系统、环境保护、资源开发减量化再利用、风险管理、水 |
| ICT、分析和服务 | 11 | 107 | 未来社会设计、数据科学 AI、计算机系统、IoT 机器人、网络基础设施、交互作用、安全性隐私、服务科学、产业商务经营应用、政策制度设计支持技术、社会实施 |
| 材料、设备和工艺 | 8 | 101 | 物质材料、应用设备系统（环境能源领域）、过程制造、应用设备系统（基础设施移动性领域）、计算科学数据科学、应用设备系统（生命生物领域）、前端测量分析方法、应用器件系统（ICT 纳米电子学领域） |
| 城市、建筑、土木工程和交通 | 6 | 95 | 国土利用保护、社会基础设施、防灾减灾技术、城市环境、防灾减灾信息、建设生产系统 |
| 空间、海洋、地球和科学基础设施 | 9 | 100 | 空间、海洋、地球观测预测、粒子原子核加速器、射束应用（辐射光）、射束应用（中子、μ 带电粒子等）、光量子技术、计算信息科学、其他 |

## （二）第 10、第 11 次技术预测调查专题分析

（1）第 10 次技术预测调查中部分科技主题

支撑科学技术发展方向的高度知识型、高度信息化社会相关主题，超级知识型、超级信息化社会相关主题及高度社会基础相关主题如附表 1-11 至附表 1-13 所示。

附表 1-11　高度知识型、高度信息化社会相关主题

| 领域 | 主题 | 实现时间 / 应用时间 |
|---|---|---|
| 自然科学基础 | 通过高分辨率仿真和数据同化，利用 100 m 以下的空间分解能去预测数小时后局部地区的暴雨、龙卷风、冰雹、雷电、降雪等气象相关技术 | 2025 年 /2035 年 |

续表

| 领域 | 主题 | 实现时间 / 应用时间 |
| --- | --- | --- |
| 自然科学基础 | 海啸的即时评估及相应的避难指示系统 | 2020 年 /2025 年 |
| 社会基础 | 枢纽车站、地下城和复合型大规模设施中的灾害避难行动模型 | 2020 年 /2024 年 |
| ICT | Exa-ZB 尺度的 HPC、大数据处理技术，为了适用于社会现象、科学、先进制造而进行的革新（如在全球规模社会模拟、与病理诊断与治疗相关的脑与人体的功能模拟、计算量是通常模拟的数万倍的解决反向问题的模拟下进行的最优化设计） | 2022 年 /2025 年 |
| 材料 | 不是做出结构后再对其功能、物性进行预测，而是能够对拥有所希望的技能、物性的结构本身进行预测的模拟操作技术 | 2025 年 /2030 年 |
| 社会服务 | 通过使设计、开发、生产、品质管理、制造等一系列的流程数码化，来建立数码通道，通过统一格式来激活公司内外的开放性技术革新 | 2025 年 /2026 年 |
| ICT | 解析医疗、饮食生活、运动等和个人相关的所有健康数据，进行预测和预防医疗的服务 | 2021 年 /2025 年 |
| 健康医疗 | 运用病原体数据库对未知病原体进行区别和确认的技术 | 2022 年 /2025 年 |
| 健康医疗 | 对根据诊疗报酬明细书信息和电子病历信息等的统合制成的全国规模的医疗行为、结果数据库进行运用，在此基础上建立疾患、治疗、成果展示的即时皆悉型多次元合计系统 | 2020 年 /2022 年 |

**附表 1-12　超级知识型、超级信息化社会相关主题**

| 领域 | 主题 | 实现时间 / 应用时间 |
| --- | --- | --- |
| ICT | 与具有专业知识和技术的多名工作人员合作，完成具有危险性的道路、铁道、电线的维修工作的机器人 | 2023 年 /2025 年 |
| ICT | 利用 HPC 技术可以运用在机器人上的真正的可携带人工智能（如不仅仅是实现其功能，还可以实现高度人工智能与人之间高度护理、育儿型机器人的出现。以饭盒大小和台式机的耗电量，达到现在世界顶级超级电脑的性能） | 2025 年 /2030 年 |
| 健康医疗 | 根据个人基因组、临床、生活行为、环境等信息统合，能够预测个人的发病、病情恶化情况，介入改善生活习惯，判断诊断和治疗效果的信息系统 | 2023 年 /2025 年 |
| ICT | 能够理解说话内容和说话人的关系，在中途自然加入对话的人工智能 | 2025 年 /2030 年 |

续表

| 领域 | 主题 | 实现时间 / 应用时间 |
| --- | --- | --- |
| ICT | 开始阶段拥有和幼儿相当的认识能力，基础学习能力和身体素质，在接受人类的指点并从外界获取信息的过程中，能够习得成人水平的工作能力的智能机器人 | 2030 年 /2037 年 |
| 健康医疗 | 能够帮助肌萎缩侧索硬化症（ALS）等的中度运动功能障碍患者进行日常生活动作训练的让脑活动直接反映出来的运动功能辅助机器人 | 2025 年 /2029 年 |
| 健康医疗 | 解开支撑记忆、学习、认知、情绪等脑功能的精神基础的全貌 | 2030 年 /2035 年 |
| 健康医疗 | 解开意识、社会性、创造性等高层精神功能中的精神基础的全貌 | 2030 年 /2040 年 |

**附表 1-13　高度社会基础相关主题**

| 领域 | 主题 | 实现时间 / 应用时间 |
| --- | --- | --- |
| 社会基础 | 能够保障非常时期（由于灾害、故障等原因造成部分交通不畅）的城市数万人规模的流动管理系统 | 2025 年 /2027 年 |
| 社会基础 | 抑制拥堵、减轻环境负荷、降低道路管理成本等，综合抑制社会负荷的，使道路网络整体实现最优化的系统 | 2022 年 /2029 年 |
| 社会基础 | 灵活运用从信号灯等道路基础设施及行驶车辆上获得的大数据的交通管制服务系统 | 2020 年 /2025 年 |
| 环境资源 | 能够在发展中国家普及的经济型污水净化、再利用技术 | 2020 年 /2025 年 |
| 农林水产 | 与根据农业数据（收获量数据）和气象数据的整合进行的地区气候变动、季节预测模拟配合，进行收获最预测的技术 | 2025 年 /2030 年 |
| 环境资源 | 针对气候变动对粮食生产产生的影响进行预测的技术 | 2025 年 /2027 年 |
| 农林水产 | 根据世界人口增长、经济发展及农作物生产技术发展趋势，开发建立的粮食供需预测系统 | 2025 年 /2028 年 |
| 健康医疗 | 新型传染性疾病的疫苗、药品等的迅速开发较为困难，需建立支援针对其战略立案（医疗介入及能够唤起注意，促进行动变化的非医疗介入）的即时模拟演练系统 | 2025 年 /2028 年 |

（2）第 11 次技术预测调查综合评价领域分类

2019 年 2—6 月，日本科学技术政策研究所对专家问卷调查结果进行总结，听取了 5352 名专家意见，从科学技术领域方向的重要性、国际竞争力、实现周期和政策措施角度进行了详细的分析，主要结果如下（附表 1–14）。

**附表 1–14　各领域的概要描述**

| 领域 | 评价指标 | 概要 |
|---|---|---|
| 健康、医疗、生命科学 | 重要性 | 老化、脑科学、医疗器械关联性高 |
| | 竞争力 | 再生细胞医疗、遗传病治疗、以免疫系统为基础的治疗关联较高 |
| | 实现周期 | 脑科学，特别是高次精神机能的神经基础解释的实现很慢 |
| | 政策措施 | 在“信息和健康、社会医学”中，支持的必要性很高 |
| 农林水产、食品、生物技术 | 重要性 | 农业机器人、资源变动预测、管理技术、战略性和信息技术的融合关联较高 |
| | 竞争力 | 基于气象预测和灾害风险评估、食品经济学的功能性较强 |
| | 实现周期 | 资源生态系统的科学技术实现很慢；下一代生物技术的社会性实现很慢 |
| | 政策措施 | “安全、廉价、健康”需要完善法律法规 |
| 环境、资源、能源 | 重要性 | 二次电池、自动灾害、去除射线、全球变暖、风险管理关联高 |
| | 竞争力 | 汽车相关、自动灾害、水处理、废弃物的回收有效利用等关联较高 |
| | 实现周期 | 科学技术实现方面，能源系统、水、资源管理较快，能源转换、资源开发较慢；社会性实现方面，水较快，能源转换较慢 |
| | 政策措施 | 资源开发、风险管理重在国内合作，全球变暖、水需要国际合作和标准化 |
| 信息与通信技术 | 重要性 | 社会实装、安全隐私、IoT 机器人、网络基础设施等方面较高 |
| | 竞争力 | 网络基础设施、IoT 机器人、计算机系统、交互等方面较高 |
| | 实现周期 | 科学技术的实现方面，政策制度设计较慢；社会实现方面，计算机系统、产业商业经营应用、政策制度设计、社会实施、交互等较慢 |
| | 政策措施 | 数据科学的企业培养的必要性很高，政策制度设计很有必要 |

续表

| 领域 | 评价指标 | 概要 |
| --- | --- | --- |
| 材料、设备、工艺 | 重要性 | 充电电池、太阳电池、燃料电池、可穿戴材料、生物材料、结构诊断相关话题很高 |
| | 竞争力 | 燃料电池、功率半导体、充电电池相关话题较高 |
| | 实现周期 | 科学技术实现方面，应用设备系统（ICT・纳米电子领域）、应用设备系统（环境・能源领域）较慢；社会实现方面，应用设备系统（ICT・纳米电子领域）较慢 |
| | 政策措施 | 计算科学、数据科学的企业培养和扶持的必要性很高；应用设备系统（环境、能源领域）的研究开发费、事业补助、研究基础建设、事业环境整备的必要性很高；应用设备系统（生命、生物领域）的法律规定的整备的必要性很高 |
| 城市、建筑、土木、交通 | 重要性 | 社会基础设施、城市环境、防灾减灾信息，交通系统 |
| | 竞争力 | 防灾减灾信息，汽车、铁路、船舶、航空等较高 |
| | 实现周期 | 实现得快的是防灾减灾信息、交通系统等国家统一管理中关于灾害、危险信息和出行的话题 |
| | 政策措施 | 关于汽车、铁路、船舶、航空等交通系统，国际合作标准化的必要性很高；关于基础设施维护的话题，国内合作的必要性很高 |
| 宇宙、海洋、地球、基础科学 | 重要性 | 利用量子进行测量、分析、灾害预测相关技术、自动化定位技术话题很高 |
| | 竞争力 | 关于局部暴雨等的预测、多光束的利用、材料结构分析的话题，无论是重要性还是国际竞争能力都很大 |
| | 实现周期 | 无论是科学技术还是社会性的实现，量子光束射光、量子催生器、中性光束等实现周期很快，宇宙、原腐蚀、核加速器等实现周期很慢 |
| | 政策措施 | 宇宙、海洋的政策性支持和国际合作的必要性很高 |

## 三、韩国技术预测关键技术清单

### （一）韩国第 5 次技术预测活动技术清单

韩国第 5 次技术预测活动的 267 项技术归为 6 个类别，分别是社会基础设施（51 项技术）、运输和机器人（43 项技术）、医疗和生命（47 项技术）、生态系统和环保（59 项技术）、制造和融合（48 项技术）及信息和通信（39 项技术）。各类别对应的技术名称、相应的政府政策和预测实现的时间分列于附表 1–15 至附表 1–20。

附表 1–15　韩国第 5 次技术预测活动社会基础设施组技术清单

| 编号 | 技术名称 | 政府政策 | 预测实现时间（韩国、国外） |
| --- | --- | --- | --- |
| 1 | 集成高海拔广域环境和设施监控系统（高空广域自然环境和设施综合监视系统） | 增加研究基金 | 2028 年、2022 年 |
| 2 | 利用多卫星遥感信息的实时连续灾害监测技术 | 增加研究基金 | 2026 年、2020 年 |
| 3 | 综合全球问题（环境、疫情、灾难等）互连和分析建模和仿真软件 | 基础设施建设 | 2030 年、2024 年 |
| 4 | 自动灾难信息收集使用无人机和无人机的传输技术 | 机构改革 | 2023 年、2019 年 |
| 5 | 基于设施管理条件的观测地震综合预警系统 | 基础设施建设 | 2024 年、2019 年 |
| 6 | 应急疏散与恢复决策支持技术 | 增加研究基金 | 2025 年、2019 年 |
| 7 | 与断层地质相关的地震灾害预测系统 | 培养人力资源 | 2028 年、2020 年 |
| 8 | 通过多数据融合对市中心和设施区地基沉降 / 下陷的预测管理系统 | 增加研究基金 | 2028 年、2024 年 |
| 9 | 对地震和安全形势提前应对的互联网新媒体系统 | 增加研究基金 | 2025 年、2020 年 |
| 10 | 减轻局地气象灾害使其对周围环境影响最小化的技术 | 培养人力资源 | 2029 年、2024 年 |
| 11 | 基于物联网（IoT）的气体泄漏爆炸危险预测系统 | 基础设施建设 | 2021 年、2020 年 |
| 12 | 检测危险物品的安全眼镜和提供听觉信息的耳机技术 | 增加研究基金 | 2025 年、2023 年 |

续表

| 编号 | 技术名称 | 政府政策 | 预测实现时间（韩国、国外） |
|---|---|---|---|
| 13 | 可评估建筑状态并进行修复的自主情景认知机器人 | 培养人力资源 | 2028 年、2024 年 |
| 14 | 基于大数据和物联网的设施自我诊断、延长使用寿命技术 | 基础设施建设 | 2023 年、2020 年 |
| 15 | 可自我诊断测量设施损坏、劣化程度的智能涂料和材料 | 增加研究基金 | 2033 年、2024 年 |
| 16 | 结构损伤自动定制修复技术 | 基础设施建设 | 2030 年、2025 年 |
| 17 | 核电站事故响应人工智能机器人 | 培养人力资源、增加研究基金 | 2027 年、2023 年 |
| 18 | 应对核事故的人工智能远程监控和自动响应技术 | 培养人力资源 | 2029 年、2028 年 |
| 19 | 减少核废料体积和毒性的未来核技术 | 增加研究基金 | 2030 年、2027 年 |
| 20 | 人体辐射耐受机制分析及放射暴露医学发展 | 增加研究基金 | 2028 年、2024 年 |
| 21 | 高可靠性深地高标准废弃物永久处理技术 | 基础设施建设 | 2032 年、2022 年 |
| 22 | 验证用核聚变实验堆的建设和运营技术 | 培养人力资源 | 2039 年、2037 年 |
| 23 | 国家基础设施电磁脉冲防护技术 | 增加研究基金 | 2025 年、2020 年 |
| 24 | 抗干扰技术（包括卫星信号干扰的自动识别和干扰信号源的自动检测） | 增加研究基金 | 2024 年、2020 年 |
| 25 | 能源自给的巨型建筑设计施工技术 | 基础设施建设 | 2026 年、2023 年 |
| 26 | 高层建筑地下空间高速垂直水平三维轨道系统 | 基础设施建设 | 2032 年、2029 年 |
| 27 | 利用可再生能源和多取水口的水自给城市建设技术 | 基础设施建设 | 2027 年、2021 年 |
| 28 | 利用地下空间和建筑管道的自动小型货运系统 | 基础设施建设 | 2027 年、2024 年 |
| 29 | 发展生活垃圾收集运输分类系统和循环能源回收流程，实现零垃圾城市 | 基础设施建设 | 2024 年、2022 年 |
| 30 | 支持建筑维护和施工优化的决策软件 | 机构改革 | 2023 年、2021 年 |
| 31 | 基于模块化的乐高型住宅施工技术 | 机构改革 | 2023 年、2020 年 |
| 32 | 基于数字平面图的自动高层建筑施工机器人 | 基础设施建设 | 2027 年、2024 年 |

续表

| 编号 | 技术名称 | 政府政策 | 预测实现时间（韩国、国外） |
|---|---|---|---|
| 33 | 基于远程运动的工程机械智能遥控技术 | 培养人力资源 | 2023年、2020年 |
| 34 | 基于智能多感知的高层建筑施工过程管理系统 | 基础设施建设 | 2024年、2023年 |
| 35 | 重型建筑设备安全指导的智能软件技术 | 基础设施建设 | 2021年、2021年 |
| 36 | 基于增强现实的高层建筑扫描工作计划优化与可视化软件 | 培养人力资源 | 2023年、2021年 |
| 37 | 面向不规则超大型建筑的自动化建筑材料制造系统 | 基础设施建设 | 2027年、2022年 |
| 38 | 太阳能发电及主动解决能源供给的建筑贴面技术 | 增加研究基金 | 2025年、2022年 |
| 39 | 预制道路铁路施工技术实现快速施工、拆除和回收 | 基础设施建设、增加研究基金 | 2026年、2023年 |
| 40 | 主动施工现场试验轨道噪声控制技术 | 促进合作 | 2027年、2021年 |
| 41 | 适用于服装辅料的空气水质传感器城市颗粒物和水质管理技术 | 基础设施建设 | 2024年、2022年 |
| 42 | 便于接入电网的快速进行充放电的电动汽车充电器 | 基础设施建设 | 2024年、2021年 |
| 43 | 位置自适应功率控制无线充电技术 | 促进合作 | 2021年、2020年 |
| 44 | 延长可穿戴机器人工作时间的能源供应技术 | 培养人力资源 | 2025年、2024年 |
| 45 | 用于自动通信信道搜索和检测的实时认知无线电技术 | 增加研究基金 | 2023年、2023年 |
| 46 | 路面状况实时监测及车辆控制技术 | 增加研究基金 | 2024年、2021年 |
| 47 | 交通设施维修保障机器人技术 | 基础设施建设 | 2026年、2023年 |
| 48 | 电动汽车自动无线充电停车场 | 基础设施建设 | 2025年、2021年 |
| 74 | 利用机器人实时监测生态系统变化的移动监测系统 | 基础设施建设 | 2027年、2023年 |
| 110 | 室内外可操作无人驾驶汽车技术 | 增加研究基金 | 2026年、2022年 |
| 240 | 人工智能交通控制技术 | 基础设施建设 | 2025年、2022年 |

**附表 1-16 韩国第 5 次技术预测活动运输和机器人组技术清单**

| 编号 | 技术名称 | 政府政策 | 预测实现时间（韩国、国外） |
|---|---|---|---|
| 29 | 发展生活垃圾收集运输分类系统和循环能源回收流程，实现零垃圾城市 | 基础设施建设 | 2024 年、2022 年 |
| 40 | 主动施工现场试验轨道噪声控制技术 | 促进合作 | 2027 年、2021 年 |
| 92 | 太空太阳能发电技术 | 增加研究基金 | 2034 年、2031 年 |
| 107 | 两点间无人驾驶汽车 | 基础设施建设 | 2029 年、2024 年 |
| 108 | 3D 交通网络系统和运营技术 | 增加研究基金 | 2030 年、2024 年 |
| 109 | 基于情境感知的智能导航技术 | 增加研究基金 | 2024 年、2022 年 |
| 110 | 室内外可操作无人驾驶汽车技术 | 增加研究基金 | 2026 年、2022 年 |
| 111 | 私人自动驾驶飞机 | 增加研究基金 | 2029 年、2024 年 |
| 112 | 高可靠性和安全性的有人 / 无人飞机综合监控系统 | 增加研究基金 | 2029 年、2024 年 |
| 113 | 无人驾驶车辆用微型混合有毒物质传感器 | 增加研究基金 | 2024 年、2021 年 |
| 114 | 高速混合远程运输直升机 | 增加研究基金 | 2029 年、2024 年 |
| 115 | 基于太阳能发电的平流层停留飞行体 | 增加研究基金 | 2029 年、2025 年 |
| 116 | 低成本、高效率的网络型海洋物流技术 | 基础设施建设 | 2026 年、2024 年 |
| 117 | 利用管道的高速胶囊式列车系统 | 增加研究基金 | 2030 年、2028 年 |
| 118 | 高速运输系统控制技术 | 基础设施建设 | 2028 年、2024 年 |
| 119 | 高速运载火箭推进系统用小型燃气涡轮发动机材料及三维打印机成型技术 | 基础设施建设 | 2028 年、2024 年 |
| 120 | 高速航母电力推进系统的先进材料技术 | 促进合作 | 2029 年、2024 年 |
| 121 | 高速运载器减重结构设计与分析技术 | 增加研究基金 | 2024 年、2023 年 |
| 122 | 先进运载器减重用金属复合材料混合成型加工技术 | 增加研究基金 | 2026 年、2022 年 |
| 123 | 利用空间太阳能发电的无线平流层飞机充电技术 | 增加研究基金 | 2031 年、2025 年 |
| 124 | 可自行推进、可自行操作的航天器 | 增加研究基金 | 2035 年、2026 年 |
| 125 | 空间激光通信与空间互联网技术 | 增加研究基金 | 2030 年、2024 年 |
| 126 | 太空旅行者休息区 | 增加研究基金 | 2038 年、2029 年 |

续表

| 编号 | 技术名称 | 政府政策 | 预测实现时间（韩国、国外） |
|---|---|---|---|
| 127 | 外层空间农业作物开发技术 | 基础设施建设 | 2033年、2024年 |
| 128 | 载人月球和火星基地建设技术 | 增加研究基金 | 2038年、2031年 |
| 129 | 小行星和月球空间资源挖掘技术 | 增加研究基金 | 2037年、2028年 |
| 130 | 空间废物处理技术 | 增加研究基金 | 2036年、2029年 |
| 131 | 全面日常护理服务机器人 | 促进合作 | 2026年、2023年 |
| 132 | 主动式室内环境控制房屋清洁系统 | 促进合作 | 2023年、2022年 |
| 133 | 能够克服障碍的智能探索机器人 | 促进合作 | 2028年、2023年 |
| 134 | 在不利条件下实现性能优化的自组合和解组合机器人 | 增加研究基金 | 2029年、2024年 |
| 135 | 灾难响应和救援机器人 | 增加研究基金 | 2024年、2021年 |
| 136 | 水下救援机器人 | 增加研究基金 | 2025年、2024年 |
| 137 | 具有自主上下文识别的超灵敏 CBRN 和爆炸恐怖主义检测和响应机器人 | 创建基础设施，增加研究基金 | 2025年、2023年 |
| 138 | 用于机器人安全管理的机器人智能控制技术 | 培养人力资源 | 2027年、2024年 |
| 139 | 基于大数据的自我诊断系统 | 培养人力资源 | 2024年、2020年 |
| 140 | 基于自主学习的错误恢复系统 | 培养人力资源 | 2024年、2020年 |
| 141 | 自适应复杂武器系统软件的动态自组织技术 | 培养人力资源，促进合作 | 2027年、2022年 |
| 142 | 基于人工智能的海空目标识别与跟踪技术 | 促进合作，创建基础设施 | 2028年、2023年 |
| 143 | 城市地区核爆炸损伤预测和响应模型的发展 | 培养人力资源 | 2025年、2020年 |
| 144 | 多层高性能辐射屏蔽技术 | 促进合作 | 2029年、2027年 |
| 158 | 使用免疫增强剂的通用多价疫苗技术 | 增加研究基金 | 2026年、2022年 |
| 200 | 零重力三维打印技术空间环境 | 基础设施建设 | 2035年、2025年 |

附表 1–17　韩国第 5 次技术预测活动医疗和生命组技术清单

| 编号 | 技术名称 | 政府政策 | 预测实现时间（韩国、国外） |
|---|---|---|---|
| 145 | 内存扫描、存储和修改技术 | 培养人力资源 | 2031 年、2027 年 |
| 146 | 传感器型脑信号接口 | 培养人力资源 | 2028 年、2024 年 |
| 147 | 基于神经信号和图像大数据的脑健康诊断和疾病预测脑保健服务 | 基础设施建设 | 2026 年、2024 年 |
| 148 | 全植入式神经通路装置 | 增加研究基金 | 2033 年、2027 年 |
| 149 | 人机交互自适应脑 – 机接口技术 | 培养人力资源 | 2028 年、2024 年 |
| 150 | 信息集成的人脑图谱和脑库构建 | 培养人力资源 | 2027 年、2022 年 |
| 151 | 头盔式可穿戴高分辨率脑成像设备 | 增加研究基金 | 2026 年、2024 年 |
| 152 | 基于神经标记的法医技术 | 机构改革 | 2036 年、2029 年 |
| 153 | 基于高精度神经信号的神经信息安全个人认证技术 | 增加研究基金 | 2025 年、2022 年 |
| 154 | 用于补充和增强人类认知能力的自主学习可穿戴人工脑 | 培养人力资源 | 2028 年、2024 年 |
| 155 | 睡眠健康诊断和睡眠控制技术 | 增加研究基金 | 2026 年、2022 年 |
| 156 | 用于各种精神障碍自我诊断的传感器 | 增加研究基金 | 2028 年、2024 年 |
| 157 | 基于液体活检分析的早期癌症诊断和治疗选择 | 增加研究基金 | 2025 年、2021 年 |
| 158 | 使用免疫增强剂的通用多价疫苗技术 | 增加研究基金 | 2026 年、2022 年 |
| 159 | 用于多血液分析的超灵敏微流体生物传感器系统 | 增加研究基金 | 2024 年、2021 年 |
| 160 | 高灵敏度实时变异病毒识别技术 | 增加研究基金 | 2023 年、2020 年 |
| 161 | 用于癌症诊断的生物标志物纳米芯片血液诊断试剂盒技术 | 增加研究基金 | 2025 年、2022 年 |
| 162 | 用于复发性妊娠丢失早期诊断的免疫系统多组学试剂盒开发及治疗技术 | 增加研究基金 | 2026 年、2024 年 |
| 163 | 用于实时测量和去除内分泌干扰物的便携式纳米生物传感器 | 增加研究基金 | 2026 年、2023 年 |
| 164 | 使用可穿戴设备进行现场生物危害检测的技术 | 增加研究基金 | 2025 年、2024 年 |
| 165 | 针对抑郁症和免疫性疾病定制的给药技术 | 基础设施建设 | 2031 年、2028 年 |

续表

| 编号 | 技术名称 | 政府政策 | 预测实现时间（韩国、国外） |
|---|---|---|---|
| 166 | 用于实时生物信息识别和通信的人体植入设备 | 促进合作 | 2025 年、2024 年 |
| 167 | 可穿戴康复辅助机器人 | 增加研究基金 | 2025 年、2021 年 |
| 168 | 基于纳米技术的通用流感疫苗 | 增加研究基金 | 2027 年、2024 年 |
| 169 | 利用稳定性增强重组抗体技术的生物危害中和抗体开发技术 | 增加研究基金 | 2027 年、2023 年 |
| 170 | 通过调节衰老诱导剂来控制衰老 | 增加研究基金 | 2029 年、2026 年 |
| 171 | 基于精准医疗技术的疾病预测和预后 | 增加研究基金 | 2025 年、2023 年 |
| 172 | 下一代基因分析（NGS）技术 | 增加研究基金 | 2024 年、2020 年 |
| 173 | 使用下一代精确测序技术的基于疫苗的癌症治疗 | 增加研究基金 | 2027 年、2023 年 |
| 174 | 利用基因剪刀的疾病基因治疗技术 | 增加研究基金 | 2026 年、2024 年 |
| 175 | 基于表型 – 基因型相关分析的大数据解释技术 | 培养人力资源，创建基础设施 | 2022 年、2020 年 |
| 176 | 基于大数据的流行病监测和应对系统 | 基础设施建设 | 2024 年、2021 年 |
| 177 | 个性化抗衰老技术 | 增加研究基金 | 2026 年、2022 年 |
| 178 | 微生物组技术 | 增加研究基金 | 2025 年、2022 年 |
| 179 | 使用个体基因图谱的定制异源人工器官培养系统 | 培养人力资源 | 2030 年、2027 年 |
| 180 | 受损器官的体内定制修复技术 | 培养人力资源，增加研究基金 | 2029 年、2025 年 |
| 181 | 利用诱导多能干细胞的仿生人工器官技术 | 增加研究基金 | 2030 年、2026 年 |
| 182 | 发展个人和通用细胞疗法的免疫适应性诱导多能干细胞技术 | 增加研究基金 | 2029 年、2025 年 |
| 183 | 老年人远程监控电子保健平台 | 机构改革 | 2023 年、2020 年 |
| 184 | 支持通信的人工智能语音识别用户界面 | 增加研究基金 | 2024 年、2019 年 |
| 185 | 利用人来源细胞开发新药疗效和毒性评价试验方法 | 增加研究基金 | 2025 年、2022 年 |
| 186 | 模拟冬眠动物的生物样品长期保存技术 | 增加研究基金 | 2030 年、2029 年 |

续表

| 编号 | 技术名称 | 政府政策 | 预测实现时间（韩国、国外） |
|---|---|---|---|
| 187 | 具有超灵敏传感和实时数据解释与判断能力的智能远程手术机器人系统 | 增加研究基金 | 2027 年、2025 年 |
| 188 | 利用虚拟现实和三维打印机技术的虚拟医疗技术 | 增加研究基金 | 2024 年、2021 年 |
| 197 | 形状记忆微驱动器与环境识别 4D 印刷技术 | 培养人力资源 | 2027 年、2023 年 |
| 252 | 刺激三维视觉和触觉的触觉全息技术 | 增加研究基金 | 2027 年、2024 年 |
| 255 | 无接触人脸识别界面 | 增加研究基金 | 2024 年、2021 年 |

**附表 1-18　韩国第 5 次技术预测活动生态系统和环保组技术清单**

| 编号 | 技术名称 | 政府政策 | 预测实现时间（韩国、国外） |
|---|---|---|---|
| 49 | 利用人工智能和大数据云系统的智能农场 | 基础设施建设 | 2024 年、2022 年 |
| 50 | 智能主动食品包装技术 | 增加研究基金 | 2024 年、2021 年 |
| 51 | 用于分析食品和原材料中风险因素的实时无损传感技术 | 培养人力资源 | 2023 年、2021 年 |
| 52 | 延长农产品保质期的血浆容器 | 促进合作 | 2024 年、2022 年 |
| 53 | 基于物联网大数据的食品质量安全管理系统 | 基础设施建设 | 2023 年、2021 年 |
| 54 | 生物多样性的本土遗传资源保护与利用技术 | 增加研究基金 | 2025 年、2020 年 |
| 55 | 耐环境转基因新品种开发技术 | 增加研究基金 | 2024 年、2020 年 |
| 56 | 利用基因控制害虫的技术工程 | 培养人力资源 | 2027 年、2023 年 |
| 57 | 利用基因工程开发高功能新品种的技术 | 增加研究基金 | 2026 年、2022 年 |
| 58 | 食用昆虫替代食品的开发 | 基础设施建设 | 2023 年、2021 年 |
| 59 | 利用海洋生物资源开发替代食品 | 培养人力资源 | 2028 年、2024 年 |
| 60 | 海洋微藻高效生产生物柴油技术 | 基础设施建设，增加研究基金 | 2028 年、2024 年 |
| 61 | 基于水资源供需预测的智能电网综合管理系统 | 基础设施建设 | 2025 年、2023 年 |

续表

| 编号 | 技术名称 | 政府政策 | 预测实现时间（韩国、国外） |
|---|---|---|---|
| 62 | 用于生态系统控制的降雨控制系统 | 基础设施建设，增加研究基金 | 2030年、2024年 |
| 63 | 可自动修复破损膜的水处理系统 | 增加研究基金 | 2028年、2025年 |
| 64 | 电化学离子传导膜海水淡化技术 | 增加研究基金 | 2024年、2021年 |
| 65 | 无排放大容量膜蒸馏混合海水淡化技术 | 增加研究基金 | 2025年、2023年 |
| 66 | 自主感知藻类水华控制技术 | 增加研究基金 | 2024年、2022年 |
| 67 | 自主发电半永久净水系统 | 增加研究基金 | 2027年、2023年 |
| 68 | 高效复合新型水污染物去除与控制系统 | 增加研究基金 | 2025年、2023年 |
| 69 | 自来水使用和水质信息自动控制遥测仪 | 基础设施建设 | 2022年、2022年 |
| 70 | 模块化乐高式废水再循环系统 | 增加研究基金 | 2021年、2020年 |
| 71 | 智能水再利用工厂 | 基础设施建设，增加研究基金 | 2023年、2021年 |
| 72 | 先进的仿生污染物处理材料 | 增加研究基金 | 2029年、2024年 |
| 73 | 远程勘探实时水质监测管理系统 | 基础设施建设 | 2029年、2023年 |
| 74 | 利用机器人实时监测生态系统变化的移动监测系统 | 基础设施建设 | 2027年、2023年 |
| 75 | 基于生态系统的综合资源评估与监测系统 | 培养人力资源 | 2028年、2021年 |
| 76 | 直接捕获二氧化碳的人造树 | 增加研究基金 | 2030年、2026年 |
| 77 | 低成本二氧化碳捕获和储存系统 | 基础设施建设 | 2025年、2023年 |
| 78 | CCU技术，包括利用捕获的二氧化碳进行产品制造和材料替代 | 增加研究基金 | 2028年、2024年 |
| 79 | 无温室气体的氢气还原炼钢技术 | 增加研究基金 | 2030年、2031年 |
| 80 | 极端环境下能保持初始形状的碳纤维复合材料的制造和评价技术 | 增加研究基金 | 2029年、2025年 |
| 81 | 非传统资源勘探、生产和回收技术 | 增加研究基金 | 2025年、2020年 |
| 82 | 海底热液矿产资源开发技术 | 增加研究基金 | 2031年、2024年 |

续表

| 编号 | 技术名称 | 政府政策 | 预测实现时间（韩国、国外） |
| --- | --- | --- | --- |
| 83 | 深部低品位有色金属矿产资源开发技术 | 基础设施建设，增加研究基金 | 2027 年、2022 年 |
| 84 | 基于通信网络的矿山开发生产率提高技术 | 培养人力资源 | 2024 年、2023 年 |
| 85 | 能源工业所需金属的低碳生产和回收技术 | 促进合作，创建基础设施 | 2022 年、2020 年 |
| 86 | 高效、环保提取海水溶解资源的吸附剂 | 增加研究基金 | 2027 年、2029 年 |
| 87 | 生物浸出技术高效选择性提取稀有金属 | 增加研究基金 | 2029 年、2024 年 |
| 88 | 废弃物资源化的环保高效能源回收技术 | 基础设施建设 | 2023 年、2021 年 |
| 89 | 利用热化学生物质转化技术的可再生化工原料生产技术 | 基础设施建设 | 2025 年、2023 年 |
| 90 | 制造化学品和化学替代材料的生态友好型生物精炼技术 | 增加研究基金 | 2027 年、2023 年 |
| 91 | GW 级大型燃气轮机发电 | 培养人力资源 | 2026 年、2023 年 |
| 92 | 外层空间光伏技术 | 增加研究基金 | 2034 年、2031 年 |
| 93 | 智能能源网建设技术 | 基础设施建设 | 2025 年、2022 年 |
| 94 | 低温热能网络技术 | 促进合作 | 2025 年、2023 年 |
| 95 | 超小型模块化超临界二氧化碳发电系统技术 | 培养人力资源 | 2027 年、2025 年 |
| 96 | 可分布式安装的小型反应堆技术 | 增加研究基金 | 2029 年、2025 年 |
| 97 | 基于自主能源管理系统的智能制造过程 | 基础设施建设 | 2025 年、2021 年 |
| 98 | 高性能汽车发动机使用微型燃气轮机技术 | 增加研究基金 | 2031 年、2026 年 |
| 99 | 燃料电池汽车现场制氢和充电基础设施建设技术 | 基础设施建设 | 2025 年、2022 年 |
| 100 | 散装液态氢运输容器技术 | 基础设施建设 | 2028 年、2024 年 |
| 101 | 采用高密度储氢技术的低成本环保氢能汽车制造技术 | 基础设施建设 | 2027 年、2024 年 |
| 102 | 用于大型船舶运行的环保型氢燃料电池 | 增加研究基金 | 2028 年、2025 年 |
| 103 | 用于长途驾驶的高效大容量电动汽车电池技术 | 基础设施建设 | 2025 年、2023 年 |

续表

| 编号 | 技术名称 | 政府政策 | 预测实现时间（韩国、国外） |
|---|---|---|---|
| 104 | 使用低成本金属的高容量、长寿命 ESS 技术 | 增加研究基金 | 2027 年、2025 年 |
| 105 | 运行在电源上的高性能重型建筑设备 | 基础设施建设 | 2024 年、2023 年 |
| 106 | 铁路车辆大容量高压无线供电技术 | 增加研究基金 | 2025 年、2024 年 |
| 195 | 定制 3D 打印食品制造技术 | 基础设施建设 | 2025 年、2022 年 |

**附表 1-19　韩国第 5 次技术预测活动制造和融合组技术清单**

| 编号 | 技术名称 | 政府政策 | 预测实现时间（韩国、国外） |
|---|---|---|---|
| 31 | 基于模块化的乐高型日间住房建设技术 | 机构改革 | 2023 年、2020 年 |
| 72 | 先进的仿生污染物处理材料 | 增加研究基金 | 2029 年、2024 年 |
| 181 | 利用诱导多能干细胞的仿生人工器官技术 | 增加研究基金 | 2030 年、2026 年 |
| 189 | 通过 3D 打印制造的超细 3D 高功能元件 | 增加研究基金 | 2024 年、2023 年 |
| 190 | 用于 3D 打印的难以成型的金属材料中低成本高质量的金属粉末的生产技术 | 增加研究基金 | 2025 年、2022 年 |
| 191 | 基于低温化学反应的金属 3D 打印技术 | 培养人力资源 | 2025 年、2024 年 |
| 192 | 用于定制身体附着电子设备和医疗设备的 3D 打印材料 | 促进合作 | 2027 年、2024 年 |
| 193 | 三维打印专业设计技术 | 培养人力资源 | 2024 年、2020 年 |
| 194 | 标准化三维形状信息的安全增强软件技术 | 基础设施建设 | 2023 年、2020 年 |
| 195 | 定制 3D 打印食品制造技术 | 基础设施建设 | 2025 年、2022 年 |
| 196 | 用于制造可检测和适应外部环境以及自我保护的人造皮肤和生物传感器的 3D 打印技术 | 基础设施建设 | 2030 年、2026 年 |
| 197 | 形状记忆微驱动器与环境识别 4D 印刷技术 | 培养人力资源 | 2027 年、2023 年 |
| 198 | 使用 3D 打印的定制人工器官制造技术 | 增加研究基金 | 2027 年、2024 年 |
| 199 | 利用航天材料生产航天基地建筑材料的三维打印技术 | 促进合作 | 2034 年、2026 年 |

续表

| 编号 | 技术名称 | 政府政策 | 预测实现时间（韩国、国外） |
| --- | --- | --- | --- |
| 200 | 零重力三维打印技术空间环境 | 基础设施建设 | 2035 年、2025 年 |
| 201 | 基于 3D 打印机输出的独特身份分配技术，用于预防恐怖和犯罪 | 基础设施建设，体制改革 | 2027 年、2021 年 |
| 202 | 基于大数据的全流程优化 CPS 技术 | 培养人力资源 | 2024 年、2020 年 |
| 203 | 面向多产品生产的自进化可变生产线调度系统 | 培养人力资源 | 2025 年、2020 年 |
| 204 | 克服干扰问题的工厂室内网络系统 | 增加研究基金 | 2023 年、2020 年 |
| 205 | 工厂工人的合理交互技术 | 培养人力资源 | 2027 年、2022 年 |
| 206 | 亚纳米级制造的多波束控制工艺技术 | 基础设施建设 | 2024 年、2025 年 |
| 207 | 亚纳米级可控超高速分级技术 | 增加研究基金 | 2024 年、2022 年 |
| 208 | 通过复合蚀刻和层压技术的混合制造技术 | 增加研究基金 | 2024 年、2022 年 |
| 209 | 适用于表面和透明成像的生产线实时机器视觉技术以及检测设备 | 基础设施建设 | 2023 年、2021 年 |
| 210 | 低千伏原子分辨率电子显微镜的检测和成像技术 | 增加研究基金 | 2024 年、2021 年 |
| 211 | 放射性分析设备小型化技术 | 增加研究基金 | 2027 年、2020 年 |
| 212 | 无损检测中放射性同位素检测的替代技术 | 基础设施建设 | 2024 年、2020 年 |
| 213 | 超快低功耗计算的光电融合半导体技术 | 培养人力资源，基础设施建设 | 2027 年、2025 年 |
| 214 | 高效半导体碳纳米管分离技术及基于分离的半导体器件技术 | 增加研究基金 | 2025 年、2023 年 |
| 215 | 结合数字和模拟计算的超低功耗半导体开发技术 | 增加研究基金 | 2024 年、2022 年 |
| 216 | 基于 DNA 芯片的海量数据存储和信息管理技术 | 培养人力资源 | 2033 年、2029 年 |
| 217 | 使用纳米光子学的超快速混合信息处理设备 | 基础设施建设 | 2026 年、2024 年 |
| 218 | 小于 5 纳米的超细半导体的半导体加工和材料技术 | 培养人力资源 | 2023 年、2024 年 |
| 219 | 基于封装的先进超高密度超薄半导体封装技术系统 | 基础设施建设 | 2022 年、2021 年 |
| 220 | 移动设备的可滚动显示技术 | 促进合作 | 2022 年、2022 年 |

续表

| 编号 | 技术名称 | 政府政策 | 预测实现时间（韩国、国外） |
|---|---|---|---|
| 221 | 用于柔性显示发光层的无毒元素基量子点材料制造加工技术 | 增加研究基金 | 2023 年、2023 年 |
| 222 | 超高分辨率（4K）透明柔性大型数字标牌 | 促进合作 | 2021 年、2022 年 |
| 223 | 无人机空中显示 | 增加研究基金 | 2024 年、2023 年 |
| 224 | 宽柔性器件的高性能电子元件印刷技术 | 基础设施建设 | 2023 年、2023 年 |
| 225 | 使用 2D 材料的电子元件制造技术 | 增加研究基金 | 2025 年、2024 年 |
| 226 | 可穿戴设备的无害低成本纳米材料制造技术 | 促进合作 | 2024 年、2024 年 |
| 227 | 纳米材料自我监控系统 | 培养人力资源 | 2025 年、2023 年 |
| 228 | 极端环境下的混合材料 | 增加研究基金 | 2029 年、2025 年 |
| 229 | 人工光合成纳米结构光催化剂开发技术 | 增加研究基金 | 2029 年、2025 年 |
| 230 | 微生物催化剂生物制氢技术 | 增加研究基金 | 2029 年、2026 年 |
| 231 | 使用离子的安全长期有效的智能医疗 | 增加研究基金 | 2025 年、2023 年 |
| 232 | 基于环境的可调度数隐形眼镜视力优化技术 | 促进合作 | 2030 年、2028 年 |
| 233 | 利用模型动物进行高效一站式化学毒性评估 | 增加研究基金 | 2027 年、2024 年 |

**附表 1-20　韩国第 5 次技术预测活动信息和通信组技术清单**

| 编号 | 技术名称 | 政府政策 | 预测实现时间（韩国、国外） |
|---|---|---|---|
| 2 | 利用各种卫星远程勘察的实时连续的灾害监测技术 | 增加研究基金 | 2026 年、2020 年 |
| 23 | 保护国家基础设施免受 EMP 损害的防护技术 | 增加研究基金 | 2025 年、2020 年 |
| 46 | 实时掌握路面状态以及控制车辆的技术 | 增加研究基金 | 2024 年、2021 年 |
| 137 | 应对生化和爆炸恐怖袭击具有自主情景感知功能的超高灵敏度机器人 | 基础设施建设，增加研究基金 | 2025 年、2023 年 |
| 156 | 用于诊断各种神经精神疾病的自我诊断传感器 | 增加研究基金 | 2025 年、2021 年 |
| 234 | 多模态深度学习软件 | 增加研究基金 | 2028 年、2024 年 |
| 235 | 意图认知下的宠物护理系统 | 培养人力资源 | 2026 年、2024 年 |

续表

| 编号 | 技术名称 | 政府政策 | 预测实现时间（韩国、国外） |
|---|---|---|---|
| 236 | 自主学习的自动多语种翻译和口译技术 | 培养人力资源 | 2024年、2022年 |
| 237 | 用于专业知识咨询的交互式人工智能技术 | 培养人力资源 | 2024年、2020年 |
| 238 | 形势与生活日志综合个人秘书软件 | 增加研究基金 | 2025年、2023年 |
| 239 | 基于智能学习能力诊断的定制学习平台 | 促进合作 | 2024年、2023年 |
| 240 | 人工智能交通控制技术 | 基础设施建设 | 2025年、2022年 |
| 241 | 人工智能食品消费预测及自动点餐系统 | 基础设施建设 | 2020年、2020年 |
| 242 | 超大容量高级并行机器学习算法 | 增加研究基金 | 2024年、2019年 |
| 243 | 超级计算机生理模型中的高级毒性预测技术 | 增加研究基金 | 2029年、2024年 |
| 244 | 面向智能业务数据助理（大数据及服务）的以数据为中心的计算 | 培养人力资源 | 2022年、2019年 |
| 245 | 面向地铁级快速数据分析的边缘计算 | 培养人力资源 | 2023年、2020年 |
| 246 | 超高速计算的量子计算 | 增加研究基金 | 2030年、2024年 |
| 247 | 模仿人脑的神经形态计算 | 增加研究基金 | 2029年、2024年 |
| 248 | 面向物联网的超快超低功耗通信系统 | 基础设施建设 | 2023年、2022年 |
| 249 | 物联网设备间动态协作技术 | 增加研究基金 | 2023年、2022年 |
| 250 | 基于大脑感知生物特征信号的物联网传感技术 | 增加研究基金 | 2028年、2025年 |
| 251 | 实现虚拟现实的触觉技术 | 增加研究基金 | 2023年、2021年 |
| 252 | 刺激三维视觉和触觉的触觉全息技术 | 增加研究基金 | 2027年、2024年 |
| 253 | 与虚拟空间兼容的非接触传感技术 | 增加研究基金 | 2024年、2020年 |
| 254 | 远程提取多目标三维全息空间信息和基于脑电的认知信息技术 | 培养人力资源 | 2031年、2028年 |
| 255 | 无接触人脸识别界面 | 增加研究基金 | 2024年、2021年 |
| 256 | 面向视障人士的视听情境感知指导软件 | 促进合作 | 2025年、2022年 |
| 257 | 虚拟现实社交网络优化技术 | 基础设施建设 | 2023年、2021年 |
| 258 | 社交虚拟现实服务平台技术 | 基础设施建设 | 2022年、2020年 |

续表

| 编号 | 技术名称 | 政府政策 | 预测实现时间（韩国、国外） |
|---|---|---|---|
| 259 | 网络空间历史传播作品创作者特征识别与提取技术 | 增加研究基金 | 2028 年、2025 年 |
| 260 | 防止逆向计算的先进量子密码密钥分发技术 | 增加研究基金 | 2028 年、2023 年 |
| 261 | 防范网络恐怖主义的实时自卫系统建立技术 | 增加研究基金 | 2023 年、2020 年 |
| 262 | 信息加密第三方计算安全技术 | 增加研究基金 | 2023 年、2020 年 |
| 263 | 集成电路篡改与信息暴露防范技术 | 增加研究基金 | 2024 年、2020 年 |
| 264 | 恐怖袭击犯罪预测和证据分析在线软件 | 基础设施建设 | 2024 年、2020 年 |
| 265 | 使用可变射频的锁控制系统 | 基础设施建设 | 2022 年、2020 年 |
| 266 | 恐怖无人机探测与防御技术 | 增加研究基金 | 2025 年、2022 年 |
| 267 | 利用宇宙大尺度结构的暗空间评估技术 | 增加研究基金 | 2033 年、2025 年 |

## （二）韩国第 6 次技术预测活动技术清单

韩国第 6 次技术预测活动技术清单如附表 1–21 所示。

**附表 1–21 韩国第 6 次技术预测活动技术清单**

| 编号 | 未来技术 | 政府政策（最高优先级） | 实现年份（韩国、国外） |
|---|---|---|---|
| 1 | 基于人工智能的超个性化虚拟教育环境系统 | 培养人力资源 | 2028 年、2027 年 |
| 2 | 连接所有设备和事物的自主自进化物联网集成平台 | 基础设施建设 | 2030 年、2028 年 |
| 3 | 个性化的自进化机器人作为同情和理解人的伴侣 | 研究经费增加 | 2036 年、2033 年 |
| 4 | 使用远程收集生物信号的人类辅助系统 | 培养人力资源 | 2032 年、2029 年 |
| 5 | 用于超链接 VR/AR 设备的超高频太赫兹通信技术 | 促进合作 | 2029 年、2029 年 |
| 6 | 基于超链接网络的匿名追踪管理确诊病例及其接触者的系统 | 基础设施建设 | 2027 年、2026 年 |
| 7 | 为提升 6G 物联网设备服务质量的远程安装服务生产与控制技术 | 研究经费增加 | 2029 年、2029 年 |

续表

| 编号 | 未来技术 | 政府政策（最高优先级） | 实现年份（韩国、国外） |
|---|---|---|---|
| 8 | 基于 6G 和人工智能的超沉浸式扩展现实 (XR) 技术 | 促进合作 | 2029 年、2028 年 |
| 9 | 使用 6G 通信物联网网络的自主无人机技术 | 基础设施建设 | 2029 年、2026 年 |
| 10 | 能实现现实生活中专家咨询的专业辅助复杂推理的技术 | 促进合作 | 2030 年、2028 年 |
| 11 | 通用的零界面实时口译系统，实现无障碍交流 | 基础设施建设 | 2031 年、2029 年 |
| 12 | 用其他感官补偿缺失感官功能的人工感觉神经网络连接技术 | 促进合作 | 2034 年、2032 年 |
| 13 | 连接线上线下的虚拟购物 XR 系统 | 促进合作 | 2027 年、2026 年 |
| 14 | 用于传播韩流文化的元宇宙 XR 性能系统 | 基础设施建设 | 2025 年、2025 年 |
| 15 | 非接触共存现实与基于 XR 的五感互动教育系统 | 基础设施建设 | 2027 年、2025 年 |
| 16 | 使用替代现实技术的元宇宙系统 | 基础设施建设 | 2030 年、2030 年 |
| 17 | 为老人服务的用户界面 / 用户体验提升技术 | 促进合作 | 2030 年、2028 年 |
| 18 | 创建与现实世界相同的虚拟学习系统的技术 | 基础设施建设 | 2028 年、2027 年 |
| 19 | “读心”脑电波通信系统 | 培养人力资源 | 2035 年、2031 年 |
| 20 | 用于预防、治疗和管理精神疾病的个性化数字治疗技术 | 促进合作 | 2029 年、2025 年 |
| 21 | 增强公共通信安全性的基于区块链的网络平台 | 基础设施建设 | 2026 年、2024 年 |
| 22 | 用于社会成员之间交流的元通信技术 | 基础设施建设 | 2029 年、2028 年 |
| 23 | 室内外所有运动物体无缝共存的超精密定位系统 | 研究经费增加 | 2029 年、2028 年 |
| 24 | 连接量子系统并存储量子力学信息的量子网络技术 | 培养人力资源 | 2035 年、2030 年 |
| 25 | 基于量子力学原理的超常规高分辨率成像技术 | 培养人力资源 | 2034 年、2029 年 |
| 26 | 量子中继器技术，可在量子密码通信中确保互补性并增加通信距离 | 培养人力资源 | 2034 年、2030 年 |
| 27 | 用于最大化量子计算性能的 3D 量子器件技术 | 培养人力资源 | 2038 年、2032 年 |
| 28 | 在实际环境中测量单分子纳米复合材料的显微镜技术 | 培养人力资源 | 2031 年、2027 年 |
| 29 | 可躲避射频、光和超声波检测的隐身斗篷系统 | 研究经费增加 | 2034 年、2031 年 |
| 30 | 利用脑神经的无人系统远程操作技术 | 基础设施建设 | 2038 年、2034 年 |

续表

| 编号 | 未来技术 | 政府政策（最高优先级） | 实现年份（韩国、国外） |
| --- | --- | --- | --- |
| 31 | 用于数字内容共创的6G超沉浸式远程共享协作服务技术 | 基础设施建设 | 2029年、2028年 |
| 32 | 超现实XR（扩展现实）的自动化双代技术 | 研究经费增加 | 2033年、2031年 |
| 33 | 全三维超写实数字全息显示技术 | 研究经费增加 | 2033年、2033年 |
| 34 | PIM（内存处理）人工智能半导体技术 | 促进合作 | 2029年、2028年 |
| 35 | 人工智能的下一代流程智能技术 | 培养人力资源 | 2030年、2029年 |
| 36 | 基于纳米光子学的光电融合半导体技术，可用于超高性能低功耗计算 | 培养人力资源 | 2035年、2033年 |
| 37 | 后-互补金属氧化物半导体（post-CMOS）器件和互联技术 | 促进合作 | 2028年、2028年 |
| 38 | 结合数字和模拟计算的超高效半导体技术 | 促进合作 | 2034年、2031年 |
| 39 | 用于电力和动力的下一代高效功率半导体技术 | 研究经费增加 | 2029年、2024年 |
| 40 | 基于芯片的超高密度晶圆级的集成、封装和测试技术 | 促进合作 | 2027年、2027年 |
| 41 | 能够完全分析语义和语用的、人类水平的语言处理技术 | 培养人力资源 | 2023年、2029年 |
| 42 | 使用加密的个人身体信息的、基于3D/4D打印机的人体器官制造技术 | 培养人力资源 | 2034年、2029年 |
| 43 | 基于有害物质屏蔽技术的人与环保智能工厂技术 | 基础设施建设 | 2026年、2026年 |
| 44 | 基于人工智能识别与精准定位技术的对设备进行预测性维护与运营的技术 | 促进合作 | 2031年、2027年 |
| 45 | 用于智能农场作业的可识别果树蔬菜形状的自主作业机器人 | 基础设施建设 | 2030年、2025年 |
| 46 | 用于飞行汽车的高容量、超轻二次电池技术 | 研究经费增加 | 2033年、2032年 |
| 47 | 大容量柔性二次电池技术作为可穿戴设备的电源 | 促进合作 | 2028年、2029年 |
| 48 | 超轻质石墨烯基高容量架空电力线材料 | 促进合作 | 2032年、2031年 |
| 49 | 技术不可复制的纳米安全认证材料和器件技术 | 研究经费增加 | 2028年、2027年 |
| 50 | 人造肌肉超强纤维材料技术 | 培养人力资源 | 2035年、2031年 |
| 51 | 用于定制分子打印的原子组装技术 | 研究经费增加 | 2038年、2032年 |
| 52 | 用于超高效太阳能电池的光敏材料技术 | 研究经费增加 | 2030年、2029年 |

续表

| 编号 | 未来技术 | 政府政策（最高优先级） | 实现年份（韩国、国外） |
| --- | --- | --- | --- |
| 53 | 基于金属结的碳或有机－无机混合结构材料 | 培养人力资源 | 2029年、2028年 |
| 54 | 太空升降仓用的高强度、超轻、长寿命碳缆材料技术 | 促进合作 | 2039年、2036年 |
| 55 | 可替代石油基塑料的天然聚合物基塑料材料及其使用技术 | 基础设施建设 | 2030年、2028年 |
| 56 | 同时具有靶向定向、药物输送和生物传感功能的生物相容性纳米材料技术 | 研究经费增加 | 2032年、2030年 |
| 57 | 工人与军人增肌用的可穿戴机器人 | 促进合作 | 2032年、2029年 |
| 58 | 适合残疾人和老年人体能活动的套装式自供电行为辅助机器人 | 促进合作 | 2030年、2028年 |
| 59 | 基于单晶金刚石的功率半导体技术 | 培养人力资源 | 2034年、2030年 |
| 60 | 创造人类感官体验的生物亲和电子材料技术 | 研究经费增加 | 2036年、2037年 |
| 61 | 用于太比特数据通信的铁电光材料技术 | 研究经费增加 | 2033年、2031年 |
| 62 | 氢能汽车催化剂材料回收技术 | 基础设施建设 | 2032年、2029年 |
| 63 | 用于电动车且无须更换的长寿命超级电池技术 | 促进合作 | 2034年、2033年 |
| 64 | 用于氢燃料电池汽车的高可靠性新材料技术 | 促进合作 | 2032年、2029年 |
| 65 | 使用超薄无感套装来远程通信与控制机器人 | 研究经费增加 | 2037年、2034年 |
| 66 | 克隆人脑的记忆恢复技术 | 研究经费增加 | 2039年、2036年 |
| 67 | 现场移动3D打印系统 | 促进合作 | 2032年、2029年 |
| 68 | 用于结构变形的基于变色龙材料的4D打印技术 | 研究经费增加 | 2033年、2029年 |
| 69 | 基于脑电波输入控制技术的XR智能眼镜技术 | 培养人力资源 | 2036年、2034年 |
| 70 | 利用实时图像和VR技术的处理状态检测与制造技术 | 基础设施建设 | 2027年、2025年 |
| 71 | 交通装备用大容量可逆储氢合金技术 | 促进合作 | 2030年、2034年 |
| 72 | 用于能量转换的无稀土永磁技术 | 培养人力资源 | 2030年、2026年 |
| 73 | 用生物可降解金属修复受损组织的技术 | 促进合作 | 2036年、2032年 |
| 74 | 不受安装空间限制的可伸缩显示技术 | 促进合作 | 2029年、2029年 |

续表

| 编号 | 未来技术 | 政府政策（最高优先级） | 实现年份（韩国、国外） |
|---|---|---|---|
| 75 | 超小型便携式全息显示技术 | 促进合作 | 2033 年、2032 年 |
| 76 | 定制基因治疗技术，从根本上高效治疗遗传疾病 | 研究经费增加 | 2033 年、2030 年 |
| 77 | 用于受损器官修复的个性化组织再生技术 | 研究经费增加 | 2033 年、2031 年 |
| 78 | 可完全治愈实体肿瘤的定制或合成生物学免疫治疗技术 | 研究经费增加 | 2029 年、2025 年 |
| 79 | 使用转基因微生物组的创新疾病治疗技术 | 研究经费增加 | 2031 年、2029 年 |
| 80 | 保护和使用包括基因组信息在内的生物特征数据的治疗诊断系统 | 提升监管 | 2032 年、2028 年 |
| 81 | 通用流感疫苗技术 | 研究经费增加 | 2031 年、2028 年 |
| 82 | 细胞重编程技术实现长效抗衰老治疗 | 研究经费增加 | 2036 年、2032 年 |
| 83 | 用于精确诊断抑郁症的数字生物标志物技术 | 研究经费增加 | 2032 年、2029 年 |
| 84 | 使用包括人工智能和区块链在内的数字技术进行个人保健和疾病风险预测的数字孪生系统 | 提升监管 | 2028 年、2026 年 |
| 85 | 开发新品种和饲料以应对气候变化的技术 | 研究经费增加 | 2027 年、2024 年 |
| 86 | 基于生长模型系统的高功能作物生产的智能农场技术 | 基础设施建设 | 2029 年、2026 年 |
| 87 | 利用染色体交叉调节基因最大限度提高种子发育效率的技术 | 基础设施建设 | 2030 年、2028 年 |
| 88 | 基于人工智能的农林作物病虫害预测诊断技术 | 基础设施建设 | 2030 年、2028 年 |
| 89 | 基于人工智能的新发传染病及其变种持续监测与预警系统 | 基础设施建设 | 2028 年、2023 年 |
| 90 | 抗击新发传染病及其变种的定制疫苗或药物开发平台 | 研究经费增加 | 2028 年、2025 年 |
| 91 | 用于血管阻塞诊断和治疗的微型机器人 | 研究经费增加 | 2037 年、2031 年 |
| 92 | 面向生产环保生物材料的基于合成生物学构建细胞工厂的技术 | 基础设施建设 | 2031 年、2025 年 |
| 93 | 用于数据存储和生物制造的基于 BioFoundry 设施的高速、低成本 DNA 合成系统 | 基础设施建设 | 2031 年、2026 年 |
| 94 | 基于细菌的生物治疗药物开发技术 | 研究经费增加 | 2030 年、2029 年 |
| 95 | 基于从头设计法的治疗性蛋白质药物产品开发技术 | 研究经费增加 | 2031 年、2029 年 |

续表

| 编号 | 未来技术 | 政府政策（最高优先级） | 实现年份（韩国、国外） |
|---|---|---|---|
| 96 | 在太空飞行中维护健康的多功能微生物组调节剂开发技术 | 基础设施建设 | 2035 年、2030 年 |
| 97 | 替代畜禽（鸡、牛、猪）和水产品的养殖肉开发技术 | 基础设施建设 | 2029 年、2024 年 |
| 98 | 基于人工智能的畜禽疾病预测、诊断和控制系统 | 基础设施建设 | 2029 年、2025 年 |
| 99 | 气候变化下渔业资源变化的预测技术 | 基础设施建设 | 2032 年、2028 年 |
| 100 | 利用基因组信息开发和管理优质水生物的技术 | 研究经费增加 | 2030 年、2024 年 |
| 101 | 下一代智慧陆上水产养殖平台创制技术 | 基础设施建设 | 2030 年、2024 年 |
| 102 | 用于现场检测的传染病精准诊断系统 | 促进合作 | 2026 年、2022 年 |
| 103 | 面向传染病易感人群的智慧疫情防控技术 | 基础设施建设 | 2028 年、2024 年 |
| 104 | 基于类器官的传染病病原体检测和药物、疫苗疗效评估系统 | 研究经费增加 | 2030 年、2026 年 |
| 105 | 基于人工智能的可发现新发或变异病毒和耐药细菌感染治疗方法的技术 | 促进合作 | 2031 年、2026 年 |
| 106 | 基于靶向基因修饰的作物保护技术 | 基础设施建设 | 2032 年、2026 年 |
| 107 | 用于增强信息可视化的人工视觉技术 | 研究经费增加 | 2034 年、2031 年 |
| 108 | 基于计算脑科学的脑模拟技术，可诊断脑疾病机制 | 培养人力资源 | 2035 年、2032 年 |
| 109 | 控制难治性脑部疾病的无创深部脑刺激技术 | 促进合作 | 2030 年、2027 年 |
| 110 | 用于持续监测脑功能的脑植入式神经递质测量技术 | 培养人力资源 | 2041 年、2037 年 |
| 111 | 替代部分生物大脑的电子人工大脑技术 | 培养人力资源 | 2041 年、2035 年 |
| 112 | 使用低剂量放射治疗顽固性神经退行性疾病的技术 | 研究经费增加 | 2031 年、2028 年 |
| 113 | 使用外泌体来治疗衰老及疑难杂症的诊疗技术 | 研究经费增加 | 2033 年、2028 年 |
| 114 | 具有抗炎作用和皮肤闭合功能的贴剂或凝胶型药物开发技术 | 促进合作 | 2029 年、2025 年 |
| 115 | 通过加强家畜微生物组提高生产力的技术 | 促进合作 | 2033 年、2030 年 |
| 116 | 最大限度减少环境污染的畜禽粪便处理及资源回收技术 | 基础设施建设 | 2033 年、2028 年 |
| 117 | 确保未来动物蛋白食品的新型畜牧养殖技术 | 促进合作 | 2030 年、2026 年 |
| 118 | 智能食品包装技术，可与消费者实时共享质量信息 | 培养人力资源 | 2029 年、2025 年 |

续表

| 编号 | 未来技术 | 政府政策（最高优先级） | 实现年份（韩国、国外） |
|---|---|---|---|
| 119 | 用于实时食品质量和安全评估的定制化、无损、紧凑型光谱图像分析技术 | 基础设施建设 | 2029 年、2024 年 |
| 120 | 用于慢性代谢性疾病防治的个性化精准肠道菌群控制技术 | 研究经费增加 | 2031 年、2028 年 |
| 121 | 个性化精准营养保健服务技术，为健康促进和疾病预防量身定制个人生命周期 | 培养人力资源 | 2030 年、2029 年 |
| 122 | 用于小批量生产多样化定制自制食品的 3D 打印技术 | 培养人力资源 | 2030 年、2028 年 |
| 123 | 用于检测高级犯罪的自主无人巡逻机器人 | 促进合作 | 2034 年、2029 年 |
| 124 | 空间集约型智慧城市农场建筑技术 | 基础设施建设 | 2031 年、2028 年 |
| 125 | 防御大规模杀伤性核武器的综合智能城市防御设施技术 | 基础设施建设 | 2037 年、2029 年 |
| 126 | 基于云的态势感知系统，可用于自诊断、安全预警、SOC 设施管理 | 促进合作 | 2032 年、2030 年 |
| 127 | 联动可再生能源建筑－综合能源－建筑设计与施工技术 | 提升监管 | 2030 年、2028 年 |
| 128 | 停车场电动汽车自主充电机器人 | 基础设施建设 | 2029 年、2028 年 |
| 129 | 智能无人自动泊车系统 | 基础设施建设 | 2029 年、2025 年 |
| 130 | 基于人工智能预测性维护的车辆自诊断与维护技术 | 促进合作 | 2030 年、2025 年 |
| 131 | 基于区块链和大数据的数字物流基础设施创建技术 | 基础设施建设 | 2029 年、2026 年 |
| 132 | 近真空高速运输列车系统（Hypertube） | 基础设施建设 | 2037 年、2032 年 |
| 133 | 基于车对车（T2T）通信的自动无人驾驶列车系统 | 基础设施建设 | 2030 年、2029 年 |
| 134 | 基于卫星的列车信号和通信系统 | 研究经费增加 | 2030 年、2026 年 |
| 135 | 基于物联网的地震复合灾害设施快速响应系统 | 基础设施建设 | 2024 年、2021 年 |
| 136 | 基于人工智能的高精度城市地面地下空间一体化的 3D 信息系统 | 研究经费增加 | 2024 年、2023 年 |
| 137 | 用于自然灾害预测预警响应的智慧公共数据平台 | 基础设施建设 | 2025 年、2022 年 |
| 138 | 控制城市街区、楼宇和建筑群空气和环境的智能施工系统 | 基础设施建设 | 2035 年、2030 年 |
| 139 | 用于应对极端自然和人为灾害的建筑和城市技术 | 基础设施建设 | 2033 年、2028 年 |

续表

| 编号 | 未来技术 | 政府政策（最高优先级） | 实现年份（韩国、国外） |
|---|---|---|---|
| 140 | 楼宇与城市一体化管家机器人，基于安全楼宇与城市的管家系统 | 研究经费增加 | 2032年、2029年 |
| 141 | 基于人工智能技术的居民定制居住环境创建系统 | 基础设施建设 | 2028年、2026年 |
| 142 | 利用元宇宙快速定制块型模块化房屋技术 | 基础设施建设 | 2031年、2029年 |
| 143 | 将大量可再生能源用作城市和工业园区动力能源的储能和综合管理系统 | 基础设施建设 | 2032年、2030年 |
| 144 | 大容量氢气液化系统，可为城市提供安全、低成本的氢气供应 | 促进合作 | 2031年、2025年 |
| 145 | 用于人工岛建设和运营的海上浮式结构技术，可大规模生产可再生能源 | 基础设施建设 | 2034年、3030年 |
| 146 | 碳中和、高强度、长寿命的基础设施建设和结构材料技术 | 促进合作 | 2031年、2028年 |
| 147 | 用于设备工程、采购、建设、运营管理的无人自动化综合管理体系 | 培养人力资源 | 2030年、2027年 |
| 148 | 基于大数据和人工智能的智慧机场系统 | 基础设施建设 | 2029年、2027年 |
| 149 | 将地面交通与未来航空交通有机连接的高精度3D交通支撑系统部署技术 | 提升监管 | 2031年、2030年 |
| 150 | 用于短距离、交通中心和高层建筑的方便移动的球轮车辆系统 | 促进合作 | 2027年、2026年 |
| 151 | 基于居民态势感知的自主应急响应系统 | 基础设施建设 | 2028年、2028年 |
| 152 | 可远程控制和自主飞行的环保电推进飞行器技术 | 基础设施建设 | 2035年、2025年 |
| 153 | 基于高速、无延迟通信的远程全自动驾驶技术（5级） | 基础设施建设 | 2034年、2031年 |
| 154 | 环保、经济的人工降雨技术 | 研究经费增加 | 2034年、2030年 |
| 155 | 用于风险因素检测的自然灵感宽带系统技术 | 培养人力资源 | 2033年、2029年 |
| 156 | 人体与环境监测的高精度、宽带、低成本红外监测技术 | 研究经费增加 | 2033年、2026年 |
| 157 | 自主地磁风暴响应系统 | 研究经费增加 | 2035年、2025年 |
| 158 | 适用于特大城市的数字孪生土地平台及控制技术 | 基础设施建设 | 2030年、2029年 |

续表

| 编号 | 未来技术 | 政府政策（最高优先级） | 实现年份（韩国、国外） |
|---|---|---|---|
| 159 | 基于日常活动空间的智慧城市型个性化疾病防治管理系统 | 基础设施建设 | 2029 年、2028 年 |
| 160 | 基于卫星和高空无人飞行器的实时、自动化全球环境监测和灾害预警系统 | 基础设施建设 | 2035 年、2029 年 |
| 161 | 在月球和火星环境中实现大规模生产的农业技术 | 研究经费增加 | 2043 年、2035 年 |
| 162 | 利用原位资源开展载人月球及火星基地施工运营的技术 | 研究经费增加 | 2042 年、2030 年 |
| 163 | 使用月球和火星矿物制造建筑材料的 3D 打印技术 | 研究经费增加 | 2042 年、2036 年 |
| 164 | 利用月球和火星原位资源生产氧气、水和火箭燃料的技术 | 研究经费增加 | 2044 年、2035 年 |
| 165 | 地月火星空间互联网通信技术 | 研究经费增加 | 2033 年、2028 年 |
| 166 | 利用低轨通信卫星和人工智能技术的洲际无人机和导航技术 | 研究经费增加 | 2035 年、2032 年 |
| 167 | 微重力医疗、新药、新材料开发技术 | 研究经费增加 | 2039 年、2033 年 |
| 168 | 微空间碎片检测、识别与跟踪技术 | 基础设施建设 | 2037 年、2029 年 |
| 169 | 独立于设备的量子加密密钥分发技术，可防止对量子光源和测量设备的攻击 | 培养人力资源 | 2034 年、2032 年 |
| 170 | 一种新的密码系统技术，可抵御量子计算机对加密基础设施的解密攻击 | 基础设施建设 | 2034 年、2029 年 |
| 171 | 可对加密数据进行操作的安全技术 | 培养人力资源 | 2025 年、2025 年 |
| 172 | 基于数字孪生的用智能机器人在地表、深海和冰川远程自主钻井和安全评估的技术 | 促进合作 | 2034 年、2030 年 |
| 173 | 用于极地探索的定制化全天候自主无人车技术 | 促进合作 | 2042 年、2029 年 |
| 174 | 独立微电网远距离无线充供电技术 | 促进合作 | 2031 年、2028 年 |
| 175 | 实时和无人观测北极航线大气、海洋和海冰的多平台 | 基础设施建设 | 2031 年、2028 年 |
| 176 | 军用 – 民用、有人 – 无人的航空航天资产的综合自主控制系统 | 基础设施建设 | 2042 年、2033 年 |
| 177 | 基于可重复使用、可重返地球的复杂推进系统的航天器技术 | 研究经费增加 | 2039 年、2028 年 |
| 178 | 防御高能大功率激光武器的主动防护技术 | 基础设施建设 | 2034 年、2029 年 |

续表

| 编号 | 未来技术 | 政府政策（最高优先级） | 实现年份（韩国、国外） |
|---|---|---|---|
| 179 | 厘米级超高分辨率的地球观测卫星系统 | 研究经费增加 | 2035 年、2028 年 |
| 180 | 用于未来作战指挥控制的超智能指挥决策支持代理技术 | 培养人力资源 | 2036 年、2030 年 |
| 181 | 用于网络和物理空间威胁检测和跟踪的多光谱信号融合和检测技术 | 培养人力资源 | 2038 年、2032 年 |
| 182 | 自动化供应链威胁筛选技术，可实现进出口技术威胁的安全管控 | 基础设施建设 | 2025 年、2024 年 |
| 183 | 具有自主导航系统的高性能海洋船舶技术，用于北极航线运输 | 促进合作 | 2030 年、2029 年 |
| 184 | 利用深海生物的有用物质获取新材料的技术 | 基础设施建设 | 2029 年、2027 年 |
| 185 | 保障数据交易的数据安全级别自动分类技术 | 提升监管 | 2029 年、2025 年 |
| 186 | 用于智能交易和无形资产验证的数字资产认证技术 | 促进合作 | 2027 年、2024 年 |
| 187 | 用于用户认证的生物芯片技术 | 提升监管 | 2030 年、2029 年 |
| 188 | 基于人工智能的安全事件检测与自主响应智能监控技术 | 基础设施建设 | 2027 年、2025 年 |
| 189 | 用于识别和验证的智能自主身份管理技术 | 基础设施建设 | 2025 年、2024 年 |
| 190 | 自动提前检测个人信息和持续数据去标识化技术，以防止数据泄露 | 促进合作 | 2029 年、2026 年 |
| 191 | 使用区块链的数据采集、安全和监控技术 | 基础设施建设 | 2027 年、2025 年 |
| 192 | 月球和火星原位资源挖掘机器人 | 研究经费增加 | 2034 年、2026 年 |
| 193 | 长留勘探自给自足的海底基地建设技术 | 基础设施建设 | 2037 年、2032 年 |
| 194 | 网络安全自诊断与主动防毒技术 | 基础设施建设 | 2029 年、2027 年 |
| 195 | 利用卫星和无人飞行器的广域监视和打击系统部署技术 | 促进合作 | 2032 年、2027 年 |
| 196 | 环保型全自主垂直起降飞行器技术，可用于货运和客运 | 基础设施建设 | 2031 年、2029 年 |
| 197 | 基于自主海上态势感知的研究船舶技术 | 基础设施建设 | 2033 年、2027 年 |
| 198 | 无温室气体环保减氢炼钢技术 | 基础设施建设 | 2031 年、2030 年 |
| 199 | 以有机废弃物产优质沼气的环保型大容量制氢装置技术 | 基础设施建设 | 2029 年、2028 年 |

续表

| 编号 | 未来技术 | 政府政策（最高优先级） | 实现年份（韩国、国外） |
|---|---|---|---|
| 200 | 采用浮动结构的深海海上风力发电系统 | 基础设施建设 | 2031 年、2028 年 |
| 201 | 用于风力发电系统的高效、超轻型超导发电机技术 | 基础设施建设 | 2029 年、2029 年 |
| 202 | 氢燃料电池与燃气轮机一体化的混合发电系统 | 促进合作 | 2030 年、2029 年 |
| 203 | 卡诺电池蓄热技术，可实现低成本、长效、大规模储能 | 促进合作 | 2035 年、2031 年 |
| 204 | 使用多聚太阳能电池－热能网格存储（TEGS–MPV）的超高温热能存储、传递和转换系统（UHTES） | 研究经费增加 | 2034 年、2033 年 |
| 205 | 兆瓦级阴离子交换膜水电解系统 | 促进合作 | 2032 年、2029 年 |
| 206 | 用于生产碳中和燃料（e–fuel）的集成 CCU 工艺及其应用技术 | 基础设施建设 | 2033 年、2030 年 |
| 207 | 可安装在建筑物或汽车中的透明太阳能电池技术 | 研究经费增加 | 2032 年、2029 年 |
| 208 | 基于人工智能决策的资源泄漏和能源效率最大化技术 | 基础设施建设 | 2031 年、2029 年 |
| 209 | 使用物联网的先进废物回收和监测技术 | 基础设施建设 | 2030 年、2028 年 |
| 210 | 危险废物资源回收利用和替代新材料开发技术，以减轻环境污染 | 基础设施建设 | 2030 年、2027 年 |
| 211 | 废塑料化学回收技术 | 基础设施建设 | 2029 年、2027 年 |
| 212 | 废物转化为可再生能源和排放认证技术 | 基础设施建设 | 2030 年、2027 年 |
| 213 | 保护海洋生态系统不受放射性污染水之害的技术 | 基础设施建设 | 2033 年、2024 年 |
| 214 | 能源独立的智慧社区运营技术 | 促进合作 | 2033 年、2029 年 |
| 215 | 高可靠性、安全的实时控制电网系统 | 基础设施建设 | 2031 年、2031 年 |
| 216 | 用于高精度环境分析的先进多维大气监测系统 | 基础设施建设 | 2031 年、2028 年 |
| 217 | 用于机场能源供应的优化电源配置和能源管理技术 | 提升监管 | 2030 年、2029 年 |
| 218 | 基于为高效开发下一代电池的电池材料属性预测模型的电池材料优化技术 | 研究经费增加 | 2025 年、2025 年 |

续表

| 编号 | 未来技术 | 政府政策（最高优先级） | 实现年份（韩国、国外） |
|---|---|---|---|
| 219 | 用于提高未来神经网络系统能源交易可靠性的网络物理系统强化技术 | 基础设施建设 | 2032年、2029年 |
| 220 | 增强抗灾能力的全球灾害预测建模技术 | 研究经费增加 | 2034年、2029年 |
| 221 | 通过V2X（vehicle to everything）技术实现移动储能系统虚拟电厂和电力的服务技术 | 提升监管 | 2034年、2031年 |
| 222 | 基于解聚的循环生产技术 | 提升监管 | 2029年、2029年 |
| 223 | 乏核燃料嬗变技术 | 研究经费增加 | 2030年、2028年 |
| 224 | 可提供超长寿命电力的小型原子电池技术 | 研究经费增加 | 2034年、2028年 |
| 225 | 广泛放射性环境污染的快速安全去污技术 | 研究经费增加 | 2033年、2029年 |
| 226 | 创新提升经济效益和安全性的中小型模块化反应堆技术 | 研究经费增加 | 2034年、2030年 |
| 227 | 实现碳中和电气化的多功能核电系统 | 研究经费增加 | 2035年、2031年 |
| 228 | 用于减少乏核燃料体积和毒性的未来核能系统 | 研究经费增加 | 2038年、2033年 |
| 229 | 可持续环保型重力势能开发技术 | 基础设施建设 | 2034年、2032年 |
| 230 | 完全分离地震动的磁场隔震系统开发技术 | 促进合作 | 2038年、2026年 |
| 231 | 用于可再生能源储能的海水浓度差电池技术 | 研究经费增加 | 2034年、2030年 |
| 232 | 多型燃料电池复合装置技术 | 促进合作 | 2030年、2030年 |
| 233 | 建设氢能基础设施的氨利用技术 | 研究经费增加 | 2030年、2029年 |
| 234 | 长期蓄电的高容量高温二次电池技术 | 基础设施建设 | 2034年、2030年 |
| 235 | 用于聚合和混合可再生能源发电的可变输出功率的高容量固体氧化物燃料电池技术 | 研究经费增加 | 2033年、2031年 |
| 236 | 利用可再生能源（P2G）生产氢气和航空燃料的聚合和混合高温固体氧化物电解（SOE）系统 | 促进合作 | 2035年、2034年 |
| 237 | 根据污染程度和环境因素提供对一个地区或地方的人类有害影响的信息系统 | 研究经费增加 | 2033年、2026年 |

续表

| 编号 | 未来技术 | 政府政策（最高优先级） | 实现年份（韩国、国外） |
|---|---|---|---|
| 238 | 以太阳光为光源的局部区域上层污染物分布监测系统 | 基础设施建设 | 2030 年、2028 年 |
| 239 | 对全国空气质量影响最大的大规模点、线、面源污染的监测系统技术 | 基础设施建设 | 2031 年、2028 年 |
| 240 | 超高分辨率（1km 以内）新型综合碳循环观测、模拟与诊断系统 | 基础设施建设 | 2036 年、2031 年 |
| 241 | 用于短期和长期局地气候变化预测的，具有城市尺度过程分辨率的地球系统建模技术 | 基础设施建设 | 2035 年、2031 年 |

## （三）韩国科学技术评价与规划研究院新兴技术清单

自 2009 年以来，KISTEP 选择并公布了 10 项新兴技术，并自 2013 年以来将改善未来韩国作为重点视角。KISTEP 的选择过程强调技术的社会作用，首先选择未来韩国社会的主要问题，然后选择具有技术和经济影响的新兴技术以及解决这些问题的能力。2016—2021 年的 KISTEP 10 项新兴技术清单如附表 1–22 至附表 1–27 所示。

**附表 1–22　韩国 KISTEP 10 项新兴技术（2016 年）**

| 序号 | 技术名称 | 定义 | 应用 |
|---|---|---|---|
| 1 | 基于大数据的欺诈检测和预防技术 | 通过模式识别对不当行为和异常交易进行检测、预防和后期管理的技术，该技术使用其他统计技术收集和分析各种大数据 | 利用电子金融交易相关大数据的银行欺诈防范技术；以及防止与政府机构相关的不当行为，如非法接受补贴、逃税、采购腐败和不公正索赔 |
| 2 | 网络安全技术在线 / 移动金融交易 | 金融交易技术，以确保用户方便和安全的交易，从互联网和基于移动平台的高客户访问 | 利用大数据开发金融工具，促进消费；采用多种认证技术促进简单的支付流程；构建支持移动金融交易信息安全处理和管理的系统；以及开发新的金融交易服务，以确保交易细节的透明度和安全性 |

续表

| 序号 | 技术名称 | 定义 | 应用 |
|---|---|---|---|
| 3 | 物联网安全 | 通过防止和管理对物联网设备、网络和物联网服务平台的各种侵权和安全威胁，营造安全物联网环境的技术 | 恶意软件管理和物联网设备黑客攻击；物联网设备之间的安全数据通信和异常检测；适用于物联网服务环境的身份验证 / 隐私保护和安全解决方案 |
| 4 | IoE 技术（IoE: Internet of Everything 万物互联） | 处理通过物联网生成（收集）的原始数据，产生有用的高附加值信息，并为用户提供便捷服务的技术 | 通过物联网提供医疗、智能家居、智能电网和智能交通系统（ITS）等服务；Mashup 服务结合了各种基于 Web 的智能设备；和按需满足用户需求的知识 / 信息生成服务 |
| 5 | 基于深度学习的数字助理 | 使计算机能够为人类执行基于认知的任务，并通过学习大量相关数据帮助决策和提高工作效率的技术 | 通过个人任务和决策的信息搜索和初步分析完成的任务；有效的调度和跑腿；在各个领域的利用，包括私人秘书工作、有效的工作指导 / 监督、制造业务的自动化流程和教育 |
| 6 | 休闲虚拟现实技术 | 一种技术，通过在休闲活动中再现类似于现实的虚拟环境和环境，并通过再现视觉、听觉和感官信息，使用户能够在不受时间和空间限制的情况下体验各种休闲活动 | 允许用户体验虚拟的不同文化和环境的产品和服务，如虚拟体育、不同空间的旅行和体验、网络博物馆和大型音乐会以及互动游戏 |
| 7 | 心理健康诊断与治疗技术 | 通过开发一种算法，分析传感器模块、数据传输和通信模块接收到的各种生物特征信号与心理健康症状之间的相关性，并预测疾病，该技术可以预测症状的恶化，并控制、预防和早期治疗反映心理压力引起的不适应和心理病理过程的生理和行为信号变化 | 使用物联网和智能设备的各种心理健康改善和管理服务；组织的心理健康或社会愤怒状态监测系统；以及基于大脑行为的精神疾病预测、早期诊断和新疗法 |
| 8 | 社交机器人 | 通过在日常生活中与用户互动来满足人类用户的心理和生理需求，从而提高情感满意度的机器和软件 | 通过同理心实现情感依赖或联系的各种个人服务；精神疾病（痴呆症、孤独症等）的治疗；为弱势群体提供情绪稳定支持；情绪化基于信通技术的产品和服务 |
| 9 | 基于大数据传染病预测和报警系统 | 利用疾病传播过程、受感染患者和人口数据等多种数据，预测传染病潜在区域传播的技术 | 实时大数据分析帮助政府当局制定疾病管理政策，并改进国家层面的传染病控制和管理计划，确保公共健康和安全 |

续表

| 序号 | 技术名称 | 定义 | 应用 |
| --- | --- | --- | --- |
| 10 | 基于系统的颗粒物检测技术控制 | 测量、分类、取样、净化、预测和监测大气中的 PM10，使人们能够安全地进行日常活动 | 颗粒物预测和监测警报系统；颗粒物测量和管理便携式指南程序；室内环境用颗粒物去除（净化）系统 |

附表 1–23 韩国 KISTEP 10 项新兴技术（2017 年）

| 序号 | 技术名称 | 定义 | 应用 |
| --- | --- | --- | --- |
| 1 | 基于互联网的上下文感知调光技术 | 调光技术，通过识别室外条件，自动控制照明方向和亮度，提高利用率和能源效率；或者，它在室内模拟阳光，为个人保健提供定制照明 | 在室外使用时，可根据环境变化（季节、气候等）和环境（声音、人类活动等）自动控制照明的亮度、色调和角度，从而节约能源，防止犯罪和光污染。<br>当与物联网一起在室内应用时，通过自然光照射的效果实现有效的生物节律控制、健康管理和治疗，为夜班工人和重症监护病房的危重患者提供特别的好处 |
| 2 | 有源噪声控制还原技术 | 主动降噪技术，实时预测噪声的发生并产生反相声波 | 适用于噪声反复出现的公共设施（地铁隧道、机场、高速公路等）；基于家庭环境中的人员移动而启用主动噪声控制 |
| 3 | AI 事实检查辅助技术 | 基于人工智能的软件，在演讲或辩论中实时检查事实 | 有助于对政客的演讲进行事实核查，并提供透明的信息服务，防止虚假或误导性谣言传播 |
| 4 | 核电厂意外事故响应系统 | 集成核电厂事故响应系统，包括不同场景所需的所有技术 | 规划针对核电厂事故的应急响应，如模拟重大事故场景、疏散技术、信息安全、实物保护、集成实时风险评估、监控和量化技术、核事故管理机器人，基于人工智能的远程监控和自动响应 |
| 5 | 非放射性无损检测技术 | 使用非放射性物质或设备的无损检测技术，可替代目前用于检测的放射性同位素 | 通过消除辐射风险，确保安全使用，并从根本上防止滥用核恐怖主义的风险 |
| 6 | 颗粒物减排技术 | 高效、低成本的颗粒物收集和还原系统，可消除颗粒物（PM2.5）和病原体 | 在扩散到空气中之前，首先消除污染源中的颗粒物，并有效减少室内外的颗粒物 |

续表

| 序号 | 技术名称 | 定义 | 应用 |
| --- | --- | --- | --- |
| 7 | 环保绿潮及赤潮消除技术 | 环保技术，有效消除有害藻类和营养盐，无环境副作用 | 通过使用天然物质制成的藻类凝固剂选择性地消除特定有害藻类，有效控制绿潮和赤潮 |
| 8 | 高级生活垃圾分类和回收系统 | 回收技术，将废物分类为金属、塑料、纸张等，最大限度地回收利用和废物能源回收 | 减少将废物分类为不同类别的公共负担，提高废物管理的精确度，将大大提高废物的回收率 |
| 9 | 实时三维环境变化观测技术 | 利用物联网、卫星和无人机实时监测和分析环境和生态系统变化的集成技术 | 能够实时监控各种形式的污染和污染，包括赤潮和绿潮、土壤污染、空气污染和入侵物种的扩散 |
| 10 | 使用微生物恢复生态技术 | 利用微生物分解有毒或难降解化学物质的生态修复技术 | 允许在漏油情况下使用微生物、利用海洋原生生物对食物废物进行生态友好处理、利用生物质生产生物柴油和其他化学品，以及从废物资源中有效和生态友好地提取有价值的金属 |

**附表 1-24　韩国 KISTEP 10 项新兴技术（2018 年）**

| 序号 | 技术名称 | 定义 | 应用 |
| --- | --- | --- | --- |
| 1 | 响应性住房技术 | 采用基于物联网的智能地板、主动传感器和显示技术，具有空间 / 功能 / 照明可变性的生态友好型住宅，可主动管理外部风险并响应用户需求 | 用户定制的住房，其中照明或地板响应用户的偏好、情感。解决因单人家庭和老年人数量增加而引起的安全问题，同时为用户提供更方便的居住环境 |
| 2 | 虚拟生活日志辅助软件技术 | 智能虚拟助手软件技术，通过分析生活日志数据（个人的日常生活、健康状况和行为模式），积累知识并提供定制服务 | 通过与人工智能、语音识别、智能家居和自动驾驶汽车的融合，正在发展成为一个解决问题的代理，该代理处理各种需求，并提供反映个人生活模式的解决方案 |
| 3 | 智能文身技术 | 黏性生物特征监测传感器（贴片或文身型），包括一层薄薄的电路，其中包括监测健康状况的传感器和存储芯片 | 实现方便的自我诊断，而无须根据血糖水平通过颜色变化采集血液。<br>也可用作可穿戴存储 / 控制设备，通过该设备可加载存储的信息或通过扫描文身图像播放音乐 |

续表

| 序号 | 技术名称 | 定义 | 应用 |
|---|---|---|---|
| 4 | 软机器人技术 | 与传统的用硬材料和硬材料制造的机器人相比，机器人是用软材料和柔性材料制造的 | 与钢制普通机器人相比，该机器人具有更好的灵活性和抗冲击性，可用于需要与人类进行物理交互的更加多样化的环境中 |
| 5 | 互联汽车技术 | 未来人性化的车辆基础设施和移动技术，使车辆能够识别周围环境，通过自动控制将驾驶员疲劳降至最低，并通过高科技传感器、信息技术和智能控制的融合提供安全驾驶和联网服务 | 实现与道路网络系统的实时交互通信，提供自动碰撞报警、超速和安全报警、理想路线导航和智能交通系统（ITS） |
| 6 | 模块化公共交通系统 | 基于物联网、远程控制和自动驾驶等智能技术的自动组装块状交通系统 | 实现老人、残疾人和弱势群体的门到门运输，模块可以组装或拆卸成滑行的形式（最多 3 名乘客）、厢式货车（最多 6 名乘客）或公共汽车（数十名乘客） |
| 7 | 无限功率传输技术 | 允许使用 WiFi 热点将无线电源传输到同一空间内的固定 / 移动设备的技术 | 通过方便地为移动电话、家用电器、可穿戴设备和物联网传感器供电，提高智能产品和服务的可用性 |
| 8 | 智能农场技术 | 以智能方式控制农业、畜牧业和渔业的整个过程，并基于信息和通信技术提高生产力、效率和稳定性的技术 | 解决食品生产、分配和消费整个过程中的安全问题，通过提高生产力和效率，有助于缓解食品资源的质量和数量两极分化 |
| 9 | 人工智能安全技术 | 人工智能级安全系统技术，通过自动收集和分析数据发现弱点或阻止攻击，或监控人工智能本身 | 应用人工智能技术应对人工智能的不正当使用或故障风险和事故预防，检测安全风险 |
| 10 | 混合现实技术 | 通过计算机图形、声音、触觉信息和气味等虚拟信息与实际环境对象的实时组合再与用户交互的技术 | 可用于生活的各个方面，包括智能工作（解决工作和家庭负担兼容带来的困难，提供更灵活的工作环境）、智能家庭教育和行动不便者的休闲活动 |

**附表 1-25　韩国 KISTEP 10 项新兴技术（2019 年）**

| 序号 | 技术名称 | 定义 | 应用 |
| --- | --- | --- | --- |
| 1 | 生态友好的生物塑料薄膜 | 可生物降解和透明的生物塑料薄膜，可用作食品和医疗供应商的包装材料，对人体安全可靠 | 可用于替代现有包装材料，其对人类的安全性未经验证，并通过使用 QR 和 RD 跟踪产品或向消费者提供相关信息 |
| 2 | 感官替代装置的材料 | 允许恢复 / 再生或增强丧失的感觉功能的技术。它是一种感官替代设备技术，通过融合一种感官技术，以基于感觉神经元的识别 / 刺激设备技术提供超越人类水平的识别感 | 可用作因人口老龄化而丧失功能的感觉器官的替代品，用于恢复残疾人丧失的感觉，有助于提高生活质量 |
| 3 | 3D 打印人造器官 | 一种三维生物打印技术，通过制造具有所需形状或图案的活细胞来创建组织或器官 | 可用于移植治疗困难的患者的组织、器官等修复，如缺乏替代器官、免疫反应等 |
| 4 | 高效耐火固体电解质 | 通过将现有锂离子电池的易燃有机液体电解质替换为具有离子导电性（固态）的电解质，从而显著提高电池稳定性和能量密度的技术 | 创建一个环保和节能的社会，电动汽车被广泛使用，长途旅行只需充电一次，无须担心爆炸或起火 |
| 5 | 运输用快速充放电池 | 显著缩短 EV 电池充电持续时间的锂二次电池技术，目前充满电需要 6 小时左右，同时提高动力输出特性 | 由于快速充电锂电池的开发 / 商业化，在不损失能量密度或性能的情况下，可以乘坐充满电的电动汽车前往目的地，同时还可以喝咖啡吃点心 |
| 6 | 超轻型运输设备 | 下一代技术，允许包含大面积公共 / 私人基础设施的运输设备和车辆，节省各个部门所需的能源，同时满足严格的环境法规和要求 | 连续纤维复合材料用于自动驾驶汽车、混合动力汽车、电动汽车、氢燃料电池汽车和其他未来运输设备的车架和承载构件 |
| 7 | 承受极端环境的下一代核聚变材料 | 材料技术，涉及将氘氚反应产生的能量转化为热能的包层材料，以及利用磁场结构减少等离子体带电粒子和热通量的分流器，用于发展核聚变技术 | 通过基于聚变材料开发的核反应堆商业化，确保大规模清洁安全的能源 |
| 8 | 可拉伸显示器 | 一种真正灵活的显示技术，能够实现外观和长度的无限变化，并以低成本生产大面积显示器 | 可改变外观的 Skin 智能手机、车辆的双曲率和超薄显示屏、带 E-skin 贴片显示屏的健康监测设备、带可拉伸显示屏的 IoT 主动设备 |

续表

| 序号 | 技术名称 | 定义 | 应用 |
|---|---|---|---|
| 9 | 具有自主生命周期控制的化学材料 | 支持针对外部环境的自主生命周期保护、报告和分解控制的技术 | 适用于日常生活中无电源或低电源状态检测和传输环境变化的 IoT 设备，通过检测和报告异常症状以进行灾难保护并在一定程度上自主恢复给定属性，有助于提高对道路、桥梁和建筑物等结构安全性的信心 |
| 10 | 基于纺织品的可穿戴设备 | 一种与“可穿戴”信息技术设备相关的技术，用于执行电气 / 电子设备的基本功能，如输入、输出、处理、存储等。通过基于信息技术和纺织 / 编织 / 服装技术融合的纺织品，而不是可穿戴技术配件或者纺织品本身 | 将现有的电气 / 电子 / 通信技术融合电子纺织品技术，通过有源嵌入式电子设备（如射频识别、集成电路、显示器、传感器、纳米发电机、电池等）实现复杂的数字功能 |

**附表 1-26　韩国 KISTEP 10 项新兴技术（2020 年）**

| 序号 | 技术名称 | 定义 | 应用 |
|---|---|---|---|
| 1 | “健康警报”实时健康监测技术 | 一种通过收集 / 分析生命日志数据（如生物数据、周围环境和个人习惯）来持续监控健康状况的技术，不受时间和地点的限制 | 基于持续监测数据的实时健康管理和改善健康 |
| 2 | 高容量长寿命电池 | 下一代蓄电技术，可显著提高可充电电池的容量 | 可用于各种用电领域，如便携式智能设备、电动汽车、储能系统（ESS），延长设备使用时间 |
| 3 | 基于人工智能用于自然灾害预测和主动 / 综合应对的智能技术 | 实时监测和预测自然灾害的程度和规模，自动提供关于疏散路线和避难所的信息，以防止生命和财产损失 | 根据用户的位置和健康状况及时预测自然灾害并做出反应 |
| 4 | 实时高清地图 | 一种通过收集地理特征信息并（半）实时更新信息来提供高精度数据的技术 | 自动驾驶汽车、智能地图、基于情况的土地管理、基于空间数据的沉浸式内容（混合现实） |
| 5 | 基于智能数据分析的实时监控和机器故障检测 | 实时流监控和数据分析技术，用于预测 / 检测系统和机械故障。这项技术的范围不限于基于传感器的技术。相反，它基于模拟的异常信号来预测故障，或者通过预知学习和机器学习来检测错误 / 机器故障 | 检测系统 / 设备故障<br>智能工厂 |

续表

| 序号 | 技术名称 | 定义 | 应用 |
|---|---|---|---|
| 6 | 个人信息流检测技术 | 一种可视化个人信息流（分布、利用等）的技术，向用户提供信息，并提醒异常活动 | 阻止内部风险、黑客攻击和外部网络威胁，个人数据的管理和防止滥用 |
| 7 | “寻找数据源”数据认证技术 | 一种查找数据源以确认其可靠性并进行事实核查的技术。如果发现来源和验证信息之间存在差异，则根据可靠性测试的测量值对数据进行分类和过滤。<br>对于来源不明或新产生的信息，通过智能数据分析，在一段时间内同时实时监测其摘要文件和公众利益 | 阻止假新闻的传播 |
| 8 | 基于增强 / 混合现实的超现实交互技术 | 一种真实用户界面（UI）/ 用户体验（UX）技术，允许用户通过使用可穿戴设备［如增强现实（AR）头盔］和触觉技术来同时利用虚拟和真实数据 | 布局 / 设计 / 制造过程的管理、教育 / 医疗 / 休闲服务 |
| 9 | 人工智能平台构建技术 | 一种自动化模型构建技术，无须编写程序代码，只需点击几下鼠标，即可帮助用户开发复杂的深度学习 / 机器学习模型 | 可应用于整个行业，包括个性化服务、大规模制造、B2B/B2C 营销策略规划、产品设计等 |
| 10 | 提供判断依据可解释人工智能 | 一种对来自人工智能模型的结果进行因果分析的技术，以找到适当的判断依据，并从用户的角度解释决策过程和随后的结果 | 有效利用机器学习 / 深度学习模型的预测结果，对失败预测结果的改进 |

**附表 1–27　韩国 KISTEP 10 项新兴技术（2021 年）**

| 序号 | 技术名称 | 定义 | 发展因素 |
|---|---|---|---|
| 1 | 心血管疾病管理使用非侵入式生物特征信息 | 一种通过光学、超声波和其他非侵入性方法获取生物特征信息以监测心血管疾病的技术 | 国家 3 部主要数据隐私法的修正案允许更广泛地使用个人信息，然而，问题仍然存在，因为加密的个人信息只能通过专门机构访问，并且使用同态加密的技术具有实际缺陷；目前，法律不允许患者和医护人员之间的远程医疗服务；只有医护人员可以通过远程医疗进行合作 |

续表

| 序号 | 技术名称 | 定义 | 发展因素 |
| --- | --- | --- | --- |
| 2 | 四级自动驾驶车辆 | 四级自动驾驶技术，通过使用各种交通方式,包括公共交通、老年人和残疾人乘车，提供移动性、安全性和便利性 | 政府继续放宽对自动驾驶汽车开发和运营的规定，但是，需要制定一个关于责任的明确指导方针，以便完善自动驾驶汽车上路所需的基础设施来促进自动驾驶汽车的使用，因为老年人和残疾人将从自动驾驶汽车中受益匪浅 |
| 3 | 基于 LXP 的个性化策展技术 | 向用户提供个性化课程和学习方法的平台，同时提供商可以向用户提供各种学习方法、水平和类型 | 学生的数据需要标准化，并且存在与国家教育信息系统（NEIS）的兼容性问题，用于电子学习的数字设备在学校不容易获得 |
| 4 | 自主最后一英里递送服务 | 一种通过使用无人设备（机器人、无人机等）实现最后一英里配送服务的技术 | 最后一英里送货机器人正在开发和测试中，然而，自动送货机器人不允许上路。<br>目前缺乏关于事故责任的明确指导方针；运营最后一英里配送机器人需要更多的网络和充电点 |
| 5 | 智能边缘 | 一种有效利用边缘计算节点资源并提供连接、计算和控制功能的技术 | 由于设备或软件平台大多由外国公司提供，技术依赖性增加，需要测试连接到 5G 网络的核心智能边缘计算服务 |
| 6 | 利用虚拟现实和全息技术的实时协作平台 | 一个支持公司或个人帮助他们的消费者方便地利用增强现实 / 全息服务的平台 | 由于媒体制作对国外设备的高度依赖，该技术不太具有竞争力；当前的虚拟现实 / 增强现实内容在技术上不成熟，导致用户体验不尽人意由于高风险，使用该技术进入市场很困难 |
| 7 | 超越屏幕技术 | 一系列技术，在超链接时代提供对自然用户界面（NUI）和各种用户环境数据的分析，以便它们可以被适当地处理或输出到用户环境的最佳用户界面 | 韩国软件产业的技术竞争力水平与世界领先公司相比为 79.2%；此外，人力资源缺乏、不稳定的 IT 产业结构限制了韩国软件公司在全球市场的潜力 |
| 8 | 人工智能安全 | 一种基于人工智能的技术，使用人工智能技术自动分析和分类威胁，或者确保人工智能模型的稳定性，并使用人工智能防御攻击 | 低技术准备水平（TRL）抑制了人工智能在韩国引入的安全性，网络安全数据由每个私人公司处理，不存在共享安全数据的行业标准 |

续表

| 序号 | 技术名称 | 定义 | 发展因素 |
| --- | --- | --- | --- |
| 9 | 超现实的媒体制作和广播技术 | 一种使用 AR、VR 等沉浸式媒体的技术。制作和播放包括体育、娱乐、电影等内容 | 由于隐私敏感和严格监管，超现实媒体很难商业化。R&D 人员短缺，无法满足新冠病毒感染疫情引发的日益增长的在线演出和广播服务需求 |
| 10 | 绿色包装 | 一项使用环保生物降解塑料包装材料的技术 | 目前 R&D 在绿色包装方面侧重于使用可降解材料或天然材料；需要根据材料的可回收性制定包装材料的分类规定；引入碳税将降低石油基聚合物在市场上的竞争力 |

## 四、英国技术预测关键技术清单

### （一）英国前两次技术预测基本内容

英国第 1 次技术预测（1993—1997 年）涉及 15 个领域，分别是国防与航空航天、交通、材料、健康、生命科学、能源、饮食、农业、自然资源与环境、化工、制造、生产与商务流程、建筑、通信、信息技术和电子。

英国第 2 次技术预测（1998—2000 年）在第 1 轮技术预测的基础上削减至 10 个领域，分别为人造环境与交通，化工，国防、航空航天与系统学，能源与自然环境，金融服务，食物链和工业作物，医疗保健，信息、通信和媒体，海洋学，材料，零售和消费者服务。同时增加了人口老龄化、犯罪防治、制造业 2020，共 3 个主题小组。

### （二）英国第 3 次技术预测报告内容清单

自 2002 年起，英国开始采用主题滚动项目的形式进行预测工作，2009 年启动的“技术与创新未来”项目可以看作是第 3 次技术预测，预测至 2020 年，共分为 3 轮进行。第 1 轮的技术预测报告发表于 2010 年（附表 1–28），但考虑到技术变化的速度，在 2012 年和 2017 年分别发布了更新报告（附表 1–29、附表 1–30）。

**附表 1-28　英国第 3 次第 1 轮的技术预测清单（2010 年）**

| | 技术名称 | 应用技术类别 |
|---|---|---|
| 2010 年报告 | 建筑环境中的环境智能 | 模拟人类行为、生物识别技术、智能传感器网络、下一代网络、安全通信、仿真和建模、监视 |
| | 定制材料设计和超材料 | 3D 打印和个人、制造、建筑及建筑材料、超材料、活性包装、智能材料、智能互动纺织品 |
| | 封闭核循环 | 核裂变、核聚变、氢 |
| | 可取的可持续性和以用户为中心的设计 | 模拟人类行为 |
| | 显示技术 | 智能聚合物、脑 - 机接口、新的计算技术、仿真和建模 |
| | 能源材料与储存 | 碳纳米管和石墨烯、纳米材料、纳米技术、先进的电池技术、生物能源、碳捕集与储存、燃料电池、氢、微型发电、智能电网、太阳能、智能低碳道路车辆、风能、工业生物技术、合成生物学 |
| | 能量清除（包括自供电和低功率装置） | 碳纳米管和石墨烯、纳米材料、纳米技术、智能材料、服务和群体机器人、智能传感器网络及无处不在的计算、仿生传感器 |
| | 设计计算机大脑接口 | 脑机接口、性能增强剂、组织工程、模拟人类行为、安全通信、服务和群体机器人 |
| | 转基因食品和农业 - 下一代健康食品 | 智能仿生材料、农业技术、工业生物技术、核酸技术、组学、合成生物学 |
| | 氢经济 | 燃料电池、氢、微型发电、智能低碳道路车辆 |
| | 轻量级的基础设施 | 3D 打印和个人制造、建筑及建筑材料、碳纳米管和石墨烯、超材料、智能仿生材料、下一代网络、安全通信 |
| | 低强度材料 | 3D 打印和个人制造、建筑及建筑材料、智能仿生材料 |
| | 实时社交数据的管理和处理 | 模拟人类行为、云计算、复杂的智能传感器网络及无处不在的计算、新的计算技术、下一代网络、搜索和决策、仿真和建模、超级计算 |
| | 合成生物学 | 生物能源、氢、回收、太阳能、工业生物技术、核酸技术、组学、合成生物学 |
| | 多感官输入和感知 | 医学成像、模拟人类行为、脑机接口、下一代网络、搜索和决策、仿真和建模 |
| | 新的计算机技术 | 云计算、智能传感器网络及无处不在的计算、新的计算技术、下一代网络、光子学、安全通信、超级计算 |

续表

| | 技术名称 | 应用技术类别 |
|---|---|---|
| 2010 年报告 | 有机太阳能电池 | 3D 打印和个人制造、碳纳米管和石墨烯、纳米材料、智能聚合物、太阳能 |
| | 定制的医学 | 医学成像、核酸技术、组学、干细胞、定制的医学、模拟人类行为、电子健康、复杂的智能传感器网络及无处不在的计算 |
| | 光子学 | 医学成像、智能传感器网络、新的计算技术、下一代互联网、光子学 |
| | 塑胶电子产品 | 智能聚合物、智能仿生材料、太阳能、智能传感器网络及无处不在的计算 |
| | 机器人 | 模拟人类行为、服务和群体机器人 |
| | 传感器网络和斑点检测 | 纳米材料、先进的电池技术、碳纳米管和石墨烯、智能传感器网络及无处不在的计算、安全通信检测 |
| | 干细胞 | 智能仿生材料、工业生物技术干细胞、定制的医学、组织工程 |
| | 合成气 | 生物能源、碳捕集与储存、氢、工业生物技术 |
| | 廉价的基因组 | 碳纳米管和石墨烯、农业技术、核酸技术、组学、干细胞、合成生物学、定制的医学、模拟人类行为、生物识别技术 |
| | 能量屋 | 建筑及建筑材料、先进的电池技术、燃料电池、微型发电、智能电网、太阳能、智能传感器网络及无处不在的计算 |
| | 智能电网－微型发电 | 微型智能电网、复杂性的智能传感器网络、仿真和建模 |
| | 水 | 纳米材料、回收利用、海洋及潮汐发电 |
| 2010 年补充报告（附录） | 材料与纳米技术 | 3D 打印和个人制造、建筑材料、碳纳米管和石墨烯、超材料、纳米粒子材料、纳米技术、智能聚合物（“塑料电子产品”）、主动包装、智能（多功能）和仿生材料、智能互动纺织品 |
| | 能源与低碳技术 | 先进的电池技术、生物能、碳捕获与储存、核裂变、燃料电池、核聚变、微型发电、回收利用、智能电网、太阳能、智能低碳道路车辆、海洋和潮汐动力、风能 |
| | 生物技术和制药部门 | 农业技术、医学成像、工业生物技术、芯片实验室、核算技术、组学、性能增强器（例如认知增强）、干细胞、合成生物学、定制医疗、组织工程、模拟人类行为、脑－机接口、电子健康、生物识别技术、云计算 |

续表

| | 技术名称 | 应用技术类别 |
|---|---|---|
| 2010年补充报告（附录） | 数字和网络技术 | 生物识别、云计算、复杂的智能传感器网络和普适计算、新的计算技术、下一代网络、光子学、服务和群体机器人、搜索和决策、安全通信、仿真和建模、超级计算机、监管、超大数据集、仿生传感器 |

**附表 1-29　英国第3次第2轮的技术预测清单（2012年）**

| 潜在的增长领域 | 技术名称 | 技术应用类别 |
|---|---|---|
| 生物技术和制药部门 | 基因和细胞 | 基因组学、蛋白质组学和表观遗传学、核酸、合成生物学、分层定制医学、干细胞、再生医学和组织工程 |
| | 传感器和计算 | 芯片、医学和生物成像、提高性能的药物（认知性能）、电子健康、模拟人类行为、脑－机接口 |
| | 产品 | 农业技术、工业生物技术 |
| 材料和纳米技术 | 新材料 | 纳米技术、纳米材料、碳纳米管和石墨烯、智能聚合物（“塑料电子产品”）、金属有机框架 |
| | 产品 | 智能（多功能）和生物识别材料、智能互动纺织品、主动包装、超材料、建筑材料、3D打印和人工制造 |
| 数字和网络 | 电子基础设施 | 复杂性、超级计算、云计算、下一代网络、智能传感器网络与普适计算 |
| | 分析工具 | 搜索和决策、模拟和建模 |
| | 处理器、接口和传感器 | 新计算技术、光电子学、安全通信、生物计量学、监管、服务和群体机器人、生物传感器 |
| 能源和低碳技术 | 基础设施 | 智能电网、微型发电、高级电池 |
| | 汽车及其他 | 智能低碳道路车辆、燃料电池、氢 |
| | 资源效率 | 回收利用、碳捕获与储存 |
| | 能源技术 | 核裂变、核聚变、生物能、太阳能、海洋和潮汐能、风能 |
| 新主题 | | |
| 能源转换 | | 生物能源和“负排放”、 备份间歇性电源、实时电网仿真与高压直流输电网 |

续表

| 潜在的增长领域 | 技术名称 | 技术应用类别 |
| --- | --- | --- |
| 满足需求 | | 服务机器人 |
| 以人为本的设计 | | 智能服装、传感器技术 |

附表 1–30　英国第 3 次第 3 轮的技术预测清单（2017 年）

| 领域 | 涉及的技术 | 技术应用 |
| --- | --- | --- |
| 健康 | 合成生物学、再生医学、基因数据的自动化操作 | 再生器官、全天候实验室、基因编辑 |
| 食品工业 | 无人驾驶飞行器、天气传感器 | 阻止疾病暴发、解放土地、离岸水产养殖 |
| 生活 | 身体传感器、建筑信息建模技术（智能建筑） | 辅助工作与生活 |
| 运输 | 新材料和嵌入式传感器、自动驾驶 | 智能道路、远程监控与道路自我修复、自动驾驶（舱） |
| 能源 | 发电技术、多技术融合 | 太阳能燃料、核事故电池包壳、智能电网 |

## （三）英国政府科学办公室近年完成的技术预测项目清单

英国技术预测步入稳定发展阶段以来，已经完成的预测项目有 28 个，通常是综合性、跨领域、具有长远影响力的议题（附表 1–31）。由于各个项目的主题大小和目标需求有所差别，其成果形式和数量也有很大不同。一般项目公布的成果由最终报告及证据文本库（Evidence Base）组成，证据文本库可能包括工作论文、独立论文、研讨会报告、驱动因素综述、情景分析等形式，近期的预测工作尤其注重情景分析。从内容来看，通常侧重于研究科学技术对该主题未来发展的潜在影响，但同时也会考察社会、经济、政治、文化等其他因素的关键作用。

附表 1–31　英国政府科学办公室已完成的预测项目

| 主题类型 | 具体项目 |
|---|---|
| 人口与健康 | 技能学习和终身学习的未来（2017 年）、老龄人口的未来（2016 年）、未来身份（2013 年）、心理资本与幸福（2008 年）、减少肥胖（2007 年）、传染病（2006 年）、毒品未来 2025（2005 年）、认知系统（2003 年） |
| 气候与环境 | 海洋的未来（2018 年）、减少未来灾害的风险（2012 年）、移民与全球环境变化（2011 年）、气候变化的国际维度（2011 年）、土地利用的未来（2010 年）、可持续能源管理与建筑环境（2008 年）、未来的洪水（2004 年） |
| 技术创新 | 技术与创新未来（2017 年、2012 年、2010 年）、电磁频谱的利用（2004 年） |
| 信息网络 | 公民数据制度的未来（2020 年）、金融市场计算机交易的未来（2012 年）、网络信用与犯罪预防（2004 年） |
| 产业发展 | 制造业的未来（2013 年）、食物与农业的未来（2011 年）、世界贸易可能的未来（2009 年） |
| 交通与基础设施 | 移动出行的未来（2019 年）、智能基础设施的未来（2006 年） |
| 城市化 | 城市的未来（2016 年） |

## 五、德国技术预测关键技术清单

### （一）第 1 轮技术预测成果清单

（1）现有领域的 14 个未来主题

2009 年，德国从高科技战略的 17 个主题领域和各部门正在进行的预测活动中，确定了 14 个未来主题，即健康研究、流动性、能源、环境和可持续发展、工业生产系统、信息和通信技术、生命科学和生物技术、纳米技术、材料和物质及其制造工艺、神经科学和学习研究、光学技术、服务科学、系统和复杂性研究、水基础设施等。

这些未来主题的确定步骤为：①与国家和国际专家讨论，②进行评估和分类，主要询问未来课题的研究前景和结构在多大程度上稳定或仍在变化，③在与一开始提出的问题进行对照衡量之后，进行主题选择。

（2）7个新的未来领域

通过对现有领域及其未来主题的全面调查，凝练提出了以下新的未来领域：①人类技术合作；②破译老化；③可持续生活空间；④生产消耗2.0；⑤跨学科模型与多尺度仿真；⑥时间研究；⑦可持续能源解决方案等。

## （二）第2轮技术预测成果清单

2012—2014年，BMBF进行了第2轮技术预测，重点是社会发展及挑战，主要聚焦2030年社会和科学技术的新发展，特别是健康、科技创新、教育、经济、政治等领域，着眼于找出2030年之前德国将要面对的全球性社会挑战。本节主要围绕第2轮技术预测得到的60项社会发展趋势及七大挑战作简要介绍。

（1）60项未来社会发展趋势

基于第2轮技术预测的任务目标，BMBF对重复的和相似的主题趋势进行整合，最终可以形成150种被确定的主题。技术预测办公室的核心小组成员结合选取标准，然后进行详细讨论，最后分析并总结出了60项主题的社会发展趋势。涵盖社会、文化、生活质量、商业、政治以及治理等诸多方面。BMBF将60项趋势归为三大类进行阐述：社会、文化、生活质量；商业；政治与治理。

如附表1-32所示，BMBF对社会、文化、生活质量，商业，政治与治理3个类别分别总结出27项、22项和11项社会发展趋势。

**附表1-32　德国第2轮技术预测的60项社会趋势**

| 类别 | 名称 |
| --- | --- |
| 社会、文化、生活质量 | 1. 数字竞争的压力增强（发展新型媒体与技术的压力与日俱增） |
| | 2. 全民科学成为社会与科学领域的新挑战 |
| | 3. 开放式知识获取——知识获取更便捷且全部免费 |
| | 4. 高等教育全球化与虚拟化 |
| | 5. 大学校园知识转移引发学术文化转型 |
| | 6. 社会创新受到更多关注 |
| | 7. 女性成为全球变革的先锋力量 |
| | 8. 时间主权意愿提高（工人们决定个人工时的权力） |

续表

| 类别 | 名称 |
|---|---|
| 社会、文化、生活质量 | 9. 家庭构成多样化 |
| | 10. 青少年成为未来边际群体 |
| | 11. 欧洲穆斯林文化不断发展 |
| | 12. 农村成为塑造后增长型社会的先导因素 |
| | 13. 友谊的社会功能愈发重要 |
| | 14. 人与动物间联系的转变 |
| | 15. 噪音：被忽视的环境与健康课题 |
| | 16. 反弹效应成为可持续发展中被忽视的矛盾面 |
| | 17. 消费品流通的新需求对潜在环境问题与垃圾处理系统有滞后影响 |
| | 18. 抵抗肥胖的力度增加 |
| | 19. 人们更倾向于形体和心理的自我完善 |
| | 20. “死亡文化”，由抑制到自决的转变（自己决定死亡方式或地点，如安乐死医院） |
| | 21. “数字遗产”概念界定的需求不断增加 |
| | 22. 互联网时代下信任的重要性增加 |
| | 23. 免费试用数字产品的需求增加 |
| | 24. 使用以牺牲隐私为代价的新技术或为保护隐私排斥新科技逐渐成为争议点 |
| | 25. 人机关系正在机器自动化与人为操控的平衡状态下发展 |
| | 26. 民用无人机逐渐渗透进人们的日常生活 |
| | 27. 游戏化——劝导型游戏在生活中的地位提高 |
| 商业 | 28. 信息技术正逐渐替代当前高薪岗位 |
| | 29. 再工业化趋势明显 |
| | 30. 自助制造物品趋势明显 |
| | 31. 新型文化交流模式正在形成 |
| | 32. 记录个人消费印记（含生态、社会等）的消费方式正在形成 |
| | 33. 与快餐时尚相对的慢消费（购买优质、使用寿命长的产品）正在形成 |

续表

| 类别 | 名称 |
|---|---|
| 商业 | 34. 众筹正成为一种可选的融资模式 |
| | 35. 基于伦理及价值观念的金融服务逐渐发展 |
| | 36. 急于收回短期资本的投资人越来越多 |
| | 37. 全球金融系统的长期发展方案可靠性增加 |
| | 38. 专利法的使用将受到限制 |
| | 39. 经济增长和社会繁荣的新范式正在形成 |
| | 40. 公共财政或将疲软 |
| | 41. 共同利益再挖掘的趋势明显 |
| | 42. 产生于非洲的创新活动（如检测药品纯度的信息系统）正成为创新事业的新方式 |
| | 43. 节约型创新与高科技创新模式互为补充趋势明显 |
| | 44. 极端气候区域内的经济活动正加快发展 |
| | 45. 新兴经济中的企业作用增加 |
| | 46. 全球城市中产阶层或将影响城市可持续发展规模 |
| | 47. 全球发展过程中的社会分化趋势明显 |
| | 48. 新型全球创新形式正在形成（新兴国家正成为全球创新孵化器） |
| | 49. 区域在全球经济中的作用日趋重要 |
| 政治与治理 | 50. 应对城市中的全球化挑战正成为城市治理的趋势 |
| | 51. 拥有后民主决策能力的新型政府架构正在形成 |
| | 52. 未来欧洲一体化方案可能引发的社会趋势 |
| | 53. 网上抗议新形式正在形成 |
| | 54. 老年人对“抗议文化”的塑造起作用 |
| | 55. 进步观念与成就感的丧失日趋明显 |
| | 56. 年轻人的价值观念正朝全球同理的方向转变 |
| | 57. 新型公共空间正在形成 |
| | 58. 政策透明化的影响正逐步显现 |

续表

| 类别 | 名称 |
| --- | --- |
| 政治治理 | 59. 社会凝聚力在当今社会中的作用日趋显著 |
| | 60. 移民带来的种族文化演变正在形成 |

（2）七大重要趋势领域对创新政策的挑战

技术预测办公室的专家采用相关性分析对 60 项社会趋势展开研究，选出 7 个重要的趋势领域，每个趋势领域中都含有多个社会趋势。BMBF 深入分析已有趋势资源，整理补充文献资料及专家意见，进一步分析七大重要趋势领域，推测出每个趋势领域的演变路径、可能给社会带来的机遇与风险以及对创新政策的挑战。

1）民众给研究与创新机制带来的挑战

民众对创新与研究的参与热情为德国的研发起到了推动作用，越来越多的公民热衷于“自己动手”（Do–it–yourself），由此带来的社会创新新气象可以激发生产潜力，激励人才发展并支持当地可持续经济结构的发展。

2）智能化时代给学习和工作带来的挑战

智能化时代中涌现出了许多新变化，如新兴计算机、线上游戏、网络讲座活动、网络辅助学习数据分析、教育数据挖掘（EDM）、学习过程的算法管控、自治计算机学习，以及智能算法等等。这些新变化不但能极大地影响 2030 年前人们的受教育水平，还可以大大减轻人们的工作负担。

3）全球创新环境下的新驱动力及作用因子带来的挑战

从地域层面看，全球创新事业的中心正加速转向亚洲，以中国和印度为此趋势的代表，韩国、马来西亚、泰国、新加坡等国紧随其后。德国在研究与创新政策方面，正面临与新伙伴国家发展新型合作形式，以及将创新战略与不断变化的创新环境相适应的双重挑战。

4）新型治理过程中所面临的挑战（从治理城市中的全球化问题到开展新形式的多边合作）

21 世纪，民主政治系统的管理将作用在纷繁复杂的国际规则当中。新兴治理结构将会在 2030 年以前出现。未来世界金融的不确定性是研究与创新过程中的挑战。科技与政治治理有很大的关系，在政治系统与政治环境越来越复杂的情况下，建立与治理过程相关的知识库就十分必要。因此让研究与创新政策确保科研系统提供与应对全球挑战息息相关的知识库，将成为未来的一项挑战。

5）平衡可持续、繁荣和生活品质三要素，以及形成新兴增长模式的过程中所面临的挑战

人们的社会价值观念在改变，生活品质不再依赖金融财富和经济增长，无形商品正逐渐取代金融利润的地位。人们的消费方式也在发生着变化，许多欧洲居民正在努力控制个人生态印记（Ecological Footprint），减少购买新商品。然而现有的社会结构和组织机构乃至经济都是建立并依靠在经济增长之上的，因此要以一种科学、安全的方式突破经济增长的限制，塑造新的社会结构和组织机构是未来的挑战。

6）政策透明化、以牺牲隐私为代价的新技术，以及为保护隐私对新技术的排斥所带来的挑战

数字化与网络是全球经济增长的关键驱动因素，也在逐步改变着人们生活的方方面面。任意使用个人数据、将碎片化的数据搜集为大数据加以利用等这些行为将给人们正常的生活带来挑战。个人信息、商业机密都有可能在当事方不知情的情况下为第三方所掌握。这种挑战除了对隐私领域造成文化上的影响外，还可能对德国产业产生消极的经济影响。

7）人们在多元社会中谋求归属感或产生分化的过程中所面临的挑战

2030 年以前，由贫困、战争、技术工人需求所引发的全球移民浪潮对社会的深刻影响将显现出来。不同文化和亚文化群汇聚在一起，使得人们形成独特的多元文化身份和世界观。然而，反对多元文化主义、对移民的排斥和疑虑，以及对欧盟的批判不但对欧洲一体化有消极影响，还会影响国际政治、商业、科研等领域的合作。未来欧洲的联结程度会影响科研事业，因此建立适宜的控制机制会成为未来的一项挑战。

### （三）第 3 轮技术预测成果清单

德国第 3 轮技术预测通过发布 80 个议题，对德国 2030 年以后的未来社会进行描述。议题范围涉及科技、经济、政治、生态、社会文化等方面，根据议题特征划分为冲突类、趋势类、新兴类和弱信号 4 个类别，展现出透视未来的新视角。

（1）冲突类议题

冲突类议题主要展现此类新议题的出现对未来社会可能带来的多重影响。展望2030年以后的德国社会，技术的发明和应用在提高人民生活水平的同时，也带来了很多新问题。例如，在经济领域，新技术的发展加大对关键原材料的需求，带来新的供求冲突。在政治领域，世界城市4.0不断发展，但也带来城市权力扩张的问题。在生态领域，二氧化碳排放的减少，也会对气候平衡产生影响。在社会文化领域，新事物的出现正在考验社会的歧义容忍度等。

（2）趋势类议题

趋势类议题涉及已经出现并将可持续发展的话题。展望2030年以后的德国社会，科技领域的趋势性议题较多。例如，基于基因的新疫苗将出现，电子产品呈现小型化，供体器官将得到发展等。在经济领域，无现金社会成为可能。在政治领域，北极领土主张将备受关注。在生态领域，耐热城市将得到发展。在社会文化领域，疲惫社会、孤独社会将备受关注，中国文化的影响力将加强。

（3）新兴类议题

新兴类议题是指在未来对于研究和教育政策可能具有重要意义的、正在发展或正在出现的问题。2030年以后的德国社会，科技领域的新兴类议题分布较多。如微型人工智能、后锂离子电池、高科技建筑等新兴事物将出现并应用到生活中。在政治领域，将出现殖民海洋（在海洋中生活）、新太空经济等新兴事物。在生态领域，二氧化碳作为资源被重视，森林的治愈力将被挖掘。在社会文化领域，涉及人口高峰，深度阅读，非洲文化，活体机器人等话题。

（4）弱信号议题

弱信号议题主要提示很可能出现的萌芽事物。2030年以后的德国社会，科技领域弱信号议题主要有人脸识别技术的应用。政治领域，出现气候俱乐部这一新的组织模式，可能成为应对气候变化的有效方式。生态领域，对下一场流行病X的研究可能是未来需要。社会文化领域，智能监管和性别特异性医学都可能成为未来新兴话题。

## 六、俄罗斯技术预测关键技术清单

2007年，俄罗斯联邦教育与科学部启动的第2次技术预测活动，主要覆盖7个优先研究领域，即信息通信技术、生物技术、医学和健康、新材料和纳米技术、环境管理、运输和空间系统、能源效率和能源节约，共46项关键技术。各优先研究领域对应的关键技术及未来研究的预期结果如附表1–33至附表1–39所示。

### （一）信息通信技术领域技术清单

信息通信技术领域技术清单如附表1–33所示。

附表 1–33　信息通信技术领域技术清单

| 序号 | 关键技术名称 | 未来研究的预期结果 |
| --- | --- | --- |
| 1 | 计算机架构和系统 | 基于新计算原理的原型系统；<br>基于新型数据匹配、存储和交换原则的原型计算机系统单元；<br>基于新范例（包括神经、生物、光学、量子、自同步和递归系统）的计算机架构组件的研究方法和原型 |
| 2 | 远程通信技术 | 兆比特数据传输速率的网络模型和通信基础设施；<br>基于新型组织原理的网络模型，包括认知、混合、自适应、可重配置和异构网络；<br>保证动态资源分配的系统原型；<br>新一代研究系统的原型，允许通过实验传输大量数据，执行研究数据的分布式处理，并为分布式研发团队提供共同的合作机会 |
| 3 | 数据处理和分析技术 | 多语言软件系统原型，用于从非结构化或结构不良的数据中提取信息并将信息形式化；<br>新型知识存储和分析系统工具；<br>以自然语言表达的信息软件、语义分析和计算机语义翻译系统的原型；<br>基于新原理，用于处理、搜索、分析和虚拟化的原型软件系统，包括基于非常大的数据阵列、流程的决策支持以及情景识别软件系统；<br>使用静止和运动图像对复杂3D场景进行实时分析的原型软件系统；<br>研究用于存储、处理和分析包括媒体数据的多组分数据流的模型及其原型软件系统 |

续表

| 序号 | 关键技术名称 | 未来研究的预期结果 |
| --- | --- | --- |
| 4 | 基础元件、电子设备和机器人 | 基于全新特征的扩展功能集成电路块的实验设计和原型，包括元件和基底的相互影响；<br>基于具有本地异步自控制和误差管理机制的自同步逻辑原型微处理器和极大通信集成电路；<br>基于量子效应的原型基础原件，单电子、自旋电子和光子；<br>原型生物仿制和人形机器人装置、自学机器人、人造机器人神经系统、机器人组管理系统 |
| 5 | 预测模型、新型系统运行 | 复杂系统（技术、社会经济、政治、运输等）和物理、化学、生物，以及其他对象性质的预测模型原型软件系统，目前阶段的预测精度和复杂程度无法实现；<br>自然、社会、人道主义领域、网络空间等新模式的原型软件处理系统；<br>基于新原理、模型和管理流程的大型系统（社会经济、技术、运输等）自动化管理的原型软件系统；<br>用于实施人类认知机制、言语和精神活动的混合模型原型软件系统；<br>人类智力建模技术；<br>利用研究模型和原型设备来实现人机交互的新原则 |
| 6 | 信息安全 | 基于全新范式的原型计算机基础设施保护系统，包括量子密码学和计算、神经认知原理；<br>数据保护系统的原型预期工具和软件，其考虑到数据组织和数据对象交互的新原则，包括信息系统的全球整合、无处不在的应用程序访问、新的互联网协议、虚拟化、社交网络、移动设备的数据和地理位置；<br>基于新原理，用于生物特征识别、处理、集成和分析多模态生物特征数据的原型软件系统，包括新领域（社交网络、使用地理信息的应用程序、财产保护、游戏等）中的应用 |
| 7 | 算法和软件 | 包括对象导向功能逻辑规范语言、“无程序员编程”、主题导向、自然语言程序设计，支持各种软件功能可视性的新型语言和原型编程系统；<br>原型前沿系统软件组件，包括提高数据处理效率，提供满足需求的可靠证据，支持预期架构等；<br>适用于新一代计算机系统的研究模型和算法；<br>基于新型并行计算模型的原型软件系统；<br>基于新颖的分布式计算原理的原型软件系统，利用私有的计算机和移动设备；<br>原型软件系统和具有本地异步自控和错误管理机制的操作系统；<br>研究模型、原型自动化、自动化软件分析系统（包括其各种功能的可验证性）以及软件转换系统（包括通过各种标准进行优化、并行化、反演、组合和推出新软件）；<br>基于新技术和算法的研究模型和原型机学习软件系统，包括处理规模极大且零碎的数据源 |

## （二）生物技术领域技术清单

生物技术领域技术清单如附表 1–34 所示。

附表 1–34 生物技术领域技术清单

| 序号 | 关键技术名称 | 未来研究的预期结果 |
| --- | --- | --- |
| 8 | 生物技术研究的科学基础和方法 | 基因组和后基因组技术，系统、合成和结构生物学，生物工程和生物信息学的新方法 |
| 9 | 工业生物技术 | 制造工业、农业、医疗产品的生物技术，包括传统的（生物活性化合物、食品、饲料等）和新的（重组蛋白质、生物聚合物、有机合成产品、生物可降解塑料等），包括以下几个方面：<br>基于使用代谢工程技术对生产有机体的途径进行可修饰的生物活性化合物（氨基酸、抗生素、蛋白质和肽制剂等）的实验室生产水平；利用可再生原材料生产生物材料和有机合成产品的新方法，以替代传统化学制造并开发具有独特属性的创新产品、菌株和微生物生产组织；<br>未来应用于生物催化工程的酶，包括耐受实际生物处理技术过程极端条件（高温、酸碱、盐分、有机溶剂等）的酶；<br>通过合理设计和 / 或定向进化方法生产的具有改良功能特性的人工蛋白质；<br>微生物菌株——生物活性成分（生物农药、生物杀虫剂等）的生产者，以形成植物保护的生物方法；<br>未来应用于生物技术过程和生物电源制造的微生物和微生物群落；<br>借助生物技术开发具有改良特性、用作原材料的非食品生物质的新型来源（快速生长的树木和水生植物、微藻等）；<br>实验室层面的生物处理技术促进基于新菌株和新发酵原理的生物气态基质的使用 |
| 10 | 农业生物技术 | 通过应用先进的技术管理农业植物、动物和微生物的基因资源提高农业生产效率；<br>保护植物并提高生产力的创新生物技术；<br>利用生物工厂（植物和动物）生产新的工业和医疗生物产品 |
| 11 | 环境生物技术 | 基于生物技术的环境污染监测系统；<br>使用活生物体恢复生态系统——生物降解；<br>保护材料和技术物品免受生物侵害和生物腐蚀 |

续表

| 序号 | 关键技术名称 | 未来研究的预期结果 |
| --- | --- | --- |
| 12 | 食品生物技术 | 新的和传统的食物来源、成分、食品加工技术、功能性食品、婴儿食品、特种饮食和医疗食品、低致敏性食品和生物活性添加剂的安全评估系统，其中包括：<br>可高度敏感地检测食品和食品原料样品中污染物（异生物、真菌/细菌素、农药、兽用制剂等）的仪器；<br>基于检测特异性生物大分子（核酸、蛋白质等）的实验室级食品可靠性控制技术 |
| 12 | 食品生物技术 | 新益生菌、益生元、合生素、酶和食品添加剂样品；<br>乳酸菌等新技术微生物的新菌株；<br>具有特定生物学特性和最优技术特性的微生物菌群用于制造生物活性物质、有用的蛋白质产品和低价产品原料（通过废物、加工蔬菜和动物原料获得）的实验室级生物技术工艺 |
| 13 | 林业生物技术 | 新形式的具有特定性质的木本植物及植物储备；<br>评估种子材料的质量；<br>监测苗圃和森林种植园的植物检疫状况；<br>锯木厂废物的深加工和回收技术；<br>先进的林木种植管理系统（含 DNA 标记技术）；<br>生物森林防护技术 |
| 14 | 水生物养殖 | 源自海洋和内陆水库水产（鱼、牡蛎、贝类、甲壳类动物、藻类、浮游生物）的有效产品；<br>水产深加工系统，以及其在生产有需求的食品、饲料、兽医和医疗产品中的应用 |

## （三）医学和健康领域技术清单

医学和健康领域技术清单如附表 1-35 所示。

附表 1-35　医学和健康领域技术清单

| 序号 | 关键技术名称 | 未来研究的预期结果 |
| --- | --- | --- |
| 15 | 新型候选药物 | 临床前概念验证阶段开发的新药，包括预防和治疗多种社会重大疾病的制剂（心血管、神经、肿瘤、血液、自身免疫、内分泌、传染病等），包括：有效治疗靶点的新药物分子、用于复制社会重大疾病的一系列实验动物和细胞系；<br>新的高效疫苗，包括预防和治疗传统疫苗技术对其无效的传染性和肿瘤疾病的结合疫苗与 DNA 疫苗；<br>基于重组蛋白质和单克隆抗体的药物；<br>再生医学制剂；<br>通过新分子靶点生效的高效药物 |
| 16 | 分子诊断 | 基于确定生物分子（核酸、蛋白质、脂质、多糖、小分子化合物）结构和功能的新诊断技术和系统，包括：<br>诊断技术、测试系统和复合物，主要目标为在发病前检测出社会重大、新型高效实验室诊断技术、蛋白质和其他大分子代谢物（包括脂质、糖蛋白、RNA 等）的定量和结构分析；<br>基于分子标记物的社会重大疾病（心血管病、瘤、血液病、内分泌等）实验室诊断技术和工具；<br>定量检测不同阶段的炎症和慢性病标记物（小分子代谢物、离子和微量元素）的新技术；<br>心血管病、肝病、生殖系统疾病和脂质代谢紊乱的个人易感体质的分析工具 |
| 17 | 分子表达谱、分子识别与细胞病理机制 | 人类蛋白质电子目录（图谱），包括：<br>组织和器官蛋白质组的实验数据以及作为疾病标记物的蛋白质之间的功能联系；<br>蛋白质组表达谱的软硬件方案、试剂和材料；<br>由一组 RNA 分子（转录组）蛋白质（蛋白质组）和小分子化合物（代谢物组）构成的遗传物质的高效分析和应用技术；<br>能够发现生物样本中单个大分子的高灵敏度分子传感器；<br>蛋白质组生物标记物——疾病的潜在分子靶点；<br>浓度在 $10^{-12}$ M（1 M=1 mol/L）以下的蛋白质标记物定量研究试剂 |

续表

| 序号 | 关键技术名称 | 未来研究的预期结果 |
|---|---|---|
| 18 | 生物医学细胞技术 | 基于细胞和再生技术，恢复由心血管病、肿瘤、内部器官功能障碍、烧伤、营养不良性、代谢疾病和创伤所损坏的器官和组织结构的产品，包括：<br>治疗表面损伤（烧伤、伤口、溃疡等）的组织等效物，应用于创伤学和心血管病治疗；<br>干细胞培养的生产无细胞产品的环境；<br>组织工程构建体移植技术，包括其血液供应和神经分布；<br>遗传性和代谢性疾病细胞治疗的临床方案；<br>应用再生过程和无细胞技术的生物替换材料；<br>生物替换组织工程构建体，使创伤后的紧急神经分布和供血恢复成为可能；<br>人体器官等效物（胰腺、肝、视听分析器）；<br>干细胞自身基因的遗传改良和利用诱导多潜能干细胞治疗心脏功能不全病发作后的心肌再生、血液循环受损、周围神经和神经组织修复的技术；<br>大脑活动神经化学机制、行为反应建立和人体多种依赖的新研究方法；治疗和控制帕金森病、精神分裂症、抑郁症、酗酒、药物成瘾和神经肌障碍的不良后果的新方法；<br>视网膜畸形导致失明的部分或完全恢复方法；<br>使用细胞光刺激技术（光遗传学）治疗神经系统疾病的临床方案 |
| 19 | 生物电动力学和辐射医学 | 基于电磁领域靶向应用、高能放射、细胞和组织电动力学建模的诊断和治疗技术及软硬件解决方案；<br>生命体状态配准和调整的新界面；<br>电动力学和放射治疗技术应用的实验室规范；<br>神经疾病光遗传学诊断和治疗系统的软硬件 |
| 20 | 人类基因组数据库的建立 | 基因组信息国家数据库；<br>应用基因组研究中心网络；<br>潜在生物靶数据银行 |
| 21 | 生物可降解和复合医用材料 | 多成分生物相容性材料制成的新一代产品，应用于心脏病学、肿瘤学、整形外科、创伤学、口腔医学和其他医学领域，包括：<br>基于金属、陶瓷和聚合物用于组织和骨移植的生物活性涂层移植体；<br>生物可吸收基质；<br>混合支架、肠道支架和心脏支架、高效抗菌敷料等 |

## （四）新材料和纳米技术领域技术清单

新材料和纳米技术领域技术清单如附表 1–36 所示。

附表 1–36　新材料和纳米技术领域技术清单

| 序号 | 关键技术名称 | 未来研究的预期结果 |
|---|---|---|
| 22 | 建筑及功能材料 | 基于纳米复合材料的梯度涂层，为来自外部因素的节点和聚集体提供有效的保护；<br>复合金属间纳米结构涂层，得以在极端条件下保护建筑物；<br>高强度高模数螺纹的碳纤维陶瓷基复合材料，其质量降低，热稳定性增加，可用于飞机、火箭和空间站结构组件的生产；<br>具有新颖结构和性能的新一代建筑材料，主要是力学建筑材料，可提高耐久性、可塑性、硬度、断裂强度、耐疲劳性等；<br>通过采用纳米尺度结构元件实现新功能的新型材料（光学、运输、辐射等）基于光子纳米开关的多核处理器，增加芯片内连接通过量并降低能耗；<br>将 90% 的发光能量转换成电能的太阳能电池，利用太阳光谱的红外和短波段的电池；<br>基于纳米材料的替代电源的新材料；<br>超强大的陶瓷磁铁，用于制造高性能的电气工程设备、部件等 |
| 23 | 混合材料、聚合技术、仿生材料和医用材料 | 基于生物陶瓷骨植入物和生物复合材料增强活组织材料供应，填补骨缺损等；<br>由多孔生物相容性纳米复合材料开发的靶向给药和癌性肿瘤影响系统；<br>基于质粒 DNA 和干扰 RNA 且可作为基因材料，进行靶向给药的纳米复合材料；<br>使用纳米结构涂层制成的用于直接读取核苷酸序列的设备 |
| 24 | 材料和工序的计算机模型 | 用于材料和工序的预测多尺度建模的新概念和程序（包括对一系列实验数据计算的测试）；<br>高生物特性的生物化学活性材料复合系统的多参数计算新技术，智能建筑材料等 |
| 25 | 材料诊断 | 新型的诊断系统；<br>实现高度信息化的竞争技术获得可靠的结果，并研究对象的内部结构；<br>在物理和化学过程中控制复合系统状态的新概念；<br>用于原子级分辨率材料表面的可视化新系统 |

## （五）环境管理领域技术清单

环境管理领域技术清单如附表 1–37 所示。

附表 1–37　环境管理领域技术清单

| 序号 | 关键技术名称 | 未来研究的预期结果 |
|---|---|---|
| 26 | 节约环境和环境安全 | 减少经济活动（生产和生活垃圾、大气中的污染物排放、水体排放）对环境和人们健康的负面影响；<br>在全球主要经济部门开发和应用环保技术 |
| 27 | 环境状况检测、自然环境和人为紧急情况的预测和评估 | 监测、评估和预测环境、自然和人为紧急情况以及气候变化状况的系统，以便后续应用先进技术减少对经济和公共卫生的任何负面影响 |
| 28 | 矿场和碳氢化合物资源的勘查与综合开发 | 利用先进的勘探技术对自然资源及其生产进行有效的管理，包括从石油做起增加碳氢化合物储量 |
| 29 | 海洋、北极和南极资源的研究与开发 | 用于在极端气候和环境中进行海洋勘探和提取碳氢化合物的安全而又高效的技术，包括：<br>预防和管理意外漏油后果的方法；<br>用于勘探和开采沿海、深水大陆架固体矿物的技术 |

## （六）运输和空间系统领域技术清单

运输和空间系统领域技术清单如附表 1–38 所示。

附表 1–38　运输和空间系统领域技术清单

| 序号 | 关键技术名称 | 未来研究的预期结果 |
|---|---|---|
| 30 | 综合运输空间的发展 | 建立一个可用于发展俄罗斯联邦的运输和经济平衡，并预测其动态，以便科学地确定高效运输基础设施的规划和发展，以及国家型的综合交通运输系统；<br>建立一个可以根据运输和经济平衡数据模拟运输通信网络中的运输流的系统；<br>建立一个用于基于专门的模型、运输和经济平衡，在联邦、地区间和地区内层面对俄罗斯空间综合交通运输进行战略管理的综合系统；<br>大量的高效技术，用于运输建设，以及国家交通基础设施 |
| 31 | 提高运输系统的安全性和环保性 | 建立一个系统，可用于监测运输系统的环境、工程和技术安全，为特殊区域的各类运输系统提供技术安全及其对环境的有害影响的综合分析评估。<br>整合国家多级系统，以确保运输工程和技术安全，支持各级联邦政府机构和各种所有权形式的运输公司，并采取一系列措施，以减少运输对环境的负面影响 |
| 32 | 新型交通运输与空间系统 | 智能高速运输系统；<br>空间、航空和亚轨道系统 |

## （七）能源效率和能源节约领域技术清单

能源效率和能源节约领域技术清单如附表 1–39 所示。

附表 1–39　能源效率和能源节约领域技术清单

| 序号 | 关键技术名称 | 未来研究的预期结果 |
|---|---|---|
| 33 | 化石燃料的有效勘探和开采 | 非常有前景的环保化石燃料勘探技术和具有高回收率的生产技术 |
| 34 | 高效环保的热电工程 | 下一代有机燃料、环境和气候友好型热力发电机组，接近最高效率系数和高性能值 |
| 35 | 安全的核电工程 | 安全的核电厂和高效的燃料循环 |
| 36 | 高效利用可再生能源 | 可持续能源应用的新技术，以及全国新发电行业的发展 |
| 37 | 有机燃料的深加工 | 发现能够提高俄罗斯生产的有机化石燃料使用效率的最佳方式；<br>相应的科技研究，以便开发将极大提高燃料生产行业附加值和国家出口潜力的预期技术 |
| 38 | 电力和热能的高效储存 | 应用于电能和供热系统（“电网”消费）及个人消费者的新型电能和热能储存技术 |
| 39 | 燃料和能源的高效运输 | 燃料和能源长途运输的新技术 |
| 40 | 高效能源消耗 | 主要用在耗电行业（冶金、化工、机械工程、运输等）以及住房、社区服务和社会部门，可大幅度减少终端用户能源损失的新技术、工具和控制技术 |
| 41 | 新型发电技术与系统的模拟 | 系统分析能源发电科技的新技术、数学模型和计算工具，开发大规模电力工程系统最优的管理方式和运行方式，实现运行的可靠性和安全性；<br>分析与预测全球能源系统和能源市场的发展趋势；<br>及时把握全球电力工程的新兴重大技术趋势；<br>预测主要创新能源相关技术的开发与应用；<br>提供对俄罗斯一次和二次能源资源外部需求的可靠预测，开发并及时调整俄罗斯国外能源市场行为的最佳长期战略 |
| 42 | 建立电力工程的先进电子元件基地 | 俄罗斯在智能的能源系统、新型能源发电和节能技术中应用的先进电子元件 |

续表

| 序号 | 关键技术名称 | 未来研究的预期结果 |
|---|---|---|
| 43 | 新型电力工程应用的新材料与催化剂 | 可用于新一代新能源生产、消费、运输过程技术和系统的新材料 |
| 44 | 氢能 | 用于氢气的生产、储存和使用的新技术，以支持大规模氢能工程的转变 |
| 45 | 新型智能的能源系统 | 控制系统的彻底改进，主要发电系统的可靠性和性能：发电、燃气运输和集中供热 |
| 46 | 新型生物能源 | 生产和高效利用能源生物质的新技术，二氧化碳直接生产发动机燃料和全国新发电行业的发展 |

## 七、欧盟技术预测关键技术清单

欧盟研发框架计划从 1984 年的第一研发框架计划（FP1）发展到 2014 年第八研发框架计划（FP8），再到欧盟第九研发框架计划——“地平线欧洲”计划（2021—2027 年），共计经历 9 个阶段。

### （一）欧盟第 1 ~ 7 次研发框架计划

第 1 ~ 7 次研发框架计划关键技术主题如附表 1-40 所示。

附表 1-40 第 1 ~ 7 次研发框架计划关键技术主题

| 预测活动 | 序号 | 关键技术主题 | 具体内容 |
|---|---|---|---|
| 欧盟第一框架计划 | 1 | 能源 | |
| | 2 | 增强工业竞争力 | |
| | 3 | 信息技术 | |
| | 4 | 改善工作生活条件 | |
| | 5 | 发展援助 | |
| | 6 | 农业 | |
| | 7 | 原材料管理 | |

续表

| 预测活动 | 序号 | 关键技术主题 | 具体内容 |
| --- | --- | --- | --- |
| 欧盟第二框架计划 | 1 | 信息技术与通信 | |
| | 2 | 能源 | |
| | 3 | 传统产业改造 | |
| | 4 | 生活质量 | |
| | 5 | 科技合作 | |
| | 6 | 生态资源 | |
| 欧盟第三框架计划 | 1 | 信息技术与通信和工业材料 | |
| | 2 | 自然资源管理（包括环境、生命科学与技术、能源） | |
| 欧盟第四框架计划 | 1 | 信息技术与通信技术 | |
| | 2 | 工业技术 | |
| | 3 | 环境 | |
| | 4 | 生命科学与技术 | |
| | 5 | 能源 | |
| | 6 | 交通 | |
| | 7 | 社会经济研究 | |
| | 8 | 国际合作 | |
| | 9 | 成果转化 | |
| | 10 | 人力资源 | |
| 欧盟第五框架计划 | 1 | 卫生与生命科学技术 | 包括传染和有毒物质的测试和消除技术的研究与开发，新的食品生产和加工技术，控制疾病传播疫苗的研究与开发，新型医疗卫生产品的研究与开发，高效生物催化和废物处理的技术，新型和可持续发展的农业、牧业和水产养殖技术，生物材料的综合生产和开发技术，森林资源的多用途和可持续利用技术等 |

续表

| 预测活动 | 序号 | 关键技术主题 | 具体内容 |
| --- | --- | --- | --- |
| 欧盟第五框架计划 | 2 | 信息技术 | 包括通信、计算机和电视广播三网合一的技术，个人移动通信技术，信息社会关键技术的应用，支持提高管理效率、建立与用户友好的新工作环境以及新型供应商与消费者关系的信息技术，网络信息安全技术，确保竞争力和可持续增长的关键技术 |
| | 3 | 制造技术 | 包括面向客户的高技术密集型的生产方式，新型和微型化产品的工艺流程、机械与生产设备和系统、零部件的制造技术，交通技术，航空技术 |
| | 4 | 能源和环境技术 | 包括清洁能源技术，生物热转化，风能、光电、太阳能集聚技术，燃料电池，混合能源技术，提高能源利用率的技术，核裂变技术的研究与开发，核电设备安全运行技术的研究与开发 |
| | 5 | 原材料技术 | 包括先进陶瓷、聚合物、合成材料、电子与光子原材料的研究与制造 |
| | 6 | 跨学科技术 | 包括光子技术、纳米技术、生物电子技术、生物兼容原材料技术和光电子技术 |
| 欧盟第六框架计划 | 1 | 用于人类健康的基因和生物技术 | |
| | 2 | 信息社会技术 | |
| | 3 | 纳米技术与纳米科学 | |
| | 4 | 航天和空间技术 | |
| | 5 | 食品质量与安全 | |
| | 6 | 可持续发展领域 | |
| | 7 | 经济和社会科学领域 | |
| 欧盟第七框架计划 | 1 | 健康 | |
| | 2 | 食品、农业与生物技术 | |
| | 3 | 信息通信技术 | |
| | 4 | 纳米技术、材料科学和新生产技术 | |

续表

| 预测活动 | 序号 | 关键技术主题 | 具体内容 |
| --- | --- | --- | --- |
| 欧盟第七框架计划 | 5 | 能源 | |
| | 6 | 环境和气候变化 | |
| | 7 | 交通 | |
| | 8 | 社会、经济科学和人文学 | |
| | 9 | 安全 | |
| | 10 | 空间科学 | |

## （二）欧盟第八研发框架计划（地平线 2020）

欧盟第八研发框架计划（地平线 2020）如附表 1-41 所示。

附表 1-41　欧盟第八研发框架计划（地平线 2020）

| 序号 | 关键技术主题 | 具体内容 |
| --- | --- | --- |
| 1 | 玛丽·斯克罗多夫斯基·居里计划 | 通过训练和生涯发展培养卓越的研究人员 |
| 2 | 未来的新兴技术 | 拥有最前沿的新兴技术将保持欧洲的竞争力和创新能力，高技术的工作意味着比其他地方更具活力并且在思想上有所领先 |
| 3 | 世界级的研究设备 | 由于研究设备复杂而昂贵，没有任何一个研究团队或是国家可以独立负担或创造 |
| 4 | 实用技术与工业技术 | “地平线 2020”为突破性科技在所有企业中的推广提供帮助，包括信息通信技术（ICT）和空间技术 |
| 5 | 卫生、人口变化和健康 | 有关健康研究和创新的投资会使人民保持活力，发展新的更安全、更高效的医疗手段，保证人民健康和免疫系统的正常运转 |
| 6 | 食品安全、永续农业与造林 | 在减少对环境产生破坏的同时，寻找彻底改变生产方式、消费、加工、存贮、废物回收和处理的途径 |
| 7 | 海洋内陆河流水体研究和生物经济 | 平衡来自于陆地、海洋的可回收和不可回收资源的使用，废物资源再生，实现食物、饲料、生物制品和生物能源的可持续生产 |

续表

| 序号 | 关键技术主题 | 具体内容 |
| --- | --- | --- |
| 8 | 安全、清洁、高效的能源 | 作为世界第二大的经济体，欧盟在能源方面过分依赖于其他地区，能源通常来源于会加速气候变化的石化燃料（的燃烧）。因此，欧盟设定了气候和能源目标 |
| 9 | 智能环保的综合运输 | 流通推动就业、经济增长、社会繁荣和全球贸易 |
| 10 | 气候变化、环境以及高效利用资源和原材料 | 环境保护以及高效利用资源和原材料 |

## （三）欧盟第九研发框架计划（地平线欧洲）

欧盟第九研发框架计划（地平线欧洲）如附表 1-42 所示。

附表 1-42　欧盟第九研发框架计划（地平线欧洲）

| 领域 | 关键战略目标 | 具体内容 |
| --- | --- | --- |
| 卓越科学 | 强化和扩大欧盟科学基础的卓越性 | 通过欧盟研究理事会择优资助顶尖研究者及其团队开展的基于好奇心驱动的前沿研究项目 |
| | | 通过玛丽·居里行动计划为所有学科研究人员提供支持，覆盖职业生涯各个阶段，支持工业界、学术界的人才和知识的双向流动，提供创新培训提高研究人员就业新技能并促进职业发展 |
| | | 在欧盟投资建设综合互联的世界级科研基础设施 |
| 全球性挑战与产业竞争力 | 1. 引领关键数字技术、使能技术和新兴技术及相关价值链发展，实现基于开放的战略自主 | 健康方面：<br>欧盟将开发更安全、更可信、更有效和负担得起的医疗相关工具、技术和数字化解决方案，加强疾病预防、诊断、治疗和监测；<br>构建更具竞争力和可持续的健康产业，确保欧洲在基本医疗用品和数字化医疗方面实现战略自主 |
| | | 文化、创造力与包容性社会方面：<br>欧盟将支持可持续创新，创造就业机会，并改善工作条件；<br>充分挖掘文化遗产、艺术和文化创意部门的潜力 |

续表

<table>
<tr><th>领域</th><th>关键战略目标</th><th>具体内容</th></tr>
<tr><td rowspan="7">全球性挑战与产业竞争力</td><td rowspan="3">1. 引领关键数字技术、使能技术和新兴技术及相关价值链的发展，实现基于开放的战略自主</td><td>公民安全方面：<br>欧盟将构建、部署和管理富有韧性的关键数字和物理基础设施；提升网络安全产业能力，在数字技术中采用“预设安全（Security by Design）”和“隐私设计（Privacy by Design）”架构原则，增强欧盟网络安全产业的战略自主和全球竞争优势</td></tr>
<tr><td>数字化、工业与航天方面：<br>欧盟将支持开发和掌握新一代数字技术和关键使能技术，推动实现向绿色化、数字化和公平转型。<br>主要技术方向包括：人工智能、光子学、软件技术、导航定位与授时系统、高性能计算、数据和通信技术（包括量子通信和“后5G”技术）</td></tr>
<tr><td>气候、能源与交通运输方面：<br>欧盟将实施针对性研究和创新项目，提供更清洁、更具竞争力的能源和交通运输解决方案及数字化服务，支持欧洲产业和服务价值链向绿色化转型，造福社会和公民</td></tr>
<tr><td rowspan="4">2. 恢复欧洲生态系统和生物多样性，可持续地管理自然资源，确保粮食安全，构建清洁健康的环境</td><td>健康方面：<br>欧盟将提高对环境退化对人类健康影响的认识和理解，通过研究与创新保护公民免受相关影响</td></tr>
<tr><td>数字化、工业与航天方面：<br>欧盟将利用定位导航、智能机器人、无人机等新技术加强农业、渔业、水产养殖业、粮食系统、林业和环境监测，保护粮食安全和环境</td></tr>
<tr><td>气候、能源与交通运输方面：<br>欧盟将减少交通运输和能源行业对空气、生态系统和生物多样性的负面影响，创造更清洁和更健康的环境</td></tr>
<tr><td>食品、生物经济、自然资源、农业与环境方面：<br>欧盟将更好地了解、监测和应对生物多样性的影响因素，在最大程度上恢复生物多样性，发展可持续农业、水产养殖业和渔业；发展创新型食品价值链，加速向公民提供安全、营养和负担得起的食品</td></tr>
</table>

续表

| 领域 | 关键战略目标 | 具体内容 |
| --- | --- | --- |
| 全球性挑战与产业竞争力 | 3. 推动交通、能源、建筑业和制造业领域向数字化转型，使欧洲在世界上率先实现循环、气候中性和可持续的经济 | 健康方面：<br>欧盟将提供更清洁、更绿色和可循环利用的医疗卫生技术和服务 |
| | | 数字化、工业与航天方面：<br>欧盟将大力发展数字化技术和突破性技术，提供创新型解决方案，开发新型商业模式，确保关键原材料供应安全，推动欧盟工业转型，到 2050 年实现气候中性并具有全球竞争力 |
| | | 气候、能源与交通运输方面：<br>欧盟将确保以更低成本提供更清洁的能源，更智能地将工业设施与能源系统连接起来，并开发更智能、更安全、更清洁和更具有竞争力的交通运输解决方案 |
| | | 食品、生物经济、自然资源、农业与环境方面：<br>欧盟将支持循环产业、零碳产业和以自然资源为基础进行创新，包括节能环保和可持续的农业、林业和生物基产业；<br>大力发展蓝色经济，包括水产养殖业、渔业和海洋生物技术；<br>减少土地、水、空气和海洋污染，加强资源循环利用 |
| | 4. 构建更具弹性、更包容和更民主的欧洲社会，做好准备应对各类威胁和灾难，解决不平等问题 | 健康方面：<br>欧盟将促进和保护人类健康和福祉，预防传染病和非传染性疾病，减少疾病和残疾给公民和社区带来的负担；<br>推动医疗保健系统改革，确保人人都能公平获得可持续和高质量的创新型医疗保健服务 |
| | | 文化、创造力与包容性社会方面：<br>欧盟将制定与包容性、团结、社会保护和社会投资（如教育和培训系统）相关的战略，解决社会、经济、性别和文化不平等问题；<br>出台预防性干预措施，保护濒危文化遗产免受自然灾害和人为灾害影响 |
| | | 公民安全：<br>欧盟将开展安全相关研究应对安全挑战，确保人和货物自由流动，塑造更具弹性和更加稳定的欧洲 |
| | | 数字化、工业与航天方面：<br>欧盟将通过研究与创新，包括社会创新，提高社会包容性，并创造可持续和高质量的就业岗位 |
| | | 气候、能源与交通运输方面：<br>欧盟将寻找新的更好的方式，让欧洲公民参与低碳转型 |

续表

| 领域 | 关键战略目标 | 具体内容 |
| --- | --- | --- |
| 全球性挑战与产业竞争力 | 4. 构建更具弹性、更包容和更民主的欧洲社会，做好准备应对各类威胁和灾难，解决不平等问题 | 食品、生物经济、自然资源、农业与环境方面：<br>欧盟将开发创新型管理模式，加强新知识和新工具应用，提升数字化、建模和预测能力，实现可持续发展；<br>更好地了解环境、经济社会和人口变化驱动因素，并利用数字技术、社会和社区主导的创新，推动农村、沿海和城市地区以可持续、平衡和包容的方式发展 |
| 创新欧洲 | 支持以市场为导向的具有颠覆性的重大创新并致力于构建良好的创新生态系统 | 包括通过欧洲创新理事会支持具有突破性和市场前景的创新活动 |
| | | 围绕培养创新的共同目标，继续支持欧洲创新与技术研究所加强企业（包括中小型企业）、高等教育机构和研究机构之间的合作 |
| | | 通过 EIT 知识与创新社区为整个创新链提供指导和服务，为创新活动的蓬勃发展创造良好的环境，帮助具有较高创新潜力的地区找到应对重大社会挑战的解决方案，并创造优质的就业机会和经济增长机会 |

## （四）欧盟委员会发布《面向未来的 100 项重大创新突破》（2021 年）

欧盟委员会 2021 年发布《面向未来的 100 项重大创新突破》（*100 Radical Innovation Breakthroughs for the future*），为所有关心科学、技术和创新决策的人们提供战略资源。该报告通过对最新科学技术文献的大规模文本挖掘，结合专家的咨询评论，筛选出 100 项可能对全球经济产生重大影响的颠覆性技术，为欧盟未来研究与创新政策的可能优先事项提供参考（附表 1-43）。

**附表 1-43　欧盟委员会发布《面向未来的 100 项重大创新突破》（2021 年）**

| 技术领域 | 序号 | 技术名称 |
| --- | --- | --- |
| 一、人工智能和机器人（Artificial Intelligence and Robots） | 1 | 增强现实（Augmented Reality） |
| | 2 | 室内自动耕作（Automated Indoor Farming） |
| | 3 | 区块链（Blockchain） |
| | 4 | 聊天机器人（Chatbots） |
| | 5 | 计算创造力（Computational Creativity） |

续表

| 技术领域 | 序号 | 技术名称 |
|---|---|---|
| 一、人工智能和机器人（Artificial Intelligence and Robots） | 6 | 无人驾驶（Driverless） |
| | 7 | 外骨骼（Exoskeleton） |
| | 8 | 高光谱成像（Hyperspectral Imaging） |
| | 9 | 语音识别（Speech Recognition） |
| | 10 | 群体智能（Swarm Intelligence） |
| | 11 | 无人机（Warfare Drones） |
| | 12 | 人工智能（Artificial Intelligence） |
| | 13 | 全息图（Holograms） |
| | 14 | 类人机器人（Humanoids） |
| | 15 | 神经科学（Neuroscience） |
| | 16 | 精准农业（Precision Farming） |
| | 17 | 柔性机器人（Soft Robot） |
| | 18 | 非接触手势识别（Touchless Gesture Recognition） |
| | 19 | 飞行汽车（Flying Car） |
| 二、人机交互和仿生（Human Machine Interaotion & Bio mimetics） | 20 | 神经形态芯片（Neuromorphic Chip） |
| | 21 | 仿生学（医学）（Bionics） |
| | 22 | 脑功能映射（Brain Functional Mapping） |
| | 23 | 脑机接口（Brain Machine Interface） |
| | 24 | 情绪识别（Emotion Recognition） |
| | 25 | 智能文身（Smart Tattoos） |
| | 26 | 人工突触 / 大脑（Artificial Synapse/Brain） |
| 三、电子与计算机（Electronics & Computing） | 27 | 柔性电子（Flexible Electronics） |
| | 28 | 纳米发光二极管（Nano LEDs） |
| | 29 | 碳纳米管（Carbon Nanotubes） |
| | 30 | 计算内存（Computing Memory） |

续表

| 技术领域 | 序号 | 技术名称 |
| --- | --- | --- |
| 三、电子与计算机（Electronics & Computing） | 31 | 石墨烯晶体管（Graphene Transistors） |
| | 32 | 高精度时钟（High Precision Clock） |
| | 33 | 纳米线（Nanowires） |
| | 34 | 光电子学（Optoelectronics） |
| | 35 | 量子计算机（Quantum Computers） |
| | 36 | 量子密码学（Quantum Cryptography） |
| | 37 | 自旋电子学（Spintronics） |
| 四、生物交叉学科（Biohybrids） | 38 | 生物降解的传感器（Biodegradable Sensors） |
| | 39 | 芯片实验室（Lab on a Chip） |
| | 40 | 分子识别（Molecular Recognition） |
| | 41 | 生物电子学（Bioelectronics） |
| | 42 | 生物信息学（Bioinformatics） |
| | 43 | 植物通讯（Plant Communication） |
| 五、生物医学（Biomedicine） | 44 | 基因编辑（Gene Editing） |
| | 45 | 基因治疗（Gene Therapy） |
| | 46 | 抗生素药敏试验（Antibiotic Susceptibility Testing） |
| | 47 | 生物打印（Bioprinting） |
| | 48 | 基因表达的控制（Control of Gene Expression） |
| | 49 | 药物输送（Drug Delivery） |
| | 50 | 表观遗传技术（Epigenetic Change Technologies） |
| | 51 | 基因疫苗（Genomic Vaccines） |
| | 52 | 微生物组（Microbiome） |
| | 53 | 再生医学（Regenerative Medicine） |
| | 54 | 重编程的人类细胞（Reprogrammed Human Cells） |
| | 55 | 靶向细胞死亡途径（Targeting Cell Death Pathways） |

续表

| 技术领域 | 序号 | 技术名称 |
| --- | --- | --- |
| 六、印刷与材料（Printing & Materials） | 56 | 2D 材料（2D Materials） |
| | 57 | 食物 3D 打印（3D Printing of Food） |
| | 58 | 玻璃 3D 打印（3D Printing of Glass） |
| | 59 | 大型物体的 3D 打印（3D Printing of Large Objects） |
| | 60 | 4D 打印（4D Printing） |
| | 61 | 水凝胶（Hydrogels） |
| | 62 | 超材料（Metamaterials） |
| | 63 | 自愈材料（Selfhealing Materials） |
| 七、突破资源边界的技术（Breaking Resource Boundaries） | 64 | 生物塑料（Bioplastic） |
| | 65 | 碳捕获与封存（Carbon Capture and Sequestration） |
| | 66 | 海水淡化（Desalination） |
| | 67 | 地球工程与气候工程（Geoengineering and Climate Engineering） |
| | 68 | 超级高铁（Hyperloop） |
| | 69 | 塑胶食虫（Plastic Eating Bugs） |
| | 70 | 分解二氧化碳（Splitting Carbon Dioxide） |
| | 71 | 备灾技术（Technologies for Disaster Preparedness） |
| | 72 | 水下生活（Underwater Living） |
| | 73 | 废水养分回收（Wastewater Nutrient Recovery） |
| | 74 | 小行星采矿（Asteroid Mining） |
| 八、能源（Energy） | 75 | 生物发光（Bioluminescence） |
| | 76 | 能量收集（Energy Harvesting） |
| | 77 | 收集甲烷水合物（Harvesting Methane Hydrate） |
| | 78 | 氢燃料（Hydrogen Fuel） |
| | 79 | 海洋和潮汐能技术（Marine and Tidal Power Technologies） |

续表

| 技术领域 | 序号 | 技术名称 |
| --- | --- | --- |
| 八、能源（Energy） | 80 | 微生物燃料电池（Microbial Fuel Cells） |
| | 81 | 熔盐反应堆（Molten Salt Reactors） |
| | 82 | 智能窗（Smart Windows） |
| | 83 | 热电涂料（Thermoelectric Paint） |
| | 84 | 水分解（Water Splitting） |
| | 85 | 机载风力发电机（Airborne Wind Turbine） |
| | 86 | 铝基能源（Aluminum Based Energy） |
| | 87 | 人工光合作用（Artificial Photosynthesis） |
| 九、社会领域的重大创新突破（Radical Social Innovation Breakthroughs） | 88 | 协同创新空间（Collaborative Innovation Spaces） |
| | 89 | 游戏化趋势（Gamification） |
| | 90 | 共享经济（Access/Commons Based Economy） |
| | 91 | 读写文化：多元化的信息控制者（Read/Write Culture: Diversifying Information Gatekeepers） |
| | 92 | 重塑教育（Reinventing Education） |
| | 93 | 自我量化（Body 2.0 and the Quantified Self） |
| | 94 | 无车城市（Car free City） |
| | 95 | 新的记者网络（New Journalist Networks） |
| | 96 | 本地食物圈（Local Food Circles） |
| | 97 | 拥有和共享健康数据（Owning and Sharing Health Data） |
| | 98 | 替代货币（Alternative Currencies） |
| | 99 | 基本收入（Basic Income） |
| | 100 | 生命缓存（Life Caching） |